U0386585

新视野电子电气科技丛书

单片机原理及接口技术

Proteus 仿真和 C51 编程

倪妍婷 程 跃 主编

莫 莉 邱顺佐 编著

清華大学出版社

北京

内 容 简 介

本书详细介绍了 AT89S51 单片机片内硬件资源及工作原理,重点介绍了 51 单片机应用的各项关键技术及对应的 C51 编程。全书共分为 14 章,内容包括:单片机概述,AT89C51 单片机的硬件结构和原理,仿真和集成开发环境使用,C51 程序设计基础,单片机并行 I/O 口的原理及编程,中断系统,定时器/计数器,串行口,键盘与显示接口技术,A/D 与 D/A 转换接口技术,单片机的系统扩展及其应用系统设计,单片机的电机控制和模块化程序设计等。

本书可作为高等工科院校、职业技术学院的电子信息类、自动化类、计算机类、电气类、仪器类、机械类等专业"单片机原理"课程的教材,也可供从事单片机相关设计工作的技术人员使用与参考。

图书在版编目(CIP)数据

单片机原理及接口技术:Proteus 仿真和 C51 编程/倪妍婷,程跃主编.—北京:清华大学出版社,2022.8(2024.8 重印)
（新视野电子电气科技丛书）
ISBN 978-7-302-61032-8

Ⅰ. ①单… Ⅱ. ①倪… ②程… Ⅲ. ①单片微型计算机-基础理论 ②单片微型计算机-接口技术 Ⅳ. ①TP368.1

中国版本图书馆 CIP 数据核字(2022)第 098441 号

责任编辑:文 怡
封面设计:王昭红
责任校对:胡伟民
责任印制:刘 菲

出版发行:清华大学出版社
    网 址:https://www.tup.com.cn,https://www.wqxuetang.com
    地 址:北京清华大学学研大厦 A 座 邮 编:100084
    社 总 机:010-83470000 邮 购:010-62786544
    投稿与读者服务:010-62776969,c-service@tup.tsinghua.edu.cn
    质量反馈:010-62772015,zhiliang@tup.tsinghua.edu.cn
    课件下载:https://www.tup.com.cn,010-83470236
印 装 者:三河市东方印刷有限公司
经 销:全国新华书店
开 本:185mm×260mm 印 张:24.25 字 数:606 千字
版 次:2022 年 9 月第 1 版 印 次:2024 年 8 月第 2 次印刷
印 数:2001～2800
定 价:69.00 元

产品编号:090210-01

单片机技术在电子信息、电气工程、工业自动化、通信及物联网、汽车电子、航空航天等领域得到广泛应用,人们在生产生活中所用的几乎每件电子和机械产品中都会集成有单片机。单片机又称为微控制器,是嵌入式控制器的一种,是嵌入式系统学习的基础。

20世纪80年代初,英特尔公司推出了8位的8051单片机,此后在8051上发展出了MCS-51系列单片机,基于这一内核的单片机至今还在使用。随着应用要求的不断提高和技术的发展,16位单片机和32位单片机成为市场主流,目前,高端的32位单片机主频已经超过600MHz,增强型的高端单片机集成了ADC、DAC、PWM、WDT、LCD驱动电路等功能模块,带有SPI、I^2C、CAN等通信接口,实现ISP、IAP编程,进一步提升了性价比,给工程师带来更好的开发体验。当代单片机系统已经不只在裸机环境下开发和使用,大量专用的嵌入式操作系统被广泛应用在全系列的单片机上。而在作为掌上电脑和手机核心处理的高端单片机还可以直接使用专用的Windows、Linux、Android等操作系统。

8051单片机是最基础的单片机,其内部结构简单、学习资料丰富,对开发环境要求较低,方便初学者入门,使学习者在进阶学习中能够更深刻地理解接口时序和外围功能电路模块的使用与编程;51单片机更接近底层硬件,可以使学习者深入积累更多的底层技术基础。只要把51单片机学透,通过51单片机的学习掌握单片机的内部资源、外围扩展和使用编程技巧,入门后遇到从未用过的单片机也能触类旁通,很快上手。因此,国内绝大多数高校都用51单片机进行单片机入门教学。

C语言与汇编语言相比,在功能性、结构性、可读性、可维护性上有明显的优势,C51是在标准C语言的基础上针对51单片机的硬件特点进行的扩展,并向51单片机上移植,C51已经成为公认的高效、简洁而又贴近51单片机硬件的实用高级编程语言。Keil C51是美国Keil Software公司出品的51系列兼容单片机C语言软件开发系统,提供了包括C编译器、宏汇编、链接器、库管理和一个功能强大的仿真调试器等在内的完整开发方案,通过一个集成开发环境(μVision)将这些部分组合在一起。其方便易用的集成环境、强大的软件仿真调试工具使开发者事半功倍。

单片机程序开发不同于通用的计算机应用程序设计,它是软、硬件相结合的,必须针对具体的微控制器和外围电路来实现。对于单片机初学者,在制作电路的基础上进行软、硬件联合调试具有较高难度和成本,很多公司推出了单片机开发板、实验箱、编程器、仿真器等,方便初学者和开发者进行学习。英国Labcenter Electronics公司出品的EDA工具软件Proteus,不仅具有其他EDA工具软件的仿真功能,还能仿真单片机及外围器件,它是目前最好的仿真单片机及外围器件的工具,其处理器模型支持多种主流单片机,Proteus软件为在纯软件环境中完成系统设计与调试成为可能,为单片机学习和工程开发提供了理想的平台。

本书主要基于 ATMEL 公司 8051 内核的 AT89C51 单片机进行讲解，实例用 C 语言在 Keilμ Vision4 集成开发环境下编写，所有的实例都可以在 Proteus 仿真软件中运行。本书共分四部分，14 章内容。

第一部分：基础知识

本部分主要介绍单片机硬件结构、集成开发环境和仿真软件、C51 编程基础。包括 4 章内容：第 1 章单片机概述，介绍单片机的概念、发展历史、发展趋势及应用领域；对学习单片机的方法进行探讨；介绍本课程将接触到的工具、设备和软件；回顾数制、编码和数据的基础知识。第 2 章 AT89C51 单片机的硬件结构和原理，介绍 AT89C51 单片机的内部硬件资源、各功能部件及原理。第 3 章仿真和集成开发环境使用，讲解 Keil μVision4 集成开发环境和电路仿真软件 Proteus 7.5 的初步使用。第 4 章 C51 程序设计基础，初步介绍如何使用 C51 来进行 AT89C51 单片机程序开发，重点介绍 C51 对标准 C 语言所扩展的部分，并通过一些例程来讲解 C51 的程序设计思想。

第二部分：AT89C51 单片机内部资源及编程

本部分是本课程的核心，主要介绍单片机内部资源结构，通过大量例子讲解内部资源的使用与编程。包括 4 章内容。第 5 章单片机的并行 I/O 口原理及编程，介绍 51 单片机 P0、P1、P2、P3 四组并行 I/O 口的结构及使用与编程。第 6 章单片机中断系统，介绍中断的基本概念、AT89C51 单片机的中断系统、中断服务函数的语法，并通过几个实例讲解外部中断源的使用与编程方法。第 7 章 AT89C51 单片机的定时器/计数器，介绍 51 单片机定时器/计数器的内部结构、工作方式、相关控制寄存器、初值计算方法，并通过多个实例讲解定时器/计数器的使用与编程方法。第 8 章单片机的串行口，介绍通信的基础知识，UART 的基本结构和工作原理，串口的 4 种工作方式，与串口相关的特殊功能寄存器。通过实例讲解同步移位寄存器在串行转并行和并行转串行的应用，单片机串口双机通信、多机通信、单片机与 PC 的通信，并简要介绍常用标准通信接口 RS-232、RS-485、USB。

第三部分：AT89C51 单片机系统扩展及接口技术

本部分主要介绍单片机的键盘与显示接口技术，A/D、D/A 转换，常见接口扩展技术。包括 3 章内容：第 9 章单片机键盘与显示接口技术，讲解键盘、数码管显示驱动芯片、液晶与单片机的接口设计与软件编程。第 10 章 A/D 与 D/A 转换接口技术，介绍 ADC 和 DAC 的使用，通过实例讲解几种典型的 ADC 与 DAC 与单片机的接口设计及软件编程。第 11 章单片机的系统扩展，介绍 51 单片机系统的三总线并行扩展技术，SPI、I^2C、1-Wire 串行扩展技术和一些常见的外围芯片和单片机的接口与编程。

第四部分：AT89C51 单片机进阶应用

本部分主要介绍单片机的应用系统设计方法和抗干扰设计方法，电机控制方法和模块化程序设计方法。包括 3 章内容：第 12 章单片机的应用系统设计及抗干扰技术，介绍单片机应用系统的组成、应用系统设计步骤，分析单片机应用系统硬件设计和软件设计应考虑的问题，介绍干扰的来源、硬件和软件的抗干扰措施。第 13 章单片机的电机控制，介绍直流电机、步进电机和舵机的工作原理及单片机的基本控制方法，并通过实例讲解电机的启停、正反转和调速等基本控制编程。第 14 章单片机的模块化程序设计，介绍单片机模块化划分的原则、C51 模块化编程的方法和规范、在 Keil4 中单片机模块化工程建立的方法和步骤，并通过由浅入深的几个实例讲解单片机模块化程序设计的方法。

　　本书可作为测控技术与仪器、机械电子工程、电子信息工程等对单片机要求较高专业的教材,也可以作为机械设计制造及其自动化、车辆工程、材料成型与控制工程等对单片机要求较低专业的教材。本书可供少学时(32～48学时)选用,也可供多学时(64学时及以上)选用。对于少学时专业,主要讲授第一部分和第二部分的章节、第三部分第9章。对于多学时专业,主要讲授第一、二、三部分章节和选讲第四部分部分章节。

　　本书所有案例均可到清华大学出版社网站下载,包括案例仿真电路和C语言源程序。由于编者水平有限,书中错漏之处在所难免,请读者提出宝贵意见,以不断改进。

编　者

2022 年 6 月

配套资源扫码下载

目录

## 第1章

单片机概述

单片机自 20 世纪 70 年代问世以来,广泛应用在家用电器、消费电子、汽车电子、工业自动化、智能仪器仪表等各种领域,现代人类生活中所用的几乎每件电子和机械产品中都会集成有单片机。本章介绍单片机的概念、发展历程、发展趋势及应用领域,对学习单片机的方法进行探讨,介绍单片机开发需要用到的工具、设备和软件,最后简要回顾计算机基础中学过的单片机开发中用到的数制、编码及数据的基础知识。

1.1 单片机概述

单片机是单片微型计算机(Single Chip Microcomputer,SCM)的简称,是一种集成电路芯片,采用超大规模集成电路技术把具有数据运算和处理能力的中央处理器(CPU)、随机存储器(RAM)、只读存储器(ROM)、多种输入/输出(I/O)口和中断系统、定时器/计数器等功能(扩展功能还包括显示驱动电路、脉宽调制(PWM)电路、模拟多路转换器、模/数转换器(ADC)等电路)集成到一块硅片上构成的一个小而完善的微型计算机系统。单片机其实是一种古老的叫法,以前半导体工艺技术不成熟,不同的功能无法做进一个芯片(Chip),直到单片机出现。单片机的应用领域十分广泛,如智能仪表、工业控制、通信设备、交通工具、家用电器、消费电子等。

通俗地讲,单片机就是一个可以让用户设计控制方法和流程实现既定控制功能的集成电路芯片。在实际生产中,设计的产品会有不同的控制要求和功能实现,单片机的优点是由芯片厂家提供了一个通用开发平台,在这个平台上由工程师根据系统需求设计外围电路和编制程序实现产品的功能。单片机主要应用于测控领域,用以实现各种测试和控制功能,故单片机又称微控制器(Micro Controller Unit,MCU)。由于单片机在使用时通常处于测控系统的核心地位并嵌入其中,因此单片机通常也称为嵌入式控制器(Embedded Controller,EC),单片机技术是嵌入式系统学习的基础。

1.1.1 单片机的发展历程及主流系列单片机简介

单片机诞生于 1971 年,1971 年 1 月,英特尔(Intel)公司的特德·霍夫在与日本商业通讯公司合作研制台式计算器时,将原始方案的十几个芯片压缩成三个集成电路芯片,其中两个芯片分别用于存储程序和数据，另一芯片集成了运算器和控制器及一些寄存器，称为微处理器(Intel 4004)。1976年英特尔公司推出了8位的MCS-48系列的单片机，以其体积小、重量轻、控制功能齐全和低价格的特点，得到了广泛应用，为单片机的发展奠定了坚实的基础。20世纪80年代初，英特尔公司推出了8位的8051单片机，此后在8051上发展出了MCS-51系列单片机，基于这一内核的单片机系统现在还在使用。早期的单片机如图1-1所示。

(a) Intel 4004   (b) Intel 8048   (c) Intel 8051

图1-1　早期单片机

随着各种应用控制要求的提高，开始出现了16位单片机。20世纪90年代后随着消费电子产品发展，单片机技术得到了巨大提高。ARM系列的广泛应用，32位单片机迅速取代16位单片机的高端地位，进入主流市场。目前，高端的32位单片机主频已经超过600MHz，增强型的高端单片机集成了模/数转换器、数/模转换器(DAC)、PWM电路、看门狗定时器(WDT)、液晶显示器(LCD)驱动电路等功能模块，带有SPI、I^2C、CAN等通信接口，实现ISP、IAP编程，进一步提升了性价比，给工程师带来了更好的开发体验。当代单片机系统已经不再只在裸机环境下开发和使用，大量专用的嵌入式操作系统被广泛应用于全系列的单片机上。而作为掌上电脑和手机核心处理的高端单片机还可以直接使用专用的Windows、Linux、Android等操作系统。图1-2为四种主流型号单片机，分别为ATMEL公司生产的AVR单片机ATMEGA16A、微芯(Microchip)公司生产的PIC18F6722单片机、意法半导体(ST)公司生产的STM32F407单片机、飞思卡尔半导体(Freescale Semiconductor)公司的K60单片机。下面简单介绍常用系列的单片机。

(a) ATMEGA16A   (b) PIC18F6722   (c) STM32F407   (d) K60

图1-2　四种主流单片机

1. 51单片机

51单片机是对所有兼容Intel 8051指令系统的单片机的统称，是应用最广泛的8位单片机之一，当然也是初学者们最容易上手学习的单片机。由于其典型的结构和完善的总线专用寄存器的集中管理，众多的逻辑位操作功能及面向控制的丰富的指令系统，堪称一代经典,为以后的单片机技术发展奠定了基础。最先由英特尔公司推出 MCS-51 系列单片机,英特尔公司将 51 内核单片机核心技术授权给了很多其他公司,其代表型号是 ATMEL 公司的 AT89 系列、(STC)单片机 89c 系列、90c 系列。飞利浦(Philips)、美信(Maxim)、恩智浦(NXP)、中国台湾华邦等公司也生产 51 内核单片机系列产品。值得一提的是 STC 单片机,经过不断优化,加入了 ISP 下载,具有较丰富的片上模块、单指令、宽电压、高抗干扰、高加密性、内部 RC 时钟等功能和特性,性价比不断提高,已经在 51 单片机中占有了较大的市场份额。

2. AVR 单片机

AVR 单片机是由 ATMEL 公司研发出的增强型内置 Flash 的精简指令集 CPU(Reduced Instruction Set CPU,RISC)高速 8 位单片机。其显著的特点为高性能、高速度、低功耗。它取消机器周期,以时钟周期为指令周期,实行流水作业。AVR 单片机指令以字为单位,且大部分指令都是单周期指令,而单周期指令既可执行本指令功能,又可完成下一条指令的读取。相对于 51 单片机,AVR 单片机在软/硬件开销、速度、性能和成本诸多方面取得了优化平衡。AVR 单片机有 Tiny、AT90S 和 Atmega 三个系列,面向低端和中端应用。

3. MSP430 单片机

MSP430 单片机是美国得州仪器(Texas Instruments,TI)公司生产的一种 16 位超低功耗、具有 RISC(精简指令集)的混合信号处理器(Mixed Signal Processor)。MSP430 单片机之所以称为混合信号处理器,是因为其针对实际应用需求,将多个不同功能的模拟电路、数字电路模块和微处理器集成在一个芯片上。MSP430 系列单片机处理能力强,各系列都集成了较丰富的片内外设,尤其是在降低芯片的电源电压和灵活而可控的运行时钟方面都有其独到之处,具有超低功耗的特点。该系列单片机广泛应用于需要电池供电的便携式仪器仪表中。

4. PIC 单片机

PIC 单片机是美国微芯公司的产品,共分三个级别,即基本级、中级和高级,它采用RISC,分别有 33、35、58 条指令。同时采用哈佛双总线结构,运行速度快,它能使程序存储器的访问和数据存储器的访问并行处理,它凭借高可靠性、大电流 LCD 驱动能力和低价位的 OTP(One Time Programmable)技术占有一定的市场份额。

5. 飞思卡尔单片机

飞思卡尔半导体公司是全球领先的半导体公司,专注于嵌入式处理解决方案。飞思卡尔单片机面向汽车、网络、工业和消费电子市场,提供 8 位微控制器、16 位微控制器、32 位 ARM Cortex-M 架构微控制器 Kinetis 系列、ARM Cortex-A 架构 i.MX 系列处理器等。2015 年 2 月,飞思卡尔半导体公司与恩智浦公司达成合并协议,全国大学生恩智浦智能车大赛使用飞思卡尔半导体公司的微控制器作为核心控制模块。

6. STM32 单片机

意法半导体公司推出的 STM32 系列 32 位 Flash 微控制器，在业内以性能强大、性价比超高而著称。其基于为要求高性能、低成本、低功耗的嵌入式应用专门设计的 ARM Cortex-M 内核，同时具有一流的外设，即 1μs 的双 12 位 ADC、4Mb/s 的 UART、18Mb/s 的 SPI 等，具有高性能、实时性、数字信号处理、低功耗、宽电压操作的特点，保持了完整的集成性和易开发性。STM32 单片机产品线丰富，面向中高端应用，图 1-3 为 STM32 单片机产品线。

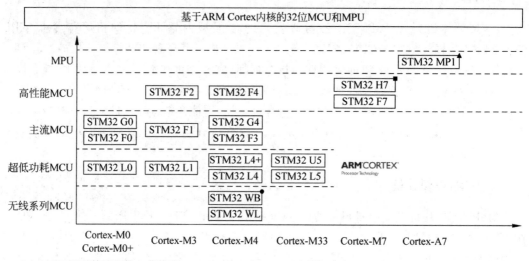

图 1-3　STM32 单片机产品线

除上述单片机以外，具有一定市场占有率的还有芯科科技（Silicon Laboratories）、瑞萨电子（Renesas）、英飞凌科技（Infineon Technologies）、赛普拉斯（CYPRESS）、中国台湾凌阳科技（Sunplus Technology）、中国华大半导体等公司生产的单片机。

1.1.2　单片机的发展趋势

随着应用要求的不断提高和技术的发展，单片机向 CPU 高性能、存储大容量、高可靠性、低功耗、高度集成化、配置实时操作系统等方向发展。

CPU 的字长和时钟频率的不断提高大大增强了单片机的数据处理能力和运算速度，单片机内部采用双 CPU 结构也能大大提高处理能力。采用流水线结构，指令以队列形式出现在 CPU 中且具有很快的运算速度。出于对低功耗的普遍要求，目前各大厂商推出的各类单片机产品都采用了 CHMOS 工艺。CHMOS 是 CMOS 和 HMOS 的结合，除保持了 HMOS 的高速度和高密度的特点之外，还具有 CMOS 低功耗的特点。

随着集成电路技术的快速发展，很多单片机生产厂家充分考虑到用户的需求，将一些常用的功能部件，如模数转换器、数模转换器、PWM 电路以及 LCD 驱动器等集成到芯片内部，尽量做到单片化。单片机还不断扩展了通信接口，SPI、I^2C 等串行以及打印机支持的并行接口、CAN 总线接口、以太网络接口、IDE 接口、USB 接口等。

值得一提的是,随着微电子技术、IC 设计、电子设计自动化(EDA)工具的发展,基于片上系统(System on Chip,SoC)的单片机应用系统设计有了很大进步。SoC 强调的是一个整体,在集成电路领域,给它的定义为由多个具有特定功能的集成电路组合在一个芯片上形成的系统或产品,其中包含完整的硬件系统及其承载的嵌入式软件。在单一集成电路芯片如手机芯片、音频解码芯片、数字电视芯片上可以实现一个复杂的电子系统。目前,在性能和功耗敏感的终端芯片领域,SoC 已占据主导地位,而且其应用正在扩展到更广的领域。在智能手机领域,美国高通、中国台湾联发科的芯片在市场上占有大部分市场份额,华为推出了麒麟和海思系列芯片,小米推出了澎湃系列芯片。图 1-4 为我国联发科、华为和小米生产的智能手机芯片。单芯片实现完整的电子系统,是单片机应用系统和 IC 产业未来的发展方向。

图 1-4　我国企业自主研发的智能手机芯片

随着各行业创客的兴起,很多行业都需要用单片机来实现他们的创意,单片机开发已经不再局限于电子设计类专业技术人员。Arduino 是一款便捷灵活、方便上手的开源电子原型平台,包含硬件(各种型号的 Arduino 板)和软件(Arduino IDE),由一个欧洲开发团队于2005 年开发。Arduino 已经成为目前最流行的创客工具和开源硬件,它封闭了底层硬件,有丰富的库提供使用,Arduino 让开发者更关注创意与实现,更快地完成自己的项目开发,即使是非专业的人员也可以很快上手。因为 Arduino 的各种优势,越来越多的专业硬件开发者开始使用 Arduino 来开发他们的项目、产品,越来越多的软件开发者使用 Arduino 进入智能硬件、物联网等开发领域。在大学,自动化、软件工程甚至艺术类专业,也纷纷开设了Arduino 相关课程。

Arduino 主板型号有很多,如 Arduino Uno、Arduino Nano、Arduino LilyPad、Arduino Mega 2560、Arduino EthernetArduino Due、Arduino Leonardo,还有很多扩展板实现扩展功能应用,如 Arduino GSM Shield、Arduino Ethernet Shield、Arduino WiFi Shield、Arduino Wireless SD Shield、Arduino USB Host Shield、Arduino Motor Shield、Arduino Wireless Proto Shield、Arduino Proto Shield 等。

图 1-5 为 Arduino 开源硬件的主板和扩展板。Arduino Uno 是基于 ATmega328P 的单片机开发板。该开发板由 14 路数字输入/输出引脚(其中 6 路可以用作 PWM 输出)、6路模拟输入、1 个 16MHz 的石英晶体振荡器、1 个 USB 接口、1 个电源接头、1 个 ICSP 数据头以及 1 个复位按钮组成。Arduino Leonardo 是基于 ATmega32u4 的微控制器板。它有20 个数字输入/输出引脚(其中 7 个可用于 PWM 输出,12 个可用于模拟输入)、1 个 16 MHz的晶体振荡器,1 个 Micro USB 接口、1 个 DC 接口、1 个 ICSP 接口、1 个复位按钮。

Arduino GSM Shield 扩展板支持将 Arduino 主控板通过 GSM 连接到互联网，能够拨打/接听语音通话和发送/接收短信，使用 QuectelM10 无线调制解调器，可以使用 AT 命令与控制板通信。Arduino Motor Shield 是基于 L298 的双全桥驱动器，可驱动继电器、电磁阀、直流电机和步进电机，可以通过 Arduino 板独立驱动两路直流电机，独立地控制速度和转向。

(a) Arduino Uno

(b) Arduino Leonardo

(c) Arduino GSM Shield

(d) Arduino Motor Shield

图 1-5　Arduino 开源硬件

1.1.3　单片机的应用领域

单片机的应用遍布生产和生活的各个领域，以下就常用的一些领域做简要的列举。

（1）家用电器和消费电子产品。单片机功能完善、体积小、价格低、易于嵌入，非常适合于对家用电器的控制。家用电器如空调、电冰箱、洗衣机、微波炉等，消费电子产品如摄像机、数码照相机、可穿戴智能设备等，均使用单片机作为核心控制器件。

（2）智能仪器。在智能仪器中多采用单片机进行信息处理、控制及通信，与非智能化仪器相比，功能得到了进一步强化，增加了数据存储、故障诊断、联网集控等功能。

（3）工业控制。在工业控制领域，单片机广泛应用于数据采集与传输、工业测试测量技术、设备智能控制、工业过程控制、计算机集成制造系统、机械手、工业机器人等方面。在工业控制中应用最广泛的可编程逻辑控制器（Programmable Logic Controller，PLC），就其本质而言，也是应用单片机开发的成熟、稳定、抗干扰性强的控制器。

（4）网络和通信设备。网络和通信设备大都使用单片机进行数据通信与传输控制，如手机、小型程控交换机、无线路由器、基站、楼宇自动化、物联网系统等。

（5）军事和航天技术。在现代化的武器装备中，飞机、军舰、导弹、鱼雷、雷达等广泛采用单片机，载人航天和宇宙空间探索的发展也有单片机的重要贡献。

（6）汽车电子。单片机在汽车电子中的应用非常广泛，如汽车中的发动机控制器、汽车CAN 总线、防抱死刹车系统（ABS），动态稳定控制（DSC）系统、制动力分配（EBD）系统、转弯制动控制系统（CBC）等。汽车电子应用已经占据超过 1/3 的 MCU 市场，而汽车自动化、电动化、智能化、网联化正在推动着汽车电子行业快速发展,这将大幅拉动高集成度MCU器件的需求。以高级辅助驾驶系统(ADAS)为例,Level 2车型搭载了自适应巡航、车道保持、紧急制动刹车等功能,其中大量使用的车载传感器和车载摄像头需要高性能的单片机来做模拟数据的处理与驱动控制,未来更高级别的自动驾驶系统有望加速MCU市场的增长。

(7) 医用设备。单片机在医用设备中的用途也相当广泛,如医用呼吸机、检测仪、分析仪、监护仪、超声诊断设备、心脏起搏器、胰岛素泵等。

此外,单片机在商业、金融、教育、电力、物流等各行各业都有广泛的应用。图1-6为ASPENCORE旗下《电子工程专辑》统计的2019年全球MCU市场应用结构,MCU应用主要集中在汽车电子、工控/医疗、计算机网络和消费电子等领域,占比分别33.0%、25.0%、23.0%和11.0%。据统计,2019年中国MCU应用市场主要集中在家电/消费电子、计算机网络和通信、汽车电子、智能卡及工控/医疗等领域,市场占比分别为25.6%、18.4%、16.2%、15.3%和11.2%,其中汽车电子和工业控制应用对MCU的需求增长是最快的。

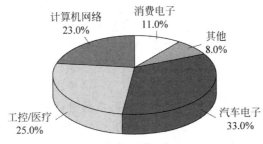

图1-6 2019年全球MCU市场应用结构

1.2 单片机学习方法论

1.2.1 初学者学什么类型的单片机

单片机型号种类多,热门单片机也很多,建议初学者学习51单片机,其理由:51单片机是最基础的单片机,其内部结构较简单、学习资料丰富,对开发环境要求较低,方便初学者入门。51单片机外设较少正是学习的优势之一,基础的51单片机不带SPI、I^{2}C、CAN等接口,未集成PWM电路、A/D转换电路、显示驱动电路等功能模块,其有限的通信接口和内部资源使我们在学习过程中更加深刻地理解接口时序和外围功能电路模块的使用与编程。由于内部资源有限,在编程中需要合理安排内部资源,巧妙运用一些编程技巧和方法,提高开发能力。51单片机更接近底层硬件,可以使学习者深入积累更多底层技术基础。只要把51单片机学透,通过51单片机的学习掌握单片机的内部资源、外围扩展和使用编程技巧,以后遇到一款从未用过的单片机,也能够触类旁通,很快上手。如果没有51单片机基础,直接去学其他单片机,学习难度较大,很难入手。

1.2.2 如何学好单片机

学习单片机有以下三种方法:

（1）系统型学习。在校学生大多是按照此传统方法进行学习，按照教师制定好的教学方案一步一步地掌握课程知识。其学习效果除了学生自身因素外，还取决于教师和教材的水平，通过此法学习掌握知识较为全面，可以打下良好的基础。

（2）探索型学习。此方法适合喜爱钻研的人，任何一本教材都不可能覆盖单片机的全部知识点和所有系统应用功能。同样一个知识点，自己探索得到的比从听课得到的更有成就感，理解更深刻。因此，要边学边练，遇到问题要通过自己探索、实践和思考去解决。在单片机的学习中，自己探索总是有思维局限性的，不妨借鉴他人解决问题的方法，阅读优秀程序代码是单片机学习中一种很好的方法。进行探索型学习，还要充分利用各种网络资源，如官方网站的资料、应用笔记和网上技术论坛。

（3）项目驱动型学习。此方法是科研人员、公司员工常用的，特别是踏上工作岗位后往往要接触很多新的工作任务，根据工作任务和具体项目去学习相关知识，由于项目进度要求，多数人不去系统学习暂时用不到的知识，而是根据项目需要有选择地学习知识。在这种情况下，与团队成员进行探讨，通过网上技术论坛寻求帮助，都是很好的学习方法。向 IC 生产商和供应商申请工程测试板进行前期开发，或者申请免费样片，都能获取项目所需的硬件资源，大大提高项目开发效率。学生在参加学科竞赛和科创活动也需用到此学习方法。

以上三种学习方法要交互使用，如仅仅侧重于系统型学习，只能是纸上谈兵，成为答题高手，实际应用能力得不到锻炼。在系统型学习打好单片机知识的基础上，通过探索型学习进一步深入掌握单片机的应用能力，然后通过实践项目进行项目驱动型学习，真正地提高自己的分析问题、解决问题的能力。在系统学习单片机知识后，通过不断探索掌握进阶的内容和外围器件的使用，进一步研究各种控制算法，通过学科竞赛和科创活动进行项目驱动学习，在毕业时已经具备较强的单片机应用系统开发能力。

1.2.3　单片机原理与其他课程的关系

计算机基础、C 语言程序设计是用 C51 进行编程开发的基础，要掌握 C 语言的基本的语法知识，并在单片机开发与应用中进一步提高编程技巧。

机械类、仪器仪表类、电子信息类等专业会涉及"数字电子技术""模拟电子技术""电路分析"三门课程，对于深入理解单片的硬件结构、外围电路辅助设计、综合设计与应用都有很大用处。对于单片机入门只需要上述课程的一定的基础的知识即可，建议上述课程基础一般的同学，不用再系统性地复习，在后续用到相关知识，在相关书籍中查阅即可，边学边用。

电子线路 CAD，如 Altium Desiner、PADS、Mentor Xpedition 等软件是进行单片机开发设计和完成一些项目的电路原理图与电路板（PCB）设计工具。虽然本书中所讲解的例题都以仿真为主，但实际电路和仿真还是存在一定的差别，学生在做实际的项目和参加学科竞赛时需要制作硬件电路，因此利用电路设计工具进行硬件设计并制作电路板，软、硬件联合调试是提高动手实践能力的必备技能。

传感器技术、电机控制、自动控制原理。在进行机电一体化产品设计和参与一些学科竞赛（如智能车大赛）时，需要用到传感器并进行运动控制，机器人、无人机、智能车等项目的开发均需要通过传感器采集数据，对电机、舵机等进行控制，还需要用到 PID 等控制算法，自动控制原理也是不可或缺的基础知识。随着人工智能、深度学习、大数据、云计算、物联网等技术的发展，单片机技术也在与这些前沿技术融合发展。

用单片机进行通信系统设计、工业控制系统设计、信号采集与处理时，还需要用到通信原理、信号处理、现场总线技术等相关知识。如果需要和计算机相连做一个完整的系统，还需要开发上位机软件，LabVIEW、VB、VC、C♯、QT等高级语言是有力的工具。涉及操作系统的还需要学习μC/OS-Ⅱ、Linux等。

1.2.4　与单片机相关的大学生学科竞赛

对于在校大学生来说，通过参与学科竞赛来提高动手实践能力和创新水平是很好的方式，下面介绍一些与单片机相关的大学生学科竞赛。

1. 全国大学生电子设计竞赛

全国大学生电子设计竞赛是教育部倡导的大学生学科竞赛之一，是面向大学生的群众性科技活动，全国大学生电子设计竞赛从1997年开始每两年举办一届，每逢单数年的9月举办，为期4天。竞赛采用全国统一命题、分赛区组织，通过"半封闭、相对集中"的方式进行。竞赛期间，学生可以查阅有关纸质或网络技术资料，队内学生可以集体商讨设计思想、确定设计方案、分工负责、团结协作，以队为基本单位独立完成竞赛任务；不允许教师或其他人员进行任何形式的指导或引导；参赛队员不得与队外人员讨论商量。参赛学校应将参赛学生相对集中在实验室内进行竞赛，便于组织人员巡查。为保证竞赛工作，竞赛所需设备、元器件等均由各参赛学校负责提供。赛题主要有：电源类、信号源类、高频无线类、放大器类、仪器仪表类、数据采集与处理类、控制类。

2. 全国大学生智能汽车竞赛

原全国大学生"飞思卡尔杯"智能汽车竞赛，在2015年恩智浦公司收购飞思卡尔半导体公司后更名"恩智浦杯"智能汽车竞赛。全国大学生智能汽车竞赛是一项以"立足培养、重在参与、鼓励探索、追求卓越"为指导思想，面向全国大学生开展的具有探索性的工程实践活动。该竞赛是以智能汽车为研究对象的创意性科技竞赛，组委会提供一个标准的汽车模型、直流电机和可充电式电池，参赛队伍要制作一个能够自主识别路径的智能车，在专门设计的跑道上自动识别道路行驶，最快跑完全程而没有冲出跑道且技术报告评分较高者为获胜者。其设计内容涵盖了自动控制、模式识别、传感技术、汽车电子、电气、计算机、机械、能源等多个学科的知识，对学生的知识融合和实践动手能力的培养具有良好的推动作用。每届大赛的主体和规则都略有不同，下面对第十四届全国大学生恩智浦智能车大赛的参赛内容进行简要介绍。

参赛选手须使用竞赛秘书处统一指定的竞赛车模套件，采用恩智浦公司的8位、16位、32位微控制器作为核心控制单元，自主构思控制方案进行系统设计，包括传感器信号采集处理、电机驱动、转向舵机控制以及控制算法软件开发等，完成智能车工程制作及调试。竞速比赛按六个组别进行设置，具体包括：小白四轮组、变形金刚三轮组、断桥相会双车组、飞毛腿节能组和横冲直闯信标组；除了六个组别普通竞赛组织之外，还设立两个创意组。比赛现场和参赛智能车如图1-7所示。

第十五届全国大学生智能汽车竞赛分为竞速比赛和创意比赛两个大类七个子类。为适应新冠疫情防控的要求，竞赛组委会制定了线上比赛（云比赛）的新模式。竞赛在创意比赛

(a)   (b)

图 1-7　全国大学生智能汽车竞赛比赛现场和参赛小车

中设立了人工智能挑战赛，比赛中场景化地复现基于深度学习的智能车在实际领域中的应用，尤其是在无人环境中实现数据采集、数据模型构建、自主识别弯道、无人驾驶验证等多种技术融合的场景，将深度学习技术赋予智能车移动"大脑"，实现智能感知、智能决策。参赛队员使用组委会统一提供的 M 型车模参赛，使用百度"飞桨"深度学习框架训练并识别车道线、红绿灯等标志，限速牌等标记。

3. 全国大学生工程训练综合能力大赛

全国大学生工程训练综合能力大赛是面向全国在校本科生开展科技创新工程实践活动的全国性大赛，是具有较大影响力的国家级大学生科技创新竞赛，是教育部、财政部资助的大学生竞赛项目，每两年举办一届。目的是加强学生创新能力和实践能力培养，提高本科教育水平和人才培养质量。为开办此项竞赛，经教育部高等教育司批准，专门成立了全国大学生工程训练综合能力竞赛组织委员会和专家委员会。竞赛组委会秘书处设在大连理工大学。从最初的以机械设计为主的无碳小车比赛发展到加入电控环节、智能控制的多个竞赛项目子类。

下面对第七届全国大学生工程训练综合能力大赛的参赛内容进行简要介绍。此次比赛的主题是"守德崇劳工程创新求卓越，服务社会智造强国勇担当"。比赛包括四个赛道：工程基础赛道，有势能驱动车、热能驱动车和工程文化三个赛项；"智能＋"赛道，有智能物流搬运、水下管道智能巡检、生活垃圾智能分类和智能配送无人机四个赛项；虚拟仿真赛道，有飞行器设计仿真、智能网联汽车设计、工程场景数字化和企业运营仿真四个赛项；工程创客赛道，有关键核心技术挑战和未来技术探索两个赛项。

4. 全国大学生机器人大赛

全国大学生机器人大赛由共青团中央主办，大赛始终坚持"让思维沸腾起来，让智慧行动起来"的宗旨，在推动广大高校学生参与科技创新实践、培养工程实践能力、提高团队协作水平、培育创新创业精神方面发挥了积极作用，培养出一批爱创新、会动手、能协作、勇拼搏的科技精英人才，在高校和社会上产生了广泛、良好的影响。全国大学生机器人大赛比赛现场和参赛作品如图 1-8 所示。大赛下设：Robocon 赛事、RoboMaster 赛事、Robotac 赛事和机器人创业赛。

(a)   (b)

图 1-8　全国大学生机器人大赛比赛现场和参赛作品

  Robocon 大赛最初由中央电视台主办,是亚太大学生机器人大赛的国内选拔赛,该项赛事是亚洲广播联合会(ABU)在 2002 年发起的一个大学生机器人创意和制作比赛。比赛每年发布一个新规则,需要参赛者综合运用机械、电子、控制等技术手段完成规则设置的任务。2014 年共青团中央成为该项赛事主办方。同年新设置了 RoboMaster 和 Robotac 两个赛事。

  RoboMaster 大赛由大疆创新(DJI)发起并承办,下设 RoboMaster 机甲大师赛和 ICRA RoboMaster 人工智能挑战赛。RoboMaster 机甲大师赛分为机器人对抗赛和技术挑战赛。对抗赛加入了工程机器人,可以在战场上实现运输弹药、辅助英雄机器人上岛、铺平沟壑、加血等技能;同时,赛场中将铺设各类引导线,空中机器人可以用以识别定位,完成更加复杂和精准的技术动作。技术挑战赛分为地面和空中两类机器人挑战赛,比赛将以机器人全自动完成任务的形式,来考查技术点的综合水准。ICRA RoboMaster 人工智能挑战赛是由 DJI RoboMaster 组委会与全球机器人和自动化大会(IEEE International Conference on Robotics and Automation)联合主办的挑战赛事。

  Robotac 的含义是 Robot(机器人)＋Tactic(策略、战略)。赛事秉承教育宗旨、创客实践精神,融合了电竞游戏的特点,以科技创新实践为基础,团队配合为策略,强化机器人对抗竞技的特点,让机器人科技竞技赛事具有科普性和娱乐性。

1.3　本课程使用的硬件和软件

  单片机应用系统的开发需要进行电路设计和程序设计,软、硬件结合。在前期开发和设计中可以通过电路仿真软件绘制电路,在集成开发平台中编程、调试编译并在电路仿真软件中进行仿真。在系统开发阶段,还要设计制作硬件电路,测试和软、硬件联合调试实现功能。以下介绍本门课程使用的工具、设备、仪器和软件。

1.3.1　本课程使用的工具、设备和仪器

  在计算机上编制的程序经编译后生成供单片机可执行的文件,程序下载到单片机和调试需要借助单片机编程器和单片机仿真器。单片机编程器是用来将程序编译后生成的.BIN 或.HEX 文件固化到单片机 ROM 中的工具。使用编程器,用户可对器件进行写入、

读出、校验、空检查、数据比较、加密等操作。图1-9(a)所示为编程器，图中的集成电路插座通过拨动手柄可以将置于其中的单片机芯片锁紧或松开，编程时锁紧以保证接触良好，编程完毕松开，取出单片机插入目标电路板中运行。芯片是双列直插封装时，直接插在座子上就可以烧写。如果采用贴片封装，在烧写器上烧写可以采用封装转换适配器进行转接，但比较麻烦。随着技术的进步，越来越多的单片机开始支持在线系统编程(ISP)。利用这种技术，将芯片直接焊在目标电路板上，利用留下的 ISP 接口即可对芯片进行编程，AT89S51 单片机就支持 ISP 功能。

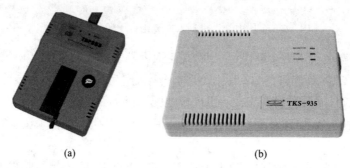

(a)   (b)

图 1-9　单片机开发设备

单片机仿真器是以调试单片机软件为目的而专门设计制作的一套专用的硬件装置，如图 1-9(b)所示。在软件开发的过程中单片机需要对软件进行调试，观察其中间结果，排除软件中存在的问题。单片机仿真器具有基本的输入、输出装置，具备支持程序调试的软件，使得单片机开发人员可以通过单片机仿真器输入和修改程序，观察程序运行结果与中间值，同时对与仿真器相连接的单片机硬件目标电路板进行检测和观察，大大提高单片机的编程效率和效果。随着软件单片机仿真器(单片机电路仿真软件)的应用逐渐广泛，传统单片机仿真器的应用范围也有缩小。单片机电路仿真软件可在一定程度上模拟单片机运行的硬件环境，并在该环境下运行单片机目标程序，对目标程序进行调试、断点、观察变量等操作，大大提升单片机系统的调试效率。

单片机系统的硬件调试和软件调试是不可分的，许多硬件错误是在软件调试中被发现和纠正的。通常是先排除明显的硬件故障，再与软件结合起来调试以进一步排除故障。可见，硬件的调试是基础，如果硬件调试无法通过，软件设计则无从实现。硬件设计从布线、制板、焊接完成到调试，需要使用焊装工具和仪器设备。图1-10为电路板焊装常用工具，有烙铁、松香、焊锡丝、斜口钳、镊子、吸锡器等，还有恒温烙铁和带热风枪的焊台，方便焊装贴片元件。

图 1-11 为单片机应用系统开发常用仪器设备。下面简单介绍常用仪器工具在单片机系统中的应用。

万用表是电子工程师最基本，也是最不可或缺的测量工具，基本功能包括交直流电压和电流测量、电阻值测量、二极管和三极管测试、测试电路通断、电容值测量、脉冲测量等。可借助万用表对照原理图进行检测，看电路板是否有错线、开路、短路和电源故障，排除元器件焊接错误或损坏失效的情况。

信号发生器是一种能提供各种频率、波形和输出电平电信号的设备。在测量各种电信

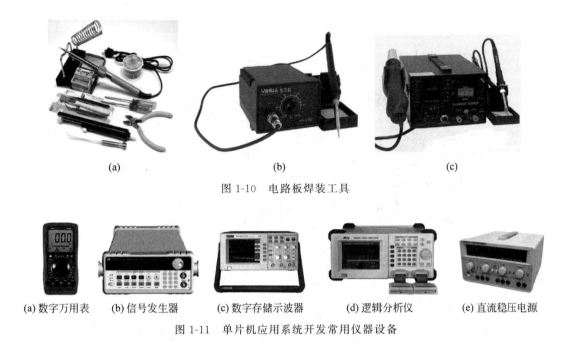

图 1-10　电路板焊装工具

(a) 数字万用表　　(b) 信号发生器　　(c) 数字存储示波器　　(d) 逻辑分析仪　　(e) 直流稳压电源

图 1-11　单片机应用系统开发常用仪器设备

系统或电信设备的振幅特性、频率特性、传输特性及其他电参数时,以及测量元器件的特性与参数时,信号发生器用作测试的信号源或激励源。

示波器是一种能直接观察和测量被测信号的仪器。通过示波器可以直观地观察被测电路中信号的波形,包括形状、幅度、频率、相位等,还可以对多个波形进行比较。数字存储示波器能充分利用记忆、存储和处理,以及多种触发和超前触发能力,迅速、准确地查找故障原因。在单片机系统的分析中,可以通过示波器检测元器件错误,分析程序的读写时序,分析信号,发现软件和硬件方面的问题并进行处理。

逻辑分析仪是分析数字系统逻辑关系的仪器。逻辑分析仪是一种总线分析仪,即以总线概念为基础,同时对多条数据线上的数据流进行观察和测试的仪器,对复杂数字系统的测试和分析十分有效。一般的示波器只有 2 个通道或 4 个通道,而逻辑分析仪可以拥有 16 个通道、32 个通道、64 个通道甚至上百个通道。逻辑分析仪具备同时进行多通道测试的优势,非常适合单片机系统等数字系统的测量分析,尤其在总线协议分析和通信系统方面是最佳的辅助测试仪器。

当然,对于单片机初学者来说,一开始就自制电路板并进行单片机应用系统开发学习有一定的难度,此时可以借助单片机实验箱或学习板。开设本门课程的高校单片机实验室都有功能齐全的单片机实验箱供学生进行开发学习,大多数学校的单片机原理的课程实验是先由学生在计算机上编程,再在单片机实验箱上进行验证。也可以自行购买一块单片机实验板来进行学习,对于尽快掌握单片机也是很有好处的。对于初学者来说,不必追求价格昂贵、功能齐全的实验板,购买价格便宜、具有较为丰富资源的单片机实验板足够。图 1-12 为51 单片机实验板,具有流水灯、数码管、独立键盘、矩阵式键盘、A/D、D/A、液晶、蜂鸣器、继电器、时钟芯片、18B20 温度传感器等较多的功能,带串口下载,可通过计算机 USB 接口下载程序到单片机。

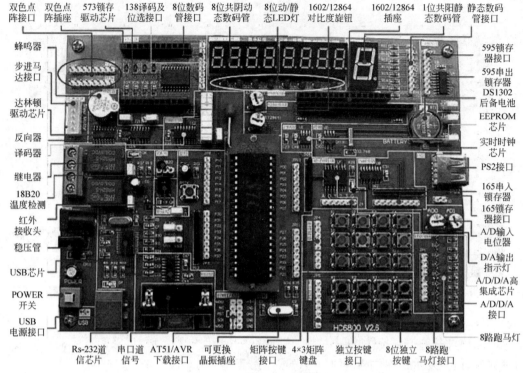

双色点阵接口　双色点阵插座　573锁存驱动芯片　138译码及位选接口　8位数码管接口　8位共阴动态数码管　8位动/静态LED灯　1602/12864对比度旋钮　1602/12864插座　1位共阳静态数码管　静态数码管接口

蜂鸣器
步进马达接口
达林顿驱动芯片
反向器译码器
继电器
18B20温度检测
红外接收头
稳压管
USB芯片
POWER开关
USB电源接口

595锁存器接口
595串出锁存器
DS1302后备电池
EEPROM芯片
实时时钟芯片
PS2接口
165串入锁存器
165锁存器接口
A/D输入电位器
D/A输出指示灯
A/D/D/A高集成芯片
A/D/D/A接口
8路跑马灯

Rs-232道信芯片　串口道信号　AT51/AVR下载接口　可更换晶振插座　矩阵按键接口　4×3矩阵键盘　独立按键接口　8位独立按键　8路跑马灯接口

图 1-12　51 单片机实验板

1.3.2　本课程使用的软件开发工具

Proteus 软件是英国 Labcenter Electronics 公司的 EDA 工具软件，它不仅具有其他 EDA 工具软件的仿真功能，还能仿真单片机及外围器件，是目前最好的仿真单片机及外围器件的工具。Proteus 从原理图布图、代码调试到单片机与外围电路协同仿真，一键切换到 PCB 设计，真正实现了从概念到产品的完整设计。Proteus 是将电路仿真软件、PCB 设计软件和虚拟模型仿真软件三合一的设计平台，其处理器模型支持 8051、HC11、AVR、ARM、8086、PIC10/12/16/18/24/30/DsPIC33 和 MSP430 等。图 1-13 为 Proteus 7.5 软件的启动画面和工作界面。

Keil C51 是美国 Keil Software 公司的 51 系列兼容单片机 C 语言软件开发系统，与汇编语言相比，C 语言在功能性、结构性、可读性、可维护性上有明显的优势，易学易用。Keil 提供了包括 C 编译器、宏汇编、链接器、库管理和一个功能强大的仿真调试器等在内的完整开发方案，通过一个集成开发环境（μVision）将这些部分组合在一起。

Keil 相继推出了 Keil μVision2、Keil μVision3、Keil μVision4、Keil μVision5 版本。2009 年 2 月发布的 Keil μVision4 引入灵活的窗口管理系统，使开发人员能够使用多台监视器，新的用户界面可以更好地利用屏幕空间和更有效地组织多个窗口，提供一个整洁、高效的环境来开发应用程序。新版本支持更多最新的 ARM 芯片，还添加了一些其他新功能。2011 年 3 月，ARM 公司发布的集成开发环境 RealView MDK 开发工具中集成了 Keil μVision4，其编译器、调试工具实现与 ARM 器件的最完美匹配。本书中所有例程用 Keil

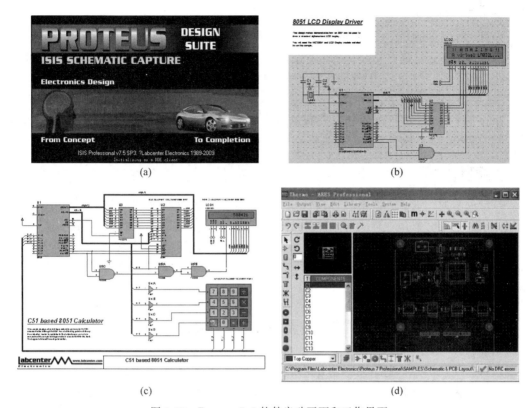

(a)

(b)

(c)

(d)

图 1-13　Proteus 7.5 软件启动画面和工作界面

μVision4 进行编写。图 1-14 为 Keil μVision4 的启动画面和编程界面。

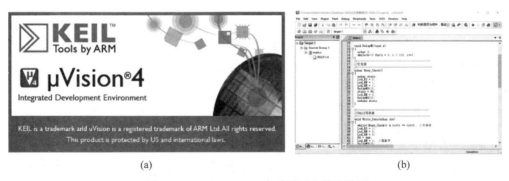

(a)

(b)

图 1-14　Keil μVision4 启动画面和编程界面

1.4　单片机中的数制与编码

1.4.1　数制及转换

单片机用于处理数字信息的各种数据,以及非数字信息在进入单片机处理前必须转换成二进制数或二进制编码。数制、编码及数据的相关知识在计算机基础课程中已有介绍,本节先介绍数据单位。

位(Bit)：二进制代码只有"0"和"1"，它是表示信息的最小单位。

字节(Byte)：通常把8位二进制数定义为一个字节，它是数据处理的基本单位。字节是一个比较小的单位，常用的还有 KB 和 MB 等，1MB=1024KB，1KB=1024B。

字(Word)：1 个字为 2 字节。

字长：计算机一次可处理的二进制数的位数。如 8 位、16 位、32 位单片机的位指的是单片机的字长，32 位机一次可以处理进制的位数为 32 位，处理能力更强。

1. 数制

按进位的原则进行计数称为进位计数制。单片机中常用的有：二进制、十进制和十六进制。只有二进制数是计算机能直接处理的，十进制是人们最熟悉的数制，为书写和识别方便编程中常采用十六进制。进位计数制是采用位置表示法，即处于不同位置的同一数字符号，所表示的数字不同。一般说来，如果数制只采用 R 个基本符号，则称为基 R 数制，R 称为数制的"基数"或简称"基"，而数制中每一固定位置对应的单位值称为"权"。

二进制：$R=2$，基本符号由 0、1 组成，如 10100100B、101.11B。

八进制：$R=8$，基本符号由 0~7 组成，如 56Q、34.6Q。

十进制：$R=10$，基本符号由 0~9 组成，如 38D 或 38。

十六进制：$R=16$，基本符号由 0~9、A~F 组成，如 0x7D 或 7DH。

二进制数尾加 B 作标识，十进制数尾加 D 或省略，八进制数尾加 Q，十六进制数尾加 H 或在数前加上 0X。使用四种进制必然产生数制间的相互转换问题。

2. n 进制转换为十进制的方法

按权展开法（将 n 进制数按权展开相加即可得到相应的十进制数）。

例如，将二进制数 1011.011B 转换成十进制数：

$$1011.011B=1\times 2^3+0\times 2^2+1\times 2^1+1\times 2^0+0\times 2^{-1}+1\times 2^{-2}+1\times 2^{-3}=11.375$$

将十六进制数 3BCH 转换成十进制数：

$$3BCH=3\times 16^2+11\times 16^1+12\times 16^0=956$$

3. 十进制转换为 n 进制的方法

十进制数转换为 n 进制数分，整数部分和小数部分进行，整数部分方法是除 n 取余逆排法，小数部分方法是乘 n 取整顺排法。

1) 整数部分

将已知的十进制数的整数部分反复除以 n（n 为进制数，取值为 2、8、16），直到商是 0 为止，并将每次相除之后所得到的余数按次序记下来，第一次相除所得的余数 K_0 为 n 进制数的最低位，最后一次相除所得余数 K_{n-1} 为 n 进制数的最高位。排列次序为 $K_{n-1}K_{n-2}\cdots K_1K_0$ 的数就是换算后得到的 n 进制数。

例如，将十进制数 268 转换成二进制数：

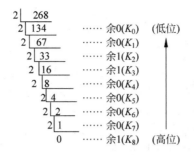

于是，得到 268=100001100B。

2）小数部分

将已知的十进制数的纯小数（不包括乘后所得整数部分）反复乘 n，直到乘积的小数部分为 0 或小数点后的位数达到精度要求。第一次乘 n 所得的整数部分为 K_{-1}，最后一次乘 n 所得的整数部分为 K_{-m}，则所得 n 进制小数部分为 $0.K_{-1}K_{-2}\cdots K_{-m}$。

例如，将十进制小数 0.48 转换成二进制数（精确到小数点后第 5 位）

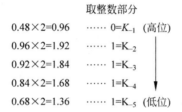

于是，得到 $0.48 \approx 0.01111B$。

若要将十进制数 268.48 转换成二进制数，则只需将其整数部分和小数部分分别转换成二进制数，最后将其结果组合起来即可。所以有 268.48=100001100.01111B。

4. 二进制数与十六进制数之间的转换方法

将二进制数转换为十六进制数时，按"四位并一位"的方法进行。以小数点为界，将整数部分从右向左每四位一组，最高位不足四位时，添 0 补足四位；小数部分从左向右，每四位一组最低有效位不足四位时，添 0 补足四位；然后，将各组的四位二进制数按权展开后相加，得到一位十六进制数。

将十六进制数转换成二进制数时，采用"一位拆四位"的方法进行，即把十六进制数每位上的数用相应的四位二进制数表示。

例如：10101001011.01101B=0101 0100 1011.0110 1000B=54B.68H

ACD.EFH=1010 1100 1101.1110 1111B

在编程中如需数制转换，为更加方便快捷和准确，可不用手工计算转换，直接使用 Windows 自带计算器，选择程序员模式即可轻松方便地实现各种数制的转换，如图 1-15 所示。选中十六进制 HEX，在计算器中输入十六进制数 8D，对应的十进制（DEC）数 141，八进制（OCT）数 215，二级制（BIN）数 10001101 均在计算器显示窗口转换。

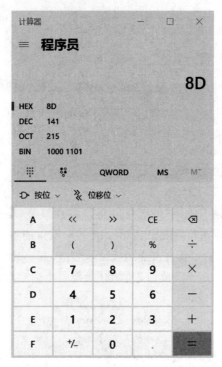

图 1-15　使用 Windows 自带计算器进行数制转换

1.4.2　单片机中常用编码

计算机既可以处理数字信息和文字信息，也可以处理图形、声音、图像等信息。由于计算机中采用二进制，所以这些信息在计算机内部必须以二进制编码的形式表示。也就是说，一切输入到计算机中的数据都是由 0 和 1 进行组合的。那么这些数值、文字、字符或图形是如何用二进制编码进行组合？

1. 机器数与真值

1）机器数

数学中正数与负数是用该数的绝对值加上正、负符号来表示。由于计算机中无论是数值还是数的符号，都只能用 0 和 1 来表示，所以为了表示正、负数，把一个数的最高位作为符号位：0 表示正数，1 表示负数。比如，如用八个二进制位表示一个十进制数，则正的 36 和负的 36 可表示为

$+36 \rightarrow 00100100$

$-36 \rightarrow 10100100$

这种连同符号位一起数字化的数称为机器数。

2）真值

由机器数所表示的实际值称为真值。比如，机器数 00101011 的真值为十进制的 $+43$ 或二进制的 $+0101011$，机器数 1010011 的真值为十进制的 -43 或二进制的 -0101011。

2. 机器数的表示方法

1）原码

正数的符号位用 0 表示，负数的符号位用 1 表示，数值部分用二进制形式表示，称为该数的原码。用原码表示一个数简单、直观、方便，但不能用它对两个同号数相减或对两个异号数相加。

2）反码

正数的反码和原码相同，负数的反码是对该数的原码除符号位外各位取反，即"0"变"1"，"1"变"0"。

3）补码

正数的补码与原码相同，负数的补码是对该数的原码除符号外各位取反，然后加 1，即反码加 1。计算机中，加减法基本上都采用补码进行运算，并且加减法运算都可以用加法来实现。

3. 字符编码

字符编码是规定用怎样的二进制编码来表示文字和符号。它主要有 BCD 码、ASCII 码、汉字编码。

1）BCD 码

把十进制数的每一位分别写成二进制数形式的编码，称为 BCD 编码或二-十进制编码。BCD 编码方法很多，常用的是 8421 编码：它采用四位二进制数表示一位十进制数，即每一位十进制数用四位二进制表示。这四位二进制数各位权由高到低分别是 2^3、2^2、2^1、2^0，即 8、4、2、1。这种编码最自然，最简单，且书写方便、直观、易于识别。

比如：十进制，1 9 9 8；8421 码，0 0 0 1 1 0 0 1 1 0 0 1 1 0 0 0。

2）ASCII 码

ASCII 码（美国信息交换标准代码）是计算机系统中使用最广泛的一种字符编码，已被国际标准化组织（ISO）认定为国际标准。ASCII 码有 7 位版本和 8 位版本两种。国际上通用的是 7 位版本。7 位版本的 ASCII 码有 128 个元素，其中通用控制字符 34 个，阿拉伯数字 10 个，大、小写英文字母 52 个，各种标点符号和运算符号 32 个。常用字符的 ASCII 码见表 1-1。

3）汉字编码

我国用户在使用计算机进行信息处理时都要用到汉字，如汉字的输入、输出以及处理，这就需要对汉字进行编码。通常汉字有国标码和机内码两种编码。

计算机处理汉字用的编码标准是我国于 1980 年颁布的 GB2312—80《信息交换用汉字编码字符集基本集》，是国家规定的用于汉字编码的依据，简称国标码。国标码规定：用两个字节表示一个汉字字符。在国标码中共收录汉字和图形符号 7445 个。国标码本身也是一种汉字输入码，通常称为区位输入法。

机内码是指在计算机中表示一个汉字的编码。机内码是一种机器内部的编码，主要作为汉字信息交换码使用：将不同系统使用的不同编码统一转换成国标码，将不同的系统之间的汉字信息进行交换。正是由于机内码的存在，输入汉字时允许用户根据自己的习惯使用不同的汉字输入法，如五笔字型、自然码、智能拼音等，进入系统后再统一转换成机内码存储。

表 1-1　常用字符的 ASCII 码（十六进制表示）

字符	ASCII	字符	ASCII	字符	ASCII	字符	ASCII	字符	ASCII
NUL	00	.	2F	C	43	W	57	k	6B
BEL	07	0	30	D	44	X	58	l	6C
LF	0A	1	31	E	45	Y	59	m	6D
FF	0C	2	32	F	46	Z	5A	n	6E
CR	0D	3	33	G	47	[	5B	o	6F
SP	20	4	34	H	48	\	5C	p	70
!	21	5	35	I	49	]	5D	q	71
"	22	6	36	J	4A	↑	5E	r	72
#	23	7	37	K	4B	'	5F	s	73
$	24	8	38	L	4C	←	60	t	74
%	25	9	39	M	4D	a	61	u	75
&	26	:	3A	N	4E	b	62	v	76
'	27	;	3B	O	4F	c	63	w	77
(	28	<	3C	P	50	d	64	x	78
)	29	=	3D	Q	51	e	65	y	79
*	2A	>	3E	R	52	f	66	z	7A
+	2B	?	3F	S	53	g	67	{	7B
,	2C	@	40	T	54	h	68	|	7C
−1	2D	A	41	U	55	i	69	}	7D
/	2E	B	42	V	56	j	6A	∼	7E

1.5　51 单片机简介

　　英特尔公司于 1980 年推出的 MCS-51 奠定了嵌入式应用的单片微型计算机的经典体系结构，典型产品有 8031、8051 和 8751 等通用产品，20 世纪 80 年代中期以后，英特尔公司逐渐停止单片机的生产，以专利转让的形式把 51 内核技术授权给许多半导体公司，如阿特梅尔（AMTEL）、飞利浦等公司。这些公司在保持与 MCS-51 单片机兼容基础上，对技术指标进行了增强，对功能进行了扩展；提高了运行速度，放宽了电源电压的动态范围，降低了产品价格；扩展了针对满足不同测控对象要求的外围电路，如满足模拟量输入的 A/D、满足伺服驱动的 PWM、满足高速输入/输出控制的 HSL/HSO、满足串行扩展总线 SPI、保证程序可靠运行的 WDT、引入使用方便且价廉的 Flash ROM 等。目前，MCS-51 内核系列兼容的单片机仍占据 8 位机较大市场份额。51 单片机是对所有兼容 Intel 8051 指令系统的单片机的统称。

　　在 51 单片机体系结构实现开放后，飞利浦公司着力发展 80C51 的控制功能及外围单元，将 MCS-51 单片机迅速地推进到 80C51 的 MCU 时代，形成了可满足大量嵌入式应用的单片机系列产品。Flash ROM 的使用加速了单片机技术的发展，基于 Flash ROM 的 ISP/

IAP 技术,极大地改变了单片机应用系统的结构模式以及开发和运行条件,在单片机中最早实现 Flash ROM 技术的是 ATMEL 公司的 AT89Cxx 系列。

51 单片机体系具有极好的兼容性,对于 MCU 不断扩展的外围来说,形成了一个良好的嵌入式处理器内核的结构模式。当前嵌入式系统应用进入 SoC 模式,从各个角度以不同方式形成了嵌入式系统应用热潮。在这个技术潮流中 8051 又扮演了嵌入式系统内核的重要角色。在 MCU 向 SoC 过渡的数模混合集成的过程中,ADI 公司推出了 ADμC8xx 系列,实现了向 SoC 的 C8051F 过渡;在 PLD 向 SoC 发展过程中,Triscend 公司在可配置系统芯片 CSoC 的 E5 系列中以 8052 作为处理器内核。

51 单片机生产厂家和型号众多,有 ATMEL、Philips、Winbond、Dallas、Siemens、STC 等众多品牌的多个系列。表 1-2 为部分公司单片机型号对应表,对应型号的单片机功能基本相似,可以相互替换。本书以 ATMEL 公司生产的 AT89C51 单片机为主要对象,对 51 单片机编程与使用技术进行讲解。

表 1-2 部分公司 51 单片机型号对应表

STC 公司的 51 单片机	ATMEL 公司的 51 单片机	飞利浦公司的 51 单片机	华邦(Winbond)公司的 51 单片机
STC89C516RD	AT89C51RD2/RD+/RD	P89C51RD2/RD+, 89C61/60X2	W78E516
STC89LV516RD	AT89LV51RD2/RD+/RD	P89LV51RD2/RD+/RD	W78LE516
STC89LV58RD	AT89LV51RC2/RC+/RC	P89LV5151RC2/RC+RC	W78LE58, W77LE58
STC89C54RC2	AT89C55, AT89S8252	P89C54	W78E54
STC89LV54RC2	AT89LV55	P87C54	W78LE54
STC89C52RC2	AT89C52, AT89S52	P89C52, P87C52	W78E52
STC89LV52RC2	AT89LV52, AT89LS52	P89C52	W78LE52
STC89C51RC2	AT89C51, AT89S51	P89C51, P87C52	W78E51

习题

一、填空

1. 将程序下载到单片机需要用到_____,在单片机目标电路板上调试软件需要用到_____,AT89S51 支持_____功能,可以直接把程序下载到单片机目标板上,无须插拔芯片。

2. 本课程用到的电路仿真软件是_____,用到的 51 单片机 C 语言开发的集成开发环境是_____。

3. 二进制数 10110100B 转换成十六进制数为_____,十六进制数 0xd6 转换成二进制数为_____。

4. 十进制数 1000 对应二进制数为_____,对应的十六进制数为_____。

5. 单片机内部数据用_____进制形式表示,51 系列单片机是 8 位单片机,这里的位是指单片机的_____为 8 位。

　　6. 计算机最常用的字符编码是_____,最常用的数字编码是_____。

二、单项选择

　　1. 下列有关单片机的说法正确的是_____。

　　　　A. 单片机是一种 CPU

　　　　B. AT89C51 单片机的工作频率上限为 12MHz

　　　　C. 用 AT89C51 设计的应用系统电路板,不可将芯片 AT89C51 用 AT89C52 替换

　　　　D. 单片机可运行程序编译后生成的.BIN 或.HEX 文件。

　　2. 在电冰箱中使用单片机属于单片机的应用领域是_____。

　　　　A. 数据处理应用　　　B. 测量与控制应用　　　C. 通信应用　　　D. 数值计算应用。

三、思考题

　　1. 什么是单片机? 列举几种常用的 8 位单片机、16 位单片机和 32 位单片机。

　　2. 51 单片机是英特尔公司开发的,为什么不把 51 单片机称为 MCS51 系列单片机?

## 第2章

AT89C51单片机的硬件结构和原理

ATMEL 公司 AT89 系列单片机与 MCS-51 系列单片机在原有功能、引脚和指令系统方面完全兼容,在 MCS-51 系列单片机基础上某些型号增加了 WDT、ISP、片内 Flash 存储器、串行外设接口(SPI)等功能模块。本章介绍 AT89C51 单片机的内部硬件资源、各功能部件及原理。

2.1 AT89 系列单片机

ATMEL 公司的技术优势是 Flash 存储器技术,将 Flash 技术与 80C51 内核相结合,形成了片内带有 Flash 存储器的 AT89 系列单片机。AT89C5x/AT89S5x 系列单片机与 MCS-51 系列单片机在原有功能、引脚以及指令系统方面完全兼容。此外,AT89C5x/AT89S5x 系列单片机中的某些品种又增加了一些新的功能,如 WDT、ISP 及 SPI 技术等。片内 Flash 存储器允许在线(+5V)电擦除、电写入或使用编程器对其重复编程;另外,AT89C5x/AT89S5x 单片机还支持由软件选择的两种节电工作方式,适于电池供电或其他要求低功耗的场合。

不同型号的 51 系列单片机的技术指标和具有的功能模块略有不同,可以从单片机的型号名中知道部分技术指标和功能信息。AT89 系列单片机的型号命名规则较为复杂,以 AT89S2051-24PU 为例,该款 MCU 的型号命名的含义是 ATMEL 公司生产的 51 内核单片机,程序存储器为 2KB,具有 ISP 在线编程功能,工作频率 24MHz,塑料双列直插式封装(PDIP),工业级符合有害物质限制(Restriction of Hazardous Substances,RoHS),采用标准制程生产的单片机。详细分解如下进行说明:

AT 89 S 2051 − 24 P U

AT 为生产公司代码,表示芯片为 ATMEL 公司产品。另外,还有 STC、SST 等。

89 为系列号,8 表示该芯片为 8051 内核芯片,9 表示内部含 Flash EEPROM(带电可擦可编程只读存储器)。另外,还有如 80C51 中的 0 表示内部含 MASK ROM 存储器,87C51 中的 7 表示内部含 EPROM(紫外线可擦除存储器)。目前,87 系列主要针对一次性可编程(One Time Programmable,OTP)只需一次写入程序的应用。

S 表示芯片内含有可串行下载功能的 Flash 存储器,具有 ISP 在线编程功能。另外,还有 C 表示该器件为 CMOS 产品,L 表示低电压低功耗产品,LV 表示低电压产品,LS/LP 表示低功耗增强型内核产品。

2051 为型号描述，该栏描述中有程序存储器（ROM）容量这一重要参数体现：对于 xx51 系列，xx 表示 ROM 容量，10＝1KB，20＝2KB，40＝4KB，因此本单片机 ROM 容量为 2KB；对于 5x 系列，x 表示 ROM 容量，ROM 容量为 4KB 乘以此数字，如 1 为 4KB，2 为 8KB，16 为 64KB；对于 51xD2 系列，ROM 容量为 64KB。更多系列可参考相关技术手册。

24 表示最大工作频率，用两位数字表示，表示最大工作频率为 24MHz。部分系列会省略此参数。

P 表示封装，P 为塑料双列直插式封装。另外，还有 A 为薄塑封四角扁平封装（TQFP），J 为带引线的塑料芯片载体（PLCC）封装等。

U 表示芯片使用温度级别，U 为工业级（ROHS），温度范围为−40～+85℃。另外，还有 I 为工业级（非 ROHS），温度范围为−40～+85℃；C 为商业级，温度范围为 0～70℃；A 为汽车级，温度范围为−40～+125℃；M 表示军工级，温度范围为−55～+155℃。

按照上述命名规则，AT89S52 单片机表示 ATMEL 公司生产的 8051 内核、内部含有 8KB 的 Flash EEPROM 的支持 ISP 在线编程的单片机。STC89C516RD＋单片机表示宏晶公司生产的 8051 内核、内部含有 64KB 的 Flash EEPROM 的 CMOS 单片机。后缀 RD＋表示随机存储器（RAM）为 1280B，若为 RC 表示 RAM 为 512B。

表 2-1 列出 ATMEL 公司生产的部分型号 51 单片机的主要技术指标和功能模块，各种型号都有一定的应用环境，因此用户要多加比较，合理选用，以期获得最佳的性价比。

表 2-1　ATMEL 51 单片机主要技术指标和功能模块

型　　号	Flash/KB	RAM/B	最大频率/MHz	I/O 口	定时器	供电电压/V	其他功能模块
AT89C51	4	128	24	32	2 个	4～6.0	
AT89C52	8	256	24	32	3 个	4～6.0	
AT89C2051	2	128	24	15	2 个	2.7～6.0	
AT89C4051	4	128	24	15	2 个	2.7～6.0	
AT89S51	4	128	33	32	2 个	4.0～5.5	ISP、WDT
AT89S52	8	256	33	32	3 个	4.0～5.5	ISP、WDT
AT89S2051	2	256	24	15	2 个	2.7～5.5	ISP
AT89S4051	4	256	24	15	2 个	2.7～5.5	ISP
AT89S8253	12	256	24	32	3 个	2.7～5.5	2KB EEPROM、ISP、WDT、SPI
AT89C51ED2	64	2048	60	32	3 个	2.7～5.5	2KB EEPROM、IAP、API、WDT、SPI
AT89C51RD2	64kb	2048	60	32	3 个	2.7～5.5	IAP、API、WDT、SPI

2.2　AT89C51 单片机的基本组成

图 2-1 为 AT89C51 单片机结构框图。本章对单片机硬件结构的介绍都围绕该图展开。

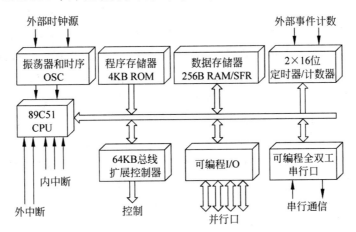

图 2-1　AT89C51 单片机结构框图

AT89C51 单片机内部芯片提供以下功能模块：

（1）一个 8 位的 8051 内核 CPU；

（2）片内 4KB 的程序存储器 Flash ROM；

（3）片内 128B 的 RAM；

（4）4 组 8 位的并行 I/O 端口 P0～P3；

（5）2 个 16 位的可编程定时/计数器；

（6）5 个中断源、两级中断优先级的中断系统；

（7）1 个全双工 UART（通用异步收发器）；

（8）片内振荡器和时钟产生电路，需要外接石英晶体和微调电容；

（9）两种节电工作方式，即空闲模式和掉电方式。

2.3　AT89C51 单片机的 CPU

　　AT89C51 单片机有一个 8 位的 CPU，CPU 是单片机内部的核心部件，完成运算和控制操作。其包括运算器、控制器以及几个特殊功能寄存器（SFR）。在用汇编语言编程时，要经常操作这几个特殊功能寄存器，需要对运算器和控制器的结构熟练掌握，而用 C 语言编程只需要一般了解即可。

　　运算器主要用于对操作数进行算数、逻辑和位运算。其主要包括算数逻辑运算单元（Arithmetic and Logic Unit，ALU）、累加器（Accumulator，ACC）、程序状态字寄存器（Program Status Word，PSW）及两个暂存器（TMP1、TMP2）。

　　ALU 能对数据进行加、减、乘、除等算术运算和与、或、异或等逻辑运算及位操作运算。ALU 只能进行运算，运算的操作数可以事先存放到 ACC 或 TMP 中，运算结果也可以送入

ACC、通用寄存器或存储单元中。PSW是一个8位寄存器，用来存放运算相关的特征信息。

控制器的主要任务是控制指令的读入、译码和执行，从而控制单片机各功能部件协调工作。其主要包括程序计数器（Program Counter，PC）、指令寄存器（Instruction Register，IR）、指令译码器（Instruction Decoder，ID）、时序部件等。

PC的作用是用来存放将要执行的指令地址，是一个独立的16位计数器，是不可访问的。当单片机复位时，PC的内容是0000H。PC具有自动加1功能，即从存储器中读出一个字节的指令码后，PC自动加1并指向下一个存储单元，因此在程序运行时，PC是指向当前正在执行指令的下一条指令的首地址。当执行一条指令时，首先需要根据PC中存放的指令地址，将指令由ROM取到指令寄存器中，此过程称为"取指令"。与此同时，PC中的地址或自动加1或由转移指针给出下一条指令的地址。89C51单片机中的PC为16位，PC可以从0000H指向FFFFH，共65536个存储单元，可对64KB的程序存储器进行寻址。时序部件由时钟电路和脉冲分配器组成，用于产生单片机各部件工作所需的定时脉冲信号，时钟电路和时序在后面会详细介绍。指令译码器的作用是对送入译码器的指令进行译码，即把指令转变为所需要的电平信号，CPU根据译码器输出的电平信号使定时控制电路产生执行该指令所需的各种控制信号。

2.4 AT89C51单片机引脚及其功能

图2-2是AT89C51单片机的PDIP引脚图，AT89C51单片机还有PLCC、塑料四边引出扁平封装（FQFP）两种封装形式，引脚如图2-3所示，封装实物如图2-4所示。

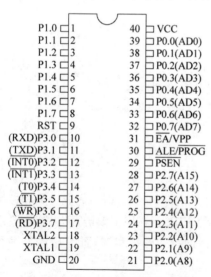

图2-2 AT89C51单片机PDIP引脚

在实际焊接芯片时，要正确区分芯片引脚序号。芯片外壳上都有供识别引脚排序定位标记。塑封双列直插式集成电路的定位标记通常是弧形凹口、圆形凹坑或小圆圈，如AT89C51双列直插封装，带一个圆弧的标记处左边第1个引脚为1脚，逆时针开始数依次到40脚。对于扁平封装，一般在器件正面的一端标上小圆点（或小圆圈、色点）作标记。另外，还有色线、黑点、方形色环、双色环等用作定位标记。

AT89C51单片机双列直插封装引脚名称和功能如下：

（1）电源引脚：

VCC（40引脚）：电源端，接+5V。

GND（20引脚）：接地端。

（2）时钟引脚：

XTAL1（19引脚）：片内振荡器反向放大器输入端，接外部晶体振荡器和微调电容，在采用外部时钟源时，本引脚接外部时钟信号。

XTAL2（18引脚）：片内振荡器反向放大器输出端，接外部晶体振荡器和微调电容的另

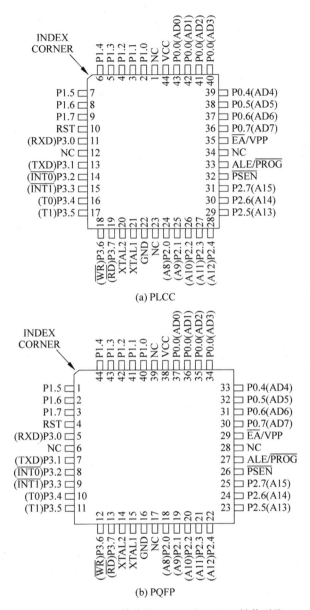

图 2-3　AT89C51 单片机 PLCC 和 PQFP 封装引脚

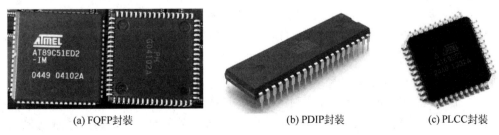

(a) FQFP封装　　　　　　　　(b) PDIP封装　　　　　　　(c) PLCC封装

图 2-4　AT89C51 单片机三种封装实物

一端,要检查89C51单片机的振荡电路是否正常工作,可用示波器查看此引脚是否有时钟脉冲输出。在采用外部时钟源时,本引脚悬空。

（3）控制信号引脚:

RST(9引脚):RST是Reset的简称,该引脚为复位信号输入端,当此输入端保持2个机器周期以上的高电平,单片机完成复位操作。在正常工作模式下,RST引脚保持低电平。

$\overline{EA}$/VPP(Enable Address/Voltage pulse of programming,31脚):外部程序存储器地址允许输入端/固化编程电压输入端,当$\overline{EA}$接低电平时,只读取外部程序存储器的内容,当$\overline{EA}$为高电平时,CPU从片内FLASH ROM开始读取程序指令。需注意的是:如果加密位LB1被编程,复位时内部会锁存$\overline{EA}$端状态。VPP为该引脚的第二功能,在对片内Flash进行编程时,该引脚接入编程电压。

ALE/$\overline{PROG}$(30脚):地址锁存信号端,ALE为CPU访问外部程序存储器或外部数据存储器提供一个地址锁存信号,将低8位地址锁存在片外的地址锁存器中。$\overline{PROG}$为该引脚第二功能,在对片内Flash存储器编程时,此引脚作为编程脉冲输入端。当AT89C51单片机上电工作后,即使不访问外部存储器,ALE端仍会输出脉冲信号,频率为时钟振荡器频率的1/6。此端口可对外输出时钟或用于定时,如果想判断AT89C51芯片是否正常工作,可用示波器查看该引脚是否有脉冲输出。

$\overline{PSEN}$(29脚):程序存储器允许输出信号端,当AT89C51由片外程序存储器取指令时,每个机器周期两次$\overline{PSEN}$有效(输出2个脉冲)。但在此期间,每当访问外部数据存储器时,这两次$\overline{PSEN}$信号将不出现。

（4）并行I/O口引脚:

P0口(P0.0~P0.7):是一组漏极开路的8位准双向口。当AT89C51扩展外部存储器时,P0口作为地址总线(低8位)及数据总线的分时复用端口。在Flash编程时,P0口接收指令字节,而在程序校验时输出指令字节,校验时,要求外接上拉电阻。P0口作为通用I/O口使用时,是准双向口,由于P0口内部无上拉电阻,此时需要外加上拉电阻。P0口可驱动8个LS型TTL负载。

P1口(P1.0~P1.7):是一个带有内部上拉电阻的8位双向I/O口,P1的输出缓冲级可驱动4个晶体管-晶体管逻辑(TTL)门电路。在对Flash ROM编程和程序校验时,P1口接收低8位地址。

P2口(P2.0~P2.7):是一个带内部上拉电阻的8位双向I/O口,P2口的输出缓冲级可驱动4个TTL门电路。在访问外部程序存储器或16位地址的外部数据存储器时,P2口送出高8位地址数据。在访问8位地址的外部数据存储器时,P2口线上的内容(特殊功能寄存器中R2寄存器的内容)在整个访问期间不改变。Flash编程或校验时,P2也接收高位地址和其他控制信号。

P3口(P3.0~P3.7):是一个带内部上拉电阻的8位双向I/O口,P3口的输出缓冲级可驱动4个TTL门电路。P3除作为一般I/O口线外,更重要的用途是它的第二功能,如表2-2所示。后续章节要讲到的外部中断、定时器、串口、外部数据存储器扩展都与P3口的第二功能有关。

表 2-2　P3 口的第二功能定义

引　脚	第二功能	说　明
P3.0	RXD	串行接收端
P3.1	TXD	串行发送端
P3.2	$\overline{INT_0}$	外部中断 0 输入引脚
P3.3	$\overline{INT_1}$	外部中断 1 输入引脚
P3.4	T0	定时器 0 输入引脚
P3.5	T1	定时器 1 输入引脚
P3.6	$\overline{WR}$	存储器写信号引脚
P3.7	$\overline{RD}$	读信号引脚

2.5　AT89C51 单片机的存储器组织

　　51 系列单片机的存储器采用哈佛结构,其特点是将程序和数据存储在不同的存储空间中,即程序存储器和数据存储器是两个独立的存储器,每个存储器独立编址、独立访问,该结构与通用计算机的存储器结构——冯·诺依曼结构不同。AT89C51 单片机的存储器包括程序存储器和数据存储器,在物理上有三个存储地址空间,如图 2-5 所示。程序存储器用于存放程序、常量和表格之类的固定常数,有 64KB 的程序存储器地址空间,包括片内程序存储器和片外程序存储器,程序存储器的地址是统一编址的。数据存储器用于存放运算的中间结果、数据暂存和缓冲、标志位等。数据存储器空间也分为片内 RAM 和片外 RAM,AT89C51 单片机的片外数据存储器空间为 64KB,地址从 0000H～FFFFH,片内存储器空间为 256B,地址从 0000H～00FFH,采用独立编址。8051 汇编语言对这三个不同的存储器空间进行数据传送时,必须分别采用三种形式的指令:MOV 用于对单片机内部数据存储器寻址,MOVC 用于对单片机内部程序存储器区进行寻址,MOVX 用于对外部数据存储器区进行寻址。

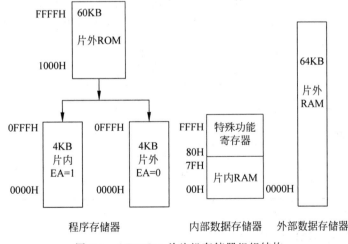

图 2-5　AT89C51 单片机存储器组织结构

2.5.1　程序存储器 ROM

AT89C51 用 Flash ROM 作单片机的程序存储器。只读，即只可以从里面读出数据，而不能写进去，下载到单片机的程序指令就放到 ROM 中。既然 ROM 是只读存储器，那么指令又是如何进入其中的呢？其实只读主要针对正常工作情况下而言，也就是在使用这块存储器时，而不是指将程序烧写到这块芯片时。Flash ROM 是一种快速存储式只读存储器，称为闪存，这种程序存储器的特点是既可以电擦写，又可在掉电后保存程序，编程寿命可以达到几万次。目前，新型的单片机都采用这种程序存储器。

AT89C51 片内有 4KB 的 ROM，外部可用 16 位地址线扩展到最大 64KB 的 ROM 空间。片内 ROM 和外部扩展 ROM 是统一编址的。当芯片引脚 EA 为高电平时，PC 在0000H～0FFFH（4KB）地址时从内部 ROM 取指令，超过 4KB 时，CPU 自动转向外部 ROM 执行程序，还可外扩最高 60KB 的外部 ROM。又如，对 AT89C52 单片机，片内有 8KB 的 ROM，当 EA 接高电平时，如果地址不超过 1FFFH，则访问内部 Flash ROM，当地址超过 1FFFH（2000H～FFFFH）时，将自动转向片外程序存储器。如果 EA 接低电平，AT89C51 片内 ROM 将不被访问，所有取指令操作均在外部 ROM 中进行，这时外部扩展的 ROM 从 0000H 开始编址。这种操作方式适合于已经淘汰的片内不带 ROM 的 8031 单片机，通常情况 51 单片机不采用这种访问方法。

当 AT89C51 单片机片内 4KB Flash ROM 容量不够时，应选择 AT89C52、AT89C54、AT89C58、AT89C516 等片内 ROM 为 8KB、16KB、32KB、64KB 的单片机，尽量避免外扩程序存储器芯片。如果需要超过 64KB 的 ROM 空间，普通的 51 单片机可采用"代码分组"设计技术，将 ROM 空间扩展到 32×64KB，新型 Philips 80C51Mx 单片机的 ROM 空间最大可扩展至 16MB，称为 ECODE 和 HCONST 空间。

AT89C51 程序存储器低地址的 40 多个单元是留给系统使用的，存储单元 0000H～0002H 用作 AT89C51 上电复位引导程序的存放单元。因为上电复位后 PC 的内容为0000H，所以 CPU 总是从 0000H 开始执行程序，如果在这三个单元存有转移指令，那么程序就被引导到转移指令所指向的 ROM 空间去执行。0003H～002AH 单元均匀地分为 5段，每段 8 个字节，用作 5 个中断服务程序的入口。各中断服务程序入口地址及保留的存储单元见表 2-3。

表 2-3　中断矢量地址表

中断源	中断服务程序入口地址	保留存储单元
外部中断 0	0003H	0003H～000AH
定时器 T0 中断	000BH	000BH～0012H
外部中断 1	0013H	0013H～001AH
定时器 T1 中断	001BH	001BH～0022H
串口中断	0023H	0023H～002AH

2.5.2　数据存储器 RAM

单片机的数据存储器采用的 RAM 是一种既可随时改写也可随时读出里面数据的存储

器,是单片机中重要的组成部分,单片机中有很多的功能寄存器都与它有关。RAM用于存放程序运算的中间结果、数据暂存和缓冲、标志位等,RAM的存储空间也分为片内和片外。

89C51单片机的片内数据存储器最大可寻址256B,地址从0000H~00FFH,其中低128B是真正供用户使用的RAM区,高128B为特殊功能寄存器区。AT89C51单片机片内RAM地址分配如图2-6所示。00H~1FH的32个地址单元为工作寄存器区,安排了4组工作寄存器,每组占用8个地址单元,记为R0~R7,在某一时刻,CPU只能使用其中任意一组工作寄存器。20H~2FH地址单元为位寻址区,共16B,每个字节的每一位都规定了位地址,该区域内每个地址单元除了可以进行字节操作之外,还可进行位操作。30H~7FH地址单元为用户RAM区,只能进行字节寻址,可存放数据以及作为堆栈区使用。对位地址中的内容进行位操作的寻址方式称为位寻址。由于单片机中只有内部RAM和特殊功能寄存器的部分单元有位地址,因此位寻址只能对有位地址的这两个空间进行寻址操作。

图2-6　AT89C51单片机片内RAM结构

当片内RAM不够用时,则需要外扩片外RAM。常用外接的RAM芯片有6116、6264、62256,分别可外扩2KB、8KB、32KB的静态RAM。AT89C51单片机最大可外扩64KB的RAM,地址为0000H~FFFFH。注意,片内RAM与外RAM的地址空间是相互独立的,片内RAM与片外RAM的低128B的地址是相同的,由AT89C51单片机有MOV和MOVX两种汇编指令对片内和片外RAM分别进行访问,所以不会产生冲突。

2.5.3　特殊功能寄存器

特殊功能寄存器是AT89C51单片机中各功能部件对应的寄存器,用于存放相应功能部件的控制命令、状态或数据。片内RAM的80H~FFH地址空间是特殊功能寄存器区,有21个特殊功能寄存器,这些特殊功能寄存器见表2-4。在这21个特殊功能寄存器中有11个具有位寻址能力,它们的字节地址正好能被8整除。

单片机内各种单元电路和功能部件都可通过对SFR的读写来实现操作管理。按照应用特性区分,SFR有以下四类:

(1) 方式寄存器:设置器件的应用方式,如设定定时器/计数器的定时或计数方式等。

(2) 控制寄存器:控制器件的运行操作,如控制定时器/计数器的启动和停止等。

(3) 状态寄存器:显示器件运行时的状态,如计数器是否溢出等。

(4) 数据寄存器:器件运行操作时用于传送数据的寄存器,如存放计数结果数据等。

表2-4　AT89C51单片机SFR的名称及其分布

序　号	寄存器名称	符　号	字节地址	位地址	复位值
1	并行I/O口P0	P0	80H	87H~80H	FFH
2	堆栈指针	SP	81H	无	07H
3	DPTR0(低字节)	DP0L	82H		00H
4	DPTR0(高字节)	DP0H	83H		00H

序　号	寄存器名称	符　号	字节地址	位地址	复位值
5	电源控制寄存器	PCON	87H		0xxx0000B
6	定时器控制寄存器	TCON	88H	8FH～88H	00H
7	定时器方式寄存器	TMOD	89H		00H
8	T0 低字节	TL0	8AH		00H
9	T1 低字节	TL1	8BH		00H
10	T0 高字节	TH0	8CH		00H
11	T1 高字节	TH1	8DH		00H
12	并行 I/O 口 P1	P1	90H	97H～90H	FFH
13	串行控制寄存器	SCON	98H	9FH～98H	00H
14	串行发送数据缓冲器	SBUF	99H		xxxxxxxB
15	并行 I/O 口 P2	P2	A0H	A7H～A0H	FFH
16	中断允许	IE	A8H	AFH～A8H	0xx00000B
17	并行 I/O 口 P3	P3	B0H	B7H～B0H	FFH
18	中断优先级	IP	B8H	BFH～B8H	xx000000B
19	程序状态字	PSW	D0H	D7H～D0H	00H
20	累加器 A	ACC	E0H	E7H～E0H	00H
21	寄存器 B	B	F0H	F7H～F0H	00H

　　所有 51 系列单片机功能模块的使用都是通过用户对特殊功能寄存器的设置和操作来实现，不同型号单片机功能的增加和扩展也会有相应的特殊功能寄存器。表 2-5 为 AT89S51 和 AT89C52 系列单片机增加的 SFR 名称及分布。对扩展功能的单片机的应用十分容易，只需了解功能模块结构和掌握相应的 SFR 就可以软件编程实现对该资源的运行操作。

表 2-5　AT89S51 和 AT89C52 增加的 SFR 的名称及其分布

系　列	寄存器名	符　号	字节地址	位地址	复位值
AT89S51	DPTR1(低字节)	DP1L	84H	无	00H
	DPTR1(高字节)	DP1H	85H	无	00H
	辅助寄存器	AUXR	8EH	无	xxx00xx0B
	辅助寄存器	AUXR1	A2H	无	xxxxxxx0B
	看门狗复位寄存器	A6H	87H	无	xxxxxxxxB
AT89C52	T2 高字节	TH2	CDH	无	00H
	T2 低字节	TL2	CCH	无	00H
	T2 捕捉/自动重载寄存器低字节	RCAP2L	CAH	无	00H
	T2 捕捉/自动重载寄存器高字节	RCAP2H	CBH	无	00H
	定时器 2 控制	T2CON	C8H	CFH～C8H	00H

　　下面介绍与 CPU 运算和控制相关的特殊功能寄存器：

　　（1）累加器 A：ACC 是一个具有特殊用途的二进制 8 位寄存器，专门用来存放操作数或运算结果。在 CPU 执行某种运算前，两个操作数中的一个通常应放在累加器 A 中，运算完成后累加器 A 中便可得到运算结果。ACC 是 51 单片机最常用、最忙碌的 8 位特殊功能寄存器。

（2）寄存器 B：在乘、除指令中，8 位寄存器 B 与 ACC 配合使用；在其他指令中，B 可作为一般通用寄存器或一个 RAM 单元使用。

（3）PSW：PSW 是一个 8 位特殊功能寄存器，它的各位包含程序执行后的状态信息，供程序查询或判别使用，PSW 格式如表 2-6 所示。

表 2-6　PSW 格式

位　序	D7	D6	D5	D4	D3	D2	D1	D0
位符号	CY	AC	F0	RS1	RS0	OV	—	P

各位的功能如下：

CY：进位标志位。有进位/借位时，CY＝1；否则为 0。在串行数据发送中，常用于逐一提取出各位的数据。

AC：半进位标志位。当 D3 位向 D4 位产生进位/借位时，AC＝1；否则为 0。在 BCD 码运算时，常用作十进制调整。

F0：用户设定标志位。可用指令进行置位/复位，也可供测试，建议用户在编程时充分利用该标志位。

RS1、RS0：4 个工作寄存器组的选择位，改变 RS1 和 RS0 值的组合关系可决定选择哪一组工作寄存器作为当前工作寄存器组，如表 2-7 所示。

表 2-7　工作寄存器组选择位

RS1	RS0	工作寄存器组	内部 RAM 地址
0	0	BANK 0	00H～07H
0	1	BANK 1	08H～0FH
1	0	BANK 2	10H～17H
1	1	BANK 3	18H～1FH

OV：溢出标志位。当执行算数指令时，OV 用来指示结果是否产生溢出，溢出，则 OV＝1；否则，为 0。

D1：保留位，89C51 未用。

P：奇偶标志位。该标志位表示指令执行完时，累加器 A 中 1 的个数是奇数还是偶数，P＝1 表示奇数，P＝0 表示偶数。

（4）堆栈指针。堆栈是一种数据结构，就是只允许在其一端进行数据插入和数据删除操作的线性表。数据写入堆栈叫入栈（PUSH），数据从堆栈中读出叫出栈（POP）。堆栈的最大特点是"后进先出"（Last In First Out，LIFO）的数据操作规则。

堆栈指针是 8 位的特殊功能寄存器，可指向片内 RAM 128B（00H～7FH）的任何单元。堆栈可用于响应中断或调用子程序时，保护断点和保护现场。在中断服务程序或子程序结束时，执行中断返回或子程序返回指令，原断点地址会自动从堆栈中弹出给 PC，使程序从断点处顺序执行下去。堆栈也可用于数据的临时存放。

堆栈的使用方式：

① 自动方式（保护断点）：无须用户干预，在调用子程序或中断时，返回地址（断点）自动进栈；程序返回时，断点再自动弹回 PC。

② 指令方式(保护现场)：使用专用的堆栈操作指令，进行进出栈操作。汇编进栈指令为 PUSH(保护现场)，出栈指令为 POP (恢复现场)。

(5) 数据指针(DPTR)。DPTR 是一个 16 位的特殊功能寄存器，其高位字节寄存器用 DPH 表示，低位字节寄存器用 DPL 表示，DPTR 既可作为一个 16 位的寄存器来处理，也可作为两个独立的 8 位寄存器来使用。主要功能是存放 16 位地址，作为片外 RAM 寻址用的地址寄存器(间接寻址，故称数据指针)，也可以将外部 RAM 中地址的内容传送到内部 RAM 的地址所指向的内容中。

2.6 时钟电路及时序

时钟电路用于产生单片机工作所需要的时钟信号。单片机本身是一个复杂的同步时序电路，为了保证同步工作方式的实现，电路应在唯一的时钟信号控制下严格地按时序协调工作。时序研究的是指令执行中各信号之间的相互时间关系。

2.6.1 51 单片机时钟电路

51 单片机内部有一个用于构成振荡器的高增益反相放大器，引脚 XTAL1、XTAL2 分别是反相放大器的输入端和输出端，两端接石英晶体(或陶瓷谐振器)及两个电容即可构成一个稳定的自激振荡器，这种方式形成的时钟信号称为内部时钟方式。外接电容可稳定频率并对振荡频率有微调作用，对外接电容容值虽然没有十分严格的要求，但电容容量的大小会轻微影响振荡频率的高低、振荡器工作的稳定性、起振的难易程度及温度稳定性。如果使用石英晶体，推荐容值选用$(30\pm10)\mathrm{pF}$，如果使用陶瓷振荡器，推荐容值选用$(40\pm10)\mathrm{pF}$。AT89C51 单片机常用的晶振频率为 $1.2\sim12\mathrm{MHz}$，一般最大不超过 $24\mathrm{MHz}$。

在由多片单片机组成的系统中，为了使各单片机之间时钟信号同步，应当引入唯一的公用外部脉冲信号作为各单片机的振荡脉冲。此时，单片机的时钟可以采用外部方式。外部时钟方式是指利用外部振荡信号源直接接入 XTAL1，XTAL2 端悬空。51 单片机时钟电路如图 2-7 所示。

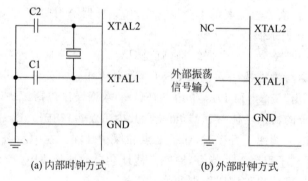

(a) 内部时钟方式　　　　　　　　(b) 外部时钟方式

图 2-7 51 单片机时钟电路

2.6.2 基本时序定时单位

51 单片机的基本时序定时单位有以下四个:

(1) 振荡周期。晶振的振荡周期也称时钟周期,是指为单片机提供时钟脉冲信号的振荡源的周期,等于 $1/f_{osc}$。振荡源的频率越高,单片机的工作速度越快。

(2) 状态周期。晶体振荡器的频率经单片机内二分频器分频后提供给片内 CPU 的时钟周期,即是将振荡器的信号频率 f_{osc} 除以 2,向 CPU 提供两相时钟信号 P1 和 P2。该周期称为状态周期,是振荡器周期的 2 倍。

(3) 机器周期。一个机器周期由 6 个状态周期,即 12 个振荡器周期组成,是计算机执行一种基本操作的时间单位。机器周期是单片机计算其他时间值(如波特率、定时器的定时时间等)的基础时序单位。

(4) 指令周期。单片机执行一条指令所需的时间,按指令执行的时间可分为单周期、双周期和四周期(只有乘法和除法两条指令)。

如果 51 单片机外接晶振为 12MHz,则:

$$振荡周期 = \frac{1}{f_{osc}} = \frac{1}{12 \times 10^6} = 0.833\mu s$$

$$状态周期 = \frac{2}{f_{osc}} = \frac{2}{12 \times 10^6} = 0.167\mu s$$

$$机器周期 = \frac{12}{f_{osc}} = \frac{12}{12 \times 10^6} = 1\mu s$$

$$指令周期 = (1 \sim 4) 机器周期 = 1 \sim 4\mu s$$

2.6.3 时序

单片机执行各种操作时,CPU 严格按照规定的时间顺序完成相关的工作,单片机时序是指单片机执行指令时应发出的控制信号的时间序列,这些控制信号在时间上的相互关系就是 CPU 的时序。它是一系列具有时间顺序的脉冲信号。CPU 发出的时序有两类:一类用于片内各功能部件的控制,是芯片设计师关注的问题,对用户没有什么意义;另一类用于片外存储器或 I/O 端口的控制,需要通过器件的控制引脚送到片外,这部分时序对分析硬件电路的原理至关重要,也是软件编程遵循的原则,需要认真掌握。

振荡脉冲的周期定义为节拍,用 P 表示,振荡脉冲经过二分频后即得到整个单片机工作系统的时钟信号,时钟信号的周期定义为状态,用 S 表示。这样一个状态就有两个节拍,前半周期相应的节拍定义为 P1,后半周期对应的节拍定义为 P2。图 2-8 是单周期和双周期取指及执行时序,图中的 ALE 脉冲是为了锁存地址的选通信号,显然,每出现一次该信号单片机即进行一次读指令操作。从时序图中可看出,该信号是时钟频率 6 分频后得到,在一个机器周期中,ALE 信号两次有效,第一次在 S1P2 和 S2P1 期间,第二次在 S4P2 和 S5P1 期间。

单字节单周期指令只进行一次读指令操作,当第二个 ALE 信号有效时,PC 并不加 1,

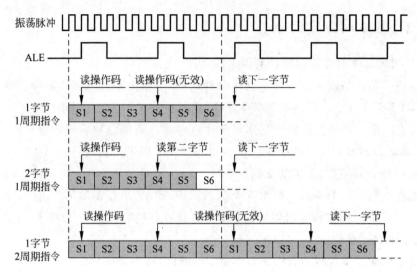

图 2-8 51 单片机的取指令/执行时序

那么读出的还是原指令，属于一次无效的读操作。双字节单周期指令的两次 ALE 信号都是有效的，只是第一个 ALE 信号有效时读的是操作码，第二个 ALE 信号有效时读的是操作数。单字节双周期指令两个机器周期需进行四次读指令操作，但只有一次读操作是有效的，后三次的读操作均为无效操作。单字节双周期指令有一种特殊的情况，执行 MOVX 这类指令时，先在 ROM 中读取指令，再对外部数据存储器进行读或写操作，头一个机器周期的第一次读指令的操作码为有效，第二次读指令操作为无效。在第二个指令周期时，则访问外部数据存储器，这时，ALE 信号对其操作无影响，即不会再有读指令操作动作。本时序图中只描述了指令的读取状态，而没有画出指令执行时序，因为每条指令都包含了具体的操作数，而操作数类型种类繁多，这里不便列出，感兴趣的读者可参阅有关书籍。

51 单片机的时序还包括 Flash 编程和校验的时序、外部程序存储器读写时序、外部数据存储器读写时序、串行口时序等。

2.7 AT89C51 单片机的工作方式

AT89C51 单片机的工作方式包括复位方式、程序执行方式、低功耗操作方式、编程和校验方式。

2.7.1 复位操作和复位电路

51 单片机在启动时需要复位，使 CPU 及系统各部件处于确定的初始状态，并从初始状态开始工作。51 单片机的复位信号是从 RST 引脚引入到芯片内部的施密特触发器中的，只需要给 51 单片机的复位引脚 RST 加上大于 2 个机器周期的高电平就可以使 51 单片机复位。除了启动时进入系统的正常初始化之外，当程序运行出错或系统处于死机状态时，也需要按复位键使 RST 引脚为高电平而重新启动程序。复位电路分为上电复位电路和按键手动复位电路两种。对于单片机系统上电复位电路是必须有的,按键手动复位电路是可以选择设置的,如果不设置按键手动电路,遇到系统死机的情况,可以重新启动电源进行复位。例如,手机在死机的情况,这个时候把电池取下,重新安装上就可以恢复运行,这就是上电复位。目前不少智能手机用的不可拆卸电池,厂家都设置了死机解决方案,常用的方案是长按开机键即可重启。

当单片机复位后,PC 值初始化为 0000H,单片机从程序存储器的 0000H 单元开始执行程序,复位操作后单片机的 SFR 被初始化为复位值,SFR 复位后的值参见表 2-4。51 单片机的典型复位电路如图 2-9 所示。

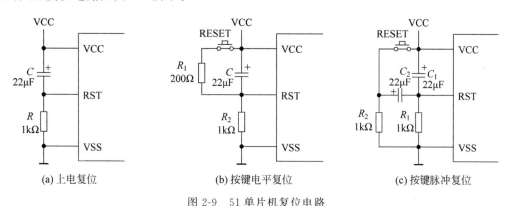

(a) 上电复位　　　　　　　(b) 按键电平复位　　　　　　　(c) 按键脉冲复位

图 2-9　51 单片机复位电路

手动按钮复位需要人为在复位输入端 RST 加上高电平,一般采用的方法是在 RST 端和正电源 VCC 之间接一个按钮,当人为按下按钮时,RST 与 VCC 导通,由于人一次按下和弹起的时间至少数十毫秒,完全满足持续两个机器周期以上高电平的复位条件。

上电复位电路的电阻 R 阻值和电容 C 容值如何选取呢?

当系统上电时,电容充电,电容两端电压为

$$U_C(t) = V_{CC}\left(1 - e^{\frac{-t}{RC}}\right) \tag{2-1}$$

复位端 RST 的端电压为

$$U_R(t) = V_{CC} - U_C(t) = V_{CC}\,e^{\frac{-t}{RC}} \tag{2-2}$$

复位端电压要求保持两个机器周期以上的高电平,超过 $0.7V_{CC}$ 即可认为是高电平。$U_R(t) = 3.5\text{V}$,代入式(2-2),解得

$$t = 0.59RC \tag{2-3}$$

图 2-9 所选用的电阻值 $R = 1\text{k}\Omega$,容容值 $C = 22\mu\text{F}$,代入式(2-3),可得 $t = 12.98\text{ms}$,满足复位要求。复位电路的阻值和容值可自行选择,本书仿真电路所选用的复位电路电阻值 $10\text{k}\Omega$、容容值 $10\mu\text{F}$,代入式(2-3)得 $t = 59\text{ms}$,也远满足复位要求。电容 C 两端的电压持续充电为 5V,RST 处于低电平复位结束系统正常工作。

2.7.2　程序执行方式

上电复位后,单片机正常工作进入程序执行方式,程序执行方式分为连续执行方式和单

步执行方式。连续执行方式是单片机的基本工作方式,所执行的程序放在 ROM 中,由于单片机复位后 PC=0000H,因此程序执行总是从地址 0000H 开始,但因为 0003H 是外部中断程序入口,所以一般程序并不是从 0000H 开始,为此需在 0000H 开始的单元中存放一条无条件转移指令,以便跳转到实际程序的入口去执行。单步执行方式是使程序的执行处于外加脉冲的控制下,一条指令接一条指令地执行,单步执行方式特别适合于程序的调试阶段。单片机的外部中断 INT0 引脚上输入一个正脉冲可实现单步执行方式。

2.7.3　低功耗操作方式

单片机系统大多数为电池供电方式,为了节电和延长系统运行时间需要考虑低功耗方式。51 单片机有两种低功耗工作方式,即空闲模式和掉电方式。这两种低功耗工作方式由软件来设置,由电源控制寄存器 PCON 中的有关位控制,见表 2-8。

表 2-8　PCON 寄存器

位　序	D7	D6	D5	D4	D3	D2	D1	D0
位符号	SMOD	—	—	—	GF1	GF0	PD	IDL

IDL：空闲模式位。IDL=1,进入空闲模式。

PD：掉电模式控制位。PD=1,进入掉电保持模式。

GF1、GF0：通用标志位。供用户在程序设计时使用。

SMOD：串口倍率模式选择位。其将在第 8 章进行讲解。

如果用指令将 IDL 位置 1,则单片机进入空闲模式,此时提供给 CPU 的时钟信号被切断,CPU 保持睡眠状态,时钟信号仍然提供给外围电路(RAM、定时器、串口和中断系统),SP、PC、PSW、ACC 及通用寄存器的内容均被保持。在空闲模式下,AT89C51 单片机消耗电流由正常工作方式的 24mA 降为 3.7mA。

退出空闲模式有两种途径：一种是响应中断方式。当任一中断请求被响应后,IDL 位被硬件自动清 0,随之空闲模式结束,当执行中断服务程序返回时,程序将从设置空闲模式开始的下一条指令继续执行程序。另一种是硬件复位,需要注意的是,当由硬件复位来终止空闲工作模式时,CPU 通常是从激活空闲模式那条指令的下一条指令开始继续执行程序的,要完成内部复位操作,硬件复位脉冲要保持两个机器周期有效,在这种情况下,内部禁止CPU 访问片外 RAM,而允许访问其他端口。为避免可能对端口产生意外写入,激活空闲模式的那条指令后一条指令不应是一条对端口或外部存储器的写入指令。

如果用指令把 PD 位置 1,则单片机进入掉电模式。此时片内振荡器停止工作,只有片内 RAM 的内容被保持,SFR 的内容也被破坏。掉电方式下 V_{CC} 可以降到 2V,此时单片机耗电仅 $20\mu\mathrm{A}$。退出掉电方式的唯一途径是硬件复位,应在 V_{CC} 恢复到正常值后再进行复位,为保证振荡器再次启动并达到稳定,复位时间需 10ms。在进入掉电方式前电源电压是不能降下来的,因此可靠的单片机应用系统最好要有电源检测电路。

2.7.4　编程和校验方式

1. Flash 存储器的编程

AT89C51 单片机内部有 4KB 的 Flash EPROM。这个 Flash 存储阵列出厂时已处于擦除状态(所有存储单元的内容均为 FFH),用户可对其进行编程。编程接口可接高电压(＋12V)或低电压(V_{CC})的允许编程信号。低电压编程模式适合于用户在线编程系统,高电压编程模式可与通用 EPROM 编程器兼容。

2. 程序校验

如果加密位 LB1、LB2 没有编程,则代码数据可通过地址和数据线读回原编写的数据进行程序校验。

3. 程序存储器的加密

由于固化在 ROM 中的程序容易被复制,如果不对程序存储器进行加密,程序可能被分析和破解,不利于开发者的知识产权保护。AT89C51 单片机可使用对芯片上的三个加密位 LB1、LB2、LB3 进行编程或不编程来得到程序加密的功能,程序加密位保护功能如表 2-9 所示。

表 2-9　加密位保护功能

程序加密位			保护类型
LB1	LB2	LB3	
U	U	U	没有程序保护功能
P	U	U	禁止从外部程序存储器中执行指令读取内部存储器的内容
P	P	U	除上栏功能外,还禁止程序校验
P	P	P	除上栏功能外,同时禁止外部执行

注：U 表示未编程,P 表示编程。

2.8　AT89C51 单片机的最小系统

51 单片机最小系统是指使单片机能正常工作的最低外围电路配置。图 2-10 为 51 单片机最小系统电路。最小系统电路包括以下四部分:

(1) 电源系统：PIN20(GND),PIN40(VCC),4.5～5.5V。

(2) 复位电路：上电复位电路必须有,按键手动复位可选。

(3) 时钟电路：晶振＋稳频电容。

(4) PIN31(EA/VPP)拉高：控制单片机从片内 ROM 启动。

若使用 AT89S51 或 STC 等支持 ISP 下载的单片机,最小系统还需带有 ISP 下载电路。本书讲解的 AT89C51 单片机不再列出程序下载电路,感兴趣的读者可查阅相关资料。图 2-11 为用万能板(洞洞板)制作的带有 ISP 下载的 51 单片机最小系统板和用洞洞板焊接的最小系统板,所有引脚均用跳针引出,方便接杜邦线扩展进行实验。

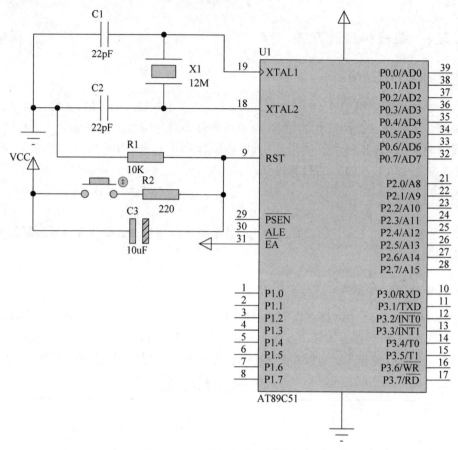

图 2-10　51 单片机最小系统电路

(a)　　　　　　　　　　　　　　　　　　　(b)

图 2-11　单片机最小系统板

习题

一、填空题

1. 51 单片机程序存储器（ROM）的寻址范围是由_____的位数决定的，其位数为_____。

2. AT89C52 单片机的_____引脚接高电平时,CPU 从片内 ROM 开始读取程序指令,此时还能外扩_____KB 的 ROM。

3. 51 单片机的 CPU 由_____和_____组成。

4. 单片机复位后,PC 的值是_____,P1 的值是_____。

5. AT89C51 单片机片内 RAM 低 128B 单元,按其用途分为_____、_____、_____三个区域。

6. 堆栈 SP 是 8 位的特殊功能寄存器,其作用是响应中断时_____,调用子程序时候进行_____。

7. 51 单片机的机器周期等于_____个时钟振荡周期,如果采用 8MHz 晶体振荡器,一个机器周期为_____μs。

8. 在 51 单片机复位电路中_____是必须有的,_____是可选的。

9. 51 单片机有两种低功耗工作方式:_____和_____。

二、单项选择

1. 下列有关 51 单片机存储器的说法正确的是_____。
   A. AT89C51 单片机的 SFR 占用片内 RAM 部分地址
   B. 片内 RAM 的位寻址区,只能提供位寻址,而不能进行字节寻址
   C. 区分片内 ROM 和片内 ROM 的最可靠方法是看其地址是位于低地址还是高地址
   D. 堆栈是单片机内部的一个特殊区域,与 RAM 无关

2. 程序运行中,当前 PC 的值是_____。
   A. 当前正在执行指令的地址
   B. 当前执行指令的前一条指令的地址
   C. 当前正在执行指令的下一条指令的地址
   D. 不确定的地址

3. 单片机在正常运行时,ALE 引脚以晶振频率的_____输出脉冲信号。
   A. 1/2   B. 1/4   C. 1/6   D. 1/12

4. 外部扩展存储器时,分时复用做数据线和低 8 位地址线的 I/O 口是_____。
   A. P0   B. P1   C. P2   D. P3

5. 下列有关 51 单片机低功耗模式的说法错误的是_____。
   A. AT89C51 单片机进入空闲模式后,CPU 停止工作,片内外围电路仍将继续工作
   B. AT89C51 单片机进入掉电模式后,CPU 和外围电路均停止工作
   C. AT89C51 单片机在空闲模式和掉电模式下,RAM 的内容均被保持
   D. AT89C51 单片机的掉电模式可采用响应中断的方式来退出

三、思考题

1. 简述 AT89C51 单片机所包含的主要功能模块。

2. 根据 AT89 单片机型号命名规则说明 AT8951LV51-12PI 单片机的技术指标和功能模块。

3. 简述 AT89C51 单片机的存储器结构。

4. 程序计数器的作用是什么，用户能否对它直接进行读写？

5. 什么是单片机复位，51 单片机复位电路有哪几种，工作原理是什么？

6. 什么是 51 单片机的最小系统，简述 51 单片机的最小系统的组成并画出最小系统电路图。

## 第3章

仿真和集成开发环境使用

单片机应用系统以单片机为核心,设计外围电路并通过软件编程来实现系统功能。单片机应用系统的设计包括硬件电路设计和软件系统设计。本书的例程均包含仿真电路图和 C 程序代码,程序是在 Keil μVision4 集成开发环境中进行编写和编译,电路是在 Proteus 7.5 软件进行原理图绘制并加载 Keil μVision4 编译生成的.hex 文件进行仿真。本章对 Keil μVision4 和 Proteus 7.5 的初步使用进行讲解。对于单片机工程开发项目,程序调试编译后要将.hex 文件下载到单片机中程序才能够执行,在电路板中实现所设计开发的功能。本章介绍 51 单片机的编程器下载、AT89S51 单片机的 ISP 下载和 STC 单片机的串口下载的方法。

3.1 Keil μVision4 使用简介

通过 Keil μVision4 集成开发环境可以快速地实现程序的编辑、仿真和调试功能。本节仅对工程的建立和程序编译步骤和基本的调试功能做简要介绍,更多的高级调试技巧参阅 Keil 软件的技术手册。

3.1.1 Keil μVision4 建立工程及程序编译

1. 项目文件创建

选择 Project→New μVision Project 命令,如图 3-1 所示。

选择保存路径,输入工程文件名称 LED,如图 3-2 所示,然后单击"保存"按钮。

弹出如图 3-3 所示的界面,提示选择单片机的型号,根据开发者使用的单片机来选择,Keil C51 几乎支持所有的 51 内核的单片机,这里选择 89C51 之后,右侧的 Description 栏是对这个单片机功能的基本说明,查看所选单片机功能是否满足项目开发的要求,确认所选的单片机类型后,单击 OK 按钮。Keil 元件列表下的单片机型号并不涵盖所有的 51 内核单片机型号,如 51 单片机市场份额最大的国产宏晶单片机 STC 并不在列,因为都是采用英特尔公司 51 内核,如果使用 STC 系列单片机,选择相近型号 51 内核单片机代替即可,对后续编程不会有任何影响。

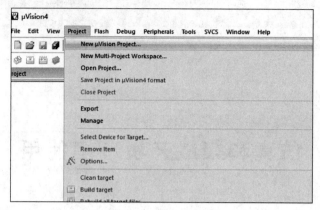

图 3-1　新建工程文件

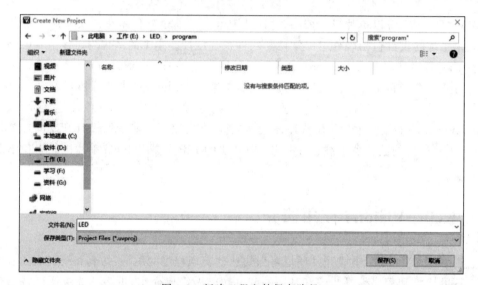

图 3-2　新建工程文件保存路径

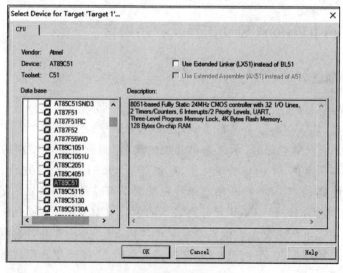

图 3-3　选择单片机型号

弹出如图 3-4 所示对话框,问是否加入启动代码到工程中。启动代码 STARTUP.A51 文件就是处理器最先运行的一段代码,操作包括清除数据存储器内容、初始化硬件及可重入堆栈指针,以上的操作均与处理器体系结构和系统配置密切相关,由汇编语言来编写,用户也可根据项目需求对启动代码进行修改。如果工程里没有加入启动代码,Keil 就会使用库文件里的默认启动代码,如果工程中加入了启动代码,Keil 就会编译并使用加入的启动代码。由于一般情况不需要修改默认的启动代码,所以这里是否加入启动代码都一样,这里选择"否"。

图 3-4 是否加入启动代码对话框

完成上一步后,软件界面如图 3-5 所示,此时已经建立好了一个工程文件。

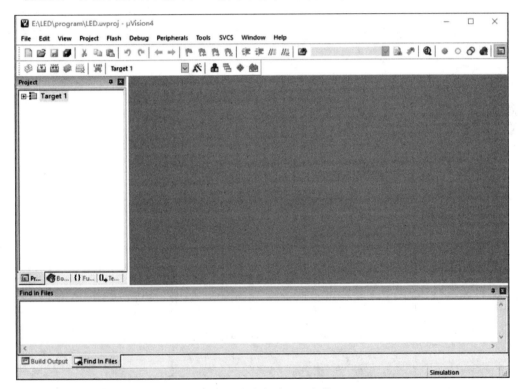

图 3-5 完成新建工程文件

2. 创建新的源程序文件并添加

现在工程文件里面还没有程序,需要新建和加入程序,一个工程可以加入多个程序文件。选择 File→New 命令,此时编辑窗口新建了一个空白文档,光标在编辑窗口里闪烁,提示可以输入应用程序。在输入程序之前需要保存该空白文档，选择 File→Save As 命令，屏幕如图 3-6 所示，在"文件名"栏右侧的编辑框中输入欲使用的文件名，用 C 语言编写扩展名为.c，用汇编语言编写扩展名为.asm，创建头文件扩展名为.h。在这里输入 main.c，然后单击"保存"按钮，如图 3-6 所示。

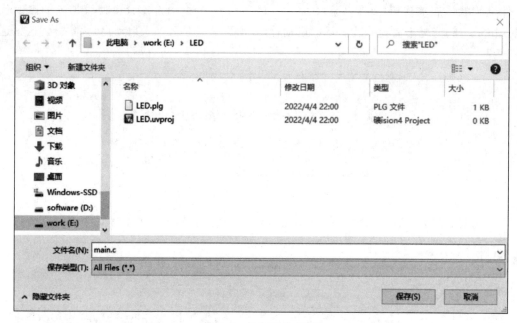

图 3-6　保存新建文档

回到编辑界面后，单击 Target 1 前面的"＋"号，然后在 Source Group 1 上右击，弹出菜单如图 3-7 所示。

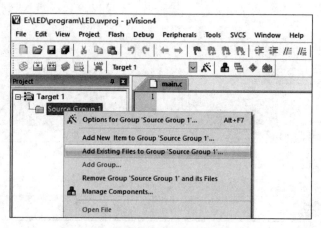

图 3-7　打开添加文档界面

在此菜单栏中，向工程中添加程序文件，单击 Add Existing Files to Group 'Source Group 1'。选中刚才建立的 main.c 文件，然后单击 Add 按钮，如图 3-8 所示。

此时 Source Group 1 文件夹中多了一个子项 main.c，子项的多少与所增加的源程序的多少相同。

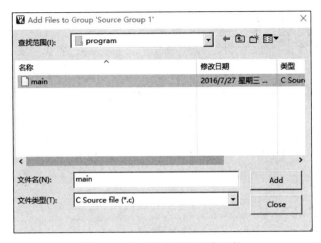

图 3-8 向工程中添加程序文件

3. 目标文件设置

下面需要对目标文件进行设置,本节仅讲后续例题编程必要的设置,更多的设置可参照 Keil μVision4 使用指南。

选择 Project→Options for Target Target1 命令,或者直接单击工具栏上 ▲ 图标。在此进行两项设置:第一个是设置晶振频率,根据单片机最小系统所选用的外部晶振频率进行设置,这里将外部晶振频率设为 12.0MHz,如图 3-9 所示,第二项设置生成 HEX 文件,选择 Output 选项,出现如图 3-10 所示设置界面,勾选 Create HEX File 即可。HEX 文件格式是可以烧写到单片机中,被单片机执行的一种文件格式,单片机程序经 Keil 编译后,生成可供单片机执行的 HEX 文件,若未勾选此项,编译后将不产生 HEX 文件,单片机程序烧写和仿真必须加载 HEX 文件,因此必须勾选该项。

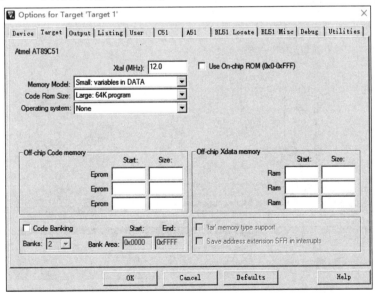

图 3-9 晶振频率设置

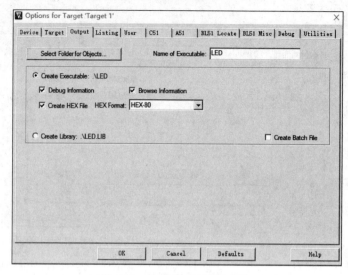

图 3-10　勾选生成 HEX 文件

4. 输入程序、编译项目

　　进行了上述设置以后就可以在程序界面中输入程序，本例输入功能为用单片机 P1.0 口控制 LED 闪烁的程序。程序输入完毕后就可以对源程序进行编译。单击图标 📄 或在 Project 下拉菜单中选择 Build Target 命令就可以编译源程序并生成应用。当所编译的程序有语法错误时，将会在输出窗口的编译页中显示警告信息。在下面的程序中，故意在 "LED＝～LED"语句后遗漏输入";"，则编译提示错误，如图 3-11 所示。编译提示"MAIN.

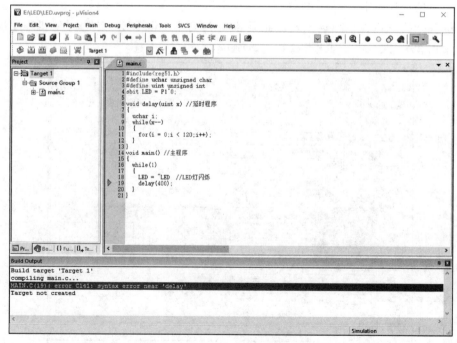

图 3-11　编译有误界面

C(19)：error c141：syntax error near 'delay'"，提示在 delay 语句附近有语法错误，双击提示栏中的错误信息，光标就指向出现错误的源程序位置上，在"LED＝～LED"语句后输入"；"修改错误，再次编译，如图 3-12 所示，显示编译成功。在存放程序的文件夹下，生成 LED.hex 文件。在图 3-12 中可以看到 Keil 软件界面有菜单栏、工具栏、工程管理区、程序代码输入区和编译信息输出窗口。

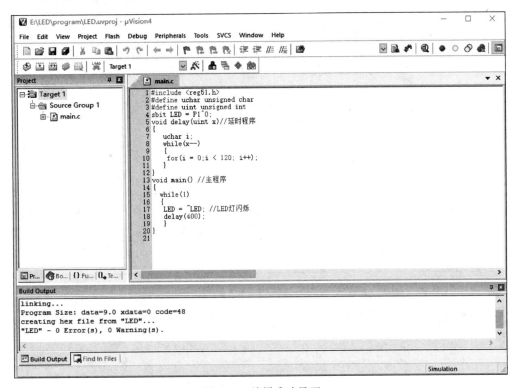

图 3-12　编译成功界面

编译信息输出窗口还提供了"Program Size：data＝9.0 xdata＝0 code＝48"的信息。此信息提示编译后的程序占用单片机系统存储的容量，本信息提示片内数据存储器 RAM 占用 9 字节，片外数据存储器 RAM 占用 0 字节，程序存储器 ROM 占用 48 字节。此提示信息可供编程者在优化程序时作为参考，以及在选择不同存储容量型号的单片机时作参考。

3.1.2　Keil μVision4 调试程序和仿真

使用 μVision4 调试器可对源程序进行测试，μVision4 提供了两种仿真操作模式，这两种模式可以在 Option for Target'Target1'对话框的 Debug 栏中进行选择，如图 3-13 所示。Use Simulator 为软件仿真模式，将调试器配置成纯软件仿真，能够仿真 51 单片机绝大多数功能模块（如并口、串行口、定时器等）而不需要任何硬件目标板，仿真结果可通过 μVision4 的串行窗口、观察窗口、存储器窗口等窗口直接显示。μVision4 提供了多种目标硬件调试驱动，界面右边 Use 后的下拉菜单可选择不同的硬件仿真器进行硬件仿真，需要连接仿真器和目标电路板进行仿真。硬件仿真在程序调试运行中可以观察到目标硬件的实时执行效果，有利于分析和排除各种软硬件故障。

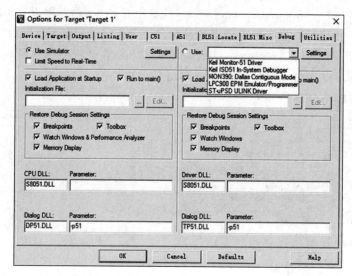

图 3-13 仿真模式设置

完成编译、链接、仿真调试设置后，可以对刚才建立项目进行调试。单击 🔍 或选择 Debug→Start/Stop Debug Session 命令，启动或退出调试器。启动调试器后进入仿真调试状态，调试界面如图 3-14 所示。

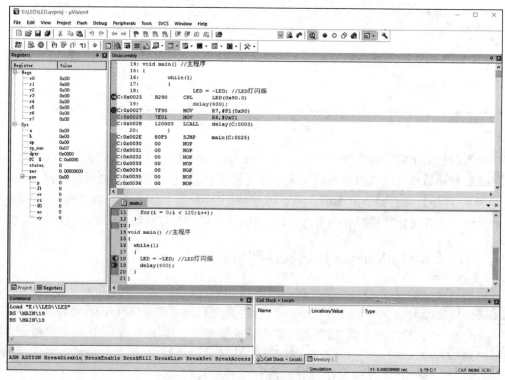

图 3-14 Keil μVision4 仿真调试窗口

图 3-14 左上角的 Registers 窗口显示了寄存器 r0～r7,a,b,sp,psw 等特殊功能寄存器的值,程序的运行时间 sec,这些值随着程序的执行发生变化。Disassembly 窗口为反汇编

窗口,反汇编窗口同时显示了目标程序、编译的汇编程序和二进制文件。

Debug 工具栏用于控制程序运行的操作,可以打开各类窗口观察程序运行中的各类寄存器和运行状态的实时值,以便于进行程序分析。Debug 工具栏按钮功能如表 3-1 所示。

表 3-1　Debug 工具栏按钮功能说明

按 钮	名 称	说 明
RST	Reset	复位 CPU。单击此按钮程序复位,即程序回到 main 函数的开头处
	Run	全速执行。程序全速运行,程序连续全速运行,若设置断点,运行到断点处停止
	Stop	程序停止运行
	Step	单步运行。程序单步执行,若运行到子函数,则进入子函数
	Step Over	过程单步。运行到子函数不进入,将子函数当作一个整体运行
	Step Out	执行完当前子程序。程序在子程序内部运行,跳出当前子程序
	Run to Cursor Line	运行到光标处
	Show next statement	显示下一条语句
	Command Windows	命令窗口
	Disassembly Windows	反汇编窗口
	Symbols Windows	符号窗口
	Registers Windows	寄存器窗口
	Call Stack Windows	调用堆栈窗口
	Watch Windows	监视窗口
	Memory Windows	内存窗口
	Serial Windows	串口窗口
	Analysis Windows	逻辑分析窗口
	Trace Windows	追踪窗口
	System Viewer Window	系统查看器窗口
	Toolbox	工具箱

还可通过 Peripherals 菜单栏下的 Interrupt、I/O-Ports、Serial、Timer 菜单查看中断寄存器、I/O 口、串口和定时器在程序运行中的实时值。

程序调试时,一些程序行必须满足一定的条件才能被执行(如程序中某变量达到一定的值、按键被按下、串口接收到数据、有中断产生等),这些条件往往是异步发生或难以预先设定的,这类问题使用单步执行的方法很难调试,需使用程序调试中的另一种非常重要的方法——断点设置。断点设置的方法有多种,常用的是在某一程序行设置断点,设置好断点后可以全速运行程序,一旦执行到该程序行即停止,可在此观察有关变量值,以确定问题所在。在程序行设置/移除断点的方法是将光标定位于需要设置断点的程序行,选择 Debug→Insert/Remove Breakpoint 命令,移除断点(也可以双击该行实现同样的功能);选择 Debug→Enable/Disable Breakpoint 命令,开启或暂停光标所在行的断点功能;选择 Debug→Disable All Breakpoint 命令,暂停所有断点;选择 Debug→Kill All Breakpoint 命令,清除所有的断点设置。这些功能也可以用工具条上的快捷按钮进行设置。

仿真验证程序功能是否达到预期功能，在"LED＝～LED；"语句处设置一个断点。单击全速运行，程序在此处停下，观察 P1 寄存器窗口，再次单击全速运行，观察 P1 寄存器窗口。如图 3-15(a)所示，可见 P1.0 首次全速运行，值为 1，下一次全速运行到此，值为 0，如此循环往复，调试仿真界面如图 3-15(b)所示，仿真表明实现预期功能，即让 P1.0 不断地取反，实现了 LED 闪烁的功能。

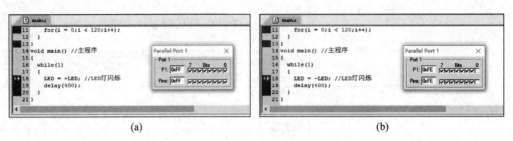

图 3-15　LED 闪烁 Keil μVision4 仿真界面

在 Keil 仿真和调试中要充分利用各种窗口进行调试，Keil 还提供外围接口、性能分析、变量来源分析、代码作用分析等辅助工具，帮助编程者了解程序的性能，查找程序中的隐藏错误。

3.2　Proteus ISIS 使用初步

Proteus 软件是英国 Lab Center Electronics 公司出版的 EDA 工具软件，能够实现原理图设计、电路仿真到 PCB 设计的一站式作业，真正实现了电路仿真软件、PCB 设计软件和虚拟模型仿真软件的三合一。它不仅具有其他 EDA 工具软件的仿真功能，还能仿真单片机及外围器件，是目前比较好的仿真单片机及外围器件的工具，受到单片机爱好者、从事单片机教学的教师、致力于单片机开发应用的科技工作者的青睐。

Proteus 的特点如下：

（1）完善的电路仿真和单片机协同仿真。具有模拟、数字电路混合仿真，单片机及其外围电路的仿真，拥有多样的激励源和丰富的虚拟仪器。

（2）支持主流单片机类型多，目前支持的单片机类型有 68000 系列、8051 系列、ARM系列、AVR 系列、PIC10 系列、PIC12 系列、PIC16 系列、PIC18 系列、PIC24 系列、DSPIC33系列、MPS430 系列、HC11 系列、Z80 系列以及各种外围芯片。

（3）提供代码的编译与调试功能，自带 8051、AVR、PIC 的汇编器，支持单片机汇编语言的编辑、编译，同时支持第三方编译软件进行高级语言的编译和调试。

（4）智能、实用的原理图与 PCB 设计。在 ISIS 环境中完成原理图的设计后可以一键进入 ARES 环境进行 PCB 设计。

本节主要介绍 Proteus ISIS 的工作环境和基本操作。

3.2.1　Proteus ISIS 的工作界面

Proteus ISIS 的工作界面是标准的 Windows 界面(图 3-16)，包括：屏幕上方的标题栏、菜单栏、标准工具栏,屏幕左侧的绘图工具栏、对象选择按钮、预览对象方位控制按钮、仿真进程控制按钮、预览窗口、对象选择器窗口、屏幕下方的状态栏、屏幕中间的图形编辑窗口。下面简单介绍界面上的菜单栏和工具栏的功能。

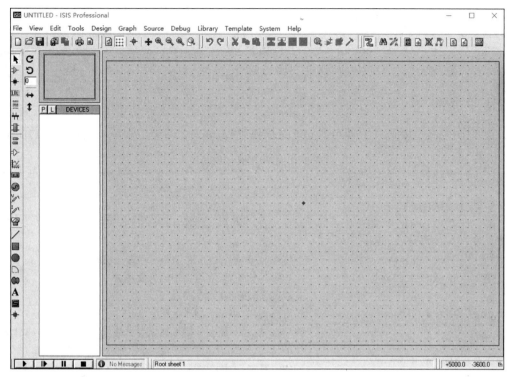

图 3-16　Proteus ISIS 工作界面

1. 菜单栏

Proteus ISIS 共有 12 级菜单,每项都有下一级菜单。

File:文件菜单,用于新建、保存、导入位图、导出图形、打印等文件操作。

View:查看菜单,可进行原理图编辑窗口定位、栅格尺寸调整及图形缩放等操作。

Edit:编辑菜单,可进行原理图编辑窗口中元件剪切、复制、粘贴、撤销、恢复等操作。

Tools:工具菜单,可进行实时标注、自动布线、材料清单、网络表编辑等操作。

Design:设计菜单,具有编辑设计属性、编辑面板属性、编辑设计注释、配置电源线、设计浏览等功能。

Graph:图形菜单,具有编辑仿真图形、增加跟踪曲线、查看日志、导出数据、图形一致性分析等功能。

Source:源文件菜单,具有添加/删除源文件、设置编译、设置外部文件、编辑器和全部编译等功能。

Debug:调试菜单,具有调试、运行/停止调试、断点运行等功能。

Library:库菜单,用于元件库的操作,具有选择元件/符号、制作元件、制作符号、封装工具、分解元件、编译到库、验证封装、库管理等功能。

Template：模板菜单，具有设置图形颜色、设置文本格式、设置连接点等功能。

System：系统菜单，具有系统信息、文本预览、设置系统环境、设置路径等功能。

Help：帮助菜单，为用户提供帮助文档。

2. 主工具栏

主工具栏包括 File Toolbar（文件工具条）、View Toolbar（查看工具条）、Edit Toolbar（编辑工具条）、Design Toolbar（设计工具条）四个工具栏。

3. 工具箱

原理图绘制主要通过工具箱下的工具按钮进行，表 3-2 列出了常用工具按钮的功能。

表 3-2　常用工具按钮功能

按　钮	名　　称	说　　明
▶	Selection Mode	选择按钮，可选中任意元件并编辑元件属性
⇥	Components Mode	元件按钮，可拾取元器件并结合"P"按钮选择元件
✛	Junction Dot Mode	节点按钮，可在原理中放置连接点
LBL	Wire Label Mode	网络标号按钮，可在元件引脚和线段上标注网络标号
▦	Text Script Mode	文本脚本按钮，可在电路中输入文本脚本
╫	Buses Mode	总线按钮，在电路中绘制总线
⊠	Subcircuit Mode	子电路按钮，用于绘制子电路
▤	Terminals Mode	终端按钮，在对象选择器中列出各种终端，其中 DEFAULT 默认的无定义端子，INPUT 输入端子，OUTPUT 输出端子，BIDIR 双向端子，POWER 电源端子，GROUND 接地端子，BUS 总线端子
⇥	Device Pins Mode	元件引脚按钮，在对象选择器中列出各种引脚（如普通引脚、时钟引脚、反电压引脚和短接引脚等）
⊠	Graph Mode	图表按钮，列出各种仿真分析所需的图表（如模拟图表、数字图表、混合图表和噪声图表等）
▦	Tape Recorder Mode	录音机按钮，当对设计电路分割仿真时采用此模式
◉	Generator Mode	信号源按钮，可选择各种激励源（如直流激励源、正弦激励源、脉冲激励源、指数激励源等）
↗	Voltage Probe Mode	电压探针按钮，在电路仿真时可显示探针处的实时电压值
↗	Current Probe Mode	电流探针按钮，在电路仿真时可显示探针处的实时电流值
☎	Virtual Instruments Mode	虚拟仪器按钮，有多种虚拟仪器供用户选择（如示波器、逻辑分析仪、计数器、SPI 总线调试器、I^2C 总线调试器、信号发生器等）

4. 仿真按钮

▶　▮▶　▮▮　▮ 为仿真按钮，用于仿真运行控制，依次为运行、单步运行、暂停、停止。

3.2.2 Proteus ISIS 的虚拟仿真调试工具

激励源为电路提供仿真所需要的输入信号,在 Generator Mode 工具按钮下可选择输入信号类型,用户可对激励源的参数进行设置,如表 3-3 所示。

表 3-3 Proteus 中的激励信号源

激励源符号	英文名称	中文名称
?◁ ⋯⋯	DC	直流信号发生器
?◁∿	SINE	正弦波信号发生器
?◁⊓	PULSE	脉冲信号发生器
?◁⌒	EXP	指数脉冲发生器
?◁⋎∿	SFFM	单频率调频波发生器
?◁⋏	PWLIN	任意分段线性激励源
?◁⊡	FILE	文件数据信号发生器
?◁◁	AUDIO	音频信号发生器
?◁⊡	DSTATE	单稳态逻辑电平发生器
?◁⌐	DEDGE	单边沿信号发生器
?◁⊓	DPULSE	单周期数字脉冲信号发生器
?◁⊓⊓	DCLOCK	数字时钟信号发生器
?◁⊓⊓⊓	DPATERN	数字模式信号发生器
?◁HDL	SCRIPTABLE	可脚本化波形发生器

Proteus ISIS 为用户提供了多种虚拟仪器,在 Virtual Instruments Mode 按钮下,可选择的虚拟仪器如图 3-17 所示。

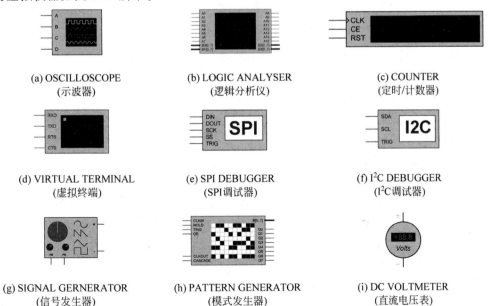

(a) OSCILLOSCOPE
(示波器)

(b) LOGIC ANALYSER
(逻辑分析仪)

(c) COUNTER
(定时/计数器)

(d) VIRTUAL TERMINAL
(虚拟终端)

(e) SPI DEBUGGER
(SPI调试器)

(f) I²C DEBUGGER
(I²C调试器)

(g) SIGNAL GERNERATOR
(信号发生器)

(h) PATTERN GENERATOR
(模式发生器)

(i) DC VOLTMETER
(直流电压表)

图 3-17 PROTEUS 中的虚拟仪器

(j) DC AMMETER   (k) AC VOLTMETER   (l) AC AMMETER
（直流电流表）   （交流电压表）   （交流电流表）

图 3-17 （续）

下面简单介绍单片机应用系统调试中常用的几种虚拟仪器，详细的使用和设置可参考相关书籍和软件帮助文件。

1. 虚拟示波器

虚拟示波器界面如图 3-18 所示，将频率 50Hz，幅值 5V 的脉冲信号和正弦信号分别接入虚拟示波器的 A 通道和 B 通道，信号就显示在虚拟示波器面板上。

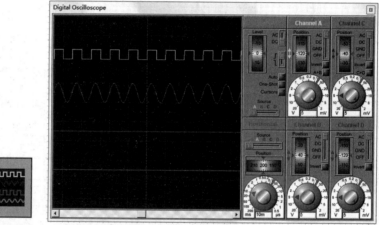

图 3-18 虚拟示波器接法及示波器面板界面

示波器的界面共分为六部分：四个通道区、触发区、水平区。

Channel A、Channel B、Channel C、Channel D 对应于四个通道区，每个通道区的操作功能一样，主要有两部分，Position 用来调整波形的垂直位移，旋钮用来调整波形的 Y 轴增益，白色区域的刻度表示波形显示区每格对应的电压值，内旋钮式微调，外旋钮式粗调。在图形区读电压时，把内旋钮顺时针调到最右端。

Trigger 为触发区，其中 Level 用来调节水平坐标，水平坐标只在调节时才显示，Auto 按钮一般为红色选中状态。Cursors 按钮被选中后，可以在波形显示区标注横坐标和纵坐标，读取波形的电压和周期。

Horizontal 为水平区，Position 用来调整波形的左右位置，旋钮用于调整扫描频率，当波形太密或太疏时，可调整此按钮。注意，当读周期时，需要把内环的微调旋钮顺时针旋转到底。

2. 虚拟逻辑分析仪

逻辑分析仪是通过将连续记录的输入信号存入到大的捕捉缓冲器进行工作的，这是一个采样过程，具有可调的分辨率，用于定义可以记录的最短脉冲。在触发期间，驱动数据捕捉处理暂停,并监测输入数据,触发前后的数据都可以显示。具有可存放 10 000 个采样数据的捕捉缓冲器,因此支持放大/缩小显示和全局显示。同时,用户还可以移动测量标记,对脉冲宽度进行精确定时。

虚拟逻辑分析仪的原理图符号如图 3-19 所示,其中 A0～A15 为 16 位数字信号输入,B0～B3 为总线输入,每条总线支持 16 位数据,主要用于接单片机的动态输出信号。运行后,可以显示 A0～A15、B0～B3 的数据输入波形。

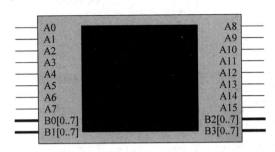

图 3-19　虚拟逻辑分析仪的原理图符号

3. 虚拟终端

Proteus 提供的虚拟终端相当于键盘和屏幕的双重功能,方便用户在串行通信仿真调试时用来替代上位机系统的仿真模型。

虚拟终端的原理图符号和设置对话框如图 3-20 所示。虚拟终端共有四个接线端,RXD 为数据接收端,TXD 为数据发送端,RTS 为请求发送信号,CTS 为清除传送信号,是对 RTS 的响应信号。虚拟终端属性设置对话框设置的主要参数如下:

(1) Baud Rate:波特率。

(2) Data Bits:传输的数据位数。

(3) Parity:奇偶校验位,可选择奇校验、偶校验或无校验位。

(4) Stop Bit:停止位。

(5) Send XON/XOFF:发送允许/禁止(第 9 位)。

4. SPI 调试器

SPI 是一种常用的单片机与外围器件总线通信协议。Proteus 仿真可通过 SPI 调试器查看 SPI 总线发送和接收的数据,方便在 SPI 通信接口编程的调试。SPI 调试器的原理图符号和设置对话框如图 3-21 所示。SPI 调试器共有五个接线端,DIN 为接收数据端,DOUT 为输出数据端,SCK 为连线总线时钟端,SS 为从模式选择端,TRIG 为输入端,能够把下一个存储序列放到 SPI 的输出序列中。

双击 SPI 原理图符号,打开属性设置对话框,设置的主要参数如下:

(1) SPI Mode:SPI 模式选择位,有三种工作模式可选择,Monitor 为监控模式,Master 为主模式,Slave 为从模式。

(2) Master clock frequency in Hz:主模式的时钟频率(Hz)。

(3) SCK Idle state is:SCK 空闲状态为高或低,选择一个。

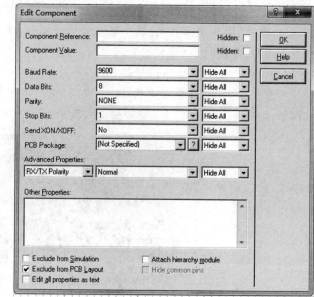

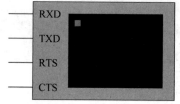

图 3-20　虚拟终端的原理图符号和设置对话框

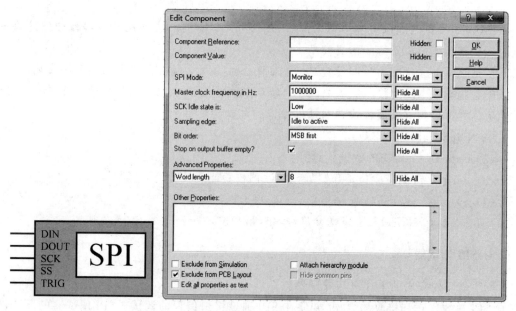

图 3-21　SPI 调试器的原理图符号和设置对话框

（4）Sampling edge：采样边沿，指定 DIN 引脚采样的边沿，选择当 SCK 从空闲到激活状态，或从激活到空闲状态时。

（5）Bit order：选择 MSB(高位在前)或 LSB(低位在前)。

5. I^2C 调试器

I^2C 是飞利浦公司开发的一种简单、双向二线制同步串行总线，只需要两根线即可在连接于总线上的器件之间进行通信，I^2C 是一种多向控制总线，也就是说多个芯片可以连接到同一总线结构下,同时每个芯片都可以作为实时数据传输的控制源。这种方式简化了信号传输总线接口,很多外围器件采用 I^2C 接口。I^2C 调试器的原理图符号和设置对话框如图 3-22 所示。I^2C 调试器共有三个接线端,SDA 为双向数据线,SCL 为双向输入端,时钟连接,TRIG 为触发输入,能引起存储序列被连续地放置到输出队列中。

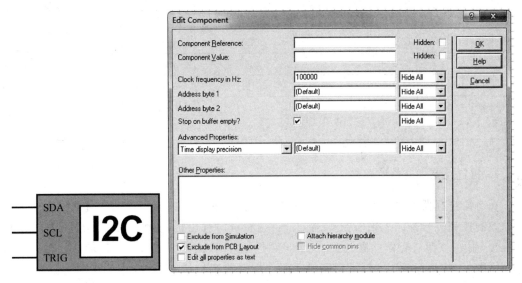

图 3-22 I^2C 调试器的原理图符号和设置对话框

双击 I^2C 原理图符号,打开属性设置对话框,设置的主要参数如下:

(1) Address byte 1:地址字节 1,如果使用此终端仿真一个从元件,这一属性指定从器件的第一个地址字节。

(2) Address byte 2:地址字节 2,如果使用此终端仿真一个从元件并期望使用 10 位地址,这一属性指定从器件的第二个地址字节。

3.2.3 Proteus ISIS 原理图绘制步骤

Proteus 的菜单和操作较多,本书只介绍常用的基本菜单和基本操作。下面以流水灯电路为例,讲解 Proteus 原理图绘制步骤,流水灯程序将在第 4 章进行讲解。本例只进行仿真,不进行原理图纸设置等操作。选择 File→Save Design As 命令,将文件命名为"LED"并保存在程序的文件夹下。

1. 选择元器件

先将需要用到的元器件加载到对象选择器窗口。在 ISIS 工作界面上单击 P 按钮,弹出 Pick Device 界面,选择 Category→Microprocessor ICs 命令,再单击 8051 Family。找到 AT89C51,双击 AT89C51,这样在左侧的对象选择器就有了 AT89C51 元件。如果知道元件的名称或者型号,可以在 Keywords 输入元件名称,系统在对象库中进行搜索查找,并将搜索结果显示在 Results 中。接着开始放置晶振,在 Keywords 中输入 CRY,在"Results"的列表中,双击 CRYSTAL 将晶振加载到对象选择器窗口内。继续加入其他元器件,流水灯电路所需的元器件见表 3-4。为方便绘制仿真电路图时查找元器件,附录 A 给出了 Proteus

提供的仿真元件分类及子类中英文对照。

表 3-4　流水灯电路所需元器件

名　　称	元件名	数　量/个	所在子类
单片机	AT89C51	1	Microprocessor ICs/8051 Family
晶振	CRYSTAL	1	Miscellaneous
独石电容	CAP	2	Capacitors/Generic
电解电容	CAP-ELEC	1	Capacitors/Generic
电阻	RES	10	Resistors/Generic
按键	BUTTON	1	Switches & Relays
发光二极管	LED-RED	8	Optoelectronics

2. 放置元器件并修改参数

在对象选择器窗口内选中 AT89C51，如果元器件的方向不方便绘图，可使用预览对象方向控制按钮进行操作。用按钮 C 对元器件进行顺时针旋转，用按钮 D 对元器件进行逆时针旋转，用 ↔ 按钮对元器件进行左右反转，用按钮 ↕ 对元器件进行上下反转。元器件方向方便绘图后，将光标置于图形编辑窗口元器件需要放置的位置，单击并一直按住鼠标左键，出现紫色的元器件轮廓符号，拖动鼠标可对元器件的放置位置进行调整，拖动到适合的位置后释放鼠标左键，元器件被放置。放置元器件后，如还需调整方向，单击需要调整的元器件，再右击进行调整。同样的操作将晶振、电容、电阻、发光二极管放置到图形编辑窗口。

将元器件编号并修改参数。修改的方法是在图形编辑窗口中双击元器件，在弹出的 Edit Component 对话框中进行修改。以电阻为例进行说明，如图 3-23 所示。

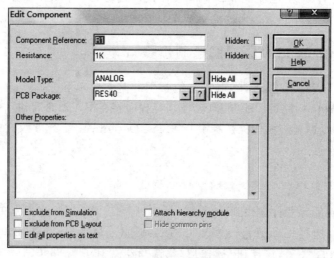

图 3-23　电阻参数修改

把 Component Reference 中的 R？ 改为 R1，把 Resistance 中的 10k 改为 1k。修改好后单击 OK 按钮，这时编辑窗口就有了一个编号为 R1、阻值为 1kΩ 的电阻。重复以上步骤就可对其他元器的参数进行设置。

3. 元器件的电气连接

Proteus 具有自动线路功能(wire auto router)，当光标移动至连接点时，光标指针处出现一个虚线框，单击并移动光标至下一个连接点，出现虚线框时，单击完成连线。在此过程中可以按下 Esc 键或者右击放弃连线。

4. 放置电源端子。

单击绘图工具栏的 █ 按钮，使之处于选中状态。选择 POWER 放置两个电源端子，选择 GROUND 放置一个接地端子，放置好后完成接电和接地的连线。

5. 绘制总线并设置网络标号

如果连线较多，则可以使用总线简化电路图的连线。在复杂的电路图中使用总线，可以清晰快速地理解多连线元件间的接线关系。单击绘图工具栏的 █ 按钮，使之处于选中状态。将光标置于图形编辑窗口，单击，确定总线的起始位置，移动光标，屏幕出现一条蓝色的粗线，选择总线的终点位置，双击，这样就绘制好一条总线。

绘制与总线连接导线时，为了和一般的导线区分，通常习惯画斜线来表示分支线。此时需要自己决定走线路径，只需在想要拐点处单击即可。在绘制斜线时需要关闭自动线路功能。可通过使用工具栏里的 WAR 命令按钮 █ 关闭。

绘制完总线和分支线，但是还不能表示对应元件引脚之间的电气连接，需使用网络标号(net label)。网络标号是一种具有电气连接属性的标号，一般由字母或数字组成，具有相同网络标号的电气连接线、引脚及网络是连接在一起的。单击绘图工具栏的网络标号按钮 █ 使之处于选中状态。将光标置于欲放置网络标号的导线上，这时会出现一个"×"，表明该导线可以放置网络标号。单击，弹出 Edit Wire Label 对话框，在 String 输入网络标号名称(如 D1)，单击 OK 按钮，完成该导线的网络标号的放置。接着放置其他导线的标号。注意：在放置导线网络标号的过程中，相互接通的导线必须标注相同的标号，相同标号采用的大小写符号也需要完全一致。

按照以上步骤绘制电路图后，8 路流水灯电路就绘制完毕，完成的电路图如图 3-24 所示，本电路图的单片机没有接电和接地的引脚，这是因为 Proteus 软件为了用户仿真电路更加方便快捷，默认接好了电源和地。如需要显示电源和地的引脚，可在菜单 Template 下 Set Design Defaults 的界面左下角勾选 Show hidden pins，单片机元件上就出现电源和地的引脚。为使电路图更加简洁明了，采用系统默认设置，不要勾选此项。在 Proteus 绘制单片机仿真电路原理图时，单片机已经默认可以正常工作，单片机最小系统所需的外围器件和电路均可省略，不影响仿真运行，本书为保证电路原理图的完整性，画出了最小系统。

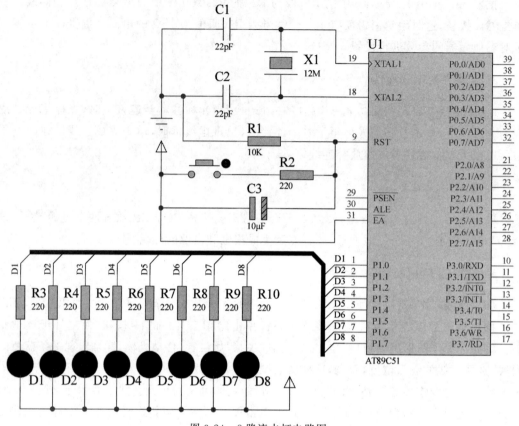

图 3-24　8 路流水灯电路图

3.3　第一个仿真电路和程序

　　有了上述操作基础之后，来做第一个仿真电路和程序。下面以 Keil 软件调试过程中的
LED 闪烁为例来做一个完整的仿真的电路和程序。

　　例 3-1　编制程序，以及单片机控制 LED 点亮，以及单片机控制一个 LED 闪烁。

　　如图 3-25 所示，LED 驱动电路是将发光二极管阴极接到单片机 I/O 口上，发光二极管
阳极通过一个限流电阻接到 V_{CC} 上。这样只需要给 P1.0 一个低电平，发光二极管导通就
可以点亮 LED，这种点亮 LED 的方式称为灌电流方式，即从外部向 I/O 口流入电流。接限
流电阻是因为 LED 的正常工作电流为 10~20 mA。如果不接限流电阻，工作电流过大，将
会烧坏 LED。LED 压降一般为 1.8V，限流电阻两端压降则为 5−1.8=3.2(V)。取工作电
流 15mA＝0.015A，则限流电阻阻值为 3.2/0.015＝213(Ω)，这里选用 220Ω 的限流电阻。

　　还有一种接法是将 LED 的阳极接单片机的 I/O 口，阴极接地，单片机 I/O 口输出高电
平，LED 点亮。由于 51 单片机驱动电流不足，无法驱动 LED，此时需接上拉电阻从外部补
充电流。51 单片机 I/O 口默认为高电平，这样单片机复位后 LED 就会点亮，这不一定是我
们想要的结果，如果初始状态为 LED 熄灭，还需要通过程序让其熄灭。不推荐这样驱动
LED，当然这也要根据具体设计情况而定。

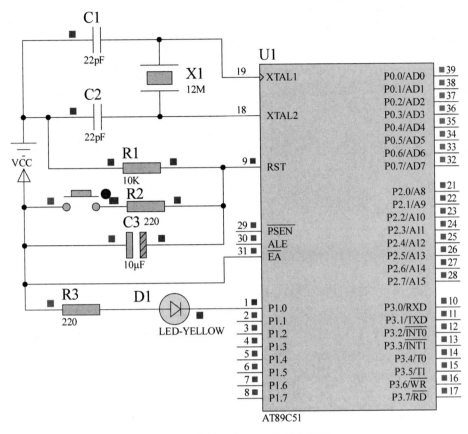

图 3-25　控制一个 LED 亮灭电路图

根据以上分析,LED 由 P1.0 口控制,要点亮 LED,只需要在程序中让 P1.0 口为 0 就可以。程序和程序说明如下:

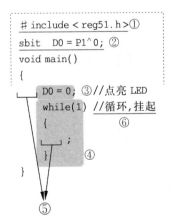

```
# include < reg51.h >①
sbit   D0 = P1^0;②
void main()
{
    D0 = 0;③//点亮 LED
    while(1)  //循环,挂起
                    ⑥
    {
        ;
    }  ④
}
```
⑤

程序说明:
① 引用含有 SFR 符号定义的头文件。
② 定义符号 D0 为 P1 口的第 0 位,D0 可以换为其他自定义符号,作用相同,如 sbit LED = P2^2;。
③ 点亮发光二极管的功能语句。
④ while(1)无限循环,用于程序的反复执行或者程序挂起。
⑤ 使用 Tab 键或者空格,使程序结构清晰,便于阅读。
⑥ 适当加入注释,使编程思路清晰,便于阅读和后期维护。

上述程序实现了一个 LED 点亮。让 LED 不断闪烁,需要通过 I/O 口来控制 LED 的亮灭,即是让 P1.0 口输出 1 和输出 0,不断取反,如果仅仅是不断取反,闪烁频率太快,人眼不能分辨,因此在闪烁之间需要有一段延时,应编制一段延时子程序。在 Keil μVision4 中建立工程文件,在编程窗口中输入以下代码:

```
# include < reg51. h>
# define UCHAR unsigned char
# define UINT unsigned int
sbit D0 = P1^0;
void delay(UINT x)                    //延时子程序
{
    UCHAR t;
    while(x -- ) for(t = 0; t < 120; t++);
}
void main( )                          //主程序
{
    while(1)
    {
        D0 = ~D0;                     //LED 闪烁
        delay(200);
    }
}
```

程序输入完毕后，需要进行编译，生成可执行代码，供仿真电路运行。在菜单 Project 下单击 Build Target，或者按快捷键 F7，即可进行编译。如果语法错误，会在 Build Output 对话框中有错误提示，按照错误指示进行修改正确后才可编译成功。如果语法正确，编译成功会提示语法无错误并且编译成功。这样就成功输入和编译了第一个程序。

前面绘制了仿真电路图，如果进行仿真，则需要在单片机中加载程序编译生成的可执行代码。在仿真电路图双击 AT89C51 单片机，弹出如图 3-20 所示 Edit Component 对话框。在弹出的对话框里单击 Program File 的"打开文件"按钮，在所建工程文件的路径下找到刚才编译得到的 HEX 文件并打开，然后单击 OK 按钮就可以模拟。单击调试控制按钮的运行按钮▶️，进入仿真。仿真过程中能清楚地看到 LED 闪烁。在仿真电路图上也可以清楚看到每个引脚的电平状态，红色代表高电平，蓝色代表低电平。注意：单片机仿真电路运行的时钟频率是以图 3-26 中 Clock Frequency 栏中设置的时钟频率为准。

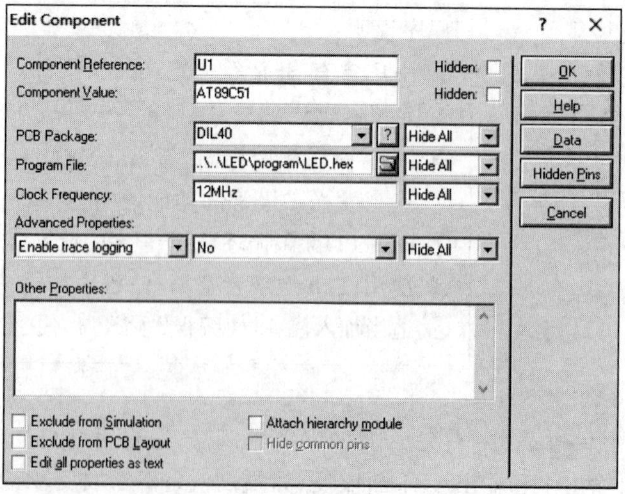

图 3-26　单片机加载可执行文件

3.4 Proteus 原理图与 Keil 环境联机仿真调试

Proteus 支持与 Keil 集成开发环境的联机仿真调试,需要安装 Keil 与 Proteus 的链接文件 vdmagdi.exe,然后进行以下设置:

1. Keil 软件联机调试设置

选择 Project→Options for Target Target1,或者直接单击工具栏上 图标。弹出窗口,单击 Debug 按钮,在出现的对话框右上栏的下拉菜单里选择 Proteus VSM Simulator,如图 3-27 所示。

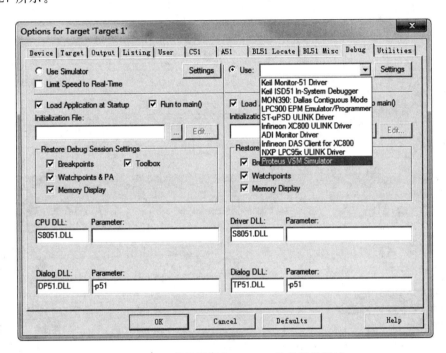

图 3-27 Keil 软件设置与 Proteus 软件联机调试

单击 Settings 按钮还可以设置通信接口,如图 3-28 所示,这里采用默认设置,若使用的不是同一台计算机,还需在这里填上另一台计算机的 IP 地址。

单击 OK 按钮设置完毕,将工程编译,进入调试状态。

2. Proteus 软件联机调试设置

在 Proteus ISIS 中,选择 Debug→use remote debugger monitor 命令,如图 3-29 所示,即可实现 Keil 与 Proteus 的联机调试。

进行完以上设置后便可以进行 Proteus 与 Keil 的联机调试,两个软件进行联机调试,Keil 的软件需要是已编译成功的,Proteus 要打开对应的电路图并已经加载 Keil 软件编译后生成的 .hex 文件进入仿真运行模式。在 Keil 软件单击 或选择 Debug→Start/Stop Debug Session 命令,启动调试器,通过 Debug 工具栏按钮控制程序的运行,便可在 Proteus

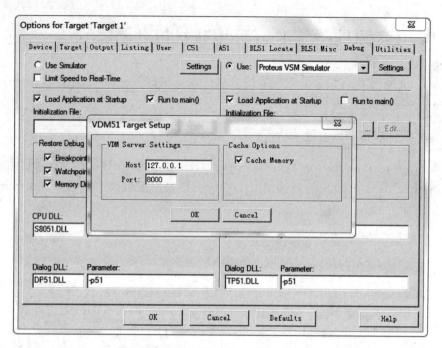

图 3-28　Keil 软件设置网络节点和端口

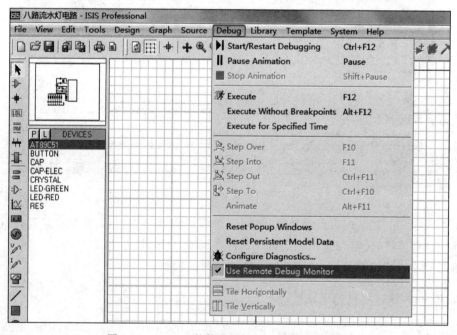

图 3-29　Proteus 软件设置与 Keil 软件联机调试

仿真电路上看到执行相应程序语句所产生的电路运行效果。如图 3-30 所示，对 8 路流水灯电路和程序进行联机调试，在 Keil 调试器中运行单步运行，便可看到 LED 流水灯流动点亮的每一步运行的效果。

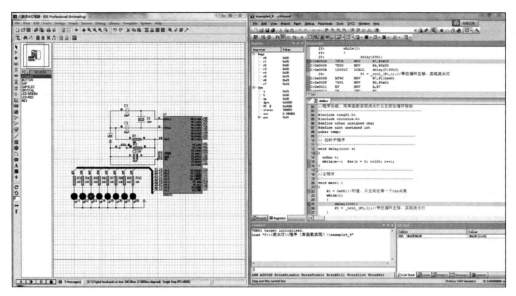

图 3-30 Proteus 软件与 Keil 软件联机调试工作界面

3.5 单片机程序下载方式简介

对于单片机工程开发项目,程序调试编译后要将.hex 文件下载到单片机中,程序才能够执行,在电路板中实现相应的功能。单片机程序的下载方式有多种,下面介绍编程器下载、ISP(串口下载)、SW、JTAG 常用的下载方式。STC51、LPC11C14、STM32F103C8T6 单片机都可以用 ISP 方式下载,LPC11C14 可以用 SW 方式下载,STM32F103C8T6 可以用 JTAG 方式下载。

3.5.1 编程器下载程序

编程器也叫烧写器或下载器,早期的 OTP 芯片是烧断芯片内的熔丝,故得名烧写器。编程器下载就是将程序数据通过编程器下载进单片机或芯片的 ROM 中。英特尔公司的 8051 是厂家掩膜批量生产的,8751 是在单芯片上集成了当时昂贵的 EPROM,也是需要编程器下载,当时一般是并行编程器,例如 8 位单片机一般先送出 8 位地址再写入 8 位数据,按照一定的时序将程序“录录”到芯片上。简单的编程器仅用 PC 的并口通过控制引脚的时序即可实现,复杂的编程器使用专门的主控芯片和大量外围电路。有的编程器操作烦琐和价格昂贵,一般需几百元甚至上千元,专业量产的脱机编程器价格高达上万元。常规编程器对纯储存类芯片(非单片机类)如 EPROM/EEPROM/Flash 芯片也可以下载,目前编程器支持高速下载、有检验、全驱引脚驱动、智能升级等。

VS4000P 是一款经济型通用编程器,支持常用的 MCU、EPROM、EEPROM、NorFlash 以及少量的 GAL 器件的烧录,支持器件总数量达 2 万余种。VS4000P 编程器编程软件启动界面如图 3-31 所示。

对 51 单片机芯片烧录按照以下五个步骤。

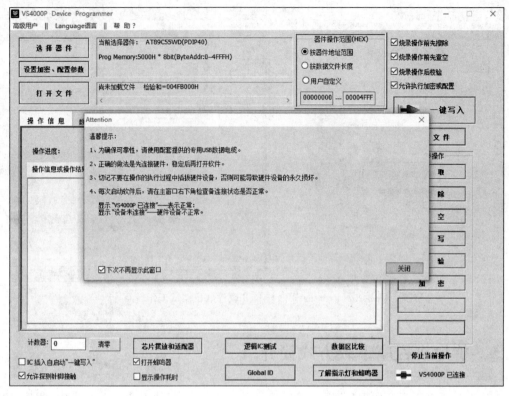

图 3-31　VS4000P 编程器编程软件启动界面

1. 选择器件

单击图 3-31 界面的"选择器件"按钮，弹出如图 3-32 所示选择器件对话框。有两种途径选择：一是从器件类型选择制造商，然后选择对应型号；二是输入器件型号关键字模糊搜索。选择器件的信息是被保留的，当用户选择好某个型号器件之后，下次打开软件时，自动默认为之前的选择状态。这里选择 ATMEL 公司的 AT89C51 单片机。

2. 加载文件

单击主界面的"打开文件"按钮，弹出 Load File 对话框，如图 3-33 所示。单击右上角的"浏览"按钮，找到需要加载的数据文件。然后单击"确定"按钮，即可加载数据文件。加载文件不会保存，下次打开软件或重新选择器件后需要重新加载。这里选择例程编译好的 LED.hex 文件。

单击主界面左上角的"设置加密、配置参数"，设置加密方案或配置参数，在弹出的窗口进行设置，如图 3-34 所示。这一步是否需要取决于所选择的器件。通常单片机都需要这类器件，单纯存储器则不一定需要。这里选择默认的加密模式。

3. 设置"一键写入"所包含的操作项目

选择不同的器件，会有不同的默认的包含项目。一般不用改变，如果想改变，有以下两种方法：

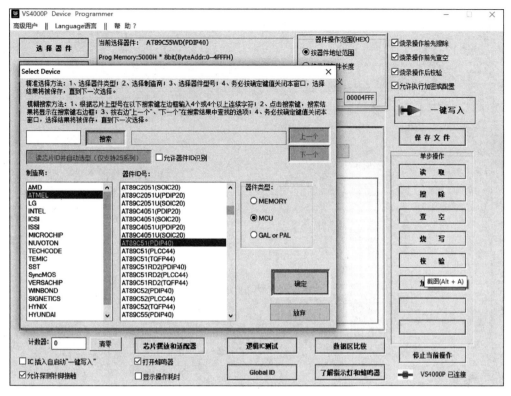

图 3-32 选择器件

图 3-33 载入程序

（1）勾选右上角的相应选项。

（2）选择"高级用户→设置一键完成项目"命令，打开窗口后，右边栏是默认的项目排列，而左边是可供选择的项目。

如果能确认器件是空白的，例如新的器件，则去除擦除操作和查空操作，有利于节约烧写时间，本设置将被自动保存直到重新选择器件。

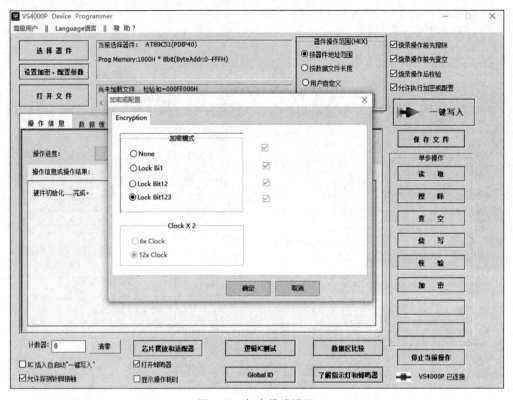

图 3-34　加密模式设置

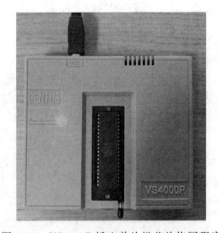

图 3-35　VS4000P 插入单片机芯片烧写程序

4. 烧录芯片

以上三步都是烧录之前的准备工作，下面开始烧录芯片。烧录过程只有放置（更换）芯片，单击"一键写入"按钮这两个动作，极为简单。多个烧录步骤在单击"一键完成"按钮之后，按步骤顺序自动完成。只要注意观察烧录完成之后的结果显示即可。

操作要点：放置器件要按照插放图要求。需要用适配器的，要保证适配器的转换关系正确。如不清楚，单击软件界面底部的"芯片摆放和适配器"可查看插放方式和适配器。VS4000P 插入

单片机烧写程序如图 3-35 所示。

如果需烧录数量较多，可以启用"IC 插入自动启动'一键写入'"功能。注意：对于 OTP器件，最好不要启用这个功能。勾选或去除勾选主窗口底部的"IC 插入自动启动'一键写入'"多选框，可以启用/禁用此功能。

以上步骤，所选择的器件，以及加密与配置参数，当软件关闭时被记忆。下次再打开软件时，只要加载文件就可以烧写。图 3-36 为烧写成功后的软件界面。

采用编程器下载均需要将芯片取出放在编程器的 IC 插座上，下载不够方便，也需要编

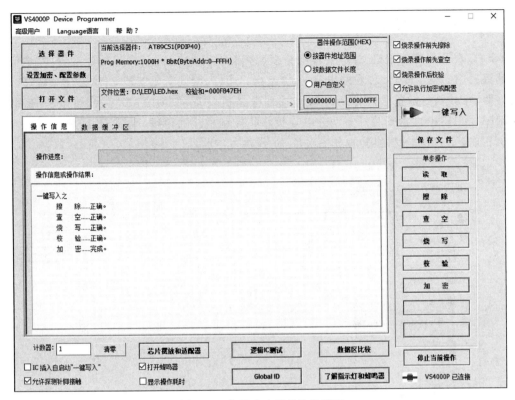

图 3-36　烧写成功后的软件界面

程器硬件投入。

3.5.2　ISP 下载

　　用编程器烧写程序,每修改一次源程序就要将单片机芯片从目标板上取出,再将更新后的目标代码重新固化到单片机芯片中,烧写会频繁地插拔单片机芯片可能对芯片引脚和电路板造成损坏。ISP 是一种无须将单片机从电路板上取出就能对其进行编程的方法。在线系统编程需要在目标板上有额外的电路完成编程任务。ISP 的实现比较简单,芯片内部的程序存储器可以由上位机的软件通过 SPI 来进行改写,对于单片机来说可以通过 SPI 或其他的串行接口接收上位机传来的数据并写入程序存储器中。ISP 技术的优势是不需要编程器也可以进行单片机的实验和开发,既节省了单片机开发的成本,又免去了调试时频繁插拔芯片的麻烦。

　　ATMEL 公司的 AT89S 系列单片机(包括 AT89S51、AT89LS51、AT89S52、AT89LS52、AT89S53、AT89LS53、AT89S8252、AT89LS8252、AT89S8253、AT89158253 等型号)支持ISP 下载功能。AT89S 系列单片机内部都是在标准 80C51 的基础上额外设计了一个实现"串行编程接口逻辑"的硬件功能,即 RST 引脚处在高电平的情况下,利用 P1.5/MOSI(串行数据输入端)、P1.6/MISO(串行数据输出端)、P1.7/SCK(同步时钟信号输入端)三个引脚的数据设置或传送实现程序下载的功能。

3.5.3　STC 单片机串口下载

STC 单片机支持串口下载，目标电路板连接前需安装 USB 转串口的驱动程序，本实验电路板采用的是 CH340 芯片的串口转 USB 接口电路，因此需要安装 CH340 驱动程序。安装好驱动程序后，设备管理器的端口能找到电路板设备，如图 3-37 所示，端口下的 USB-SERIAL CH340 即为安装好驱动的电路板。将控制板接通电源，用 USB 线将控制板与计算机相连。STC 单片机实验板如图 3-38 所示。

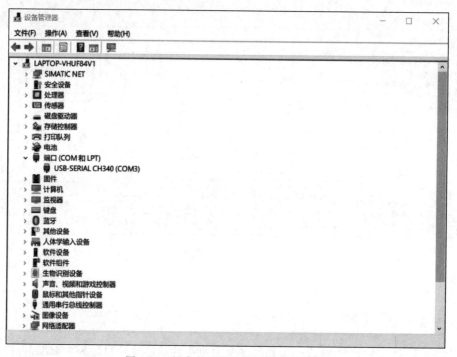

图 3-37　设备管理器中查看电路板设备

打开 STC 单片机下载软件，下载软件界面如图 3-39 所示，界面操作非常人性化，所需步骤和设置均设置在主界面上。

下面按照软件界面的步骤进行设置和烧写程序：

单击 MCU Type 下拉菜单，选择待烧写的芯片型号，这里选择目标电路板上单片机型号 STC89C52；单击打开程序文件，选择要下载的.hex 文件，这里载入之前例程中的 LED.hex；选择串行口和最高波特率，串行口 com 号到设备管理器去查看。最高和最低波特率采用默认设置。设置选项也采用默认设置，如需其他设置，可自行更改。

以上设置完成后开始下载程序，单击 Download 按钮，断开电路板总电源，使单片机彻底失电，再接通控制板总电源，使芯片重新上电，软件开始下载程序，并提示下载完成。STC 串口 ISP 下载的方式下载程序方便，但也有一定的弱点：①串口下载速度相对高速编程器来说有点慢；②STC 单片机 ISP 下载对串口电路的信号质量要求较高，若串口电路处理不良（如 USB 转串口、232 电平转换），容易造成下载不成功；③每次下载均需重新启动（当然，可通过软件或硬件自动启动处理）。针对上述问题 STC-ISP 下载软件一直在更新改进，

图 3-38　STC 单片机实验板

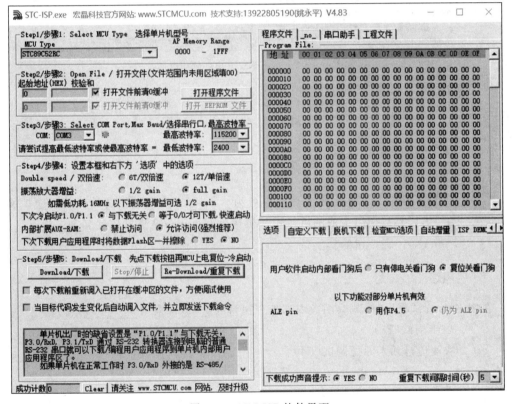

图 3-39　STC-ISP 软件界面

STC 最新的版本 STC-ISP V6.88D 支持自动识别 COM 接口,下载速度加快,稳定性好,无须重新启动电路板电源,烧写程序更加方便快捷,可到 STC 宏晶科技官网 https://www.stcmcudata.com/下载最新的版本。如图 3-40 为 STC-ISP 最新版本烧写单片机成功界面。

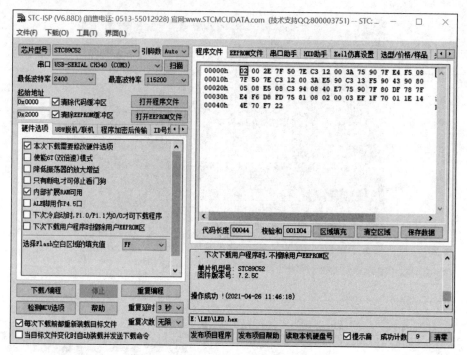

图 3-40　STC-ISP 烧写单片机成功界面

习题

一、填空

1. 在 Keil 中，用 C 语言编写的程序扩展名为_____，用汇编语言编写的程序扩展名为_____，经编译器编译后生成的可供单片机运行的可执行文件的扩展名为_____。

2. 在 Proteus 中 ╫ 按钮的功能是_____。

二、单项选择

在用 Keil 调试程序时，观察函数内部指令执行的结果，常采用_____方法。

  A. 单步调试（F8）　　　　　　　　　　B. 跟踪调试（F7）

  C. 快速运行到光标处调试（F4）　　　　D. 断点调试（F2）

三、思考题

利用 ISIS 和 Keil 仿真单片机应用系统的主要步骤是什么？

四、绘制电路及编程练习

1. 绘制 8 路流水灯电路图。

2. 绘制单片机控制一个 LED 闪烁电路图，将程序在 Keil 里输入和编译，仿真实现功能。

## 第4章

C51程序设计基础

　　C语言是美国国家标准协会(ANSI)制定的编程语言标准,1987 年 ANSI 公布 87 ANSI C,即标准 C 语言。Keil C51 是在 ANSI C 的基础上针对 51 单片机的硬件特点进行的扩展,并向 51 单片机上移植,经过多年努力,C51 已经成为公认的高效、简洁而又贴近 51 单片机硬件的实用高级编程语言。C51 根据单片机存储器硬件结构及内部资源,扩展了相应的数据类型和变量,而 C51 在语法规定、程序结构与设计方法上都与标准 C 相同。本章在读者已掌握标准 C 语言的基础上,初步介绍如何使用 C51 来进行 AT89C51 单片机程序开发。本章重点介绍 C51 对标准 C 所扩展的部分,并通过例程来讲解 C51 的程序设计思想。

4.1　汇编语言简介

　　汇编语言是任何一种用于电子计算机、微处理器、微控制器或其他可编程器件的低级语言,也称为符号语言。在汇编语言中,用助记符代替机器指令的操作码,用地址符号或标号代替指令或操作数的地址。在不同的设备中,汇编语言对应着不同的机器语言指令集,通过汇编过程转换成机器指令。特定的汇编语言和特定的机器语言指令集是一一对应的,每一系列单片机都有自己的指令系统,不同平台之间不可直接移植。8051 的指令系统共有 111 条指令,由 42 种助记符和 7 种寻址方式组合而成。

　　汇编语言作为机器语言之上的第二代编程语言,它有一些优点：汇编语言更加接近单片机的底层硬件,直接对底层硬件进行操作；编写的代码少了编译环节,可以准确地被执行,执行效率高；作为一种低级语言,可扩展性高。其缺点也显而易见：汇编语言要求对于硬件结构有充分的掌握,学习比较困难；指令系统庞大,格式复杂,可记忆性差,造成代码的冗长以及编写的困难；调试困难、可维护性差,代码兼容性、可移植性差。

　　单片机系统开发中也可用到 C 语言与汇编语言混合编程技术。混合编程技术可以把 C 语言和汇编语言的优点结合起来,编写出性能优良的程序。单片机混合编程技术通常是程序的框架或主体部分用 C 语言编写,使用频率高、要求执行效率高、延时精确的部分用汇编语言编写,这样既保证了整个程序的可读性,又保证了单片机应用系统的性能。

　　随着单片机性能的不断提高和编译器技术的成熟,用高级语言设计,编译出的单片机执行代码优化和可执行效率高。初学单片机不需要学习汇编语言,从事单片机程序开发设计也不必掌握汇编语言。但了解汇编语言也是有好处的,借助于对汇编语言的理解,进一步地去理解高级语言在底层编程的一些细节，提高程序设计开发能力。

4.2　C51 的优点和结构特点

C51 具有 C 语言结构清晰的优点，便于学习，同时具有汇编语言的硬件操作能力。对于具有 C 语言编程基础的读者，能够轻松地掌握单片机 C51 的程序设计。对于简单的单片机程序设计，使用汇编语言可能程序效率比较高，但在程序较多时，汇编语言的程序结构会非常复杂，修改会非常困难。与汇编语言相比，C 语言在功能性、结构性、可读性、可维护性上有明显的优势。C 语言有如下优点：

（1）开发者不需要对单片机的汇编指令系统有任何了解，也不必详细掌握单片机的具体内部结构和处理过程。当用新型的微控制器开发程序时，可以很快上手，减少学习时间。

（2）C 语言可移植性好，很多微控制器都支持 C 编译器。功能化的代码能够很方便地从一个工程移植到另一个工程，从而减少了开发时间。

（3）C 语言具有结构化和模块化特点，便于阅读和维护。

（4）C 语言提供的库函数包含许多标准子程序，具有较强的数据处理能力。

用过汇编语言后再使用 C 语言来开发，体会更加深刻。C 语言编写的程序比汇编语言编写的程序更符合人们的思考习惯，寄存器分配、不同存储器的寻址及数据类型等细节交由编译器管理，开发者可以更专心地考虑算法而不是考虑一些细节问题。这样可以减少编程出错的概率，从而提高开发效率，减少调试的时间。

以下对第 3 章的 LED 闪烁程序来进行分析，下面是 LED 闪烁程序的部分代码和程序框架。

```
# include < reg51.h >                    —— 头文件，可以有一个或若干个
# define UCHAR unsigned char       }
# define UINT unsigned int           }  宏定义
sbit LED = P1^0;                           —— 特殊功能位定义
void delay (UINT x)
{
        …… ;                               }  子函数，可以有若干个
}
void main ( )
{
        …… ;                               }  主函数：是程序的入口，函数名
}                                               固定，有且仅有一个
```

由 LED 闪烁程序，总结 C 语言的结构特点如下：

（1）一个 C 程序由一个或多个函数组成，其中必须有一个用 main 命名的主函数。

（2）每个函数由头部和函数体两部分组成。函数以花括号开始，以花括号结束，包含在花括号以内的部分称为函数体。

（3）每条 C 语句以";"结尾。

（4）C51 程序没有行号，C 程序的书写格式比较自由。一行内可以写多条语句，一条语

句也可以分写在多行。

（5）可以在程序的任何位置用/＊………＊/对 C 程序中的任何部分作注释。可以在行末用//追加注释。

单片机 C 编程入门要求掌握 C51 语言程序设计的数据、运算和控制。数据包括数据类型、数据结构、存储类型，运算包括算术运算、关系运算、逻辑运算、位操作，控制包括顺序结构、选择结构、循环结构、函数。

4.3　C51 中的数据类型

数据的不同格式称为数据类型，数据按照一定的数据类型进行的排列、组合及架构称为数据结构。C51 提供的数据结构是以数据类型的形式出现的。C51 的数据类型如表 4-1 所示。

表 4-1　C51 中的数据类型

数据类型	说　明
基本数据类型	基本数据类型最主要的特点是其值不可以再分解为其他类型。也就是说，基本数据类型是自我说明的
构造数据类型	构造数据类型是根据已定义的一个或多个数据类型用构造的方法来定义的。也就是说，一个构造类型的值可以分解成若干个"成员"或"元素"。每个"成员"都是一个基本数据类型或一个构造类型。在 C 语言中，构造类型有数组类型、结构体类型、共用体（联合）类型
指针类型	指针是一种特殊的，同时又是具有重要作用的数据类型。其值用来表示某个变量在内存储器中的地址。虽然指针变量的取值类似于整型量，但这是两个类型完全不同的量，因此不能混为一谈
空类型	在调用函数值时，通常应向调用者返回一个函数值。这个返回的函数值是具有一定的数据类型的，应在函数定义及函数说明中给以说明，如果函数调用后并不需要向调用者返回函数值，这种函数可以定义为"空类型"。其类型说明符为 void

C51 的基本数据类型与标准 C 语言中的数据类型基本相同，在标准 C 的基础上扩展了专门针对 51 单片机的特殊功能寄存器型和位类型。C51 中的基本数据类型如表 4-2 所示。

表 4-2　C51 中的基本数据类型

数据类型	C51 专用	长度	取值范围
signed char	—	1 字节	$-128 \sim +127$
unsigned char	—	1 字节	$0 \sim 255$
signed int	—	2 字节	$-32768 \sim +32767$
unsigned int	—	2 字节	$0 \sim 65535$
signed long	—	4 字节	$-2147483648 \sim +2147483647$
unsigned long	—	4 字节	$0 \sim 4294967295$
float	—	4 字节	$-3.4E-38 \sim 3.4E+38$
double	—	8 字节	$-1.7E-308 \sim 1.7E+308$
*	—	1～3 字节	对象的地址

续表

数据类型	C51专用	长度	取值范围
bit	专用	1位	0 或 1
sbit	专用	1位	0 或 1
sfr	专用	1字节	0 ~ 255
sfr16	专用	2字节	0 ~ 65535

4.3.1　C51常用基本数据类型

由于51单片机是字长为8位的单片机，因此C51最常用的基本数据类型是字符型和整型。

1. char字符型

字符型分为有符号字符型 signed char 和无符号字符型 unsigned char，长度为1字节。signed char 字节的最高位为符号位，“0”表示正数，“1”表示负数，负数用补码表示，所能表示的数值范围是 $-128 \sim +127$。unsigned char 可以存放1字节的无符号数，其所能表示的数值范围是 $0 \sim 255$；unsigned char 也可以存放西文字符，在计算机内部用 ASCII 码形式存放。

2. int整型

整型有 signed int 和 unsigned int 之分，长度为2字节。signed int 用于定义双字节有符号数，所能表示的数值范围为 $-32768 \sim +32767$。unsigned int 用于定义双字节无符号数，数值的范围为 $0 \sim 65535$。整型数据在C51中的存放格式与标准C语言不同，标准C语言是高字节存放在高地址单元，低字节存放在低地址单元，而在C51中是高字节存放在低地址单元，低字节存放在高字节单元。

4.3.2　C51专用数据类型

C51针对51单片机扩展了以下四种专用数据类型：

（1）bit：位型。bit的值取值范围是1(true)和0(false)，可以定义位变量，但不能定义位指针和位数组。

（2）sbit：特殊功能位。sbit是指51单片机片内可以进行位寻址的特殊功能寄存器位。

例如：sbit TF1=0x8F; //定义位地址为0x8F的定时器溢出标志位名称为TF1

　　　　sbit LED=P1^0; //定义P1口0位的名称为LED

符号“^”前面是特殊功能寄存器的名字，“^”后面数字定义特殊功能寄存器可寻址位在寄存器中的位置，取值必须是 $0 \sim 7$。

（3）sfr：特殊功能寄存器。可以定义51单片机的所有内部8位特殊功能寄存器，“sfr”数据类型占用一个内存单元。

例如：sfr P1= 0x90; //定义P1寄存器地址为0x90

定义了P1口在片内的寄存器的地址，在后面语句中就可直接用“P1”来书写程序，如书写"P1=0xff"程序语句。

（4）sfr16：16位特殊功能寄存器。例如，sfr16 DPTR=0x82语句定义了片内16位寄存器DPTR，其低8位字节地址为82H，高8位地址为83H。在后续语句中就可直接用DPTR进行操作。

DPTR是一个16位的特殊功能寄存器，其高位字节寄存器用DPH表示，低位字节寄存器用DPL表示，DPTR既可以作为一个16位的寄存器来处理，也可以作为两个独立的8位寄存器来使用。其主要功能是存放16位地址，作为片外RAM寻址用的地址寄存器（间接寻址）。

4.3.3 reg51.h头文件

为方便用户编程，C51对51单片机的特殊功能寄存器和部分特殊功能位已经进行了定义，放在reg51.h、reg52.h等头文件中，只要用文件包含做出声明即可使用，在编程中选用reg51.h中所定义的特殊功能寄存器名和可寻址的位名。需要注意的是reg51.h中对于特殊功能寄存器和特殊功能寄存器的可寻址位定义的名称均为大写，在编程中务必和定义的名称完全一致。reg51.h头文件见附录B，在编程时如果对所选用的特殊功能寄存器名和可寻址位名不清楚，可将光标移动至♯include＜reg51.h＞语句上，单击右键，在弹出的菜单栏中单击"Open document＜reg51.h＞"查看该头文件的内容。

4.3.4 定义变量类型

变量必须先定义，后使用。

例如：int a; char b;

C允许在定义变量的同时给变量赋初值。

例如：char c ='a';

int a＝7;

int a,b,c＝9; //定义a、b、c为整型变量，对c赋初值为9

int a＝3,b＝3,c＝3; //定义a、b、c为整型变量并分别赋初值为3

错误：int a＝b＝c＝3;

单片机存储空间有限，因此在编程中应注意节约存储空间。对于8位单片机，8位的数据类型是运算最快的；对于16位单片机，8位的数据和16位的数据运算速度是一样的。定义变量类型应考虑程序运行时该变量可能的取值范围，是否有负值，绝对值有多大，以及相应需要的存储空间大小。在够用的情况下，对于51单片机尽量选择8位，即一个字节的char型，常用unsigned char。对于51系列这样的定点机而言，浮点类型变量将明显增加运算时间和程序长度，尽量使用灵活巧妙的算法来避免浮点变量的引入。

4.3.5 数据类型的转换

在C51程序中，有可能出现运算中数据不一致的情况，C51允许标准数据类型的隐式转换。也就是说，当计算结果隐含着另一种数据类型时，数据类型可以自动进行转换。隐式转换的优先级顺序如下：

bit→char→int→long→float
signed→unsigned

例如，当 char 型与 int 型数据进行运算时，先自动将 char 型扩展为 int 型，然后与 int 型进行运算，运算结果为 int 型。这些转换也可以通过强制类型转换符"（）"对数据类型进行人工转换。强制类型转换符的形式如下：

(类型名)(表达式);

例如：

(double)a   将 a 强制转换成 double 型
(float)(7%3)   将模运算 7%3 的值强制转换成 float 型

4.4 常量、变量及其存储模式

4.4.1 常量

程序运行中值不能改变的量称为常量，常量存放于 ROM 中。在 C51 中支持整型常量、浮点型常量、字符型常量和字符串型常量。整型常量就是整型常数，根据其值范围在 ROM 中分配不同的字节数来存放。浮点型常量就是实型常数，有十进制表示形式和指数表示形式两种。字符型常量是用单引号括起来的字符，既可以是 ASCII 码字符，也可以是控制字符。字符串常量由双引号括起来的字符组成，每个字符串尾自动加一个'\0'作为字符串结束标志。

4.4.2 变量

变量代表存储器中的一个或多个存储单元，用来存放数据，一般来讲这些值在程序运行中可以改变（只读变量除外）。

变量名命名规则：变量名只能由半角的字母、数字、下画线组成，且第一个字符不能是数字。为增强程序的可读性，建议变量名除 i、j、k 等作为局部循环变量命名外，不要使用单字节命名变量。变量名命名应清晰明了，使用完整的单词或常见的通用缩写，有明确的含义，保持统一风格。

好的命名让人望文知义，清晰明了，有明确的含义，例如：

error_number; display_buff;

不好的命名使用随意的字符和模糊的缩写，例如：

b6; t_comp_res;

使用变量之前必须先进行定义，用一个标识符作为变量名并指出它的数据类型和存储模式，以便编译系统为它分配相应的存储单元。C51 中对变量进行定义的格式如下：

[存储种类]数据类型[存储器类型]变量名表;

其中，存储种类和存储器类型是可选项，变量的存储种类有自动(auto)、外部(extern)、静态(static)和寄存器(register)。定义变量时如果省略"存储种类"选项，则该变量将为自动(auto)变量。

(1) 自动变量：局部变量是指在函数内部说明的变量，用关键字 auto 进行说明，当auto 省略时，所有的局部变量都被默认为是自动变量。自动变量作用范围在定义它的函数体或复合语句内部，当定义它的函数体或符合语句执行时，C51 才为该变量分配内存空间，结束时占用的内存空间释放，自动变量一般分配在内存的堆栈空间中。

(2) 外部变量：为了使变量除了在定义它的源文件中可以使用外，还要被其他文件使用。因此，必须将全局变量通知每一个程序模块文件，此时可用 extern 来说明。外部变量被定义后分配到固定的内存空间，在程序整个执行时间内都有效，直到程序结束时才释放。

(3) 静态变量：根据变量的类型可以分为静态局部变量和静态全局变量。在函数体内部定义的静态变量为静态局部变量，它与局部变量的区别是：函数退出时，这个变量始终存在，但不能被其他函数使用，当再次进入该函数时，将保存上次的结果。其他与局部变量一样。静态全局变量是指只在定义它的源文件中可见，而在其他源文件中不可见的变量。它与全局变量的区别是：全局变量可以再说明为外部变量，被其他源文件使用，而静态全局变量却不能再被说明为外部的，即只能被所在的源文件使用。

(4) 寄存器变量：寄存器变量存放在 CPU 内部的寄存器中，处理速度快，但数目少。C51 编译器编译时能自动识别程序中使用最频繁的变量，并自动将其作为寄存器变量，用户无须声明。

存储器类型用于将变量放入指定的存储区域。51 单片机有片内、片外数据存储区，还有程序存储区。51 单片机片内的数据存储区是可读写的，51 单片机最多可以有 256B 的内部数据存储区，其中低 128B 可直接寻址，高 128B 只能间接寻址，从 20H 开始的 16B 可以位寻址，片内数据存储区可分为 data、idata 和 bdata 三种数据存储类型。访问片外数据存储区比访问片内数据存储区慢，因为片外数据存储区是通过数据指针加载地址来间接寻址访问的。C51 提供两种数据存储类型 xdata 和 pdata 以访问片外数据存储区。程序存储区只能读不能写，C51 提供 code 存储类型来访问程序存储区。表 4-3 列出存储器类型及说明。

表 4-3　存储器类型及说明

存储器类型	说　　明
DATA	直接寻址的片内数据存储器(128B)，访问速度最快(00H～7FH)
BDATA	可位寻址的片内数据存储器(16B)，允许位和字节混合访问(20H～2FH)
IDATA	间接访问的片内数据存储器(256B)，全部片内 RAM 空间(00H～FFH)
PDATA	分页访问的片外数据存储器(256B) 00H～FFH
XDATA	片外数据存储器(64KB)，访问速度比较慢　0000H～FFFFH
CODE	程序存储器(64KB)　0000H～FFFFH

4.4.3　存储模式

定义变量时如果省略存储器类型选项，则按编译时使用的存储器模式 Small、Compact、Large 来进行配置，不同的存储模式对变量默认的存储器类型不一样。

（1）Small 模式：所有变量放入可直接寻址的片内数据存储器，默认存储类型为DATA区。在此模式下，变量访问效率最高，但所有数据对象和堆栈必须适合内部 RAM，因为使用的堆栈空间取决于不同函数嵌套的深度，故对堆栈的尺寸要求严格。

（2）Compact 模式：所有变量放入分页片外存储区，最大为 256B，默认的存储类型是PDATA。该模式的效率不如 Small 模式的效率，变量访问速度低于 Small 模式，但比 Large模式快。

（3）Large 模式：所有变量放入外部数据存储器，最大为 64KB，默认的存储类型是XDATA。此模式下访问效率最低，尤其对于两个或多个字节的变量，该模式生成的代码最多。

在程序中，变量的存储模式的指定通过♯pragma 预处理命令来实现，函数的存储模式可通过在函数定义时后面带存储模式说明，如果没有指定，则系统默认为 Small 模式。存储模式通常建议在开发环境中设定，在 Keil 工作界面下单击工具栏上 图标，弹出如图 4-1所示的设置框，选择 Target→ Memory Model 命令，即可设置存储模式。

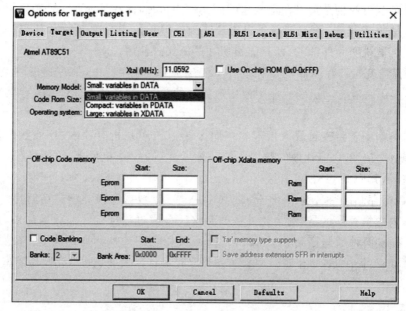

图 4-1　在 Keil 中设置存储模式

4.4.4　绝对地址访问

在有些情况下，直接操作单片机系统的各个存储器空间或外设的存储器空间，需要对确定的存储单元地址进行访问，这称为绝对地址访问。为了能够在程序中直接对任意指定的存储器地址单元进行操作，C51 提供了以下三种访问绝对地址的方法。

1. _at_关键字

使用_at_对指定的存储器空间绝对地址进行访问，一般格式如下：

[存储器类型] 数据类型说明符 变量名 _at_ 地址常数;

其中,存储器类型由编程者指定,如果省略,则按照存储模式默认的存储类型。数据类型可用基本数据类型和复杂的数组、结构体等类型。地址常数是需要直接操作的存储器的绝对地址,必须位于有效的存储器空间之内,使用_at_定义的变量必须为全局变量。

例如:xdata unsigned int addr1 _at_ 0x8300;此语句的功能是在 xdata 区定义变量 addr1,其地址为 8300H,定义之后就可以对变量 addr1 进行读写操作。

又如:addr1=0x03;此语句的功能是在 8300H 的地址单元写入数据为 0x03。

2. 绝对宏

C51 库函数提供了一组宏定义来对 51 单片机的空间进行绝对寻址,库函数为 absacc.h,在程序中,用 ♯include < absacc.h>将库函数包含进来,即可使用其中定义的宏来访问绝对地址,包括 CBYTE、XBYTE、PWORD、DBYTE、CWORD、XWORD、PBYTE、DWORD。其中:CBYTE、XBYTE、PWORD、DBYTE 以字节形式分别对 code、data、pdata、xdata 区域进行寻址;CWORD、XWORD、PBYTE、DWORD 以字形式分别对 code、data、pdata、xdata 区域进行寻址。用户可以在 absacc.h 文件中查看函数原型。

例如:XBYTE[0x7FFF]=0x50;此语句的功能是向片外扩展地址 7FFFH 写入 1 字节数据。

XWORD[0]=0x6BE8;此语句的功能是将一个字的数据 0x6BE8 送入外部 RAM 单元 0000H 和 0001H。

3. 通过指针访问

采用指针用户可以很方便地实现对存储器各个单元的绝对地址访问。首先定义指针,然后对指针赋值,赋予绝对地址,即可对绝对地址进行访问。

例如,以下语句:

```
uchar data var1;
uchar pdata * dp1;          /*定义一个指向 pdata 区的指针 dp1*/
uint xdata * dp2;           /*定义一个指向 xdata 区的指针 dp2*/
uchar data * dp3;           /*定义一个指向 data 区的指针 dp3*/
dp1 = 0x30;                 /*dp1 指针赋值,指向 pdata 区的 30H 单元*/
dp2 = 0x1000;               /*dp2 指针赋值,指向 xdata 区的 1000H 单元*/
* dp1 = 0xff;               /*将数据 0xff 送到片外 RAM30H 单元*/
* dp2 = 0x1234;             /*将数据 0x1234 送到片外 RAM1000H 单元*/
dp3 = &var1;                /*dp3 指针指向 data 区的 var1 变量*/
* dp3 = 0x20;               /*给变量 var1 赋值 0x20*/
```

4.5　C51 的运算符

C51 对数据有很强的表达能力,具有丰富的运算符,运算符按其在表达式中所起的作用,分为算术运算符、逻辑运算符、关系运算符、位运算符、复合运算符等。运算符类别说明见表 4-4。

表 4-4 运算符类别及说明

运算符类别	符 号	说 明	运算符类别	符 号	说 明
算术运算符	＋	加法运算	关系运算符	＞	大于
	－	减法运算		＜	小于
	＊	乘法运算		≥	大于或等于
	/	除法运算		≤	小于或等于
	％	取余运算		＝＝	测试等于
	＋＋	自增运算		!=	测试不等于
	－－	自减运算	位运算	&	按位逻辑与
逻辑运算符	&&	逻辑与		│	按位逻辑或
	‖	逻辑或		∧	按位异或
	!	逻辑非		～	按位取反
指针和取地址运算符	＊	取内容		≪	按位左移
	&	取地址		≫	按位右移
逗号运算符	，	逗号运算	条件运算符	?	条件运算

4.5.1 算术运算符、逻辑运算符和关系运算符

1. 算术运算符

＋、－、＊运算符符合一般算术运算法则。"/"和"％"这两个符号都涉及除法运算："/"运算是取商，如果是两个整数相除，其结果为整数，如果是两个浮点数相除，其结果为浮点数；"％"运算为取余运算，要求两个运算对象均为整数。例如：30.0/20.0 的结果为 1.5，30/20 的结果为 1，30％20 的结果为 10。

自增运算符和自减运算符放在运算数前和运算数后的结果是不同的。＋＋i，－－i：在使用 i 之前，先使 i 值加（减）1。i＋＋，i－－：在使用 i 之后，再使 i 值加（减）1。例如：若 i=4，则执行 x=＋＋i 时，先使 i 加 1，再引用结果，即 x=5，运算结果为 i=5，x=5。若 i=4，则执行 x=i＋＋时，先引用 i 值，即 x=4，再使 i 加 1，运算结果为 i=5，x=4。

2. 逻辑运算符

与运算(&&)当参与运算的两个量都为真时，结果才为真；否则，为假。例如：5＞0 && 4＞2 由于 5＞0 为真，4＞2 也为真，相与的结果也为真。

或运算(‖)当参与运算的两个量只要有一个为真，结果就为真；两个量都为假时，结果为假。例如：5＞0‖5＞8 由于 5＞0 为真，相或的结果也就为真。

非运算(!)参与运算量为真时，结果为假；参与运算量为假时，结果为真。

3. 关系运算符

关系运算符常用于条件语句，将两个表达式用关系运算符连接起来即成为关系表达式，当满足关系时，结果为真(1)，当不满足关系时，结果为假(0)。

4.5.2　位运算符

位运算是指进行二进制位的运算,在单片机编程中常需要处理二进制位的问题。例如:将寄存器的某一位或某几位置 1、清 0 与取反;将一个存储单元中各二进制位左移或右移 N 位;两个数按位相加;等等。C 语言提供位运算的功能,更加贴近单片机硬件,与其他高级语言相比,具有很大的优越性。

1. 按位与运算符(&)

运算规则:参与按位与运算的两个运算对象,若两者对应的位都为 1,则该位结果为 1;否则,为 0。按位与主要用来对变量中的某一位或某几位清 0,要清 0 的位与 0 进行按位与,保持不变的位与 1 进行按位与。

例如:a=0xfe;a=a&0x55;

0xfe 转换为二进制是 11111110b,0x55 转换成二进制是 01010101b,a 与 0x55 进行按位与就是让 a 的 1、3、5、7 位清 0,其余位保持不变。运算后的结果 a=01010100b=0x54。

例如:a=0xfe;a=a&0x0f;

上述代码将 a 的高 4 位清 0,低 4 位保持不变,运算后的结果 a=0x0e。

按位与还可以检测一个数中的某指定位的值。例如,取单片机 P0 口的 P0.0 位状态(1 或 0)可这样操作:

```
if(P0 & 0x01) {…}; else{….};
```

2. 按位或运算符(|)

运算规则:参与按位或运算的二进制位中只要有一个为 1,该位的结果为 1。按位或主要用来对变量中的某一位或某几位置 1,要置 1 的位与 1 进行按位或,保持不变的位与 0 进行按位或。

例如:a=0x43;a=a|0xf0;

上述代码将 a 的高 4 位置 1,低 4 位保持不变,运算后的结果 a=0xf3。

3. 按位异或运算符(^)

运算规则:参与按位异或运算的两个运算对象,若两者对应的位相同为 0(假),相异为 1(真)。按位异或主要用来对变量中的某一位或某几位翻转,要翻转的位与 1 进行按位异或,保持不变的位与 0 进行按位异或。

例如:a=0x8C;a=a^0x0f;

上述代码将 a 的低 4 位翻转,高 4 位保持不变,运算后的结果为 a=0x83。

4. 按位取反运算符(~)

按位取反运算符是一个单目运算符,用来对一个数按二进制位取反,即将 0 变 1,1 变 0。按位取反运算符常与移位运算符及按位与、按位或、按位异或运算符结合使用以实现对某一位或某几位清 0、置 1、取反的操作。

5. 左移运算符（≪）

左移运算符用来将一个数的各二进制位全部左移若干位，左高位移出，右低位补0。

例如：a＝15；a≪＝2；

十进制15转换成二进制为00001111B，高位左移二位移出，低位补0后为00111100B，转化成十进制就是60。

6. 右移运算符（＞＞）

右移运算符用来将一个数的各二进位全部右移若干位，左高位补0，右低位移出。

例如：a＝15；a＞＞＝2；

十进制15转换成二进制为00001111B，低位右移二位移出，高位补0后为00000011B，转化成十进制就是3。

总结一下各种位运算的计算，定义两个数 x＝0x55，y＝0x3B，按照运算的规则进行各种位运算，如表4-5所示。

表4-5　位运算范例

运算范例	运算规则	二进制	十六进制
x		0 1 0 1 0 1 0 1 B	0x55
y		0 0 1 1 1 0 1 1 B	0x3B
按位与：z＝x&y	全1为1，有0为0	0 0 0 1 0 0 0 1 B	0x11
按位或：z＝x|y	有1为1，全0为0	0 1 1 1 1 1 1 1 B	0x7F
按位异或：z＝x^y	相同为0，相异为1	0 1 1 0 1 1 1 0 B	0x6E
按位取反：z＝～x	逐位取反	1 0 1 0 1 0 1 0 B	0xAA
左移：z＝x≪2	左高位溢出，右低位补0	0 1 0 1 0 1 0 0 B	0x54
右移：z＝x＞＞1	左高位补0，右低位溢出	0 0 1 0 1 0 1 0 B	0x2A

在对变量的某一位进行操作时，为增强程序的可读性，还可以用下面的写法：

```
P0 |＝(1≪3);              //将 P0 的第 3 位置1，其他位不变
P0 &＝～(1≪2);            //将 P0 的第 1 位置0，其他位不变
P0^＝(1≪5);              //将 P0 的第 5 位取反，其他位不变
if(P0 &(1≪2)){…}; else{….};  //如果 P0 的第 2 位为1，则……，为 0 则……
```

4.5.3　复合赋值运算符

在赋值运算符"＝"的前面加上其他运算符就构成了复合赋值运算符。复合运算符有＋＝、－＝、*＝、/＝、%＝、&＝、|＝、^＝、≪＝、＞＞＝十种。

采用复合运算符的一般格式是："变量　复合运算符　表达式"。处理过程是先把变量与表达式进行运算，再将运算的结果赋给变量。

例如：

a＋＝b　　　　　　　等价于 a＝(a＋b)

x * ＝a＋b　　　　　等价于 x＝(x *(a＋b))

a&=b 　　　　　　　　等价于 a=(a&b)

a≪=4 　　　　　　　　等价于 a=(a≪4)

采用复合运算符经编译产生的机器码效率较高,在程序代码中尽量采用复合运算符,这种写法称为"逆波兰表达式"。逆波兰表达式编译代码效率较高,原因在于计算机普遍采用的内存结构是栈式结构,它执行先进后出的顺序,对计算机而言中序表达式是非常复杂的结构,逆波兰式对计算机却是比较简单的结构。

以下用运算符来实现流水灯的功能。

例 4-1 用运算符实现如图 4-2 所示电路的流水灯程序,LED 从左到右依次逐一点亮。

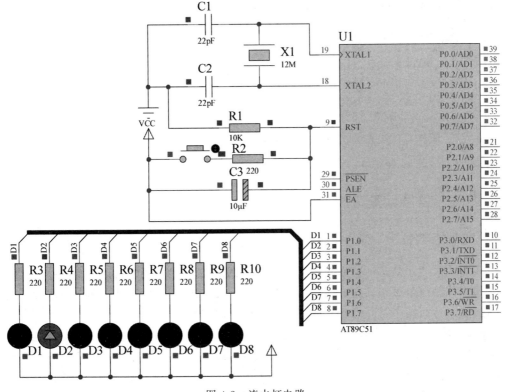

图 4-2　流水灯电路

编程分析:实现 LED 从左到右依次逐一点亮,也就是让 D1 首先亮,其他 LED 都灭,然后让 D2 亮,其他 LED 都灭,依次往右点亮然后循环往复。结合电路图,首先让 P1 口的 P1.0 位为 0,其余位为 1,此时 P1 的值为 0xFE。然后逐位给 P1 的端口依次送 0,也就是让 0 依次从 P1.0 到 P1.7 进行左移。如果用 0XFE 来左移,低位会被补 0,现象是流水灯从左到右每次增加一个灯点亮,最终全亮,不能实现流水灯依次点亮的功能。为解决这个问题,用 0x01 来左移,然后取反,就实现了 0 的循环移位,0x01 左移了 7 次后为 0x80 时,再左移一次就成了 0x00,此时所有 LED 全亮不能再继续流水灯功能,加入一个 for 循环来保证 0x80 再移一次又重新从 0x01 开始左移。在每次移位后调用一段延时程序,以保证能够看清楚 LED 流水灯移位的过程。程序如下:

```
# include <reg51.h>
```

```
#define UCHAR unsigned char
#define UINT unsigned int
UCHAR temp;
void delay(UINT x)                        //延时子程序
{
    UCHAR t;
    while(x--) for(t = 0; t < 120; t++);
}
void main( )                              //主程序
{
    UCHAR i;
    while(1)
    {
        temp = 0x01;
        for(i = 0; i < 8; i++)
        {
            P1 = ~temp;
            delay(200);
            temp <<= 1;
        }
    }
}
```

4.5.4 逗号运算符和条件运算符

1. 逗号运算符

在 C51 中，","是一个特殊的运算符,优先级别最低。可以用它将两个(或多个)表达式连接起来,称为逗号表达式。程序运行时对于逗号表达式的处理,是从左至右依次计算出各个表达式的值,而整个逗号表达式的值是最右边表达式的值。

例如,(3+5,6+8)求解过程先求解表达式 1,后求解表达式 2,整个表达式值是表达式 2 的值,因此(3+5,6+8)的值是 14。又如,对表达式(a=3*5,a*4)求解,读者可能会有两种不同的理解:一种认为"3*5,a*4"是一个逗号表达式,先求出此逗号表达式的值,如果 a 的原值为 3,则逗号表达式的值为 12,将 12 赋给 a,因此最后 a 的值为 12;另一种认为 "a=3*5"是一个赋值表达式,"a*4"是另一个表达式,二者用逗号相连,构成一个逗号表达式。赋值运算符的优先级别高于逗号运算符,因此应先求解 a=3*5(把"a=3*5"作为一个表达式)。经计算和赋值后得到 a 的值为 15,然后求解 a*4,得 60。整个逗号表达式的值为 60。

2. 条件运算符

条件运算符"?"是 C 语言中唯一的三目运算符,它要求有三个运算对象,用它可以将三个表达式连接构成一个表达式。条件表达式的一般形式如下:

逻辑表达式 ? 表达式 1 : 表达式 2

其执行顺序是先计算逻辑表达式的值,当逻辑表达式的值为真(非 0)时,将表达式 1 的值作为整个条件表达式的值,当逻辑表达式的值为假(0)时,将表达式 2 的值作为整个条件表达式的值。

例如：max＝(a＞b)？a：b；功能是首先计算逻辑表达式 a＞b，若 a＞b 成立，为真时，a 的值作为整个条件表达式的值赋给变量 max，为假时，将 b 的值作为整个条件表达式的值赋给变量 max。执行结果是将 a 和 b 的最大者赋值给变量 max。

4.5.5　指针和地址运算符

指针是 C 语言中一个十分重要的概念，C51 中专门规定了一种指针类型的数据，变量的指针就是该变量的地址，还可以定义一个指向某个变量的指针变量。为了表示指针变量和它所指向的变量地址之间的关系，C51 提供了两个专门的运算符 &（取地址）和 *（取内容）。

1. 取地址运算符 &

格式：& 变量名。
含义：取出存放变量的地址。
用途：跨函数传递变量值。
例如：
&a //表示变量 a 的存放地址
b＝&a //表示把变量 a 的地址赋值给变量 b

2. 取内容运算符 *

格式：* 指针名/地址名
例如：
a＝3；//将 a 赋值为 3
c＝&a；//把 a 的地址赋值给 c
d＝*c；//取出 c 存放 a 地址中的值，并赋值给 d
printf("d＝%d",d)；

4.6　C51 程序设计的三种基本结构

C 程序是由若干条有序的语句组成的。在程序执行过程中一般有三种情况：在程序执行过程中，程序按语句的顺序逐条执行，称为顺序结构；在程序执行过程中，根据特定的条件选择执行某些语句，即程序执行的顺序根据条件来选择，称为选择结构；在程序执行过程中，根据某个条件是否成立重复执行一段程序，直到该条件不成立为止，即程序的执行顺序在某处循环，称为循环结构。程序是由顺序、选择、循环三种结构构成的。

4.6.1　选择结构

1. if 语句

用 if 语句可以构成分支结构。它根据给定的条件进行判断，以决定执行某个分支程序段。C语言的 if 语句有三种基本形式。

形式一：if(表达式) {语句};

其语义：如果表达式的值为真，则执行其后的语句；否则，不执行该语句。

形式二：if-else 形式

```
if(表达式)
    {语句 1};
else
    {语句 2};
```

其语义：如果表达式的值为真，则执行语句 1；否则，执行语句 2。

形式三：if-else-if 形式

前两种形式的 if 语句一般都用于两个分支的情况，当有多个分支选择时，可采用 if-else-if 语句，其一般形式：

```
if(表达式 1) {语句 1};
else if(表达式 2) {语句 2};
…
else if(表达式 m) {语句 m};
else {语句 n};
```

其语义：依次判断表达式的值，当出现某个值为真时，则执行其对应的语句。然后跳到整个 if 语句之外继续执行程序。如果所有的表达式均为假，则执行语句 n。然后继续执行后续程序。

在 if 语句中又含有一个或多个 if 语句，这种情况称为 if 语句的嵌套。嵌套时务必注意 if 与 else 的对应关系，else 总是与它上面的最近的一个 if 语句相对应。为避免出错，最好使内层嵌套的 if 语句也含有 else 部分。在编程时最好使用深度的缩进形式，将同一嵌套层次的 if-else 语句对齐。层次清晰，可提高程序的可阅读性，减少错误。

例 4-2 按键控制 LED 电路如图 4-3 所示，编程实现如下功能：按下 K1 时，D1 亮，松开 K1 时，D1 灭；按下 K2 时 D2 亮，再次按下 K2 时 D2 灭。

编程分析：本例第一个功能实现 K1 按下 D1 亮，松开 D1 灭。即是 K1 按下后检测到 P1.0 的状态为 0，此时给 P1.3 送 0 点亮 D1；K1 松开后检测到 P1.0 的状态为 1，此时给 P1.3 送 1 让 D1 熄灭，实现此功能只需要在程序中让 D1 的状态等于 K1 即可。第二个功能实现按下 K2 时 D2 亮，再次按下 K2 时 D2 灭。可以用条件语句进行判断，如果检测到 K2 为 0，则改变 D2 的亮灭状态即可，即每次按下 K2，就将 P1.3 的状态取反。

程序如下：

```
#include<reg51.h>
#define UCHAR unsigned char
#define UINT unsigned int
sbit K1 = P1^0;sbit K2 = P1^1;
sbit D1 = P1^2;sbit D2 = P1^3;
void main()
    {
        while(1)
        {
```

```
        D1 = K1;
        if(K2 == 0)
        {
            D2 = ~D2;
        }
    }
}
```

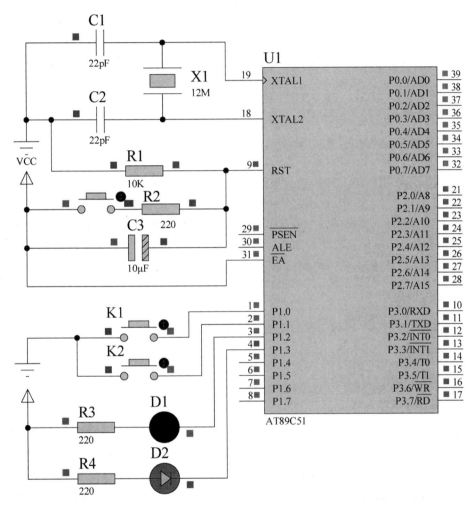

图 4-3　按键控制 LED 电路

　　程序编译后在电路图中进行仿真运行,K1 控制的 LED 亮灭功能正常地实现了,但是 K2 按下之后,D2 却是在闪烁,K2 弹起后,D2 是一个不确定的状态。分析 K2 功能未能实现的原因:对 K2 的一次完整操作过程包含一次按下和接着的按键弹起,程序运行中检测到 K2 等于 0 后,即是按键按下,D2 就取反。由于按键一次按下的过程持续至少是几十毫秒,此间检测 K2 等于 0 的程序在 while 循环里面不断执行,而执行一遍检测的时间仅需要不到 $10\mu s$。也就是当按键按下一次,检测 K2 等于 0 的程序已经运行了多次,所以 D2 就被不断地取反。因此仿真电路看到按键按下后 D2 闪烁,当按键弹起后是一个不确定的状态。这个问题称为键的连击问题。在程序中解决这个问题的办法有多种,这里先介绍一种。等待按键弹起，也就是当 K2 在按下时，对 D2 不执行操作，当 K2 弹起后才对 D2 进行操作，这样就解决了这个问题。修改后的主程序如下：

```
void main()
{
    while(1)
    {
        D1 = K1;
        if(K2 == 0)
        {
            while(K2 == 0);             //等待按键弹起
            D2 = ～D2;
        }
    }
}
```

程序中加入了一条语句 while(K2 == 0);

分析如下：

当 K2 按下后，也就是 K2 等于 0，条件满足进入 if 语句内的程序，当 K2 没有弹起的时候，K2 是等于 0 的，此时 while(K2==0);是一直满足条件的，相当于 while(1);在这里循环等待着。直到 K2 弹起后，K2 等于 0 的条件不满足了，此时 while 循环条件不成立，进入下一条语句将 D2 取反。程序再编译后进行电路仿真，电路已经能正常实现功能，如果按下 K2 等一段时间再弹起，仿真电路可以清晰地演示等待按键弹起的过程。

2. switch 语句

C 语言还提供了另一种用于多分支选择的 switch 语句，其一般形式：

switch(表达式)
{　case 常量表达式 1：语句 1；
　… case 常量表达式 n：语句 n；
　default：语句 n+1；}

其语义：计算表达式的值，并逐个与其后的常量表达式值相比较，当表达式的值与某个常量表达式的值相等时，即执行其后的语句，然后不再进行判断，继续执行后面所有 case 后的语句；如表达式的值与所有 case 后的常量表达式均不相同时，则执行 default 后的语句。

例 4-3　电路图如图 4-4 所示，要求编程实现以下功能：每次按下 K1 时 LED 从左到右递增点亮 LED，全亮时再次循环开始；按下 K2 后点亮上面 4 只 LED；按下 K3 后点亮下面4 只 LED；按下 K4 后关闭所有 LED。要求用 switch 语句来实现。

编程分析：本例用 4 个键实现不同的功能，可以像例 4-2 一样把 K1、K2、K3、K4 分别定义出来用 if 语句来实现。在本例中把 4 个按键的状态通过 P3 口读出，用 switch case 语句来实现。在编程时首先判断有无键按下，将按键状态从 P3 口读入，4 个按键接的 P3 的高 4位，屏蔽掉低 4 位后，如果读到的高 4 位不全为 1，则说明有键按下。然后用 switch case 语句来执行对应的分支功能，如果按下 K1，此时读到的屏蔽掉低 4 位后的键值是 0xE0，则执行对应分支。可能会有人认为，P3 口低 4 位没有接任何电路，低 4 位不屏蔽读到的是 4 个1，屏蔽低 4 位是多此一举。本例只完成很简单的功能，对于稍微复杂的一些电路，P3 口的

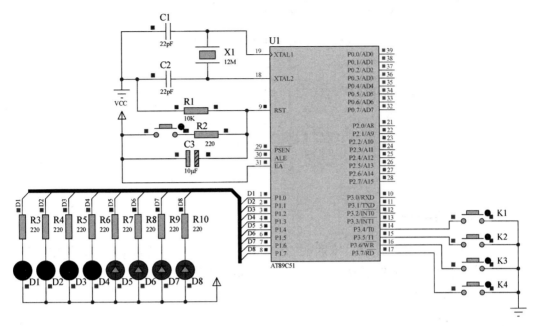

图 4-4　例 4-3 电路仿真图

低 4 位有可能被接有电路用于其他功能,如果将低 4 位当成全为 1 编程,当低 4 位状态改变时,程序就不能实现功能。因此,要养成良好的编程习惯,对于不确定其状态或者可能受到其他功能影响状态的位就将其屏蔽掉。

在按键操作中同样也涉及键的连击问题,前面的例子中通过等待按键弹起来避免,本例中介绍另一种方法,执行操作后延时几百毫秒,如果正常一次短时间的按键操作,不会出现一次按下执行多次操作,如果长时间按下按键,则每等待几百毫秒,连续执行一次操作。

程序如下:

```c
# include < reg51. h >
# define UCHAR unsigned char
# define UINT unsigned int
void delay(UINT x)
{
    UCHAR t;
    while(x -- ) for(t = 0;t < 120;t++);
}
void main()
{
    UCHAR key;
    while(1)
    {
        key = P3;                //读取键值
        key & = 0XF0;            //屏蔽掉低 4 位
        if(key != 0xF0)          //如果高 4 位不全为 0
        {
            switch(key)
            {
```

```
            case 0xE0: if(P1 == 0x00) P1 = 0xFF;
                P1 << = 1;
                delay(300);   //加延时,避免一次按下执行多次操作
                break;
            case 0xD0: P1 = 0xF0; break;
            case 0xB0: P1 = 0x0F; break;
            case 0x70: P1 = 0xFF;
        }
    }
  }
}
```

4.6.2　循环结构

循环结构是在给定条件成立时反复执行某程序段,直到条件不成立为止。给定的条件称为循环条件,反复执行的程序段称为循环体。C语言提供了多种循环语句,可以组成各种不同形式的循环结构。

1. while 语句

while 语句格式:

while(表达式)
　　{循环体语句(内部可为空)}

while 语句先求解循环条件表达式的值:如果为真,则执行循环体;否则,跳出循环,执行后续操作。注意:一般来说在循环体中应该有使循环最终能结束的语句。如果表达式初始值为假,则循环体将一次都不执行。

2. do…while 循环

do…while 语句格式:
do 循环体语句
while(表达式);
do…while 循环是先执行循环体一次,再判断表达式的值;若为真,则继续执行循环;否则,退出循环。注意:do…while 语句至少执行循环体一次。

3. goto 语句

goto 语句的格式:
goto 语句标号;
goto 语句是无条件转移语句,它将程序的运行转移到指定的标号处。注意:goto 语句使程序的转移控制变得非常灵活,但是也可能破坏程序良好结构,因此应慎用。

4. break 语句和 continue 语句

在循环语句中,break 语句的作用是在循环体中测试到指定条件为真时,其控制程序立

即跳出当前循环结构,转而执行循环语句的后续语句。continue 语句只能用于循环结构中,作用是结束本次循环。一旦执行了 continue 语句,程序就跳过循环体中位于该语句后的所有语句,提前结束本轮循环并开始下一轮循环。

4.7 数组

数组是具有固定数目和相同类型成分分量的有序集合。C51 中常用的有一维数组、二维数组和字符数组。

4.7.1 常用数组简介

1. 一维数组

一维数组的定义方式:

类型说明符 数组名[整型表达式]

例如:char ch[10];

定义了一个一维字符型数组,有 10 个元素,每个元素由不同的下标表示,分别为 ch[0], ch[1],ch[2],…,ch[9]。

在定义数组时,可对全部元素赋初值。

例如:int idata a[6]={0,1,2,3,4,5};

只对数组的部分元素初始化,在定义数组时,若不对数组全部元素赋初值,则元素被默认地赋值为 0。

例如:int idata a[10]={0,1,2,3,4,5}

2. 二维数组或多维数组

具有两个或两个以上下标的数组称为二维数组或多维数组。二维数组的一般定义方式:

数据类型说明符 数组名[行数][列数]

数组名是一个标识符,行数和列数都是常量表达式;二维数组可以在定义时进行整体初始化,也可以在定义后单个进行赋值。

3. 字符数组

若一个数组的元素是字符型的,则该数组就是一个字符数组。

例如:

char a[10] = { "CHENG DU"};

用双引号引起来的一串字符称为字符串常量,C51 会自动在字符串末尾加上结束符'\0'。用单引号括起来的字符为字符的 ASCII 码值而不是字符串,如 'a' 表示 a 的 ASCII 码值 61H,而"a"表示一个字符串,由两个字符 a 和\0 组成。

对于字符型数组，一个元素占用一个字节存储单元；对于 int 型数组，一个元素占用二个字节存储空间；对于多维数组，占用空间更大，如一个 $10\times10\times10$ 的三维浮点型数组，需要占用大概 4KB 的存储单元。51 单片机的最大寻址存储空间为 64KB，存储空间十分有限，在编程时要根据实际需要来定义数组大小，避免不必要的存储器空间浪费。

在 C51 编程中，数组的查表功能非常有用。例如：数学运算中提前计算好采用查表计算，可弥补单片机运算能力的不足；传感器的非线性补偿；数码管和液晶的显示字符或汉字图形码。

例 4-4 使用查表法计算数 0～9 的平方和。

编程分析：本例定义了一个数组 square_table[]作为 0～9 的平方表，通过 code 将平方表指定存储于单片机 ROM 中。编制了一个平方表查表程序，主函数调用就可以查所调用数的平方和。

程序如下：

```
UCHAR code square_table[] = {0,1,4,9,16,25,36,47,64,81};   //0～9 的平方表
UCHAR square_program(UCHAR number)                          //平方查表子程序
{
    return square_table[number];
}
void main(void)
{
    UCHAR result;
    result = square_program (7);                            //查表求得 0～7 的平方和
}
```

本章前面讲解的流水灯程序，通过左移、右移运算符，以及带位循环移位库函数 _crol_、_cror_ 来实现，只能实现较为简单的规律显示。将数组用于花样流水灯的显示，可以实现任意复杂花样的流水灯效果。

例 4-5 电路如图 4-5 所示，用数组编程实现 16 个花样流水灯复杂多变的花样显示。

编程分析：本例将花样流水灯功能的变换数据预设在数组中，数组中每一个元素对应一种显示组合，通过查表的方式循环读取数组中的显示组合并送往显示端口，从而实现流水灯的花样显示。送给 P0 和 P2 端口显示的元素定义为两组数组 Pattern_P0[]和 Pattern_P2[]。

程序如下：

```
# include < reg51. h >
# define UCHAR unsigned char
# define UINT unsigned int
UCHAR code Pattern_P0[] =
{
    0xfc, 0xf9, 0xf3, 0xe7, 0xcf, 0x9f, 0x3f, 0x7f, 0xff, 0xff, 0xff, 0xff, 0xff, 0xff, 0xff, 0xff,
0xe7, 0xdb, 0xbd, 0x7e, 0xbd, 0xdb, 0xe7, 0xff, 0xe7, 0xc3, 0x81, 0x00, 0x81, 0xc3, 0xe7, 0xff, 0xaa,
0x55, 0x18, 0xff, 0xf0, 0x0f, 0x00, 0xff, 0xf8, 0xf1, 0xe3, 0xc7, 0x8f, 0x1f, 0x3f, 0x7f, 0x7f, 0x3f,
0x1f, 0x8f, 0xc7, 0xe3, 0xf1, 0xf8, 0xff, 0x00, 0x00, 0xff, 0xff, 0x0f, 0xf0, 0xff, 0xfe, 0xfd, 0xfb,
0xf7, 0xef, 0xdf, 0xbf, 0x7f, 0xff, 0xff, 0xff, 0xff, 0xff, 0xff, 0xff, 0xff, 0xff, 0xff, 0xff, 0xff,
0xff, 0xff, 0xff, 0xff, 0x7f, 0xbf, 0xdf, 0xef, 0xf7, 0xfb, 0xfd, 0xfe, 0xfe, 0xfc, 0xf8, 0xf0, 0xe0,
```

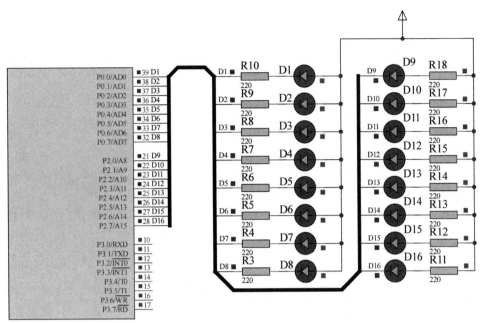

图 4-5 花样流水灯仿真电路图

```
0xc0,0x80,0x00,0x00,0x00,0x00,0x00,0x00,0x00,0x00,0x00,0x00,0x00,0x00,0x00,0x00,0x00,
0x00,0x00,0x00,0x80,0xc0,0xe0,0xf0,0xf8,0xfc,0xfe, 0x00,0xff,0x00,0xff,0x00,0xff,
0x00,0xff
};
UCHAR code Pattern_P2[ ] =
{
    0xff, 0xff, 0xff, 0xff, 0xff, 0xff, 0xff, 0xfe, 0xfc, 0xf9, 0xf3, 0xe7, 0xcf, 0x9f, 0x3f, 0xff,
0xe7,0xdb, 0xbd, 0x7e, 0xbd, 0xdb, 0xe7, 0xff, 0xe7, 0xc3, 0x81, 0x00, 0x81, 0xc3, 0xe7, 0xff, 0xaa,
0x55,0x18, 0xff, 0xf0, 0x0f, 0x00, 0xff, 0xf8, 0xf1, 0xe3, 0xc7, 0x8f, 0x1f, 0x3f, 0x7f, 0x7f, 0x3f,
0x1f, 0x8f, 0xc7, 0xe3, 0xf1, 0xf8, 0xff, 0x00, 0x00, 0xff, 0xff, 0x0f, 0xf0, 0xff, 0xff, 0xff, 0xff,
0xff,0xff, 0xff, 0xff, 0xff, 0xfe, 0xfd, 0xfb, 0xf7, 0xef, 0xdf, 0xbf, 0x7f, 0x7f, 0xbf, 0xdf, 0xef,
0xf7,0xfb, 0xfd, 0xfe, 0xff, 0xff, 0xff, 0xff, 0xff, 0xff, 0xff, 0xff, 0xff, 0xff, 0xff, 0xff, 0xff,
0xff,0xff, 0xff, 0xfe, 0xfc, 0xf8, 0xf0, 0xe0, 0xc0, 0x80, 0x00, 0x00, 0x80, 0xc0, 0xe0, 0xf0, 0xf8,
0xfc, 0xfe, 0xff, 0xff, 0xff, 0xff, 0xff, 0xff, 0xff, 0xff, 0x00, 0xff, 0x00, 0xff, 0x00, 0xff,
0x00,0xff
};
void DelayMS( UINT x)              //延时函数
{
    UCHAR i;
    while(x -- )
    {
        for( i = 0;i < 120;i++);
    }
}
void main(void)                   //主函数
{
    UCHAR i;
    while(1)
```

```
    {
        for(i = 0;i < 136;i++)
        {
            P0 = Pattern_P0[i];        //发送左边 8 组 LED 的花样显示字符
            P2 = Pattern_P2[i];        //发送右边 8 组 LED 的花样显示字符
            DelayMS(100);
        }
    }
}
```

4.7.2　数码管的静态显示

LED 数码管由发光二极管阵列构成，用于显示数字和简单英文字符和图形。常用的有7 段和 8 段 LED 数码管、米字型数码管、点阵型数码管及专用数码管，如图 4-6 所示。比较高端的 LED 显示还可做成点阵广告屏显示和彩色屏显示，如图 4-7 所示。

图 4-6　各类数码管

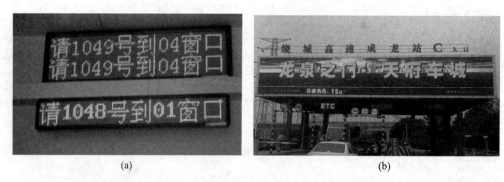

(a)　　　　　　　　　　　　　　　　(b)

图 4-7　LED 广告屏

7 段数码管实际上是由 7 个发光管组成 8 字形构成的，可以显示数字等字符，加上小数点就是 8 段数码管，这些段分别由字母 A、B、C、D、E、F、G、DP 来表示。8 段数码管结构如图 4-8 所示。发光二极管的阳极连接到一起，再连接到电源正极，称为共阳数码管。发光二极管的阴极连接到一起，再连接到电源负极，称为共阴数码管。单个数码管有 10 个引脚，其中第 3 脚和第 8 脚是连接在一起的作为公共端 COM。另外 8 个引脚分别对应 8 个数码管的另一端，通常接单片机 I/O 口进行控制，控制这 8 段二极管发光与不发光产生的组合就可以显示出各种不同的符号。通过 I/O 口送给数码管控制各段亮灭,从而显示字符的编码就称为数码管的段码。段码与字节中各位的对应关系如表 4-6 所示。

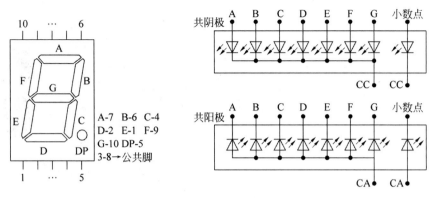

图 4-8　8 段数码管结构

表 4-6　段码与字节中各位对应关系

位	D7	D6	D5	D4	D3	D2	D1	D0
显示段	DP	G	F	E	D	C	B	A

例如,要显示 3,则需要 F、E 和 DP 熄灭,其他段点亮。若为共阳极数码管,给亮的段送 0,灭的段送 1,对应表 4-6 的位序送的段码为 10110000B,十六进制为 B0H;若为共阴极数码管,给亮的段送 0,灭的段送 1,对应表 4-6 的位序送的段码为 01001111B,十六进制为 4FH。字符 0～F 的段码如表 4-7 所示。表中段码均不带小数点显示,若需小数点显示,无需再预先设定带小数点的段码,在共阴极数码管对应的段码加上 80H,共阳极数码管对应的段码减去 80H 即可。在数码管的显示编程中,只需要把数码管段码存储为数组,通过查表法查询所对应的段码即可显示出字符。

表 4-7　8 段数码管段码(不带小数点显示)

显示字符	共阴极段码	共阳极段码	显示字符	共阴极段码	共阳极段码
0	3FH	C0H	8	7FH	80H
1	06H	F9H	9	6FH	90H
2	5BH	A4H	A	77H	88H
3	4FH	B0H	b	7CH	83H
4	66H	99H	C	39H	C6H
5	6DH	92H	d	5EH	A1H
6	7DH	82H	E	79H	86H
7	07H	F8H	F	71H	8EH

数码管内部发光二极管点亮时,一般需要 3～10mA 的电流,电流过小不能点亮,电流过大会烧坏数码管。由于单片机 I/O 口送不出如此大的电流,因此:如果采用共阴数码管,需要加驱动电路增大驱动电流,比较简易的方法可接上拉电阻;如果采用共阳极数码管,为避免电流过大烧坏数码管,可在单片机 I/O 口与数码管段码引脚之间接限流电阻。

例 4-6 共阳数码管静态显示电路如图 4-9 所示,编程实现按键每按下一次,7 段数码管从 0 开始增加 1 一直显示到 F,再由 0 开始增加的显示功能。

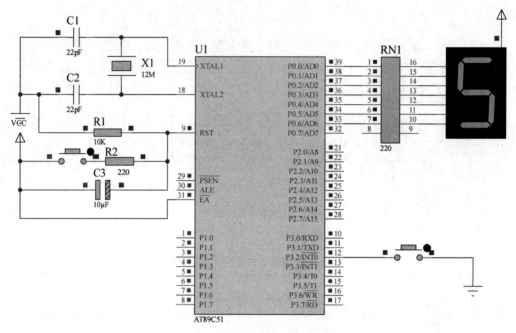

图 4-9 按键控制数码管显示电路

编程分析：本例实现按键每按下一次数码管显示递增,数码管的段码用数组存放于 ROM 中。按键通过查询方式实现,加上等待按键弹起和按键延时消抖的功能,定义一个变量 k 用于送显示时通过查表来查询段码,按键每按下一次,k 值加 1,当 k 值大于 15,也就是数码管显示到 F 后,将 k 值清 0,又从 0 开始显示。

程序如下：

```
# include < reg51. h >
# define UCHAR unsigned char
# define UINT unsigned int
UCHAR code smg[ ] =
{
0XC0,0XF9,0XA4,0XB0,0X99,0X92,0X82,0XF8,0X80,0X90,0X88,0X83,0XC6,0XA1,0X86,0X8E
};                              //共阳极数码管段码(0~F)
sbit KEY = P3^2;                //特殊功能位定义按键
void delay10ms(UINT n)          //延时 10ms 按键消抖子程序
{
    UCHAR i,j;
    while(n-- )
    {
        for(i = 128;i > 0;i-- )
        for(j = 34;j > 0;j-- );
    }
}
void main(void)
```

```
{
    UCHAR k = 0;
    while(1)
{
        while(KEY == 1);          //是否有键按下?无键按下,继续等待
        delay10ms(1);             //延时消抖
        if(KEY_ == 0)             //如果仍然按下
        {
            while(KEY == 0);      //等待按键释放
            P0 = smg[k];
            k++;
            if(k == 16)
            {
                k = 0;
            }
        }
    }
}
```

在程序中 k++；if(k==16){k=0；}这几条语句可简化为用运算符来实现,直接用一条语句就可实现：k=(k+1)%16,当 k 加到 16 后,又从 0 开始。

4.8 指针

指针是 C 语言中的一个重要概念。正确使用指针类型的数据,能更有效地表达复杂的数据结构,以及使用数组或变量,方便直接地处理内存或其他存储区。

指针是 C 语言的精华,要了解指针的基本概念,先谈谈数据在内存中是如何存储和读取的。在程序中定义了一个变量,C 编译器在编译时就在内存中根据变量类型分配了存储单元进行存储,如给整型(int)变量分配 2 字节存储单元,给字符型(char)变量分配 1 字节存储单元。此时,变量名与内存单元中分配的存储单元地址对应,变量值与内存单元的内容对应。

如果在程序中定义三个整型变量 int a=3，b=5，c= 7,假设 C 编译器将地址为 1000 和 1001 的 2 字节内存单元分配给 a,将地址为 1002 和 1003 的地址单元分配给 b,将地址为 1004 和 1005 的 2 字节内存单元分配给 c,那么在内存中变量名 a、b、c 实际上是不存在的。对变量值的存取是通过地址进行的,存取的方式有两种：

(1) 直接访问方式。例如：printf(%d,a)。程序在执行时,根据变量名 a 与内存单元地址的对应关系,得到内存单元的地址 1000,然后从 1000 开始的 2 字节中取出变量 a 的值 3,把它用 printf()语句输出。

(2) 间接访问方式。如存取变量 a 中的值时,可以先将变量 a 的地址放到另一个变量 b 中,访问时先找到变量 b,从变量 b 中取出变量 a 的地址,然后根据这个地址从内存单元中取出变量 a 的值,这就是间接访问方式。这种访问方式中使用了指针。为了使用指针,还需理解关于指针的两个基本概念：变量的指针,是变量的地址,如上面的变量 a,其指针就是1000；指针变量,是指一个专门用来存放另一个变量地址的变量,它的值是指针。

4.8.1　指针变量的定义

指针变量和 C 语言其他变量一样，必须先定义后使用。其定义与一般变量定义类似，一般形式：

类型识别符［存储器类型］＊指针变量名

例如：int ＊ap；float ＊pointer；unsigned char data ＊cpt1，＊cpt2；

4.8.2　指针变量的引用

弄清楚指针和指针变量的概念，掌握了指针变量的概念以后，就可以使用指针来间接访问。指针变量的引用是通过取地址运算符"&"来实现的。使用取地址运算符"&"和赋值运算符"="就可以使一个指针变量指向一个变量。

例 4-7　编写程序，将单片机片外数据存储器中地址从 0x1000 开始 16 个字节数据，传送到片内数据存储器地址从 0x30 开始的区域。

编程分析：建立一个片外数据存储器地址指针，赋值为 0x1000 的片外数据地址，建立一个片内数据存储器地址指针，使它指向 0x30 的片内数据存储器地址。然后可以通过 for 循环，让地址指针每次加 1，传送 16 个字节的数据。

程序如下：

```
unsigned char data i, * dcpt;
unsigned char xdata * xcpt;
dcpt = 0x30;                //给指针赋地址
xcpt = 0x1000;
for(i = 0;i < 16;i++)
    * (dcpt + i) = * (xcpt + i);
```

例 4-8　在数字滤波中有一种"中值滤波"技术，就是对采集的数据按照从大到小或者从小到大进行排序，然后取中间位置的数作为采样值。试编写一函数，对存放在片内数据存储器中从 0x50 开始的 21 个单元的采样数据，用冒泡法排序进行中值滤波，并把得到的中值数据返回。

编程分析：建立一个指向片内数据存储区的地址指针，使它指向 0x50 的片内数据存储器地址。本例采用从大到小的顺序首先进行冒泡法排序，依次比较指针地址存储单元相邻的两个数，如果两个数不是从大到小，就交换它们的位置，重复地往后进行比较，直到没有相邻数需要交换位置即完成排序，排序后指向中间地址的元素即是中值。

中值滤波函数如下：

```
unsigned char median_filter()
{   unsigned char data * point,i,j,n,d;
    for(i = 0;i < 20;i++)          //外层循环 20 次
    {   point = 0x50;             //point 指向 0x50 处
        n = 20 - i;              //n 为内层循环次数
        for(j = 0;j < n;j++)         //内层循环
        {   if( * point < * (point + 1))    //从大到小排
```

```
        {   d = * point; * point = * (point + 1);
             * (point + 1) = d;
        }
        point++;                       //指针指向下一个数
    } }
    point = 0x50 + 10;                 //指向位于中间的数
    return * point;                    //返回得到的中值
}
```

4.9 结构体与共用体

C语言重要的特点之一是具有构造数据类型的能力,它可以在各种简单数据类型的基础上按层次产生各种构造数据类型。前面介绍了数组和指针两种构造数据类型,有时需要将不同类型的数据组合成一个有机的整体,以便于引用。例如,要保存一组采样值:时间(月、日、时、分)、温度、流量等,如果分别将它们定义为互相独立的简单变量,难以反映它们的内在联系。应当把它们组织成一个组合项,在一个组合项中包含若干个类型不同(也可以相同)的数据项。这样的数据结构称为结构体(structure)。由于结构体是将一组相关联的数据变量作为一个整体来处理的,在单片机程序设计中使用结构体数据便于参数的识别和调用。C51编译时,结构成员在内存中是顺序存放的,不同类型的数据被有机地结合成了一个数据块,使单片机有限的内存资源空间得以充分利用。

4.9.1 结构体的定义

定义一个结构体类型的一般形式:

```
struct 结构体名
{
    结构成员列表(格式为:类型标识符 成员名;)
};
```

上面的一般形式定义的结构体名只是结构体的类型名,而不是结构体的变量名,为了在程序中正常地执行结构操作,还需要定义该结构类型的变量名。定义一个结构变量有如下三种方法:

(1) 先定义结构的类型,再定义结构的变量名。其一般形式:

```
struct 结构体名
{
    结构成员列表(格式为:类型标识符 成员名;)
};
结构体名 变量名1,变量名2,变量名n;
```

(2) 在定义结构类型的同时定义该结构的变量。其一般形式:

```
struct 结构体名
{
    结构成员列表(格式为:类型标识符 成员名;)
```

}变量名 1,变量名 2,变量名 n;

（3）直接定义结构类型变量。其一般形式：

```
struct
{
    结构成员列表(格式为:类型标识符 成员名;)
}变量名 1,变量名 2,变量名 n;
```

第三种方法直接省略了结构体名,一般不建议使用。

例如,保存采样值的一组数据,可以定义为结构体：

```
struct sample              //结构体名
{
    char month;            //月
    char day;              //日
    char hour;             //时
    char minute;           //分
    int temprature;        //温度
    float flow;            //流量
}sample1;sample2;
```

下面对结构体的定义做几点说明：

结构体类型和结构体变量是两个不同的概念,不能混淆。对于一个结构体变量来说,定义时一般先定义一个结构类型,再定义该结构变量为这种结构体类型;结构体的成员也可以是一个结构变量;结构的成员可以与程序中其他变量名相同,但两者代表不同对象,互不相干。如果在程序中用到结构体数目多、规模大,建议将它们几种定义在一个.h 头文件中,需要使用时在源文件中用 ♯ include 包含进来,便于修改和使用。

4.9.2　结构体的引用

定义了一个结构体变量之后,就可以对它进行引用,进行赋值、存取和运算,一般情况下,结构体变量的引用是通过对其成员的引用来实现的。引用的方式：

结构变量名.成员名;

其中“.”是引用结构体成员的运算符,它在所有运算符中优先级最高。

例如：sample. month=12;

下面对结构体变量的引用做几点说明：

结构不能作为一个整体参加赋值、存取和运算,也不能整体地作为函数的参数或函数的返回值。对结构执行的操作,只能用 & 运算符取结构的地址,或对结构变量的成员分别加以引用。

如果结构类型变量的成员本身又属于一个结构类型变量,则要用多个成员运算符“.”一级一级地找到最低一级的成员,只有最低一级的成员才能进行引用。“→”符号和“.”符号等同,一般情况下,多级引用时,最后一级用“.”符号,高的级别用“→”符号。

4.9.3　结构数组

若数组中的每个元素都是具有相同结构类型的结构变量,则称该数组为结构数组。为提高引用效率,可以将具有同样结构类型的若干个结构变量定义成结构数组。结构数组与结构变量的定义方法相似,只需将结构变量改成结构数组即可。

例如,定义一个有 10 个元素的结构数组 date1[10]:

```
struct date
{
    int year;
    int month;
    int day;
}date1[10];
```

4.9.4　指向结构类型数据的指针

一个指向结构类型数据的指针,就是在该数据内存中的首地址,也可以设一个指针变量,把它指向一个结构数组,此时该结构变量的值就是结构数组的起始地址。

指向结构体变量的指针变量的一般形式:

struct 结构类型名 ＊指针变量名;

或

```
struct
{
    结构成员说明
}＊指针变量名;
```

指向结构数组的指针变量的一般形式:

struct 结构数组名 ＊结构数组指针变量名;

或

```
struct
{
    结构成员说明
}＊结构数组指针变量名[];
```

4.10　C51 的函数

在前面的例程中讲过,C 语言是由函数所构成的,一个 C 程序有且只能有一个主函数,C51 中的子函数数目不受限制。灵活运用 C 语言的模块化设计方法,可以把一个大问题分解成若干个子问题,对应于解决一个子问题编制一个函数。一个优良的 C 程序由大量的小函数构成,即"小函数构成大程序"。C 语言的另一个优点是具有功能强大、资源丰富的标准库函数。因此,C51 的函数从编程者的角度可划分为标准库函数和用户自定义函数。另外,由于标准 C 没有处理单片机中断的定义,C51 扩展了 51 单片机中断服务函数。

4.10.1　标准库函数

标准库函数是由 C 编译系统的函数库提供的。编程者在进行程序设计时，应该充分利用这些功能强大、内容丰富的标准库函数资源，以提高效率，节省时间。下面介绍几种常用的库函数，如本征库函数 intrins. h、字符转换库函数 ctype. h、输入输出库函数 stdio. h、绝对地址访问库函数 absacc. h、字符串处理库函数 STRING. h、类型转换及内存分配库函数 STDLIB. h、数学计算库函数 MATH. h 等。以下仅列出 intrins. h 中的库函数，常用库函数及功能见附录 C。在使用库函数之前，需要用文件包含进库函数，文件包含的一般格式：

　　# include<文件名> 或 # include "文件名"

　　< >与" "包含头文件的区别在于：

　　使用< >包含头文件时，编译器在 Keil 安装文件存放库文件的 Keil/C51/INC 文件夹处搜索该头文件，若没有所引用的头文件，则编译器报错。

　　使用" "包含头文件时，编译器先进入当前工程所在文件夹搜索头文件，搜索不到时回到软件安装文件夹中搜索头文件，搜索不到编译器报错。如果用户通过 Keil 设置 Options for Target 中的 C51 的 Include Paths 添加了文件地址，如图 4-10 所示，使用" "包含头文件时也会搜索所添加的文件地址。intrins. h 为 C51 的标准库文件，存放于 Keil 的安装文件夹，因此写成 # include<intrins. h>。reg5. 1h 也为系统头文件，写成 # include<reg51. h>。

　　合理采用< >与" "包含头文件的好处是能够提高编译器的搜索速度，还能让其他软件开发维护人员知道引用的头文件是系统头文件还是自定义头文件。通常标准库文件和系统头文件使用< >包含，用户自定义头文件使用" "包含。

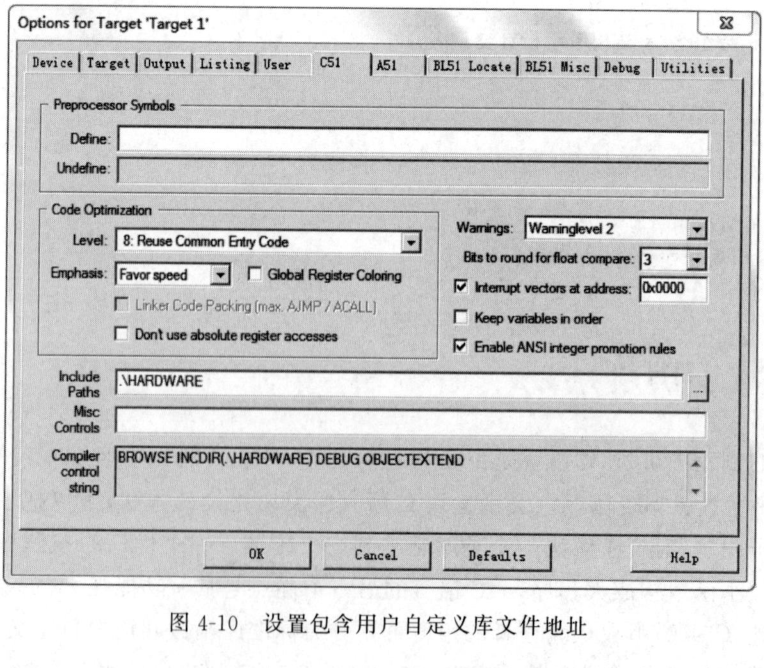

图 4-10　设置包含用户自定义库文件地址

以下是 intrins. h 中定义库函数的程序。

```
#ifndef __INTRINS_H__
#define __INTRINS_H__

extern void          _nop_ (void);
extern bit           _testbit_ (bit);
extern unsigned char _cror_   (unsigned char, unsigned char);
extern unsigned int  _iror_   (unsigned int, unsigned char);
extern unsigned long _lror_   (unsigned long, unsigned char);
extern unsigned char _crol_   (unsigned char, unsigned char);
extern unsigned int  _irol_   (unsigned int, unsigned char);
extern unsigned long _lrol_   (unsigned long, unsigned char);
extern unsigned char _chkfloat_ (float);
extern void _push_           (unsigned char _sfr);
extern void _pop_            (unsigned char _sfr);

#endif
```

本征函数库是指编译时直接将固定的代码插入到当前行,不是用汇编语言中的 ACALL 和 LCALL 指令来实现调用,从而大大提高函数访问效率,包括如下函数:_crol_ 字符循环左移;_cror_ 字符循环右移;_irol_ 整数循环左移;_iror_ 整数循环右移;_lrol_ 长整数循环左移;_lror_ 长整数循环右移;_nop_ 空操作 8051 NOP 指令;_testbit_ 测试并清零位,相当于 8051 的 JBC 指令;_chkfloat_ 测试并返回源点数状态。

例 4-9 用库函数实现例 4-1 电路图的流水灯程序,LED 从左到右依次点亮。

流水灯的程序分析见例 4-1,用运算符来编程较为烦琐,如果能用 0x01 进行左移,将高位移到低位,而不是高位移出,低位补 0 就简化了编程。上述本征库函数中有带位循环左移和右移的指令就能够实现循环移位的功能。

C51 库函数 intrins. h:

(1) 带位循环左移函数原型:

```
unsigned char _crol_(unsigned char c,unsigned char b);
```

功能:将 c 向左循环移位 b 位。

(2) 带位循环右移函数原型:

```
unsigned char _cror_(unsigned char c,unsigned char b);
```

功能:将 c 向右循环移位 b 位。

程序用 intrins. h 库函数的带位循环左移即可轻松实现本例功能。

程序如下:

```
#include <reg51.h>
#include <intrins.h>
#define UCHAR unsigned char
#define UINT unsigned int
UCHAR temp;
void delay(UINT x)                  //延时子程序
{
    UCHAR t;
```

```
        while(x--) for(t = 0; t<120; t++);
    }
    void main( )
    {
        P1 = 0xFE;                    //初值,从左到右第一个 LED 点亮
        while(1)
        {
            delay(200);
            P1 = _crol_(P1,1);        //带位循环左移,实现流水灯
        }
    }
```

在程序中,只需要指定初始移位值 0xFE,即从左到右第一个 LED 点亮,然后用带位循环左移函数即可实现从左到右的流水灯功能。注意:选择左移和右移不是指电路的 LED 的左移还是右移,本例结合电路图,LED 从左到右依次点亮,所控制 LED 点亮的 I/O 口从最低位到高位依次为 0 然后循环往复,因此,程序使用带位循环左移。比较两例的程序,用库函数中的带位循环左移_crol_()要简单方便得多。因此在编程中能用库函数解决的问题尽量使用库函数。

4.10.2 用户自定义函数

用户自定义函数是用户根据自己需要编写的能实现特定功能的函数,它必须先进行定义之后才能调用。函数定义的一般形式:

```
函数类型 函数名 (形式参数表)
{
    局部变量定义
    函数体语句
}
```

其中,函数类型说明了自定义函数返回值的类型,对于不需要有返回值的函数,函数类型为 void 类型(空类型)。函数名用标识符表示自定义函数的名字,形式参数表列出的是在主调用函数与被调用函数之间传递数据的形式参数,形式参数的类型需要加以说明,如果定义的是无参函数,可以没有形式参数表,但圆括号不能省略。局部变量定义是在函数内部使用的局部变量进行。

从函数定义的形式上可分为无参数函数、有参数函数和空函数。其中,无参数函数既无参数输入,也不返回结果给调用函数,只完成某种操作功能。有参数函数在调用此函数时,必须提供实际的输入参数,并在函数结束时返回结果。空函数的函数体内是空白的,通常是为了以后程序功能扩充进行预留。带参数返回子程序如下段程序所示(节选自 1602 液晶的检测忙操作程序,在后续液晶操作时进行讲解):

```
UCHAR Busy_Check()
{
    UCHAR state;Lcd_RS = 0;Lcd_RW = 1;
    Lcd_EN = 1;DelayMS(1);state = P0;
    Lcd_EN = 0;DelayMS(1);
```

```
        return state;
}
```

在上述程序中用到了 return 语句, return 语句一般放在函数的最后位置, 用于终止函数的执行, 并控制程序返回调用该函数时所处的位置, 返回时还可以通过 return 语句带回返回值。如果 return 语句后面带有表达式, 则要计算表达式的值, 并将表达式的值作为函数的返回值。如果不带表达式, 则函数返回时将返回一个不确定的值。一个函数内部也可以含有多个 return 语句, 但程序仅执行其中一个而返回主调用函数。通常用 return 语句把调用函数取得的值返回给主调用函数。

C 语言程序由函数组成, 每个函数可完成相对独立的任务, 依照一定的规则调用这些函数, 就组成了解决某个特定问题的程序。C 语言程序的结构符合模块化程序设计思想, 把大任务分解成若干功能模块后, 可用一个或多个 C 语言的函数来实现这些功能模块, 通过函数的调用来完成大任务的全部功能。任务、模块和函数的关系是: 大任务分成功能模块, 功能模块则由一个或多个函数实现。C 语言的模块化程序设计是靠设计函数和调用函数来实现的。

定义函数遵循以下准则: ①一个函数只完成一个功能, 避免函数过长, 力求简化, 一个函数实现多个功能会给程序开发、使用和维护都带来麻烦; ②重复代码尽量提炼成函数, 可提高程序效率, 降低维护成本; ③函数参数个数不宜过多, 建议不超过 5 个, 避免函数代码块嵌套过深, 可重入函数应避免使用共享变量。

下面以单片机延时程序的设计为例简单讲解用户自定义函数。在单片机程序设计时, 经常会遇到需要短延时的情况, 一般是几十毫秒甚至几十到几百微秒。有时候还需要较高的延时精度, 比如单片机对数字温度传感器 DS18B20 进行读写操作时, 对延时精度要求较高。延时程序设计的两种情况:

(1) 利用库函数和定时器进行延时。对于较短的延时, 在汇编语言中, 常用到 NOP 指令来进行微秒级的延时, NOP 指令为空指令, 也就是什么都不做, 执行一条指令花费一个机器周期的时间。对于标准 C 语言没有空语句, 在 intrins.h 库文件里有_nop_()函数, 这个函数相当于汇编 NOP 指令。在微秒级的延时里面一般用_nop_()函数, 如果单片机采用 12MHz 的晶振, 则一个机器周期为 $1\mu s$, 如果需要 $3\mu s$ 的延时, 执行 3 条_nop_()函数即可。对于较长时间的延时, 如果需要精确延时, 可以用单片机定时器来实现, 定时器对于单片机也是相当宝贵的资源, 有些情况进行短延时用定时器浪费资源, 在很多情况下, 定时器已作它用。因此, 也需要编制延时函数来进行延时。

(2) 编制延时函数进行延时。对于不同时长的延时可以用循环函数来实现, 对于毫秒级的延时, 需要嵌套循环。用汇编语言编制延时程序计算延时比较方便, 只需要计算该程序执行多少个机器周期, 乘以机器周期。但对于 C 语言编程, 由于 C 语言是高级语言, 不能简单地看程序内有多少条 C 指令来计算延时。

如下延时函数, 用于延时 $10\mu s$, 晶振为 12MHz。

```
void Delay10us()
{
        _nop_();_nop_();_nop_();_nop_();_nop_();_nop_();
}
```

对于以上程序也许会产生疑问，这个程序共调用了 6 个_nop_()函数，在 12MHz 晶振下，每个_nop_()执行时间为 $1\mu s$，应该延时 $6\mu s$，为什么是 $10\mu s$ 的延时？实际上程序执行过程：主函数在调用 Delay10us()时，先执行一条 LCALL 指令耗时 $2\mu s$，然后执行 6 个_nop_()耗时 $6\mu s$，最后执行一个 RET 指令耗时 $2\mu s$，一共是 $10\mu s$。对于简单的 C 语言延时程序，可以结合汇编的指令调用过程分析延时，但是对于较复杂的延时程序很难从 C 程序直接分析出延时。通过 C 语言编程来实现相对精确的延时有两种方法：一种是通过延时函数反汇编得到汇编程序，通过计算执行多少个汇编指令计算指令执行的机器周期来得到延时时间；另一种是通过仿真调试来得到延时，不熟悉汇编语言的人，通过仿真调试延时时间较为方便。

通过仿真调试的方法来计算延时按照以下步骤：

Step1：编写好延时程序并进行编译，进入调试界面。

Step2：在延时函数设置断点。

Step3：全速运行程序，到达延时函数的入口。

Step4：记下到达延时函数入口时程序执行的时间。

Step5：跳出函数，记下此时程序执行时间，两个时间相减即为延时函数的延时时间。

Step6：若延时未达到设计要求，则调整延时程序参数，直至满足延时设计要求。

例 4-10　设计一段 10ms 的延时子程序，以及一段带参数调用的延时 10ms 的子程序，单片机晶振为 12MHz。

编写如下延时子程序：

```
void delay10ms(void)
{
    unsigned char i,j,k;
    for(i = 5;i > 0;i-- )
    for(j = 4;j > 0;j-- )
    for(k = 248;k > 0;k-- );
}
```

编写完后进行编译，编译调试界面如图 4-11 所示，在 delay10ms()程序处设置一断点，运行后在断点处程序停止，记录 Register 窗口下 sec 显示的值为 0.00038900，表示程序从复位运行到延时程序处共耗时 0.00038900s，然后单击 📵 step over 按钮跳出函数，此时 Register 窗口下 sec 显示的值为 0.01038900，用这个值减去运行到延时函数程序开始处的时间值为 0.01s，也就是 10ms。

带参数调用的延时 10ms 子程序如下：

```
void Delay_n10ms(UINT n)
{
    UCHAR i,j;
    while(n-- )
    {
        for(i = 129;i > 0;i-- )
        for(j = 34;j > 0;j-- );
    }
}
```

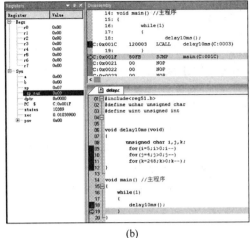

(a)　　　　　　　　　　　　　　　　(b)

图 4-11　调试 10ms 延时子程序界面

编译调试界面如图 4-12 所示,和前述调试方法类似,在 Delay_n10ms(1)处设置一断点,运行后在断点处程序停下,记录 Register 窗口下 sec 显示的值为 0.00038900,再单击 "step over"按钮跳出函数,此时 Register 窗口下 sec 显示的值为 0.01035300,用这个值减去运行到延时函数程序开始处的时间值约为 0.01s。通过调整参数值再进行调试,发现也不能达到完全精确的 10ms 延时。所以在用 C 语言通过循环函数编写延时函数时,对于时间要求不是非常精确的情况能满足要求。如果要求非常精确的延时的场合,建议采用定时器。在实际应用中,不需要自己来调节循环参数来调试延时函数,网络上很容易下载到已经编好的各种晶振下不同时间的延时子程序供调用,但在使用前要测试下载延时子程序的延时长度是否精准。

(a)　　　　　　　　　　　　　　　　(b)

图 4-12　调试带参数 10ms 延时子程序界面

4.10.3 中断服务函数

为使 51 单片机进行中断处理,C51 编译器对函数定义进行了扩展,增加了关键字 interrupt,使用该关键字可以将一个函数定义成中断服务函数。中断服务函数的一般形式:

void 函数名(形式参数表) interrupt n using n

说明:

中断服务函数无返回值,所以前面为 void;

关键字 interrupt 后是中断号,对于 51 单片机有 5 个中断源,*n* 的取值是 0～4。

using 后面 *n* 是选择的工作寄存器组,可省略。

有关中断的定义和中断服务函数的编程将在第 6 章进行详细讲解。

4.11 宏的使用

宏定义是 C 提供的三种预处理功能中一种,这三种预处理包括宏定义、文件包含和条件编译。在前面的编程中已经使用到了宏定义,♯define UCHAR unsigned char,在此处是用 UCHAR 来代替 unsinged char,以简化编程书写。宏定义属于 C51 的预处理命令,合理使用宏定义,可简化书写,增加程序可读性、可维护性和可移植性,宏分为不带参数的宏和带参数的宏。

1. 不带参数的宏

这一类宏所代表的值或表达式在整个 C 文件中始终保持不变。定义格式:

♯define 宏替换名 宏替换体

♯define 是宏定义指令的关键词,宏替换名就是所谓的符号常量。预处理工作也称为宏展开:将宏名替换为宏替换体。宏替换体一般用大写字母表示,而宏替换体可以是数值常数、算术表达式、字符和字符串等。宏定义可以出现在程序任何地方。

例如:

```
# define PI 3.1415926
# define UINT unsigned int
# define D1_ON P2_1 = 0
# define FALSE 0x00
# define TRUE 0x01
```

说明:(1) 宏名一般用大写。

(2) 使用宏可提高程序的通用性和易读性,减少不一致性,减少输入错误和便于修改。例如,数组大小常用宏定义。

(3) 预处理是在编译之前的处理,而编译工作的任务之一就是语法检查,预处理不做语法检查。

(4) 宏定义末尾不加分号";"。

(5) 宏定义写在函数的花括号外边,作用域为其后的程序,通常在文件的最开头。

（6）可以用♯undef命令终止宏定义的作用域。

（7）宏定义可以嵌套。

（8）字符串" "中永远不包含宏。

（9）宏定义不分配内存,变量定义分配内存。

2. 带参数的宏

这一类宏定义格式:

♯define 宏替换名(形参) 带形参的宏替换体

例如: ♯ define　setbit(var,bit) var|＝(0x01≪(bit))

在使用宏时,输入:setbit(P2,1);等价于 P2 |＝ (0x01 ≪ (1));

带参数的宏和函数的对比如表 4-8 所示。

表 4-8　带参数宏和函数的对比

特　征	函　数	带参数的宏
参数的意义	值传递:只能传递预先定义好的数据类型的数值	符号替换:可以用任意的符号、数据或表达式进行替换
对程序大小的影响	可以就减少生成的机器代码	不改变生成的机器代码大小

习题

一、填空

1. C51 中,值域范围为 0,1 的数据类型是_____型,用于定义片内特殊功能寄存器的可寻址位的扩展数据类型是_____型。

2. 已知 A＝0x3C,B＝0x72,则 A|B＝_____,B>>2＝_____。

3. C51 的强大功能及高效率的重要体现之一是提供了丰富的可直接调用的库函数,其中定义了 AT89C51 单片机特殊功能寄存器的包含文件是_____,带位循环左移_crol_函数在_____库文件中。

4. C51 提供了_____数据存储类型来访问片外数据存储区,提供了_____数据类型来访问程序存储器。

5. C51 中定义一个位变量 flag 并将其初始化为 1 的语句是_____,将 P3 口的 P3.1 引脚定义为可寻址特殊功能位名称为 led 的语句是_____。

6. 将 P1 的低 4 位取反,高 4 位保持不变的程序为_____,将 P1 的最高位和最低位置 1,其余 6 位保持不变的程序为_____。

7. 数码管按照各发光段公共端极性的不同分为_____和_____。通过 I/O 口送给数码管控制各段亮灭,从而显示字符的编码称为数码管的_____,在编程中该编码通常用_____存放于 ROM 中。

二、单项选择

1. 以下不是 51 单片机 C 语言编程的常用数据类型的是_____。
   A. unsigned char   B. unsigned int   C. float   D. bit

2. C 程序叙述不正确的是_____。
   A. C 程序的基本组成单位是函数
   B. C 语句仅能在行末追加注释
   C. 一个 C 程序由一个或多个函数组成，必须有一个用 main 命名的函数
   D. C 程序一行内可以写多条语句，一条语句也可以分写在多行

3. 下列叙述正确的是_____。
   A. continue 语句用于结束整个循环的执行
   B. 只能在循环体内核 switch 语句体内使用 break 语句
   C. goto 语句使程序的转移控制变得非常灵活，应提倡使用
   D. return 语句后面可带有返回值，不能带有表达式

三、问答题

1. C51 相对于汇编语言有哪些优点？
2. 简述 C51 特有的几种数据类型？
3. C51 有哪几种数据存储模式，其默认的存储类型各是什么？

四、编程题

1. 编程实现图 4-2 的 8 位 LED 灯的下述功能：
（1）一个 LED 从左到右依次点亮，再从右到左依次点亮，循环往复。
（2）两个 LED 从两边到中间依次点亮，再从中间到两边依次点亮，循环往复。

2. 设计电路和编制程序实现逻辑函数功能 $F = \overline{X}Y + Z$，要求通过三个按键输入 X，Y，Z 的逻辑状态，用 LED 显示运算结果。

## 第5章

单片机的并行I/O口原理及编程

51 单片机有 4 组 8 位的并行输入/输出端口,这 4 组 I/O 口既可以并行输入和输出 8 位数据,也可以每一位均独立作为输入或输出接口。学习单片机的 I/O 口是单片机入门的第一步,本章通过按键、继电器、蜂鸣器、数码管、点阵屏等器件介绍 51 单片机并行 I/O 口的应用与编程。

5.1　51 单片机并行 I/O 口端口结构和工作原理

单片机中最常用的 TTL 电平,对于工作电压是 5V 的 51 系列单片机,通常 0~2.4V 代表"0",3.6~5V 代表"1"。51 单片机的并行 I/O 口即是可以将"0"与"1"与对应电压信号进行双向转换的端口。AT89C51 单片机有 4 组 8 位 I/O 口,分别为 P0、P1、P2、P3,每组 I/O 口有 8 个引脚,都能独立地用作输入和输出,P0~P3 各有一个锁存器分别对应于 80H、90H、A0H、B0H 的地址。P1、P2、P3 口能驱动 4 个 LS 型 TTL 门电路,直接驱动 MOS 电路,P0 口在驱动 TTL 电路时能带动 8 个 LS 型 TTL 门,但驱动 MOS 电路时,作为通用 I/O 口需外接上拉电阻才能驱动。

5.1.1　P0 口(P0.0~P0.7)

P0 口的内部结构如图 5-1 所示。P0 口由锁存器、输入缓冲器、切换开关、一个与非门、一个与门和场效应管驱动电路构成。P0 口为三态双向口,当内部控制信号使 MUX 开关接通到锁存器时,P0 口作为双向 I/O 端口使用,由于 P0 口内部没有上拉电阻,作为通用 I/O 口使用时需要外加上拉电阻。当单片机需要外部扩展存储器时,内部控制信号使 MUX 开关接通到内部地址/数据总线,此时 P0 口在 ALE 信号的控制下分时输出地址总线(低 8 位)和 8 位数据总线。P0 可驱动 8 个 LS 型 TTL 负载,当 P0 口作为 I/O 口使用时,应先向地址为 80H 的锁存器写入全 1,此时 P0 口全部引脚浮空,可作为高阻

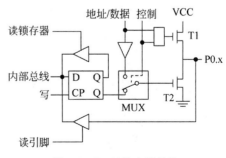

图 5-1　P0 口的内部结构

抗输入。

5.1.2　P1 口（P1.0～P1.7）

P1 口的内部结构如图 5-2 所示。P1 口有两个输入缓冲器，CPU 根据不同的指令发出"读锁存器"或"读引脚"信号。在读引脚时，也就是从外部数据输入数据时，为保证输入正确的外部输入电平信号，首先要向端口锁存器写 1，再进行读引脚操作，向端口锁存器写 1 后使驱动场效应管截止，引脚信号直接加到三态缓冲器，实现正确的写入。如果端口锁存器中原来的状态是 0，则加到输出驱动场效应管栅极的信号为 1，该场效应管导通，对地呈现低阻抗，此时，即使引脚上输出的信号为 1，也会因端口的低阻抗而使信号变化，使得外加的 1 信号写入时不一定是 1。P1 口作为输出口时，如果要输出 1，将 1 写入 P1 口的某一位寄存器，使输出驱动场效应管截止，该位的输出引脚由内部上拉电阻拉成高电平，即输出为 1，要输出 0，将 0 写入 P1 口的某一位寄存器，使输出驱动场效应管导通，该位对应的引脚被接到地，即输出为 0。P1 的输出缓冲级可驱动 4 个 TTL 逻辑门电路。在对 Flash ROM 编程和程序校验时，P1 口接收低 8 位地址。

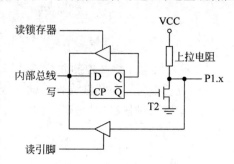

图 5-2　P1 口的内部结构

对于 AT89S51/52 单片机，P1 口的部分引脚也具有第二功能，如表 5-1 所示。

表 5-1　AT89S51/52 单片机 P1 口引脚的第二功能

引　脚	第二功能	说　明
P1.0	T2 外部输入	AT89S52 单片机有第三个定时/计数器
P1.1	T2 捕获/重载出发信号和方向控制（T2EX）	T2，此第二功能仅为 AT89S52 单片机所有
P1.5	主机输出/从机输入数据信号（MOSI）	此第二功能是 SPI 串行总线接口的三个信
P1.6	主机输入/从机输出数据信号（MISO）	号，用于对 S 系列单片机的 ISP 下载
P1.7	串行时钟信号（SCK）	

5.1.3　P2 口（P2.0～P2.7）

P2 口的内部结构如图 5-3 所示。P2 端口在片内既有上拉电阻，又有切换开关 MUX，

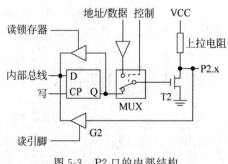

图 5-3　P2 口的内部结构

当切换开关向下接通时，从内部总线输出的一位数据经反相器和场效应管反相后，输出在端口引脚线上，当多路开关向上时，输出的一位地址信号也经反相器和场效应管反相后，输出在端口引脚线上。P2 的输出缓冲级可驱动 4 个 TTL 逻辑门电路。在访问外部程序存储器或 16 位地址的外部数据存储器时，P2 口送出高 8 位地址数据。在访问 8 位地址的外部数据存储器时，P2 口线上的内容（特殊功能寄存器中 R2 寄存器的内

容)在整个访问期间不改变。Flash 编程或校验时,P2 也接收高位地址和其他控制信号。

5.1.4 P3 口(P3.0～P3.7)

P3 口的内部结构如图 5-4 所示。P3 口与 P1 口结构相似,区别仅在于 P3 口各端口线有两种功能选择:当处于第一功能时,第二输出功能线为 1,此时内部总线信号经锁存器和场效应管输入/输出,作为静态准双向 I/O 口线。当处于第二功能时,锁存器输出 1,通过第二输出功能线输出特定的内含信号,在输入方面可通过缓冲器读引脚信号,也可通过替代输入功能读入片内特定的第二功能信号。P3 口是一个带内部上拉电阻的 8 位双向 I/O 口,P3 的输出缓冲级可驱动 4 个 TTL 逻辑门电路。P3 口除作为一般 I/O 口线外,更重要的是它的第二功能,包括串行数据的输入/输出、外部中断 0 和 1 的输入、定时器 0 和 1 的外部计数脉冲输入、外部数据存储器的读写选通,参见表 2-2。后续章节要讲到的外部中断、定时器、串口、外部数据存储器扩展都与 P3 口的第二功能有关。

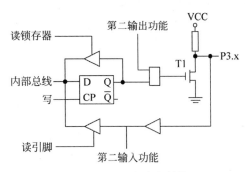

图 5-4 P3 口的内部结构

5.1.5 P0～P3 口功能总结

P0 口有三个功能:①外部扩展存储器时,当作数据(Data)总线;②外部扩展存储器时,当作地址(Address)总线;③不扩展时,可作一般的 I/O 使用,但内部无上拉电阻,作为输入或输出时应在外部接上拉电阻。

P1 口只作 I/O 口使用:其内部有上拉电阻。

P2 口有两个功能:①扩展外部存储器时,作地址总线使用;②作一般 I/O 口使用,其内部有上拉电阻。

P3 口有两个功能:除了作为 I/O 使用外(其内部有上拉电阻),还有一些特殊功能,由特殊寄存器来设置。

P0 口是双向口,双向指的是它被用作地址/数据端口时,P0 口才处于两个开关管推挽状态,当两个开关管都关闭时,才会出现高阻状态。当 P0 口用于一般 I/O 时,内部接 VCC 的开关管是与引脚(端口)脱离联系的,只有拉地的开关管起作用,P0 口作为输出,必须外接上拉电阻,不然就无法输出高电平。

P1、P2、P3 口是准双向口,准双向口是指 P1、P2、P3 有固定的内部上拉电阻,当用作输入时被拉高,当外部拉低时会有拉电流,即电流从单片机 I/O 口流出到外部。

5.2 AT89C51 单片机 I/O 口驱动能力

单片机的引脚可以用程序来控制,输出高、低电平,这些是单片机的输出电压。但是,程序控制不了单片机的输出电流,单片机的输出电流很大程度上取决于引脚上的外接器件。

单片机输出低电平时，允许外部器件向单片机引脚内灌入电流，这个电流称为"灌电流"，外部电路称为"灌电流负载"。单片机输出高电平时，允许外部器件从单片机的引脚拉出电流，这个电流称为"拉电流"，外部电路称为"拉电流负载"。这些电流一般是多少？最大限度是多少？这就是常见的单片机输出驱动能力的问题。

每个引脚输出低电平时，允许外部电路向引脚灌入的最大电流为 10 mA；每个 8 位的接口（P1、P2、P3），允许向引脚灌入的总电流最大为 15 mA，而 P0 允许向引脚灌入的最大总电流为 26 mA，全部的四个接口所允许的灌电流之和最大为 71 mA。而当这些引脚输出高电平时，单片机的"拉电流"能力不到 1 mA。结论是：单片机输出低电平时，驱动能力尚可；输出高电平时，输出电流的能力很弱。综上所述，灌电流负载是合理的，而"拉电流负载"和"上拉电阻"会产生很大的无效电流并且功耗大。

5.3 并行 I/O 口应用举例

并行 I/O 口是 51 单片机最基础的功能模块，I/O 控制虽简单却能实现很多功能。以下通过键盘设计、继电器和蜂鸣器控制、数码管动态显示几个应用来介绍 I/O 口的使用与编程。

5.3.1 独立键盘设计

按键是单片机系统与操作人员之间交互重要组件，用于完成操作人员对单片机系统的输入控制。常见开关及符号如图 5-5 所示。

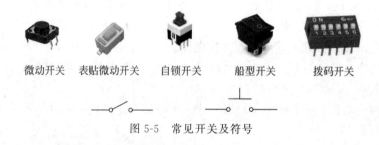

微动开关　　表贴微动开关　　自锁开关　　船型开关　　拨码开关

图 5-5　常见开关及符号

通常用到的是机械弹性开关，按下时闭合，松开后断开。自锁式开关按下时闭合且会自动锁住，再次按下时才弹起。单片机检测按键的原理：进行按键检测时用到 I/O 口的输入功能，把按键一端接地，另一端接 I/O 口，单片机初始状态 I/O 口为高电平，如果读到的 I/O 口电平为高电平，说明没有按键按下，当按键按下时将和地接通，程序一旦检测到 I/O 口变为低电平则说明按键按下，则执行相应的指令。在独立式键盘设计时要考虑如下问题：

（1）键的连击问题。连击会在一次按键中产生多次击键的效果，如图 5-6 所示，人为按键按下时间通常为几十到数百毫秒，若是程序在循环中不断检测按键是否按下，在按键按下的时间中，循环检测程序已经执行多次，会造成一次按下执行多次操作。对于这类问题，在键盘编程中常采用等待按键释放的处理方法来消除连击，使得每次按键仅产生一次键的处理效果。这样就可以避免当某个按键还未松开时，键扫描程序和处理程序已执行多遍。

（2）按键消抖问题。图 5-7 为理想按键的过程，当松开和按下按键时立即更换通断状态,即按下时为低电平(0)断开时为高电平(1)。在实际过程中,当用手按下一个按键时,按键在闭合位置和断开位置之间往往弹跳若干下才会稳定到闭合状态,在释放一个按键时,也会出现类似的情况,这就是按键抖动。通常,按键所用触点为机械弹性触点,按键抖动是由按键机械结构的固有特性决定的,不可避免。按键抖动的持续时间一般为5~10ms。

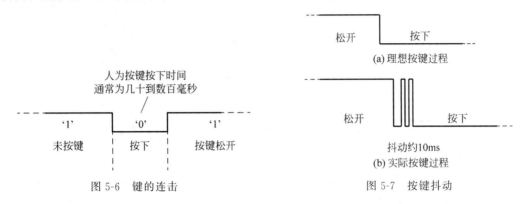

图 5-6　键的连击　　　　　　　　图 5-7　按键抖动

消除按键抖动有软件方法和硬件方法。软件方法常用延时10ms后等待按键稳定再次判断是否有键按下。硬件方法采用按键消抖电路,按键消抖电路常用RS触发器法或利用电容放电延时的并联电容法,专用键盘接口芯片常含有按键去抖电路。除特殊要求外,不建议自行加入硬件去抖电路,增加硬件开销,降低系统可靠性。建议用软件去抖。

(3) 多键同时闭合问题。当有两个或多个键同时闭合时,可以采用条件判断的方式来确认哪个按键有效。可采用以先按下的键为有效键,以按下时间最长的键为有效键,将最后释放的键视为有效键。有复合按键的设计按照复合按键的功能进行编程,无复合按键的设计中通常采用单键按下有效、多键按下无效的原则进行处理。

以下通过两个例子来讲解单片机I/O口查询法来实现按键功能。

例 5-1　用两个按键分组控制如图5-8所示的流水灯的左移和右移。

编程分析:在这个例子中用到了两个按键,K1接P3.6,K2接P3.7,程序中用特殊功能位定义sbit将两个按键所接的I/O口用K1和K2定义。按键编程采用查询的方式,在主程序循环中查询K1和K2是否为0,如果为0,则执行相应的操作。当检测到键按下后,延时10ms,消除按键抖动后再次检测按键,为避免键的连击,即一次按下执行多次操作,等待按键释放以后,再执行对应的功能。

主程序如下:

```
void main( )
{
    P1 = 0xFE;                   //初值,从左到右第一个LED点亮
    while(1)
    {
        if(K1 == 0)
        {
            delay10ms(1);        //延时消抖
            if(K1 == 0)
            {
                while(K1 == 0);  //等待按键弹起
```

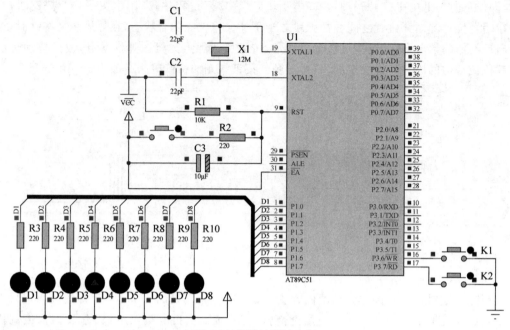

图 5-8　按键控制流水灯

```
                P1 = _crol_(P1,1);
            }
        }
        else if (K2 == 0)
        {
            delay10ms(1);            //延时消抖
            if(K2 == 0)
            {
                while(K2 == 0);      //等待按键弹起
                P1 = _cror_(P1,1);
            }
        }
    }
}
```

　　如果该程序中不加入等待按键弹起的语句会出现什么现象？在程序中将等待按键弹起这两条语句用/＊　＊/注释掉,再次编译。运行仿真程序,按下 K1 或 K2,LED 能左移或右移,但每次移动的位数是一个不确定的状态,这就是键的连击,按键一次按下执行了多次操作。

　　下面用调用函数的方式来实现上述功能,编制一子程序 Move_Led()来实现按键按下的功能。避免键的连击用更新并比较一个变量 Recent_Key 的方式来实现,和等待按键弹起原理一样,读者可自行分析。

```
void Move_Led()
{
    if((P3 & 0x40) == 0) P1 = _crol_(P1,1); //K1 按下
    if((P3 & 0x80) == 0) P1 = _cror_(P1,1); //K2 按下
```

```
}
void main( )
{
    UCHAR Recent_Key = 0xC0;      //最近按键,K1、K2 均未按下,屏蔽掉无关位后,值为初值
    P1 = 0xFE;                     //初值,从左到右第一个 LED 点亮
    while(1)
    {
        if((P3 &0xC0) != Recent_Key)
        {
            delay10ms(1); //延时消抖
            Recent_Key = (P3 &0xC0);
            Move_Led();
        }
    }
}
```

例 5-2 电路如图 5-9 所示,编程实现将 P1.4～P1.7 所接拨码开关的状态显示到 P1.0～P1.3 所接的 LED 上。

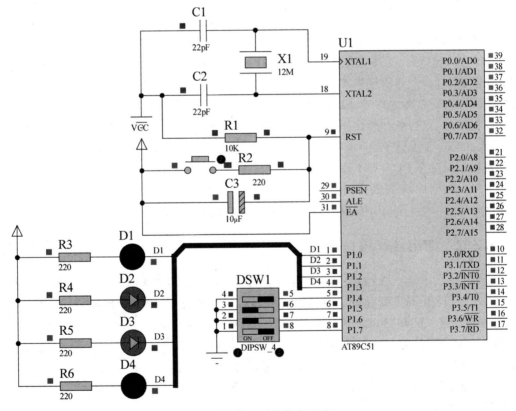

图 5-9 拨码开关状态显示

主程序如下:

```
void main()
{
    UCHAR temp;
```

```
    while(1)
    {
        temp = P1;                      //读拨码开关的状态
        temp >>= 4;                     //将 temp 的内容右移 4 位
        P1 = temp;                      //将拨码开关的状态送 LED 显示
    }
}
```

本程序 4 个拨码开关接 P1 的高 4 位,将 P1 高 4 位的状态读入就获得 4 个开关的状态,4 个 LED 接按键的低 4 位,右移 4 位送 P1 低 4 位就将开关的状态送 LED 显示。在 Keil 输入上面程序并进行编译,仿真,仿真电路的现象是无论拨码开关怎么拨动,4 个 LED 灯全亮,程序主要问题在哪里?

分析:I/O 口之所以能检测开关的状态,是因为单片机上电复位后 I/O 口的初始状态为高电平"1",当开关与地接通,此时 I/O 口就读到了"0",也就检测到开关接通。当开关断开时,由于 I/O 口初始状态是 1,此时读到的也是"1",就检测到开关断开。回到以上程序,首先读拨码开关的状态,这句程序没有问题,然后将 temp 右移 4 位,将高 4 位读到的拨码开关的状态送到了低 4 位,这句程序也没有问题,下一句代码将拨码开关的状态送显示,问题就出在这一句代码。由于上一句代码采用右移运算符,是低位移出,高位补 0,此时高 4 位被补 0,然后 P1 送显,就将拨码开关的状态送给 P1.0~P1.3,同时将高位补的 4 个 0 送给 P1.4~P1.7,程序将 P1.4~P1.7 的给清 0,而检测程序是循环运行的,那么以后的无论拨码开关状态如何,读到的状态都是"0",因此出现了拨码开关无效,4 个 LED 全亮的现象。在实际程序运行过程中,4 个 LED 是显示过 1 次高 4 位拨码开关状态的,由于程序循环运行时间极短,运行到下一次就是 LED 全亮,所以看不到这极短时间的显示。要解决这个问题,需要在将 4 位拨码开光状态移位到 P1 低 4 位送显的同时,不要改变 P1 高 4 位的状态,即是送显的同时将 P1 口高 4 位置 1。

针对上述分析,只需要将 temp 移位后将 P1.4~P1.7 置 1 即可。即将"P1＝temp;"这条程序修改为"P1＝temp｜0xf0;",修改代码后程序编译,仿真实现功能。

5.3.2　继电器和蜂鸣器

继电器是一种电气控制器件,是当输入量的变化达到规定要求时,在电气输出电路中使被控量发生预定的阶跃变化的一种电器。它具有控制系统(又称输入回路)和被控制系统(又称输出回路)之间的互动关系。通常应用于自动化的控制电路中,当输入量(如电压、电流、温度、湿度等)达到设定值时,使被控输出电路导通或断开,实际上,它是用小电流去控制大电流运作的一种"自动开关",故在电路中起着自动调节、安全保护、转换电路等作用。常用的电磁继电器的基本原理是通过电磁线圈实现低电压控制和高电压通断。主要技术指标有线圈额定电压、触点最大电压、触点最大电流等。图 5-10 为普通单刀双掷继电器实物。

图 5-10　继电器实物

以下通过一个简单的例子来讲解单片机I/O口对继电器的控制。

例 5-3　用按键通过继电器控制白炽灯的亮灭。

编程分析：电路如图 5-11 所示，当单片机 I/O 口给 PNP 三极管 Q1 的基极送低电平时，三极管导通，继电器电圈有电流流过，继电器吸合，控制白炽灯点亮。当单片机 I/O 口给 Q1 的基极送高电平时，三极管截止，继电器线圈无电流流过，继电器断开。在继电器线圈两端反向接了一个二极管 D1，(这个二极管叫续流二极管，由于在电路中起到续流的作用而得名)，一般选择快速恢复二极管或者肖特基二极管，以并联的方式接到继电器线圈两端，并与其形成回路。当继电器断电的瞬间会产生一个很强的反向电动势，续流二极管在回路将此反向电动势以续电流方式消耗，从而保护电路中的三极管不被损坏。程序只需要通过I/O 口送 0 和送 1 即可打开和关闭白炽灯。

主程序如下：

```
void main()
{
    while(1)
    {
        if(key == 0)
        {
            delay10ms(1);               //延时消抖
            if(key == 0)
            {
                while(key == 0);        //等待按键弹起
                lamp = ~lamp;
            }
        }
    }
}
```

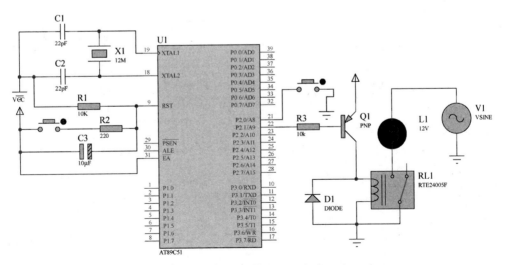

图 5-11　继电器控制白炽灯仿真电路

蜂鸣器是一种一体化结构的电子讯响器，采用直流电压供电，蜂鸣器实物如图 5-12 所示。其广泛应用于计算机、打印机、复印机、报警器、电子玩具、电话机、定时器等电子产品中，作为发声器件。根据蜂鸣器结构主要分为压电式蜂鸣器和电磁式蜂鸣器两类。这两类蜂鸣器又各分为有源蜂鸣器和无源蜂鸣器两种，这里的"源"不是指电源而是指振荡源。有源蜂鸣器内部带振荡电路，加上电流电压即可发出鸣叫声，消耗电流 20mA 左右；无源蜂鸣器内部不带振荡源，所以如果用直流信号无法令其鸣叫，必须用 2～5kHz 频率去驱动它。51 单片机的 I/O 口提供的驱动电流远小于蜂鸣器的驱动电流，需采用三极管扩流或采用数字芯片驱动（如74HC573）。

图 5-12　蜂鸣器实物图

例 5-4　无源蜂鸣器驱动电路图如图 5-13 所示。编程实现以下功能：①K1、K2 分别按下时蜂鸣器按不同的频率发声；②循环播放一段生日快乐歌。

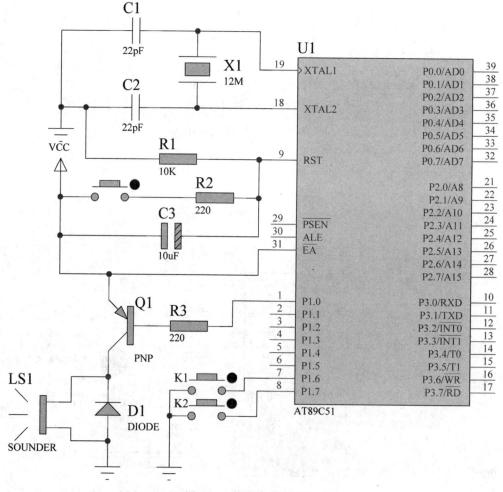

图 5-13　蜂鸣器仿真电路

编程分析：在本例中所用蜂鸣器为无源蜂鸣器，需要用方波信号去驱动它发声。要产生方波信号，I/O 口不断取反，在取反后加上一段延时程序就可以方便地实现。要求按照不同频率进行发声,编制一带参数的子程序,在调用的时候输入不同的参数即可实现不同频率发声。

程序如下:

```c
# include < reg51.h>
# define UCHAR unsigned char
# define UINT unsigned int
sbit BUZ = P1^0;
sbit K1 = P1^6;
sbit K2 = P1^7;
void delay(UINT x)
{
    UCHAR t;
    while(x-- ) for(t = 0; t < 120; t++);
}
void play(UCHAR t)                    //按周期 t 发声
{
    UCHAR i;
    for(i = 0; i < 100; i++)
    {
        BUZ = ~BUZ; delay(t);
    }
    BUZ = 0;
}
void main()
{
    P1 = 0xff;
    while(1)
    {
        if (K1 == 0) play(1);
        if (K2 == 0) play(2);
    }
}
```

通过蜂鸣器演奏乐曲,由乐谱的基本知识可知,音调和音调的时长是音符的主要特征,通过产生不同的音调和音调的时长可以奏出不同的音符,然后一个个音符串联在一起就可以产生美妙的音乐。

演奏一段生日快乐歌的程序如下:

```c
# include < reg51.h>
# define UCHAR unsigned char
# define UINT unsigned int
sbit BUZ = P1^0;
UCHAR code music_tone[ ] = {212,212,190,212,159,169,212,212,190,212,142,159,
212,212,106,126,159,169,190,119,119,126,159,142,159,0};
//以上为生日快乐歌音符频率表,频率表最后为 0 表示播放结束
UCHAR code music_long[ ] = {9,3,12,12,12,24,9,3,12,12,12,24,9,3,12,12,12,
12,12,9,3,12,12,12,24,0};
//以上为生日快乐歌节拍表(每个音符演奏长短),节拍表最后为 0 表示播放结束
void delay(UINT x) //延时子程序
```

```
    {
        UCHAR t;
        while(x -- ) for(t = 0; t < 120;t++);
    }
    void playmusic()                    //播放歌曲子程序
    {
        UINT i = 0,j,k;
        while(music_long[i] != 0 || music_tone[i] != 0) //如果播放没有结束,连续查表播放
        {
            for(j = 0; j < music_long[i] * 20;j++)
            {
                BUZ = ~BUZ;
                for(k = 0; k < music_tone[i]/3 ; k++);
            }
            delay(10);
            i++; //下一个音符
        }
    }
    void main()                         //主程序
    {
        while(1)
        {
            playmusic();
            delay(500);                 //播放完一遍后,暂停,然后继续播放
        }
    }
```

在程序中定义了两个数组：第一个数组 music_tone[]为生日快乐歌音符频率表,通过查表由蜂鸣器发出每个节拍的音调；第二个数组 music_long[]为生日快乐歌音符节拍表,通过查表控制每个音符播放的时长(节拍)。在这两个表中的最后一个数组都为 0,用于查表过程中查询是否播放完成。在程序中编制一个 playmusic()函数用于播放歌曲,当两个表均查到为 0 时,该曲播放完毕,停止查表,此子程序结束。在主程序循环中连续调用该函数,每播放完一次延时后连续播放。

播放音乐最好用定时器的方式实现,由于本章还未讲到定时器,就用延时的方式来实现。音乐节拍和频率的数据如何产生,可以网上下载 51 单片机蜂鸣器谱曲软件,如单片机音乐代码转换工具(Music Encode),本例只是通过一首歌曲来学习编程,在实际应用中蜂鸣器仅做报警和提示音使用,播放音乐音质不佳,不用深究如何谱曲。实际开发中需要用到音乐也是用音乐芯片来实现。

5.3.3　数码管的动态显示

在第 4 章讲到了数码管的静态显示,静态显示的特点是每个数码管的段选必须接一个 8 位数据线来保持显示的字形码。当送入一次段码后,显示字形可一直保持,直到送入新段码为止。这种方法的优点是占用 CPU 时间少,编程简单；缺点是每个数码管需要单独用一组 I/O 口控制,如果需要显示位数较多,占用大量 I/O 口。

多位数码管的实物和原理结构如图 5-4 所示,多位数码管是将所有位数码管的段选线

并联在一起,公共端分别引出作为位选线。动态扫描显示即由位选线控制是哪一位数码管有效,轮流选中各位数码管并送出字形码,利用发光管的余辉和人眼视觉暂留作用,使人的感觉好像各位数码管同时都在显示。动态显示的亮度比静态显示要差一些,所以在选择限流电阻的阻值时应略小于静态显示电路。那么每送一位显示后延时多少呢,对于人眼超过每秒 24 帧就可以将静态画面连贯起来,对于 8 位数码管而言,扫描一遍 1/24s(约 40ms),选择每送一位数码管显示后延时一般不大于 5ms 即可实现清晰稳定的显示。下面通过一个例子来讲解数码管动态显示的原理及编程。

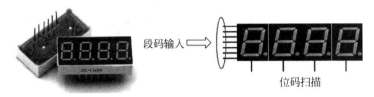

图 5-14　多位数码管

例 5-5　如图 5-15 所示,编程实现 8 位数码管动态显示。

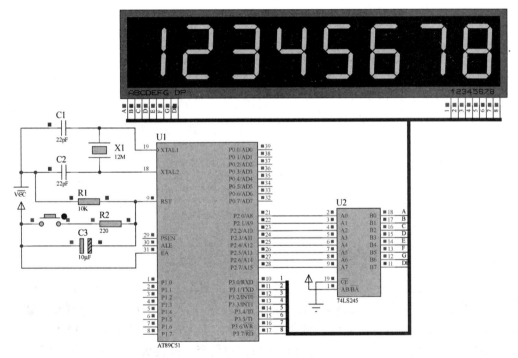

图 5-15　8 位数码管动态显示电路

程序分析:本例用的共阴极 8 位数码管,数码管位选线由 P3 口控制,数码管段选线由 P2 口控制,单片机 I/O 口拉电流能力很弱,电流不足以驱动数码管显示,通过 74LS245 来驱动。74LS245 是 8 路同相三态双向总线收发器,常用于驱动 LED 或者其他设备。从左边第一个数码管开始显示,此时 P3 口送的位选码为 0xFE,选中从左第一个数码管,然后 P2 口送对应显示的段码,延时 5ms 后,用_crol_将 0xFE 移位,选中第二个数码管,然后 P2 口送对应显示的段码,如此循环往复,即实现了数码管的动态显示。

程序如下：

```
# include < reg51.h >
# include < intrins.h >
# define UCHAR unsigned char
# define UINT unsigned int
UCHAR code smg[] =                            //0～9的共阳数码管段码
{0X3F,0X06,0X5B,0X4F,0X66,0X6D,0X7D,0X07,0X7F,0X6F};
UCHAR Dsy_Buffer[8];
UCHAR Num[] = {1,2,3,4,5,6,7,8};
UCHAR Scan_Bit;                               //动态扫描位,选择要显示的数码管
UCHAR Dsy_Idx;                                //显示缓冲索引 0～7
void delayms(UINT ms)                         //延时子程序,实现约 n×1ms 的延时
{
    UCHAR t;
    while(ms -- ) for(t = 0; t < 120; t++);
}
void main()
{
    Scan_Bit = 0xFE;
    Dsy_Idx = 0x00;
    while(1)
    {
        UCHAR q;
        for(q = 0;q < 8;q++)
        {
            Dsy_Buffer[q] = smg[Num[q]];      //将带显示的数字查段码表
        }
        P3 = Scan_Bit;                        //选通相应数码管
        P2 = Dsy_Buffer[Dsy_Idx];
        delayms(5);
        Scan_Bit = _crol_(Scan_Bit,1);        //准备下次将选通的数码管
        Dsy_Idx = (Dsy_Idx + 1) % 8;          //索引在 0～7 内循环
    }
}
```

本例中用定义了一个变量 Dsy_Idx 作为显示缓冲索引,索引在 0～7 内循环,每选中相应的位选线后通过索引查表送显对应位置显示数据的显示段码。仿真后可以看到待显示的数字 12345678 清晰地显示在 8 位数码管上,双击单片机,仿真将单片机的晶振频率调整至 0.12MHz,相当于将延时增加 100 倍,此时可以清楚地展示多位数码管动态显示的原理,显示的数字是从左到右轮流依次逐位显示的。

5.3.4 点阵屏显示

LED点阵显示屏广泛应用于汽车报站器、广告屏等。8×8 LED点阵是最基本的点阵显示模块,理解 8×8 LED点阵的工作原理就可以基本掌握 LED点阵显示技术。点阵显示屏结构和实物如图 5-16 所示。

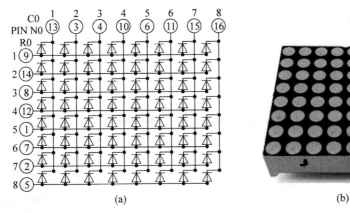

图 5-16　LED 点阵屏结构和实物

从图 5-16(a)可以看出,8×8 点阵由 64 个发光二极管组成,且每个发光二极管是放置在行线和列线的交叉点上,当对应的某一行为高电平,某一列为低电平时,对应的发光二极管就点亮。通过编程控制各显示点对应 LED 阳极和阴极端的电平,就可以有效地控制各显示点的亮灭,显示出相应的字符或图形。

普通数码管分为共阳极和共阴极数码管,市面上所售 LED 点阵对共阳还是共阴一般是根据点阵第一个引脚的极性所定义的,第一个引脚为阳极则为共阳,反之为共阴。

点阵屏的显示一般采用列扫描法,即先选定一列,给这一列送显示码并显示,再选定第二列,给第二列送显示码并显示,如此逐列选中依次送显,每列显示的时间不小于 5ms,由于人眼的视觉暂留效应,看到点阵屏上显示的图形或字符。

例 5-6　点阵屏显示驱动电路图如图 5-17 所示,在点阵屏上显示爱心的符号♥。

编程分析:8×8 点阵屏的接口电路如图 5-17 所示。将点阵屏共阳端通过 P3 口进行控制,用于逐列选择并提供显示驱动电流,由于 I/O 口驱动电流不足,通过 8 路通向三态总线收发器 74LS245 来驱动,点阵屏阴极的一端通过 P2 口送显示码。

首先将待显示的字符或图形转换成送显的字模,需要借助字模提取软件,本例用到的"字模提取 V2.1"软件下载自网络。取模的操作步骤(图 5-18)如下:

步骤一:新建图像,选择宽度为 8,高度为 8。

步骤二:在建好的模内绘制想要显示的图形,为便于绘制,可选择模拟动画下的放大格点操作后再进行绘制。

步骤三:单击修改图像下的黑白反显图像。

步骤四:单击取模方式下的 C51 格式,提取字模,生成的字模在点阵生成区内,可复制到程序里。

于是得到显示码 0xE3、0xC1、0x81、0x03、0x03、0x81、0xC1、0xE3,当 P3 口从左至右依次选中每一列显示的时候,P2 口依次送这 8 个显示码。

编程思路:点阵屏的驱动为动态扫描显示,通过 P3 口来进行列选,每次扫描显示一列,通过 P2 口送该列的字形码。由于人眼的视觉暂留效应,看到心形符号显示在点阵屏上。

显示爱心的程序如下。

```c
#include<reg51.h>
```

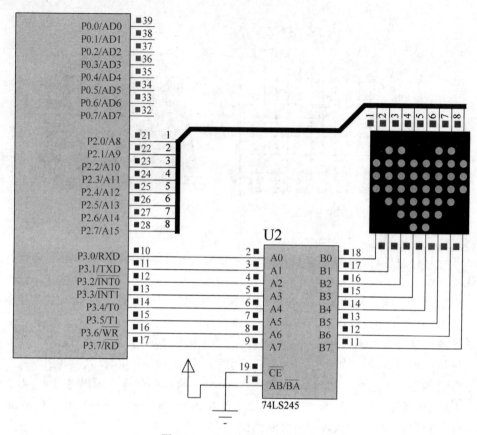

图 5-17 8×8 点阵显示仿真图

```c
# include < intrins. h >
# define UCHAR unsigned char
# define UINT unsigned int
void delay(UINT x)
{
    UCHAR t;
    while(x -- ) for(t = 0; t < 120;t++);
}
UCHAR code table[ ] =
{
    0xE3,0xC1,0x81,0x03,0x03,0x81,0xC1,0xE3,
};
void main()
{
    UCHAR i = 0;
    P3 = 0x80;
    while(1)
    {
        P3 = _crol_(P3,1);
        P2 = table[i];
        delay(1);
        i = (i + 1) % 8;
    }
}
```

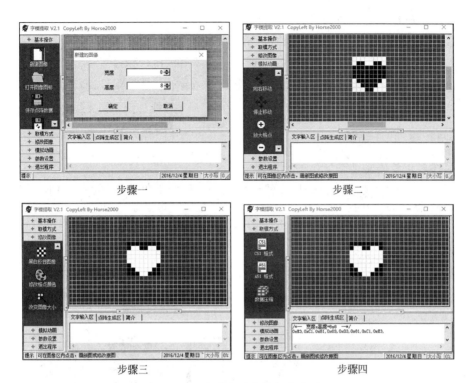

步骤一　　　　　　　　　　　　　　　步骤二

步骤三　　　　　　　　　　　　　　　步骤四

图 5-18　字幕提取软件操作步骤

习题

一、填空

1. 51 单片机_____负载大于_____负载,因此在驱动 LED 点亮时最适合选择单片机 I/O 口输出_____电平。

2. 用 C51 编程访问 51 单片机 I/O 口,可以进行_____寻址和_____寻址。

3. 51 单片机内部无上拉电阻的并行 I/O 口为_____,第二功能最多的 I/O 口为_____。

4. 8 字形 LED 数码管不包括小数点段共计是_____段,当显示的 LED 数码管位数较多时,一般采用_____显示方式。

二、单项选择

1. 下列说法错误的是_____。

A. 51 单片机 I/O 口采用的是 TTL 电平

B. 51 单片机 I/O 口可通过继电器控制高电压设备

C. 有源蜂鸣器和无源蜂鸣器的区别是是否需要供电电源

D. 在键盘编程中常采用等待按键释放的处理方法来消除连击

2. 下列说法正确的是_____。

A. 51 单片机 I/O 口内部均有上拉电阻

B. P2 口作为地址输出线使用时输出外部存储器的高 8 位地址

C. 有源蜂鸣器和无源蜂鸣器的区别是是否需要供电电源

D. P3 口有串行数据输入输出、外部中断输入输出，定时器外部脉冲计数输入等复用功能

三、问答题

1. 简述多位数码管动态显示的原理。

2. 双向 I/O 口与准双向 I/O 口有什么区别，AT89C51 单片机哪些 I/O 口是双向 I/O 口，哪些是准双向 I/O 口？

四、编程题

1. 两排 LED 的初始状态如图 5-19 所示。

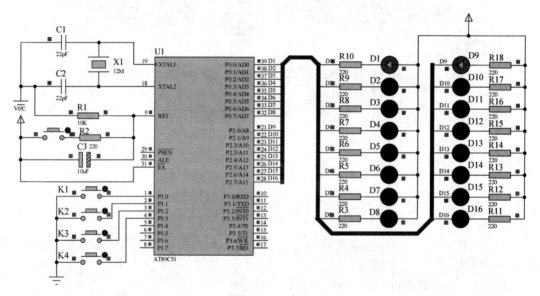

图 5-19　电路图

绘制电路并编程仿真实现如下功能：

（1）按下 K1 时，P0 端口控制的 LED 上移一位；

（2）按下 K2 时，P0 端口控制的 LED 下移一位；

（3）按下 K3 时，P2 端口控制的 LED 上移一位；

（4）按下 K4 时，P2 端口控制的 LED 下移一位。

要求用三种不同的方式编程，用 Keil 进行程序编制和编译，用 Proteus 进行仿真。

（1）用 if 语句实现。

（2）用 switch case 语句实现。（必做）

（3）编制一 P1 端口按键移动 LED 函数，并在主函数中调用来实现。

2. 设计 4 位数码管动态显示电路，并编制程序，在 4 位数码管上显示数字。

3. 在点阵屏上滚动循环显示"I♥U"。

第6章

单片机中断系统

中断系统是单片机的重要组成部分,实时控制、故障处理、单片机与外围设备之间的数据传送等常采用中断系统,其实质是一种资源共享技术。本章介绍中断的基本概念、AT89C51单片机的中断系统、中断服务函数的语法,并通过实例讲解外部中断源的使用与编程方法。

6.1　中断的基本概念

中断是指 CPU 在执行某一程序的过程中,由于系统内外出现某些需要处理事件的请求,而暂停原来执行的程序,转去执行相应的处理程序,待处理结束之后,再回来继续执行被中止的原程序的过程。单片机的一个 CPU 资源在面向多个任务时会出现资源竞争,中断技术的实质是一种资源共享技术。

6.1.1　中断的作用

中断是单片机的一个重要功能,其主要有以下作用:

(1) 外设数据交换。外部设备与中央处理器交互一般有轮询和中断两种手段。轮询方式在传送数据之前,要不断查询外部设备是否处于"准备好"状态,需占用 CPU 的大量时间,效率较低、实时性较差,轮询方式在任务单一的系统有一定应用。采用中断方式 CPU 可以与外设同时工作,并执行与外设无关的操作,一旦外设需要进行数据交换,就主动向 CPU 提出中断申请,CPU 接到中断请求后,暂停当前的工作转去执行中断处理程序,为外设服务,处理完毕后又返回到原来暂停处继续执行原来的程序,进行原来的工作。因此,CPU 不必浪费时间去查询外设状态,大大提高了效率。

(2) 实时处理。当单片机用于实时控制时,要求实时控制的事件是随机发生的,有了中断响应可以对随机发生的事件进行及时处理,以实现实时处理。

(3) 分时复用。对于多任务的系统,最主要的是合理利用单片机工作时间节拍,最大限度利用 CPU 资源,使用定时器中断可以使 CPU 按照时间间隙的分配去处理多任务,以实现分时复用。

(4) 故障处理。单片机系统在运行时可能会出现一些故障,如电源故障、传输校验出错、运算溢出等，有了中断系统，当出现上述情况时，CPU 可以及时转去执行故障处理程序，以保护系统运行的稳定性。

6.1.2　中断的过程和相关名词术语

对于单片机来讲，中断是指 CPU 在处理某一事件 A 时，发生了另一事件 B，请求 CPU 迅速去处理（称为**中断请求**）；CPU 接到中断请求后，暂停当前正在进行的工作（称为**中断响应**），转去处理事件 B 以执行相应的中断服务程序；待 CPU 将事件 B 处理完毕后，再回到原来事件 A 被中断的地方（此处称为**断点**），然后继续处理事件 A（称为**中断返回**），这一过程称为**中断**。中断的流程如图 6-1 所示。CPU 正在执行的当前程序称为主程序。中断发生后，转去对突发事件的处理程序称为中断服务程序。因为有了中断，单片机就具备了快速协调多模块工作的能力，可以完成复杂的任务并保证较高的实时性。

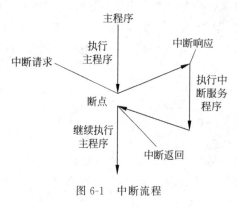

图 6-1　中断流程

中断处理涉及以下三个主要概念：

（1）中断源：把引起中断的原因，可以引起中断的事件称为中断源。不同型号和系列的单片机的中断源有几个到数十个，AT89C51 单片机中共有 5 个中断源，AT89C52 单片机有 6 个中断源。

（2）中断优先级：当多个中断源同时申请中断时，为了使 CPU 能够按照用户的设定先处理最紧急的事件，再处理其他事件，就需要中断系统设置优先级机制。51 单片机有两级中断优先级，通过设置优先级，排在前面的中断源称为高级中断，排在后面的称为低级中断。设置优先级后，若有多个中断源同时发出中断请求，CPU 会优先响应优先级较高的中断源。如果优先级相同，则将按照同级中断查询次序响应次序较先的中断源。AT89C51 单片机的同级中断查询次序依次为外部中断 0、定时器 0 中断、外部中断 1、定时器 1 中断、串口中断。

（3）中断嵌套。当 CPU 响应某一中断源请求而进入该中断服务程序中处理时，若更高级别的中断源发出中断申请，则 CPU 暂停执行当前的中断服务程序，转去响应优先级更高的中断，等到更高级别的中断处理完毕后，再返回低级中断服务程序继续原先的处理，这个过程称为中断嵌套。在 51 单片机的中断系统中，高优先级中断能够打断低优先级中断以形成中断嵌套，反之，低级中断不能打断高级中断，同级中断也不能相互打断。

6.2　AT89C51 单片机的中断系统

AT89C51 单片机中断系统结构如图 6-2 所示，由与中断相关的特殊功能寄存器、中断入口、次序查询逻辑电路等组成，包括 5 个中断源，4 个中断设置的寄存器 IE、IP、TCON 和 SCON 来控制中断允许、中断优先级和中断设定等。

AT89C51 单片机有 5 个中断源（52 单片机有 6 个），如表 6-1 所示，分别是外部中断 0、外部中断 1、定时器中断 0、定时器中断 1 和串行口中断（52 单片机还多一个定时器中断 2）。

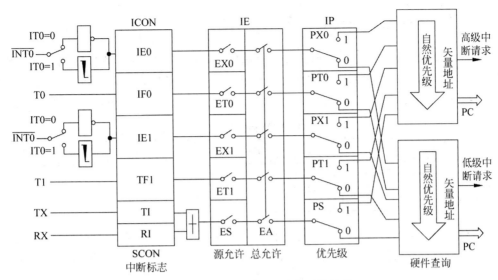

图 6-2　AT89C51 单片机中断系统结构

AT89C51 单片机有高优先级和低优先级，可实现二级中断嵌套。

表 6-1　AT89C51 中断源

中断源	中断号	入口地址	中断查询次序	中断标志位硬件自动清零
外部中断 0	0	0003H	先	是(边沿触发)，否(电平触发)
定时器中断 0	1	000BH	↓	是
外部中断 1	2	0013H	↓	是(边沿触发)，否(电平触发)
定时器中断 1	3	001BH	↓	是
串行口中断	4	0023H	后	否

中断控制是通过硬件实现的，但须进行软件设置。AT89C51 单片机中，中断控制有中断允许控制、中断请求标志、中断优先级控制和外部中断触发方式控制，这些控制内容分布在四个控制寄存器中，如表 6-2 所示，与中断无关的位用阴影表示。

表 6-2　与中断相关的寄存器

寄存器名称	寄存器符号	寄存器内容							
		BIT7	BIT6	BIT5	BIT4	BIT3	BIT2	BIT1	BIT0
定时器/计数器控制寄存器	TCON	TF1	TR1	TF0	TR0	IE1	IT1	IE0	IT0
串口控制寄存器	SCON	SM0	SM1	SM2	REN	TB8	RB8	TI	RI
中断允许控制寄存器	IE	EA	—	—	ES	ET1	EX1	ET0	EX0
中断优先级控制寄存器	IP	—	—	—	PS	PT1	PX1	PT0	PX0

中断允许控制寄存器(IE)用于控制各中断的开放和屏蔽；中断优先级控制寄存器(IP)用于设置各中断的优先级；定时器/计数器控制寄存器(TCON)用于定时器和外部中断的控制；串行口控制寄存器(SCON)用于串行中断的控制。

6.2.1　中断允许控制寄存器

51 单片机通过中断允许控制寄存器对中断的允许（开放）实行两级控制，即以 EA 作为总控制位，以各中断源的中断允许位作为分控制位。IE 的字节地址为 A8H，可位寻址。IE 寄存器各位的定义如表 6-3 所示。

表 6-3　IE 寄存器各位的定义

位	D7	D6	D5	D4	D3	D2	D1	D0
位地址	AFH	AEH	ADH	ACH	ABH	AAH	A9H	A8H
位符号	EA	—	—	ES	ET1	EX1	ET0	EX0

EA（Enable ALL）：中断允许总控制位。EA＝0，中断总禁止，CPU 禁止所有中断；EA＝1，中断总允许，总允许后中断的禁止或允许由各中断源的中断允许控制位进行设置。

EX0 和 EX1（Enable External0/1）：外部中断允许控制位。EX0（EX1）＝0，禁止外部中断 0（或外部中断 1）；EX0（EX1）＝1，允许外部中断 0（或外部中断 1）。

ET0 和 ET1（Enable Timer0/1）：定时器/计数器中断允许控制位。ET0（ET1）＝0，禁止定时器/计数器中断；ET0（ET1）＝1，允许定时器/计数器中断。

ES（Enable Serial Port）：串行中断允许控制位。ES＝0，禁止串行中断；ES＝1，允许串行中断。

系统复位后，IE 寄存器的内容为 0x00，默认屏蔽所有中断，因此要使用中断必须对 IE 寄存器进行初始化设置。

6.2.2　中断优先级控制寄存器

AT89C51 有两级中断优先级，每一个中断请求源可由软件设置为高优先级中断和低优先级中断，通过内部的中断优先级控制寄存器来进行设置。IP 寄存器的字节地址为 B8H，可位寻址。IP 寄存器各位的定义如表 6-4 所示。

表 6-4　IP 寄存器各位的定义

	D7	D6	D5	D4	D3	D2	D1	D0
位地址	BFH	BEH	BDH	BCH	BBH	BAH	B9H	B8H
位符号	—	—	—	PS	PT1	PX1	PT0	PX0

PX0（Priority Exterior 0）：外部中断 0 优先级设定位。

PT0（Priority Timer 0）：定时器 0 中断优先级设定位。

PX1（Priority Exterior 1）：外部中断 1 优先级设定位。

PT1（Priority Timer 1）：定时器 1 中断优先级设定位。

PS（Priority Serial）：串行中断优先级设定位。

系统复位后，IP 默认的值为 0x00，这时所有中断源都为低优先级，如果某位被置"1"，则对应的中断被设为高优先级，保持为"0"的位对应的中断为低优先级。对于同级中断源，如果同时产生中断请求，则系统按照如表 6-1 所示的中断查询次序响应，查询次序由高到低依次是外部中断 0→定时器中断 0→外部中断 1→定时器中断 1→串行口中断。中断响应在运行中断服务程序时不可被低优先级和同级的中断所中断,可被高优先级中断。

为更好地理解 IP 寄存器的设置,来看一个例子:如果 IP＝0x1C,当多个中断源请求同时产生时,系统优先响应的中断是什么?

首先把 IP 写成二进制:IP＝00011100B,对应 PS＝1,PT1＝1,PX1＝1。即将串口中断、定时器 1 中断、外部中断 1 设置为高优先级,将定时器中断 0、外部中断 0 设置为低优先级。在高优先级的三个中断中,按照中断查询次序,如果多个中断源同时发出中断请求,优先响应的中断为外部中断 1。

中断优先级在定义中,可参考以下原则:

(1) 中断事件的紧迫性。即中断的轻重缓急程度,触发中断的事件越紧迫,优先级要安排得越高。例如,电源故障有使整个系统瘫痪的危险,必须及时处理,所以应安排为高优先级;而仅影响局部故障的中断或操作性中断(如输入/输出中断)应安排为低优先级。

(2) 中断设备的工作速度。快速设备需要及时响应,否则将有丢失数据的危险,所以应安排为高优先级。

(3) 中断处理的工作量。尽量把处理工作量小的中断安排为高优先级,因为处理工作量小,占用 CPU 的时间短。在发生中断嵌套时,如果非快捷的中断服务程序嵌套在快捷的中断服务程序里面,会使得快捷的中断服务程序迟迟得不到运行,系统实时性降低。正确的做法是使快捷的中断服务程序嵌套在非快捷的中断服务程序内。

(4) 中断请求发生的频繁程度。可以考虑将很少请求单片机干预的事件产生的中断安排为高优先级。

6.2.3 定时器/计数器控制寄存器

定时器/计数器控制寄存器既有定时器的控制功能,又有中断控制功能。有 4 位是为中断控制设置的,用于中断标志与外部中断方式选择。TCON 字节地址为 88H,可位寻址。TCON 寄存器各位的定义如表 6-5 所示。

表 6-5 TCON 寄存器

	D7	D6	D5	D4	D3	D2	D1	D0
位地址	8FH	8EH	8DH	8CH	8BH	8AH	89H	88H
位符号	TF1	TR1	TF0	TR0	IE1	IT1	IE0	IT0

IE0(Interrupt0 Exterior)、IE1(Interrupt1 Exterior):外部中断请求标志位。当 CPU 采样到 INT0(或 INT1)端出现有效中断请求信号时,IE0(或 IE1)位由硬件置"1",即保存外部中断请求。在中断响应完成后转向中断服务程序时,再由硬件自动清"0"。该位无需软件操作。

IT0(Interrup0 Touch)、IT1(Interrup1 Touch):外部中断触发方式控制位。此位由软件置"1"或清"0",P3.2(INT0)和 P3.3(INT1)两个引脚作为外部中断 0 和外部中断 1 的触发引脚。当 IT0(IT1)＝0 时,设置为电平触发方式,低电平有效。当 IT0(IT1)＝1 时,设置为边沿触发方式,负跳变有效。

电平触发方式:外部中断是通过 P3.2(P3.3)脚的输入电平(低电平)来触发的。采用电平触发时,输入到 P3.2(P3.3)脚的外部中断源必须保持低电平有效,直到该中断被响应。同时,在中断返回前必须使电平变高,否则将会再次产生中断。

边沿触发方式:外部中断为负边沿触发方式。CPU 在每个机器周期采样 P3.2(P3.3)脚的输入电平,如果在一个周期中采样到高电平,在下一个周期中采样到低电平,则硬件使 IE0(IE1)置 1,向 CPU 请求中断。

下降沿触发方式,当引脚从高电平至低电平转变时,触发产生,中断响应,低电平保持期间不会再触发。低电平触发在低电平时间内中断一直有效,如果在电平没有恢复之前中断程序就已经执行完成,则会在退出后又多次触发中断。在实际应用中一般采用边沿触发方式,极少采用电平触发方式。

以下 4 位(将在第 7 章中详细介绍)与定时器/计数器有关:

TF0(Timer0 Flag)、TF1(Timer1 Flag):定时器(T0/T1)计数溢出标志位。

TR0、TR1:定时器(T0/T1)运行控制位。

6.2.4 中断响应

中断响应就是 CPU 接受中断源提出的中断请求,中断响应的主要过程首先是由硬件自动产生一条长调用指令"LCALL addr16",addr16 是程序存储区相应的中断入口地址。接着由 CPU 执行中断服务程序,先将 PC 的内容压入堆栈以保护断点,再将中断入口地址装入 PC,使程序转向对应中断请求的中断入口地址。结束中断时执行 RETI 指令,恢复断点,返回主程序。8051 单片机的 CPU 在响应中断请求时,先由硬件产生向量地址,再由向量地址找到该中断服务程序入口地址,这种方法称为硬件向量法。AT89C52 单片机中断服务程序入口地址见表 6-6,比 51 单片机多一个定时器中断 2。各中断服务程序入口地址仅间隔 8 字节,编译器在这些地址放入无条件跳转指令,跳转到中断服务程序的实际地址。C51 中断编程只须指定中断号,无须指定入口地址。

表 6-6 AT89C52 中断服务程序入口

中断源	中断号	入口地址
外部中断 0	0	0003H
定时器中断 0	1	000BH
外部中断 1	2	0013H
定时器中断 1	3	001BH
串行口中断	4	0023H
定时器中断 2	5	002BH

一个中断源的中断请求被响应,必须满足如下必要条件:

(1) EA=1:总中断允许开关接通。

(2) 该中断源被允许:该中断源中断允许位=1。

(3) 该中断源发出中断请求:中断源请求标志=1。

(4) 无查询顺序靠前的同级或高级别的中断源正在发起中断请求,无同级或更高级中断正在执行中断服务程序。

6.3 中断服务函数

C51 编译器支持在 C 语言源程序中直接编写 8051 单片机的中断服务函数程序,C51 编译器在编译时会对中断服务程序自动添加现场保护、返回时恢复现场等程序段,用 C 语言编写中断服务函数不需要像汇编语言那样考虑这类问题,编写中断服务函数更加简单快捷。

6.3.1 中断服务函数的格式

为了在 C 语言源程序中直接编写中断服务函数,C51 编译器对函数的定义进行了扩展,增加了一个扩展关键字 interrupt。关键字 interrupt 是函数定义时的一个选项,加上这个选项即可以将一个函数定义成中断服务函数。定义中断服务函数的一般形式:

函数类型 函数名(形式参数表)[interrupt n][using n]

关键字 interrupt 后面的 n 是中断号,n 的取值范围为 0 ~ 31,当然对于 AT89C51 单片机,中断源只有 5 个,n 的范围就为 0~4。编译器从 8 * n+3 处产生中断向量,具体的中断号 n 和中断向量取决于不同型号的单片机芯片。有了这一声明,编译器不需理会寄存器组参数的使用和对累加器 A、状态寄存器、寄存器 B、数据指针和默认的寄存器的保护。只要在中断程序中用到,编译器就会把它们压栈,在中断程序结束时将它们出栈。C51 支持所有 5 个 8051 标准中断从 0~4 和在 8051 系列(增强型)中多达 27 个中断源。

C51 编译器扩展了一个关键字 using,专门用来选择 51 单片机中不同的工作寄存器组。using 后面的 n 是一个 0~3 的常整数,分别选中 4 个不同的工作寄存器组。在定义一个函数时,using 是一个选项,如果不用该选项,则由编译器选择一个寄存器组进行绝对寄存器组访问。关键字 using 对代码的影响如下:

当前选定的寄存器 BANK 被存储到堆栈中,指定的寄存器 BANK 被设置,函数退出时,恢复从前的内容。函数退出前必须恢复原 PSW 的内容,因此关键字 using 不可用在有返回值的函数中。使用关键字 using 要特别小心,否则可能得到不正确的结果。一般来说,关键字 using 一般在不同优先级的中断函数中很有用,这样可以不用在每次中断的时候都对所有寄存器进行保存。

关键字 using 用来指定中断服务程序使用的寄存器组。用法是:using 后跟一个 0~3 的数,对应着 4 组工作寄存器。一旦指定工作寄存器组,默认的工作寄存器组就不会被压栈,这将节省 32 个处理周期(因为入栈和出栈都需要 2 个处理周期)。这一做法的缺点是:所有调用中断的过程都必须使用指定的同一个寄存器组,否则参数传递会发生错误。因此,对于 using,在使用中需灵活取舍。

6.3.2 寄存器组的切换

8051 单片机可以在内部 RAM 中使用 4 个不同的 BANK,每个寄存器组中包含 8 个工作寄存器(R0~R7),在某一时刻,CPU 只能使用其中一组工作寄存器组。工作寄存器组的选择取决于 PSW 的 RS0、RS1 设置。使用 using n 编写的 C 语言中断服务函数,Keil 就给编译成 PSW 切换工作寄存器组的方式。

因为工作寄存器组读写速度最快，Keil 在编译 51 的 C 程序时，C 语言函数中的局部变量、形参、返回值、返回地址会优先使用工作寄存器 R0～R7，如果这 8 字节不够用，Keil 会为其余的局部变量分配 RAM 空间，这个空间在编译完成后就固定下来。典型的 C 程序不需要选择或切换工作寄存器组，默认使用 BANK0。当使用中断时，多组寄存器将带来许多方便。寄存器组 1、2 或 3 最好在中断服务程序中使用，避免用堆栈保存和恢复寄存器。

对于同一优先级的中断，可以 using 同一个寄存器组，因为同一优先级的中断不会互相打断，如果把同一优先级的中断函数都写 using 2，这些函数也不会冲突地使用 R0～R7，只会分时复用 BANK 2。但是，对于不同优先级的中断函数，如果使用相同的 BANK，一旦发生中断嵌套，低优先级服务函数正在使用的 R0～R7 将会被覆盖。高优先级中断可以中断正在执行的低优先级程序，因此必须注意寄存器组。除非可以确定未使用 R0～R7，最好给每种优先级程序分配不同的寄存器组。

在中断服务函数中使用 using 有如下建议：

（1）主函数默认使用 BANK 0，中断服务函数不使用 using，由编译器自动选择工作寄存器组，中断服务函数使用 using 建议指定与主函数不同的寄存器组。

（2）中断优先级相同的中断可用 using 指定相同的寄存器组，但优先级不同的中断必须使用不同的寄存器组。

（3）在中断服务函数中被调用的函数也要使用 using 指定与中断函数相同的寄存器组，否则程序可能得到不正确的结果。

（4）如果不用 using 指定，在 ISR 的入口，C51 默认选择 BANK 0，这相当于中断服务程序的入口首先执行指令 MOV PSW ♯0。这保证了没使用 using 指定的高优先级中断。可以中断使用不同寄存器组的低优先级中断。

使用关键字 using 给中断指定寄存器组，这样直接切换寄存器组而不必进行大量的 PUSH 和 POP 操作，可以节省 RAM 空间，加速 MCU 执行时间。寄存器组的切换，要对内存的使用情况有比较清晰的认识，否则容易出错。特别在程序中有直接地址访问的时候，一定要小心谨慎，当需要让两个或两个以上的作业同时运行，而且它们的现场需要一些隔离时，就需要用寄存器组切换，在 ISR 或使用实时操作系统 RTOS 中寄存器组切换非常有用。

6.3.3 中断服务函数注意事项

（1）中断函数不能进行参数传递。如果中断函数中包含任何参数声明，都将导致编译出错。

（2）中断函数没有返回值。如果企图定义一个返回值将得不到正确的结果，在定义中断函数时将其定义为 void 类型，以明确说明没有返回值。

（3）在任何情况下都不能直接调用中断函数，否则会产生编译错误。因为中断函数的返回是由 8051 单片机的 RETI 指令完成的，RETI 指令影响 8051 单片机的硬件中断系统。如果在没有实际中断情况下直接调用中断函数，RETI 指令的操作结果就会产生一个致命的错误。

（4）如果在中断函数中调用了其他函数，则被调用函数所使用的寄存器组必须与中断函数相同；否则，会产生不正确的结果。

（5）C51 编译器对中断函数编译时会自动在程序开始和结束处加上相应的内容，即在程序开始处对 ACC、B、DPH、DPL 和 PSW 入栈，结束时出栈。中断函数未加 using n 修饰符的，开始时还要将 R0～R1 入栈，结束时出栈。中断函数加 using n 修饰符的，在开始将 PSW 入栈后还要修改 PSW 中的工作寄存器组选择位。

（6）C51 编译器从绝对地址 8m＋3 处产生一个中断向量，其中 m 为中断号，即 interrupt 后面的数字。该向量包含一个到中断函数入口地址的绝对跳转。

（7）中断函数最好写在文件的尾部，并且禁止使用 extern 存储类型说明，防止其他程序调用。

6.4 外部中断应用举例

6.4.1 单个外部中断的应用

使用单个外部中断时，需要在主程序中设置中断允许位开启和外部中断触发方式，以及编制单个外部中断服务程序。

例 6-1 用外部中断方式实现如图 4-9 所示仿真电路图的功能，编程实现每按下一次按键，7 段数码管从 0 开始增加 1 一直显示到 F，再由 0 开始增加的显示功能。

例 4-6 中，是通过查询方式编程实现的，本例用外部中断方式实现。

编程分析：在本电路中，按键接的 P3.2，用到了 P3.2 的复用功能 INT0，编程用外部中断 0 方式实现按键功能。在主程序中完成初始化设置，中断服务程序中实现按键的功能。

主程序如下：

```
void main(void)
{
    EA = 1;                      //开总中断
    EX0 = 1;                     //开外部中断 0
    IT0 = 1;                     //外部中断 0 设置为边沿触发方式
    while(1);
}
```

中断服务程序如下：

```
void int0_ser() interrupt 0 using 1
{
    static UCHAR k = 0;
    P0 = smg[k];
    k = (k + 1) % 16;
}
```

主程序完成初始化设置，允许总中断和外部中断 0，并将外部中断 0 设置为边沿触发方式。中断服务程序中用关键词 static 定义了一个变量 k，只初始化一次为 0。对比例 4-6 查询方式实现的程序和本例用中断方式实现的程序，按键采用中断方式解放了 CPU，CPU 无需随时查询是否按下按键。中断服务程序后 using 可以不写，由编译器自动指定工作寄存器组，本例写了 using，指定与主程序不同的工作寄存器组。

6.4.2　两个外部中断的应用

使用两个外部中断时，需要在主程序中设置两个中断允许位开启与设置外部中断触发方式和编制两个外部中断服务程序。

例 6-2　如图 6-3 所示 INT0 和 INT1 分别接两个按键，一个按键实现数值加 1，另一个按键实现数值清 0，并显示在数码管上。

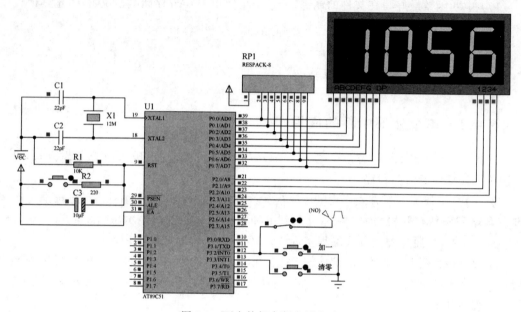

图 6-3　两个外部中断应用电路

编程分析：本例中用到了两个外部中断源，在主程序中完成中断源的初始化设置，并调用数码管动态显示程序显示字符。INT0 中断服务程序实现数值加 1 的功能，INT1 中断服务程序中实现数值清 0 的功能。为让更方便展示本例，在仿真中用到方波信号实现按键连续自动快速加 1 的功能。

程序如下：

```c
# include < reg51. h >
# include < intrins. h >
# define uchar unsigned char
# define uint unsigned int
uchar code SMG[] = {0x3f,0x06,0x5b,0x4f,0x66,0x6d,0x7d,0x07,0x7f,
                0x6f,0x00};              //共阴极码,最后一位为数码管不显示
uchar Display_Smg[4] = {0,0,0,0};        //计数值分解后的各待显示数位
uchar Dis_Buffer[4];                     //显示缓冲,用于存放待显示的数字的段码
uint Count = 0;
void delay(uchar t)
{
    uchar i;
    while(t -- ) for(i = 0;i < 120;i++);
    }
```

```
// ----------------------------------------------
//在数码管上显示计数值
// ----------------------------------------------
void Display_Count()
{
    static uchar Scan_Bit = 0xF7;
    static uchar Dsy_Idx = 0;
    uchar i;
    Display_Smg[3] = Count / 1000;          //千位数
    Display_Smg[2] = Count / 100 % 10;      //百位数
    Display_Smg[1] = Count % 100 / 10;      //十位数
    Display_Smg[0] = Count % 10;            //个位数

    for(i = 0; i < 4;i++)
    {
        Dis_Buffer[i] = SMG[Display_Smg[i]];//将待显示数查段码表放显示缓冲
    }
    P2 = Scan_Bit;
    P0 = Dis_Buffer[Dsy_Idx];
    delay(1);
    Scan_Bit = _cror_(Scan_Bit,1);
    Dsy_Idx = (Dsy_Idx + 1) % 4;

}
void main()
{
    EA = 1;                            //开总中断
    EX0 = 1;                           //开 INT0 中断
    IT0 = 1;                           //下降沿触发
    EX1 = 1;
    IT1 = 1;
    while(1)
    {
        Display_Count();
    }
}
void jishu() interrupt 0 using 1
{
    if(Count == 10000) Count = 0;
    Count++;
}
void clear() interrupt 2 using 1
{
    Count = 0;
}
```

在本例需要把待显示数字的千位、百位、十位、个位取出分别送在数码管的各位显示,用运算符/和%来取出。在程序中取出百位数用的程序语句

```
Count / 100 % 10;
```

首先 Count 除以 100 取整得到包含千位和百位的数，然后除以 10 取余得到百位数。该条语句也可以写为

```
Count % 10 / 100;
```

首先 Count 除以 10 取余得到包含百位、十位、个位的数，然后除以 100 取整得到百位数。本例两个外部中断优先级相同，中断服务程序可用 using 指定相同的工作寄存器组 BANK1。

6.4.3 中断嵌套应用

中断嵌套只能发生在单片机正在执行一个低优先级中断服务程序的时候，此时又有一个高优先级中断产生，就会产生高优先级打断低优先级的中断服务程序。

例 6-3 中断嵌套举例

如图 6-4 所示 8 路流水灯电路，K1 和 K2 都未按下时，主程序执行 LED 流水灯程序。K1 按下时，左右 4 只 LED 交替闪烁 4 次。K2 按下时 8 只 LED 全部闪烁 4 次。设置外部中断 1 为高优先级。

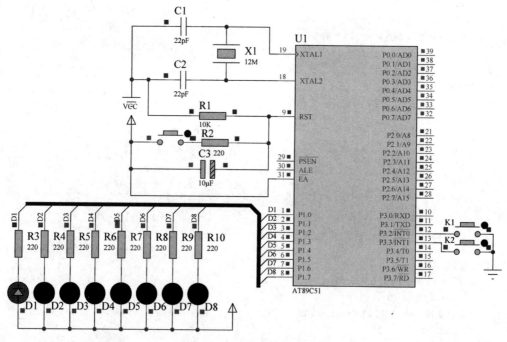

图 6-4 中断嵌套例程电路图

编程分析：本例演示中断嵌套的功能。在主程序中完成两个中断的初始化设置及流水灯显示功能，设置外部中断 1 为高优先级。INT0、INT1 中断服务程序中分别实现要求的功能。

程序如下：

```
# include <reg51.h>
# include <intrins.h>
```

```
#define UCHAR unsigned char
#define UINT unsigned int

void delay(UINT i)
{
    UCHAR t;
    while(i--) for(t = 0; t < 120; t++);
}
void main()
{
    UCHAR temp = 0x7F;
    EA = 1;                         //开总中断
    EX0 = 1;                        //开外部中断0
    EX1 = 1;                        //开外部中断1
    IT0 = 1;                        //外部中断0设置为边沿触发方式
    IT1 = 1;                        //外部中断1设置为边沿触发方式
    PX0 = 0;                        //外部中断0设为低优先级,默认为0,此句也可不写
    PX1 = 1;                        //外部中断1设为高优先级
    for(;;)
    {
        P1 = temp;
        temp = _cror_(temp,1);
    delay(500);
    }
}
void int0_ser(void) interrupt 0
{
    UCHAR i,temp;
    temp = 0x0F;
    for (i = 0; i < 8;i++)
    {
        P1 = temp;
        delay(500);
        temp = ~temp;
    }
}
void int1_ser(void) interrupt 2
{
    UCHAR i;
    P1 = 0x00;
    for (i = 0; i < 8;i++)
    {
        delay(500);
        P1 = ~P1;
    }
}
```

    程序编译后加载到仿真电路中,首先按下 K1,然后按下 K2,观察到的现象是程序运行时 LED 灯为流水灯电路。按下 K1 后,左右 4 只 LED 交替闪烁,紧接着按下 K2,由于 INT1 为高优先级,INT0 中断服务程序被打断,8 只 LED 全部闪烁,闪烁 4 次后,程序返回

INT0中断服务程序,左右4只LED接着交替闪烁,达到闪烁次数后回到主程序继续运行流水灯程序。结合本例的仿真过程再来回顾下中断嵌套执行的过程:中断系统正在执行一个中断服务时,有另一个优先级更高的中断提出中断请求,这时会暂时终止当前正在执行的级别较低的中断源的服务程序,去处理级别更高的中断源,待处理完毕,再返回到被中断的中断服务程序继续执行,中断服务程序执行完毕,再回到子程序继续执行。

6.4.4 多个外部中断扩展

51单片机有两个外部中断请求输入端INT0和INT1,若外部中断源有两个以上,则需要扩展外部中断源。以下介绍三种常用扩展方法。

1. 利用定时器扩展外部中断源

当定时器设置为计数方式时,计数初值设置为满量程。一旦外部信号从计数器引脚输入一个负跳变信号,计数器加1产生溢出中断,从而转去处理该外部中断源的请求。

将外部中断源信号接至T0或T1引脚;该定时器的溢出中断标志及中断服务程序作为扩充外部中断源的标志和中断服务程序。程序中把定时器设置为定时器模式2计数方式时,计数初值设置为满量程FFH。

2. 中断加查询扩展外部中断源

每一根中断输入线可以通过"线与"的关系连接多个外部中断源,同时利用输入端口线作为各个中断源的识别线。下例介绍一种硬件采用门电路、软件采用外部中断和查询相结合的外部中断扩展方法。

例6-4 用与门扩展多个外部中断,电路如图6-5所示。用外部中断的方式设置4个按键,在数码管实现相应的功能。初始显示值为0,K1实现数值加1,K2实现数值减1,K3实现开数码管显示,K4实现关闭数码管。另外,要求按下K4关闭数码管显示之后K1和K2键无效,只有按下K3打开数码管显示之后才能执行加减操作。

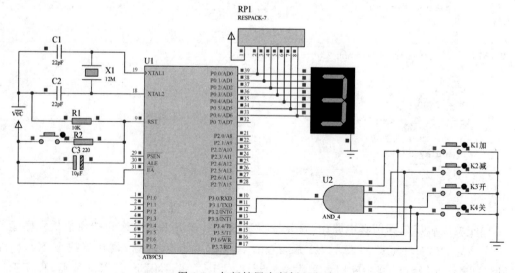

图6-5 与门扩展中断例程电路

编程分析：本例用到了 4 个按键，而 51 单片机只有 2 个外部中断，因此需要用电路对外部中断进行扩展。在本例中采用外部中断与软件查询结合的方法来扩展外部中断，这种方法是把 4 个按键通过与门引入单片机外部中断源输入端 INT0，同时把 4 个按键接到单片机的 4 个 I/O 口。这样，当 4 个按键中任意一个键按下时，就会在与门输出端产生一个下降沿触发单片机外部中断，在中断服务程序中通过软件查询判断 4 个键中哪一个键按下，执行对应的键值处理程序。本例在主程序中完成初始化设置，在 INT0 中断服务程序中查询键值并执行键值处理程序。

程序如下：

```c
#include <reg51.h>
#define UCHAR unsigned char
#define UINT unsigned int
UCHAR k = 0;
bit flag = 0;
sbit K1 = P3^4;
sbit K2 = P3^5;
sbit K3 = P3^6;
sbit K4 = P3^7;
UCHAR code smg[] =                    //共阴极数码管段码
{
    0X3F,0X06,0X5B,0X4F,0X66,0X6D,0X7D,0X07,0X7F,
    0X6F,0X77,0X7C,0X39,0X5E,0X79,0X71
};
void delay10ms(UINT n)
{
    UCHAR i,j;
    while(n--)
    {
        for(i = 128;i > 0;i--)
        for(j = 10;j > 0;j--);
    }
}

void int0_ser(void) interrupt 0
{
    delay10ms(1);                    //延时消抖
    if((P3 & 0xF0) != 0xF0)          //如果有键按下
    {
        if(K3 == 0)                  //如果 K3 按下
        {
            P0 = smg[0];
            k = 0;
            flag = 1;                //开机标志位
        }
        if(K4 == 0)                  //如果 K4 按下
        {
            k = 0;
            P0 = 0x00;               //关显示
            flag = 0;
        }
        if (flag == 0) return;
        if(K1 == 0)                  //如果 K1 按下
        {
```

```
                    k++;
                    if(k == 16) k = 0;
                    P0 = smg[k];

                }
                if(K2 == 0)                      //如果 K2 按下
                {
                    if(k == 0) k = 16;
                    k-- ;
                    P0 = smg[k];
                }
            }
    }
    void main(void)
    {
        EX0 = 1;                              //允许外部中断 0
        IT0 = 1;                              //外部中断为边沿触发方式
        EA = 1;                               //开总中断控制位
        P0 = 0x00;
        while(1);
    }
```

本例要求按下 K4 关闭数码管显示之后 K1 和 K2 键无效，只有按下 K3 打开数码管显示之后才能执行加减操作。在程序中设置一开机标志位 flag，K3 按下将 flag 置"1"，K4 按下将 flag 清"0"。只有当开机标志位为 1 时，K1 和 K2 才能进行操作。

3．利用编码器等数字集成电路扩展

74LS148 是 8 线-3 线优先编码器，共有 54/74148 和 54/74LS148 两种线路结构形式，将 8 条数据线(0-7)进行 3 线(4-2-1)二进制(八进制)优先编码，即对最高位数据线进行译码。利用选通端(EI)和输出选通端(EO)可进行八进制扩展。

扩展外部中断也可通过编码芯片实现，下面介绍一种用 8-3 芯片 74LS148 扩展外部中断的方法。74LS148 是 8 线-3 线优先编码器，将 8 条数据线(0～7)进行 3 线(4-2-1)二进制(八进制)优先编码，即对最高位数据线进行译码。利用 EI 和 E0 可进行八进制扩展。74LS148 优先编码器有 16 个引脚，引脚说明如表 6-7 所示。74LS148 真值表见表 6-8。

表 6-7　74LS148 引脚说明

引脚图		引　脚	名　称	功　能
4〔1　16〕VCC 5〔2　15〕E0 6〔3　14〕GS 7〔4　13〕3 EI〔5　12〕2 A2〔6　11〕1 A1〔7　10〕0 GND〔8　9〕A0		10～13、1～4	0～7	编码输入引脚(低电平有效)
		5	EI	使能输入端(低电平有效)
		9、7、6	A0、A1、A2	编码输出端(低电平有效)
		8	GND	地
		16	VCC	正电源
		14	GS	片优先编码输出端
		15	E0	使能输出端

表 6-8 74LS148 真值表

输入									输出				
EI	0	1	2	3	4	5	6	7	A2	A1	A0	GS	EO
H	X	X	X	X	X	X	X	X	H	H	H	H	H
L	H	H	H	H	H	H	H	H	H	H	H	H	L
L	X	X	X	X	X	X	X	L	L	L	L	L	H
L	X	X	X	X	X	X	L	H	L	L	H	L	H
L	X	X	X	X	X	L	H	H	L	H	L	L	H
L	X	X	X	X	L	H	H	H	L	H	H	L	H
L	X	X	X	L	H	H	H	H	H	L	L	L	H
L	X	X	L	H	H	H	H	H	H	L	H	L	H
L	X	L	H	H	H	H	H	H	H	H	L	L	H
L	L	H	H	H	H	H	H	H	H	H	H	L	H

从真值表中可以看出：

（1）当使能输入端 EI＝1 时，禁止编码，输出（反码）：A0、A1、A2 全为 1。当使能输入端 EI＝0 时，允许编码。

（2）74LS148 输入端优先级别的次序依次为 7～0，当某一输入端有低电平输入，且比它优先级高的输入端没有低电平输入时，输出端才输出该输入端的对应编码。

（3）EO 使能输出端，它只在允许编码（EI＝0），而本片器件又没有编码输入时为 0。

例 6-5 用 74LS148 扩展多个外部中断，电路如图 6-6 所示。

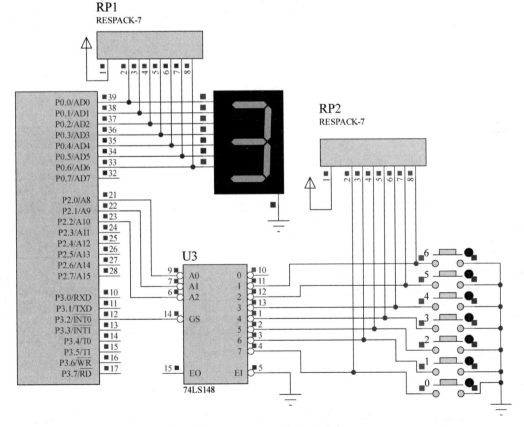

图 6-6 用 74LS148 扩展外部中断源

编程分析：本例用 74LS148 扩展 8 个外部中断，将 GS 连接到单片机的 P3.2/INT0 引脚，当有输入时，GS 为 0 会触发外部中断，在中断服务程序中检查 A0、A1、A2 引脚的编码即可得到键值。在 Proteus 软件中由于 74LS148 仿真器件本身的问题，对 74LS148 的输入端 0 不响应，因此没有接输入 0 这一端口。

程序如下：

```
# include < reg51.h>
# define UCHAR unsigned char
# define UINT unsigned int
UCHAR code smg[] =                //共阴极数码管
{
    0X3F,0X06,0X5B,0X4F,0X66,0X6D,0X7D,0X07,0X7F,
    0X6F,0X77,0X7C,0X39,0X5E,0X79,0X71
};

void int0_ser(void) interrupt 0
{
    UCHAR key;                    //键值
    key = P2 & 0x07;              //读取键值,屏蔽掉高 7 位
    P0 = smg[key];
}
void main(void)
{
    EX0 = 1;                      //允许外部中断 0
    IT0 = 1;                      //外部中断为边沿触发方式
    EA = 1;                       //开总中断控制位
    P0 = 0x00;
    while(1);
}
```

习题

一、填空

1. AT89C51 单片机外部中断触发方式默认为_____，为避免反复触发中断，优先采用_____。

2. AT89C52 单片机有_____个中断源，有_____个中断优先级，可实现_____级中断嵌套。

3. AT89C51 单片机用于设置中断允许的寄存器的符号是_____，用于设置中断优先级的寄存器的符号是_____。

4. AT89C51 单片机响应中断后，必须用软件清除的中断请求标志是_____和_____。

二、单项选择

1. 在中断优先级寄存器中设置 PT0＝1，PX1＝1，当定时器中断 0 和外部中断 1 同时

发生的时候,下列说法正确的是_____。

  A. 定时器中断 0 优先响应

  B. 外部中断 1 优先响应;

  C. 两个中断均设置为高优先级,同时响应

  D. 优先级设置发生冲突,均不响应

  2. 有关 AT89C51 单片机中断优先级控制的叙述错误的是_____。

  A. 低优先级不能中断高优先级,但高优先级能中断低优先级

  B. 同级中断不能嵌套

  C. 同级中断请求按 CPU 内部的查询顺序响应

  D. 同一时刻,同级的多中断请求,将形成阻塞,系统无法响应

三、问答题

  1. 什么是中断系统?

  2. 一个中断源的中断请求被响应,必须满足哪些条件?

  3. 8051 单片机的中断源中,哪些中断请求信号在中断响应时可以自动清除?哪些不能自动清除? 应如何处理?

## 第7章

AT89C51单片机的定时器/计数器

定时器/计数器是51单片机的重要功能模块,能够产生精确的定时时间并对外部脉冲进行计数,应用于定时检测、定时控制、脉宽调制、电机控制等。51单片机定时/计数器实质上是8位或16位加1计数器,设置为定时工作方式是对内部机器周期计数,设置为计数工作方式是对外部脉冲计数。本章介绍51单片机定时器/计数器的内部结构、工作方式、相关控制寄存器、初值计算方法,并通过实例讲解定时/计数器的使用与编程方法。

7.1　51单片机定时器/计数器的特性

AT89C51单片机有2个16位的可编程定时器/计数器(简称定时器)T0和T1,52系列单片机有3个定时器,用于定时控制、延时、外部事件计数和检测等场合。每个定时器可由软件设置为定时工作方式或计数工作方式及其他灵活的可控功能方式。

7.2　51单片机定时器的内部结构

AT89C51定时器的结构示意图如图7-1所示,定时器实质上是加1计数器,两个16位定时器由高8位和低8位两个特殊功能寄存器组成,T0对应于TH0和TL0,T1对应于TH1和TL1。TMOD是定时器的工作方式寄存器,设定工作方式和功能。TCON是控制寄存器,控制T0、T1的启动和停止,设置溢出标志。

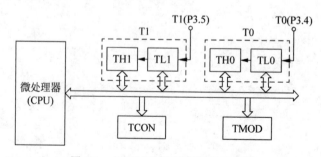

图7-1　AT89C51定时器结构示意图

设置为定时工作方式时,定时器对机器周期进行计数,即每个机器周期使定时器的数值从初值开始加 1 直至计满溢出。定时器一次溢出的时间为机器周期×计数次数。设置为计数工作方式时,定时器 0 和定时器 1 分别通过引脚 P3.4(T0)和 P3.5(T1)对外部脉冲信号计数,在每个输入脉冲的下降沿,定时器的值加 1,直至定时器溢出。

单片机对外部脉冲信号计数时,注意外部脉冲的最高频率要小于单片机工作频率的 1/2。这是因为 51 单片机在每个机器周期的 S5P2 期间对输入电平进行采样,若前一个机器周期采样值为 1,下一个机器周期采样值为 0,则检测到了下降沿,计数器加 1。所以最少花两个机器周期才能检测到外部脉冲的跳变。无论定时器工作于定时方式还是计数方式,都不占用 CPU 的资源,直到定时器溢出后产生中断让 CPU 去处理"时间到"或"计数满"的事件。

与定时器设置有关的寄存器有定时器工作方式寄存器 TMOD、定时器控制寄存器 TCON、中断允许寄存器 IE 和中断优先级寄存器 IP。中断允许寄存器在第 6 章已经介绍,与定时器相关的位有中断允许总控制位 EA 和定时器中断允许控制位 ET0、ET1。相关寄存器如表 7-1 所示,与定时器/计数器无关的位用阴影标出。

表 7-1　与定时器/计数器相关的寄存器

寄存器名称	寄存器符号	寄存器内容							
		BIT7	BIT6	BIT5	BIT4	BIT3	BIT2	BIT1	BIT0
定时器控制寄存器	TCON	TF1	TR1	TF0	TR0	IE1	IT1	IE0	IT0
定时器方式寄存器	TMOD	GATE	C/T	M1	M0	GATE	C/T	M1	M0
T0 低字节	TL0	定时器/计数器 0 低 8 位累加计数寄存器							
T1 低字节	TL1	定时器/计数器 1 低 8 位累加计数寄存器							
T0 高字节	TH1	定时器/计数器 0 高 8 位累加计数寄存器							
T1 高字节	TH1	定时器/计数器 1 高 8 位累加计数寄存器							
中断允许寄存器	IE	EA	—	—	ES	ET1	EX1	ET0	EX0
中断优先寄存器	IP	—	—	—	PS	PT1	PX1	PT0	PX0

7.2.1　定时器方式寄存器

定时器方式寄存器用于设定定时器 T0 和 T1 的工作方式,TMOD 寄存器各位的含义如表 7-2 所示,TMOD 的低半字节对应定时器 0,高半字节对应定时器 1,前后半字节的位格式完全对应。TMOD 的字节地址为 89H,不能位寻址。

表 7-2　TMOD 寄存器

位　序	D7	D6	D5	D4	D3	D2	D1	D0
位符号	GATE	C/T	M1	M0	GATE	C/T	M1	M0

T1　　　　　　　　　　　　　　T0

GATE:门控位。GATE＝0 时,以运行控制位(TR0 或 TR1)启动定时器;当 GATE＝1 时,以外部中断请求信号(INT0 或 INT1)和运行控制位(TR0 或 TR1)两个条件共同启动定时器。M1 和 M0:工作方式选择位。M1M0 的组合分别是 00、01、10、11 对应于工作方式 0、1、2、3,如表 7-3 所示。

表 7-3　M1、M0 工作方式选择位

M1 M0	工作方式	说　明
0　0	0	13 位定时器/计数器(TH 的 8 位和 TL 的低 5 位)
0　1	1	16 位定时器/计数器
1　0	2	自动重新装入初值的 8 位定时器/计数器
1　1	3	T0 分成两个独立的 8 位计数器,T1 停止工作

C/T：定时方式或计数方式选择位。C/T＝0 为定时工作方式；C/T＝1 为计数工作方式,计数器对外部输入引脚 T0(P3.4)或 T1(P3.5)的外部脉冲计数。

7.2.2　定时器控制寄存器

定时器控制寄存器用于保存外部中断请求以及定时器的计数溢出,其既有定时器/计数器的控制功能又有中断控制功能,其中与定时有关的控制位有：TF1、TR1、TF0、TR0,格式如表 7-4 所示。

表 7-4　TCON 寄存器格式

位　序	D7	D6	D5	D4	D3	D2	D1	D0
位地址	8FH	8EH	8DH	8CH	8BH	8AH	89H	88H
位符号	TF1	TR1	TF0	TR0	IE1	IT1	IE0	IT0

TF0 和 TF1：计数溢出标志位。当计数器产生计数溢出时,相应的溢出标志位由硬件置"1"。计数溢出标志位的使用有两种情况：使用中断方式时,作中断请求标志位来使用,在转向中断服务程序时由硬件自动清"0"；使用查询方式时,作查询状态位来使用,查询有效后应以软件方法及时将该位清"0"。

TR0 和 TR1：运行控制位(软件置 1 或清 0)。TR0(TR1)＝0 时,停止定时器/计数器工作；当 TR0(TR1)＝1 时,启动定时器/计数器工作。

7.3　定时器的四种工作模式

7.3.1　方式 0

方式 0 为 13 位定时器模式,由 TL0(TL1)的低 5 位(高 3 位未用)和 TH0(TH1)的 8 位组成,TL0(TH1)的低 5 位溢出时向 TH0(TH1)进位,TH0(TH1)溢出时,置位 TCON 中的 TF0(TF1)标志,向 CPU 发出中断请求。其最大计数值为 2 的 13 次方,等于 8192,如计数值为 N,则初值为 $8192-N$。装入 THx 和 TLx 的初值分别为

```
THx = (8192 - N)/32, TLx = (8192 - N) % 32
```

求 TLx 对 32 求模,是因为定时器方式 0 只使用了 TLx 的低 5 位,这 5 位二进制位最多装载 31,再加 1 就会往 THx 进位。求 THx 除以 32 取整,是因为 THx 的每一个单位的值是 32。方式 1 可以覆盖所有方式 0 的定时值,方式 0 初值计算略有不便,不建议使用方式 0。

8051 单片机是继 8048 单片机后推出的型号,这是当初为了与 8048 单片机兼容而设计的,8048 单片机的定时程序可以不做任何修改在单片机 8051 上使用。早已不使用 8048 单片机,为兼容而设计的方式 0 也没有这方面的作用了。

7.3.2　方式 1

方式 1 的计数位数是 16 位,由 TL0(TL1)作为低 8 位、TH0(TH1)作为高 8 位组成了 16 位加 1 计数器。下面来看定时器方式 1 初值的计算方法。

例 7-1　若单片机时钟频率为 12MHz,求定时器工作在定时器 0 方式 1 一次溢出的最大的定时时间,计算定时器工作在方式 1 时定时 2ms 定时器的初值。

单片机时钟频率为 12MHz,则一个机器周期为 1μs。方式 1 是 16 位定时器,从初值为 0000H 开始对机器周期计数可达到最大定时时间。当定时器从 0000H 加到 FFFFH 后,再加 1 后定时器溢出,即一次溢出最大能计数 2^{16} 个,即 65536 个机器周期。故方式 1 的最大定时时间为

$$T_{\max}=2^{16} \times 机器周期 = 65536 \mu s = 65.536 ms$$

要产生 2ms 的定时时间,必须在计数器中预先放置一定的初值 x,使

$$(65536-x) \times 机器周期 = 2ms = 20000 \mu s$$

代入 12MHz 下的机器周期 1μs,求出 $x=45536$,转化成 16 进制为 B1E0H。

对于定时器 0,用于存储初值的寄存器为 TH0 和 TL0,TH0 存储高 8 位,TL0 存储低 8 位,由此得到:TH0=B1H,TL0=E0H。

上面的计算初值的过程将十进制数转换为 16 进制数,再将初值分别写给 TH0 和 TL0 较为不方便,而且在程序中直接写 TH0 和 TL0 的值程序可读性不好。

通常在编程中初值可写为

$$TH0=(65536-x)/256;$$
$$TL0=(65536-x)\%256;$$

定时初值通过对除以 256 分别取整和取余得到高 8 位和低 8 位。求 TL0 对 256 求模,是因为低 8 位最多装载 255,再加 1 就会往 TH0 进 1。求 TH0 除以 256 取整,是因为 TH0 的每一个单位代表的值是 256。

这样写的好处显而易见,定时初值通过除以 256 分别取整和取余得到高 8 位和低 8 位,将进制的转换问题交给程序编译器去做,节约编程者的时间和避免计算错误,而且程序具有很好的可读性。本例的初值可以写为

$$TH0=(65536-20000)/256;$$
$$TL0=(65536-20000)\%256;$$

从上述语句中直接就可以看出定的时间为 20000 个机器周期,对应于 12MHz 的晶振就是定时 20ms。

7.3.3　方式 2

方式 2 为自动重装初值的 8 位计数方式。在方式 2 下,当计数器计满 255(FFH)溢出时,CPU 自动把 TH 的值装入 TL 中,不需用户干预。在程序初始化时,TL0 和 TH0 由软

件赋予相同的初值。

用于定时工作方式时，定时时间为

$$t = (2^8 - \text{TH0 初值}) \times \text{机器周期} \times 12$$

用于计数工作方式时，计数长度最大为 $2^8 = 256$ 个脉冲。

该模式可省去软件中重装常数的语句，并可产生相当精确的定时时间，适合作串行口波特率发生器。

7.3.4 方式 3

方式 3 只适用于定时器 T0，定时器 T1 设为方式 3 时相当于 TR1＝0，定时器 1 处于关闭状态。当 T0 为工作方式 3 时，TH0 和 TL0 分成两个独立的 8 位计数器。其中，TL0 既可用作定时器，又可用作计数器，并使用原 T0 的所有控制位及其定时器回零标志 TF0 和中断源。TH0 只能用作定时器，并使用 T1 的控制位 TR1、回零标志 TF1 和中断源。通常情况下，T0 不运行于工作方式 3，只有在 T1 处于工作方式 2，并不要求中断的条件下才可能使用。这时，T1 往往用作串行口波特率发生器，TH0 用作定时器，TL0 用作定时器或计数器。所以，方式 3 是为了使单片机有 1 个独立的定时器/计数器、1 个定时器以及 1 个串行口波特率发生器的应用场合而特地提供的。这时，可把定时器 1 用于工作方式 2，把定时器 0 用于工作方式 3。

7.4 定时器的编程应用举例

在使用定时器之前，首先要通过软件对它进行初始化，定时器的初始化程序应该完成以下工作：

(1) 对 TMOD 赋值，以确定 T0 和 T1 的工作方式。

(2) 计算初值，并将其写入 TH0、TL0 或 TH1、TL1。

(3) 中断方式时，对 IE 赋值，开放中断。

(4) 使 TR0 或 TR1 置位，启动定时计数器。

7.4.1 单片机定时器 PWM 控制技术

PWM 是用微处理器的数字输出对模拟电路进行控制的一种有效的技术，广泛应用于测量、通信、电机控制、功率控制与变化等许多领域。通过高分辨率定时器的使用，方波的占空比被调制用来对一个具体模拟信号进行编码。PWM 信号仍然是数字的，因为在给定的任何时刻，满幅值的直流供电要么完全有（ON），要么完全无（OFF）。电压或电流是以一种通（ON）或断（OFF）的重复脉冲序列被加到模拟负载上。通的时候即直流供电被加到负载上，断的时候即供电被断开。只要带宽足够，任何模拟值都可以使用 PWM 进行编码。占空比就是高电平持续时间与整个周期时间的比值，占空比越大，高电平持续的时间越长，模拟电路开通的时间就越长。图 7-2 为不同占空比的 PWM 波。

PWM 在 STM32 等高档单片机内部有专用模块，用此类单片机输出 PWM 功能时只需要配置相应的寄存器即可视实现周期和占空比的控制。51 单片机内部不带 PWM 模块，此

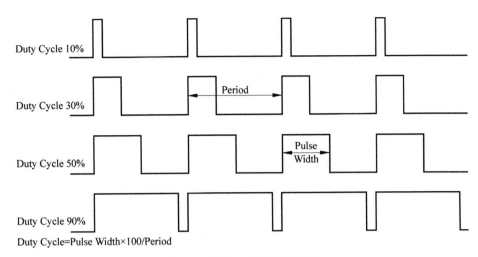

图 7-2　不同占空比的 PWM 波

时需要用到内部定时器来实现,既可用两个定时器实现,也可以用一个定时器实现。

用两个定时器时,定时器 T0 控制频率,定时器 T1 控制占空比。编程思路是:定时器 T0 中断让一个 I/O 口输出高电平,在 T0 的中断中启动定时器 T1,而这个 T1 是让 I/O 口输出低电平,这样改变定时器 T0 的初值就可以改变频率,改变定时器 T1 的初值就可以改变占空比。

用一个定时器(如定时器 T0)时,首先确定 PWM 的周期 T 和占空比 D,然后用定时器产生一个时间基准 t,比如定时器溢出 n 次的时间是 PWM 的高电平的时间,则 $D \times T = n \times t$,类似地可以求出 PWM 低电平时间需要多少个时间基准 n。

PWM 在电机调速技术中应用广泛,本书将在第 13 章进行讲述。以下通过几个例子来讲解如何用定时器产生 PWM 波形。占空比为 50% 的矩形波称为方波。

例 7-2　用定时器 T1 产生一个 50Hz 的方波,由 P2.0 输出,单片机使用 12MHz 晶振。

本例电路采用图 2-10 所示的 51 单片机最小系统电路,只需要在 P2.0 端口接示波器观察输出波形。示波器在工具栏的 virtual instruments mode 📷 图标,选择 OSCILLOSCOPE 调出即可使用。

编程分析:产生频率为 50Hz 的方波,方波周期 $T = 1/50 = 0.02s = 20ms$,方波占空比为 50%,一个周期输出高电平 10ms,输出低电平 10ms。用 T1 定时 10ms,每隔 10ms 让 P2.0 取反即可实现。单片机使用 12MHz 晶振,一个机器周期是 $1\mu s$,定时 10ms 即是定时器计数 10000 次。对于 16 位定时器,最多可计数为 $2^{16} = 65536$,那么定时器的初值为 $65536 - 10000 = 55536$,按照前面介绍的编程方法在编程中写初值:

```
TH1 = (65536 - x)/256;
TL1 = (65536 - x)%256;
```

先用查询标志位的方式编程,编程思路:首先设置定时器的模式,装入计数初值,启动定时器;然后到循环中检测计数溢出标志位是否被置 1,如果被置"1",则软件将该位清"0",将产生脉冲的 I/O 口给取反,重装初值,等待下一次定时时间到,就产生了所要求频率的方波。

程序如下：

```
# include < reg51.h >
sbit pulse = P2^0;
void main()
    {
        TMOD = 0x10;                          //T1 模式 1,定时
        TH1 = (65536 - 10000)/256;
        TL1 = (65536 - 10000) % 256;          //装入计数初值
        TR1 = 1;                              //定时器开始计数
        while(1)
        {
            TH1 = (65536 - 10000)/256;
            TL1 = (65536 - 10000) % 256;      //装入计数初值
            while (TF1 != 1);
            TF1 = 0;                          //清除 T1 溢出标志位
            pulse = ~pulse;
        }
    }
```

示波器运行的结果如图 7-3 所示。用示波器进行测量,周期为 20ms,满足要求。

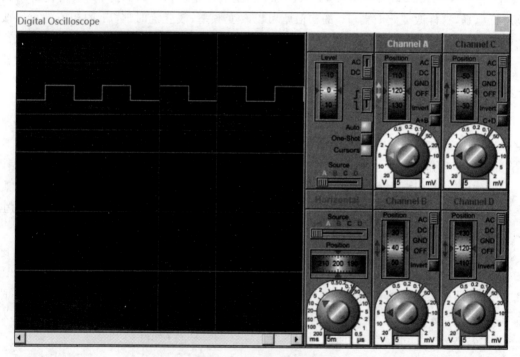

图 7-3　示波器运行结果

采用查询标志位的方式编程占用系统资源,不建议采用。推荐定时器中断方式进行编程,编程思路：在主程序中进行定时器的初始化设置、中断允许设置并启动定时器。在中断服务程序中重新装入初值并将产生脉冲 I/O 口取反,产生方波。

程序如下：

```
#include < reg51.h >
sbit pulse = P2^0;
void main()
{
    TMOD = 0x10;                        //T1 模式 1,16 位计数器
    TH1 = (65536 - 10000)/256;
    TL1 = (65536 - 10000) % 256;        //装入计数初值
    EA = 1;                             //开总中断
    ET1 = 1;                            //开定时器 1 中断
    TR1 = 1;                            //定时器开始计数
    while(1);
}
void timer1_ser(void) interrupt 3
{
    TH1 = (65536 - 10000)/256;
    TL1 = (65536 - 10000) % 256;        //重新装入计数初值
    pulse = !pulse;
}
```

例 7-3　用单片机和内部定时器来产生频率为 $100\mathrm{Hz}$、占空比为 0.25 的 PWM 波,设单片机的时钟频率为 $12\mathrm{MHz}$。

编程分析:占空比为 0.25 的 PWM 波是高电平在一个周期中所占 25%。矩形波频率为 $100\mathrm{MHz}$,则周期为 $0.01\mathrm{s}=10\mathrm{ms}$,在一个周期内让高电平为 $2.5\mathrm{ms}$、低电平为 $7.5\mathrm{ms}$ 即可实现要求的 PWM 波,选择内部定时器定时的时间为 $2.5\mathrm{ms}$。主程序完成初始化设置,装入定时器初值,开启定时器。在中断服务程序中用一个变量 i 来计数,进入 1 次中断后(一次定时时间到)让 I/O 口为低电平,进入 3 次中断后,让 I/O 口为高电平,如此循环往复,就产生了所要求占空比的 PWM 波。

程序如下:

```
#define uchar unsigned char
#define uint unsigned int
uchar i = 0;
sbit Pulse = P2^0;
void main()
{
    TMOD = 0x01;                        //T0 模式 1
    TH0 = (65536 - 2500)/256;
    TL0 = (65536 - 2500) % 256;         //装入计数初值,12MHz 的晶振一次溢出为 2.5ms
    EA = 1;                             //开总中断
    ET0 = 1;                            //开定时器 0 中断
    TR0 = 1;                            //定时器 0 开始计数
    while(1);
}
void timer0_ser(void) interrupt 1
{
    TH0 = (65536 - 2500)/256;
    TL0 = (65536 - 2500) % 256;         //重装初值
    i++;
    if(i == 1) Pulse = 0;               //高电平宽 2.5ms
```

```
    else if(i == 4)
    {
        i = 0;
        Pulse = 1;                      //低电平宽 7.5ms
    }
}
```

例 7-4　用定时器和 LED 实现呼吸灯的效果。

本例用单片机产生 PWM 波来驱动 LED，51 单片机输出是一个数字信号，不能直接对 LED 的明暗进行控制，因此需要一个电路将数字信号转换为模拟信号实现 LED 的明暗控制。RCL 响应电路是一种可以进行储能和能量释放的电路，其电路原理图如图 7-4 所示。如果在电容 C4 两端加上电源，则对电容进行充电，当电源被撤去，C4 通过 L1 和 R3 组成的回路开始放电，电感 L1 会产生逆电动势同时继续给 C4 充电，此时 C4 处于一个反复充放电的过程，直到储存的电能全部被消耗掉。在 RCL 电路的 R3 和 C4 之间串联一个发光二极管，在电容两端加上高低的数字逻辑电平，即可控制发光二极管的电流变化。

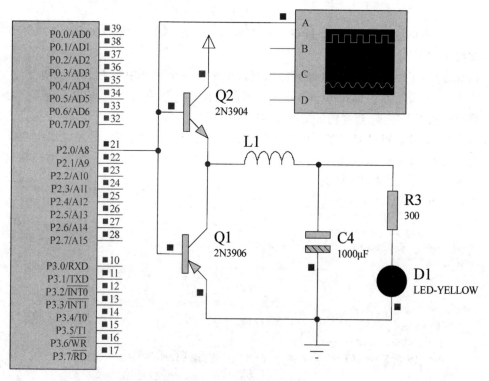

图 7-4　呼吸灯电路图

编程分析：采用 PWM 方式，在固定的频率下，改变占空比实现 LED 亮度的变化。占空比为 0，LED 灯不亮，占空比为 100%，LED 灯最亮。所以将占空比从 0 到 100%，再从 100% 到 0 不断变化，就可以实现 LED 灯实现特效呼吸。

程序如下：

```
# include < reg51.h >
# define UCHAR unsigned char
```

```
# define UINT unsigned int
# define MAX 0x50                          //定时上限定义
# define MIN 0x00                          //定时下限定义
# define TIMELINE 11                       //时间分频常数
# define TRUE 1
# define FALSE 0                           //标志位常数
UINT TimeCounter;
bit ArrowFlg = 0;                          //方向标志位
UCHAR upCounter,downCounter;               //增加计数器和减少计数器

sbit LED = P2^0;

void TODeal() interrupt 1
{
    TH0 = 226;
    TL0 = 226;
    TR0 = 1;
    TimeCounter++;                         //定时计数器增加
    if(TimeCounter == TIMELINE)
    {
        if((upCounter == MAX)&&(downCounter == MIN))    //计数方向标志位切换
        {
            ArrowFlg = FALSE;
        }
        if((upCounter == MIN)&&(downCounter == MAX))
        {
            ArrowFlg = TRUE;
        }
        if(ArrowFlg == 1)                  //如果是增加计数
        {
            upCounter++;
            downCounter -- ;
        }
        else                               //如果是减少计数
        {
            upCounter -- ;
            downCounter++;
        }
            TimeCounter = 0;
    }
}
void Delay(unsigned int i)
{
    unsigned int j;
    while(i -- )
    {
        for(j = 0;j < 32;j++);             //延时
    }
}
void main()
{
```

```
        upCounter = MIN;
        downCounter = MAX;                  //计数器初始化
        TMOD = 0x01;                        //设置定时器工作方式
        TH0 = 0xF0;
        TL0 = 0xF0 ;                        //T0 初始化值
        EA = 1;
        ET0 = 1;                            //开中断
        TR0 = 1;                            //启动 T0
        while(1)
        {
            LED = 0;                        //输出变化的 PWM 波形
            Delay(downCounter);
            LED = 1;
            Delay(upCounter);
        }
    }
```

仿真电路图中接了一个示波器,仿真过程可以看到: PWM 波从占空比为 0 到 100%,呼吸灯由暗逐渐变明; PWM 波占空比从 100% 到 0,呼吸灯由明逐渐变暗。

7.4.2 定时器的计数功能

定时器可以对外部脉冲进行计数,此时外部脉冲需要接到 P3.4(T0)或 P3.5(T1)外部脉冲计数输入引脚上。

例 7-5 采用定时器的计数模式对外部信号进行计数(图 7-5),每计满 100 次,数值加 1,将数值显示在数码管上。

编程分析: 本例利用定时器 T1 的模式 2 对外部信号计数。定时器模式 2 是 8 位计数器,要求计数 100 次,因此 TH1 和 TL1 的初值为 $256-100=156=0x9C$。主程序完成初始化的设置和数码管刷新显示,中断服务程序进行计数,定时器 2 是自动重装初值,不需要在中断服务程序中重装初值。

主程序和中断服务程序如下:

```
void main()
{
    EA = 1;                     //开总中断
    ET1 = 1;                    //开 T1 中断
    TMOD = 0x60;                //T1 模式 2,8 位计数器
    TH1 = 0x9C;
    TL1 = 0x9C;                 //装入计数初值,计数 100 次
    EA = 1;                     //开总中断
    ET1 = 1;                    //开定时器 1 中断
    TR1 = 1;                    //计数器器开始计数
    while(1)
    {
        if(Count == 10000) Count = 0;
        Display_Count();
    }
```

```
}
void timer1_int(void) interrupt 3
{
    Count++;
}
```

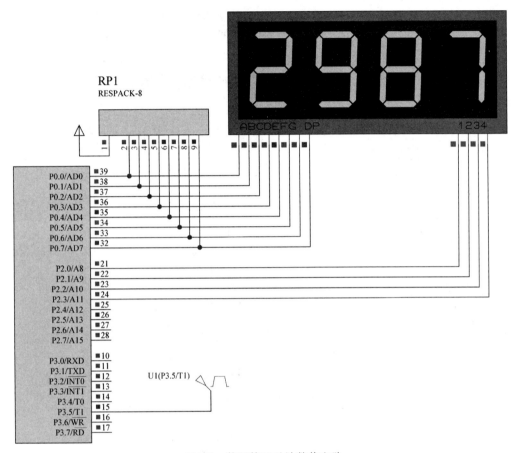

图 7-5 数码管显示计数值电路

7.4.3 定时器定时控制功能

单片机定时器的定时功能常应用于定时检测和定时控制。适合于分时复用的多任务工作场合,也可以替代延时程序,从而提高 CPU 利用率。

例 7-6 数码管动态显示,用定时器中断刷新。

在例 5-5 中已经讲过数码管的动态显示,数码管动态显示是轮流向各位数码管送出字形码和相应的位选,利用发光管的余辉和人眼视觉暂留作用,使人的感觉各位数码管同时都在显示。本例电路图和例 5-5 电路图相同。

编程分析:本例用定时器中断来实现数码管的动态显示,每隔 5ms 刷新显示一次。在主程序中完成定时器模式设置、初值设置、中断设置和待显示数字的查表。中断服务程序里面完成数码管的动态扫描显示。

程序如下：

```c
#include <reg51.h>
#include <intrins.h>
#define uchar unsigned char
#define uint unsigned int
uchar code smg[] =                      //0～9 的共阳极数码管段码
{0X3F,0X06,0X5B,0X4F,0X66,0X6D,0X7D,0X07,0X7F,0X6F};
uchar Dsy_Buffer[8];
uchar Num[] = {9,8,7,6,5,4,3,2};
uchar Scan_Bit;                         //动态扫描位,选择要显示的数码管
uchar Dsy_Idx;                          //显示缓冲索引 0～7
void main()
{
    TMOD = 0x01;                        //设置 T0 工作在模式 1
    TH0 = (65536 − 5000) / 256;
    TL0 = (65536 − 5000) % 256;         //定时器装入初值,12MHz 晶振定时 5ms
    EA = 1;                             //开总中断
    ET0 = 1;                            //开定时器 1 中断
    TR0 = 1;                            //定时器 1 启动
    while(1);
}
void tm0_ser() interrupt 1
{
    uchar i;
    static uchar Scan_Bit = 0xFE;
    static uchar Dsy_Idx = 0x00;
    TH0 = (65536 − 5000) / 256;
    TL0 = (65536 − 5000) % 256;         //重新装入初值
    for(i = 0;i < 8;i++)
    {
        Dsy_Buffer[i] = smg[Num[i]];
    }
    P3 = Scan_Bit;                      //选通相应数码管
    P2 = Dsy_Buffer[Dsy_Idx];           //段码送显
    Scan_Bit = _crol_(Scan_Bit,1);      //准备下次将要选通的数码管
    Dsy_Idx = (Dsy_Idx + 1) % 8;        //索引在 0～7 内循环
}
```

7.4.4 脉宽检测与频率测量

在 TMOD 寄存器中,如果设置门控位 GATE 置 1,以外部中断请求信号（INT0 或 INT1）和运行控制位（TR0 或 TR1）两个条件共同启动定时器。只有 INT0 或 INT1 引脚上出现高电平时,T0 或 T1 才被允许计数。利用这一特点可以测量加在 INT0 或 INT1 引脚（P3.2 或 P3.3）上的正脉冲宽度。

测量时,先将定时器设置为定时方式,GATE 位置 1,软件启动定时器,TR0 或 TR1 置 1。正脉冲开始时定时器就会启动,并在 INT0 或 INT1 引脚再次变为 0 时停止定时器,此时 T0 或 T11 的定时值减去初值再乘以机器周期就是被测正脉冲的宽度。

例 7-7 测量脉冲高电平宽度。如图 7-6 所示,当按下开始测量键后,测量 P3.4 引脚接入的脉冲宽度,在数码管显示脉冲宽度。

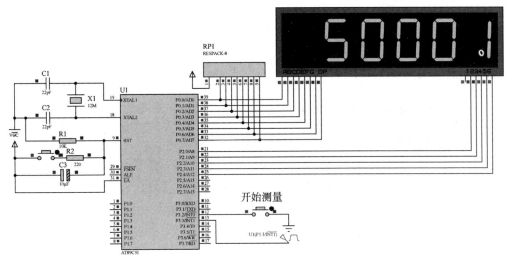

图 7-6 设置门控位测量脉冲宽度电路

编程分析:本例设置门控位为 1 来测量脉冲宽度。主程序设置定时器 1 为模式 1, GATE 位为 1。开始测量按键采用外部中断方式,在外部中断 0 服务程序内启动测量,编制一测量脉冲宽度的函数 Measure_PulseWidth(),将定时器初值设为 0,脉冲刚好为高电平的时刻由 INT1 引脚启动定时器开始计数,脉冲从高电平刚好跳变为低电平的时刻定时器停止,此时定时器的值就是脉冲高电平的机器周期,即为 TH1×256 + TL1。本例采用的 12MHz 晶振,一个机器周期为 1μs,数码管显示的数值就是脉冲的宽度,单位为 μs。

程序如下:

```
include < reg51.h >
# include < intrins.h >
# define uchar unsigned char
# define uint unsigned int
uchar code SMG[ ] = {0x3f,0x06,0x5b,0x4f,0x66,0x6d,0x7d,0x07,0x7f,
                0x6f,0x00};                    //共阴段码,最后一位为数码管不显示
uchar Display_Smg[5] = {0,0,0,0,0};            //计数值分解后的各待显示数位
uchar Dis_Buffer[5];                           //显示缓冲,用于存放待显示的数字的段码
uint count = 0;
uint Pulse_Width;
sbit pulse = P3^3;
void delay(uchar t)
{
    uchar i;
    while(t-- ) for(i = 0;i < 120;i++);
}
void Display_Count()                           //数码管显示子程序
{
    uchar Scan_Bit = 0xEF;
    static uchar Dsy_Idx = 0;
```

```
        uchar i;
        Display_Smg[4] = Pulse_Width / 10000;          //万位数
        Display_Smg[3] = Pulse_Width / 1000 % 10;      //千位数
        Display_Smg[2] = Pulse_Width / 100 % 10;       //百位数
        Display_Smg[1] = Pulse_Width % 100 / 10;       //十位数
        Display_Smg[0] = Pulse_Width % 10;             //个位数

        for(i = 0; i < 5;i++)
        {
            Dis_Buffer[i] = SMG[Display_Smg[i]];       //将待显示数查段码表放显示缓冲
        }
        for(i = 0;i < 5;i++)
        {
            P2 = Scan_Bit;
            P0 = Dis_Buffer[Dsy_Idx];
            delay(1);
            Scan_Bit = _cror_(Scan_Bit,1);
            Dsy_Idx = (Dsy_Idx + 1) % 5;
        }
    }
uint Measure_PulseWidth()                       //脉宽测量子程序
{
        uint pw;                                //脉冲宽度
        TH1 = 0; TL1 = 0;
        while(pulse == 1);                      //等待 INT1 引脚为低电平
        TR1 = 1;                                //启动定时器 1,还需要满足 INT1 为高电平定时器
                                                //才能启动
        while(pulse == 0);                      //等待被测正脉冲
        while(pulse == 1);                      //等待 INT1 引脚为低电平
        TR1 = 0;
        pw = TH1 * 256 + TL1;
        return pw;
}
void main()
{
        TMOD = 0x90;                            //T1 为 16 位定时器,打开门控位
        EA = 1;EX0 = 1;IT0 = 1;                 //开总中断,开外部中断 0,开外部中断 1
        while(1)
        {
            Display_Count();
        }
}
void int0_ser() interrupt 0
{
        Pulse_Width = Measure_PulseWidth();
}
```

因为本例直接读取 16 位定时器的计数值,测量的最大脉宽为 $65535\mu s$,脉冲周期设置为 100ms,测量脉冲高电平宽度为 $50001\mu s$,误差在允许范围之内。如果测量的脉冲宽度较大,则可以定义一个变量 i,定时器每次溢出加 1,脉冲宽度为 $i \times 65536 +$ TH1 $\times 256 +$

TL1 个机器周期。

还可以利用两个定时器来测量脉冲频率,以下是用两个定时器来测量脉冲频率的例子。

例 7-8 频率测量电路如图 7-7 所示,按下 K1 键后开始测量频率,松开 K1 键显示测量频率结果。

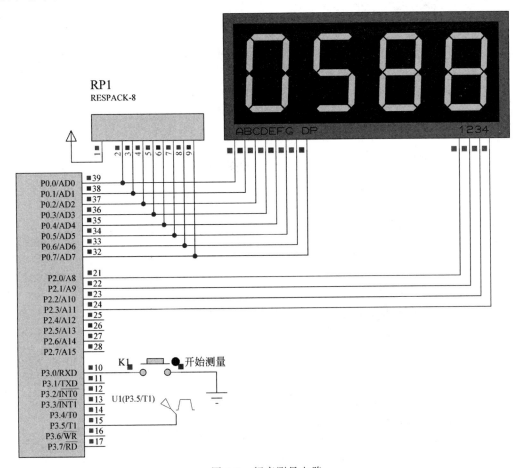

图 7-7 频率测量电路

编程分析:本例测量频率用到两个定时器,外部脉冲接到 P3.5/T1 引脚,用定时器 1 计数记录外部脉冲的个数,按键按下以后,开始测量外部脉冲,同时定时器 0 开始计时,1s 后,停止定时和计数,读定时器 1 的计数值,1s 测量的脉冲个数即所测量脉冲的频率。以下仅列出主程序和定时器中断服务程序,所调用的显示程序和延时子程序,见本书配套程序代码。

```
# include < reg51.h >
# include < intrins.h >
# define UCHAR unsigned char
# define UINT unsigned int
UCHAR code SMG[ ] = {0x3f,0x06,0x5b,0x4f,0x66,0x6d,0x7d,0x07,0x7f,
             0x6f,0x00};                    //共阴段码,最后一位为数码管不显示
UCHAR Display_Smg[4] = {0,0,0,0};           //计数值分解后的各待显示数位
UCHAR Dis_Buffer[4];                        //显示缓冲,用于存放待显示的数字的段码
```

```
UINT count = 0;
UINT frequency = 0;
sbit K1 = P3^0;
void main()
{
    IE = 0x8A;                          //允许 T0,T1 中断
    TMOD = 0x51;                        //T1 为 16 位计数器,T0 为 16 位定时器
    TH0 = (65536 - 50000) / 256;
    TL0 = (65536 - 50000) % 256;        //12MHz 晶振下定时 50ms
    TH1 = 0;
    TL1 = 0;
    while(1)
    {
        if(K1 == 0)
        {
            delay10ms(1);               //延时消抖
            if (K1 == 0)
            {
                TR0 = 1;
                TR1 = 1;                 //如果 K1 按下,则启动 T1 计数,T0 定时
            }
        }
        else                             //当 K1 键松开后显示频率
        {
        Display_Count();
        }
    }
}
void T0_ser() interrupt 1
{
    TH0 = (65536 - 50000) / 256;
    TL0 = (65536 - 50000) % 256;
    if( ++count == 20 )                  //1s 时间到
    {
        TR1 = 0;                         //关定时器 1
        TR0 = 0;                         //关定时器 0
        count = 0;
        frequency = TH1 * 256 + TL1;     //计算出频率值
        TH1 = 0;
        TL1 = 0;
    }
}
```

为更容易理解本例,采用 1s 的定时时间来读取脉冲的个数,得到频率,但是频率测量范围较小,要得到更高的频率测量范围,可缩短定时时间,将脉冲个数根据所定时时间进行计算后得到频率值。

7.4.5　多定时任务的编程

在实际应用系统设计中,有时涉及多个定时任务,是不是需要用到多个定时器,答案是

否定的,可以通过模块化的程序设计、加入标志位等方法来实现一个定时器的多定时任务。本节通过例子来介绍多定时任务的编程。

例 7-9 用定时器产生秒、分、时,并用数码管显示,如图 7-8 所示。

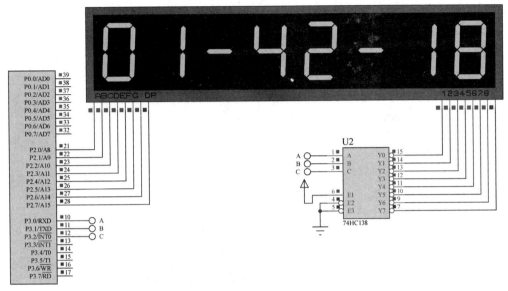

图 7-8 时分秒脉冲发生器

编程分析:要产生 1s 的定时非常容易,在 12MHz 晶振下,为便于计算,定时器初值可设为定时 50ms,当进入定时器中断 20 次,也就是 1s 时间到时,秒计数变量增加 1;若秒计满 60,则分钟计数变量增加 1,同时将秒计数变量清 0;若分钟计满 60,则小时变量增加 1,同时将分钟计数变量清 0;若小时计满 24,则将小时计数变量清 0。

程序如下:

```c
#include <reg51.h>
#define UCHAR unsigned char
#define UINT unsigned int

UCHAR code smg[] =
{0x3f,0x06,0x5b,0x4f,0x66,0x6d,0x7d,0x07,0x7f,0x6f,0x40}; //0~9共阴级段码,最后一个为
                                                           //"-"的段码
UCHAR Display_Smg[8] = {0,0,0x0a,0,0,0x0a,0,0}; //计数值分解后的各待显示数位 0x0a 为"-"
UCHAR Dis_Buffer[8];                            //显示缓冲,用于存放待显示的数字的段码
//------------------------------------------------
//在数码管上显示时间
//------------------------------------------------
void Display_Time()
{
    static UCHAR Scan_Bit = 0x00;
    static UCHAR Dsy_Idx = 0;
    UCHAR i;
    for(i = 0; i < 8;i++)
    {
```

```
            Dis_Buffer[i] = smg[Display_Smg[i]];     //将待显示数查段码表放显示缓冲
        }
    P3 = Scan_Bit;
    P2 = Dis_Buffer[Dsy_Idx];
    Scan_Bit = (Scan_Bit + 1) % 8;
    Dsy_Idx = (Dsy_Idx + 1) % 8;

}
//--------------------------------------------------------------------
//小时处理函数
//--------------------------------------------------------------------
void Increase_Hour()
{
    static UCHAR h = 0;
        if(++h > 23)
        {
            h = 0;
        }
    Display_Smg[0] = h/10;                    //小时十位
    Display_Smg[1] = h % 10;                  //小时个位
}
//--------------------------------------------------------------------
//分钟处理函数
//--------------------------------------------------------------------
void Increase_Minute()
{
    static UCHAR m = 0;
    if(++m > 59)
    {
        m = 0;
        Increase_Hour();
    }
    Display_Smg[3] = m/10;                    //分钟十位
    Display_Smg[4] = m % 10;                  //分钟个位
}
//--------------------------------------------------------------------
//秒处理函数
//--------------------------------------------------------------------
void Increase_Second()
{
    static UCHAR s = 0;
    if(++s > 59)
    {
        s = 0;
        Increase_Minute();
    }
    Display_Smg[6] = s/10;                    //秒十位
    Display_Smg[7] = s % 10;                  //秒个位

}
void main()
```

```
{
    P2 = 0X00;                          //关数码管
    TMOD = 0x11;                        //T1 模式 1
    TH1 = (65536 - 50000)/256;
    TL1 = (65536 - 50000) % 256;        //装入计数初值,12MHz的晶振一次溢出
                                        //为 50ms

    TH0 = (65536 - 1000)/256;
    TL0 = (65536 - 1000) % 256;         //装入计数初值,12MHz的晶振一次溢出为 1ms
    EA = 1;ET1 = 1; TR1 = 1;            //开总中断,开定时器 1 中断,定时器 1 启动
    ET0 = 1;TR0 = 1;                    //开定时器 0 中断,定时器 0 启动
    while(1);
}
void timer0_ser(void) interrupt 1
{
    TH0 = (65536 - 1000)/256;
    TL0 = (65536 - 1000) % 256;         //装入计数初值,12MHz的晶振一次溢出为 1ms
    Display_Time();
}
void timer1_ser(void) interrupt 3
{
    static UCHAR i = 0;
    TH1 = (65536 - 50000)/256;
    TL1 = (65536 - 50000) % 256;        //重新装入计数初值
    if(++i == 20)                       //50ms * 20 = 1s 时间到
    {
        i = 0;
        Increase_Second();
    }
}
```

在本例中可以体会模块化的编程思路,用定时器中断产生秒,当 1s 时间到时,调用秒处理函数"Increase_Second()",在秒处理函数中如果计满 60s,则调用分钟处理函数"Increase_Minute()",在分钟处理函数中,如果计满 60min,则调用小时处理函数"Increase_Hour()"。如果增加日、月、年,还可以此类推,当然还涉及闰年和闰月的算法,感兴趣的同学可用模块化编程思路继续扩展。

由于每次进入中断都要定时器重装初值,另外调用时分秒等子程序也需要时间,因此本例所产生的时间存在较大的误差。在实际应用系统中,系统时间常使用时钟芯片,如DS12C887、DS1302 等。比如,电脑的时钟就是从电脑主板上的时钟芯片来读取,主板上有纽扣电池,可以保证电脑关机的情况下时钟芯片仍然正常运行。

在顺序控制中,如果需要用到不同时间的定时,也可以用一个定时器来实现,在中断函数中根据控制要求设置相应的定时时间标志来实现。以下为模拟交通灯工作的例子。

例 7-10 用一个定时器完成模拟交通指示灯的所有切换过程,实现以下操作:

(1)东西向绿灯和南北向红灯亮 6s。

(2)东西向绿灯灭,黄灯闪烁 5 次。

(3)东西向红灯与南北向绿灯亮 6s。

(4)南北向绿灯灭,黄灯闪烁 5 次。

第(4)项操作后回到第(1)项操作继续重复。

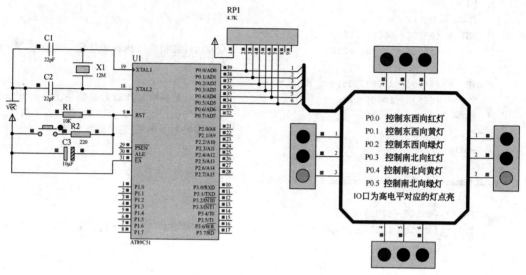

图 7-9　定时器模拟交通灯

本例，交通灯直接选用 Proteus 中的"TRAFFIC LIGHTS"模块，用 P0.1～P0.2 控制东西向红黄绿灯，P0.3～P0.5 控制南北向红黄绿灯。

编程分析：本例是一个顺序操作过程，执行 4 步顺序操作，循环往复。4 步骤定时时间控制的不同的交通灯的状态和亮灭，可以用一个定时器来实现。绿灯和红灯均是亮 6s，定时器初值设定定时 60ms 方便计算，在定时器中断中用 switch case 语句来确认中断服务程序是进入的哪一个顺序执行相应功能，四个步骤分别对应于 1 、2、3、4 四个 Operation_Type，每一个步骤进行完后，更改指向下一操作。在实现黄灯闪烁功能时，程序用变量 Time_Count 来控制每次亮或灭的时间，用变量 Flash_Count 来控制延时倍数。

程序如下：

```c
# include < reg51.h>
# define UCHAR unsigned char
# define UINT unsigned int
sbit RED_A = P0^0;                      //东西向指示灯
sbit YELLOW_A = P0^1;
sbit GREEN_A = P0^2;
sbit RED_B = P0^3;                      //南北向指示灯
sbit YELLOW_B = P0^4;
sbit GREEN_B = P0^5;
UCHAR Time_Count = 0;                   //延时倍数
UCHAR Flash_Count = 0;                  //闪烁次数
UCHAR Operation_Type = 1;              //操作类型变量
//------------------------------------------------
//T0 中断子程序
//------------------------------------------------
void T0_traffic() interrupt 1
{
    TH0 = (65536 - 60000) / 256;
```

```
    TL0 = (65536 - 60000) % 256;            //初值60ms
    switch(Operation_Type)
    {
        case 1:                             //东西向绿灯与南北向红灯亮6s
            RED_A = 0; YELLOW_A = 0; GREEN_A = 1;
            RED_B = 1; YELLOW_B = 0; GREEN_B = 0;
            if(++Time_Count != 100) return;  //5s后切换操作
            Time_Count = 0;
            Operation_Type = 2;             //下一操作
            break;
        case 2:                             //东西向黄灯开始闪烁,绿灯关闭
            if(++Time_Count != 8) return;
            Time_Count = 0;
            YELLOW_A = !YELLOW_A; GREEN_A = 0;
            if(++Flash_Count != 10) return;  //闪烁5次
            Flash_Count = 0;
            Operation_Type = 3;             //下一操作
            break;
        case 3:                             //东西向红灯与南北向绿灯亮6s
            RED_A = 1; YELLOW_A = 0; GREEN_A = 0;
            RED_B = 0; YELLOW_B = 0; GREEN_B = 1;
            if(++Time_Count != 100) return;  //南北绿灯亮5s后切换
            Time_Count = 0;
            Operation_Type = 4;             //下一操作
            break;
        case 4:                             //南北黄灯开始闪烁
            if(++Time_Count != 8) return;
            Time_Count = 0;
            YELLOW_B = !YELLOW_B; GREEN_B = 0;
            if(++Flash_Count != 10) return;  //闪烁5次
            Flash_Count = 0;
            Operation_Type = 1;             //第一种操作
            break;
    }
}
//-----------------------------------------------------------
//主程序
//-----------------------------------------------------------
void main()
{
    TMOD = 0x01;                            //定时器0工作在方式1
    IE = 0x82;                              //允许定时器0中断
    TR0 = 1;                                //启动定时器0
    while(1);
}
```

7.5 52单片机定时器T2

52单片机与51单片机相比,还多了一个T2定时器/计数器。T2是一个16位定时器/

计数器，通过设置特殊功能寄存器 T2CON 中的 C/T2 位，可将其设置位定时器或计数器，通过设置 T2CON 中的工作模式选择位可将定时器 2 设置为捕获、自动重新装载（递增或递减计数）和波特率发生器三种工作模式。

7.5.1 T2 控制寄存器

T2CON 为 T2 的状态控制寄存器，可位寻址，其位地址和格式如表 7-5 所示。

表 7-5 T2CON 寄存器

	D7	D6	D5	D4	D3	D2	D1	D0
位地址	CFH	CEH	CDH	CCH	CBH	CAH	C9H	C8H
位符号	TF2	EXF2	RCLK	TCLK	EXEN2	TR2	C/T2	CP/RL2

其中 D7、D6 为状态位，其余为控制位，D0、D2、D4、D5 设定 T2 的三种工作方式，见表 7-6。

表 7-6 定时器 T2 方式选择

RCLK+TCLK	CP/RL2	TR2	工作方式
0	0	1	16 位常数自动再装入方式
0	1	1	16 位捕捉方式
1	x	1	串行口波特率发生器
x	x	0	停止计数

TF2：溢出中断标志位。T2 计数器加法溢出时置 1，TF2 需由软件清 0，但当 RCLK=1 或 TCLK=1 时，T2 计数器加法溢出时，TF2 不会被置 1。

EXF2：外部中断标志位。当 EXEN2=1 时，在 T2EX 引脚（P1.1）上发生负跳变使 EXF2 置位，若 T2 被中断允许，则 EXF2 将引发 T2 中断，但 EXF2 位也需由软件清 0。

RCLK：串行口接收时钟选择位。当 RCLK=1 时，T2 溢出脉冲作为串行口方式 1 和方式 3 的接收时钟；当 RCLK=0 时，T1 的溢出脉冲作为串行口方式 1 和方式 3 的接收时钟。

TCLK：串行口发送时钟选择位。当 TCLK=1 时，T2 溢出脉冲作为串行口方式 1 和方式 3 的发送时钟；当 TCLK=0 时，T1 的溢出脉冲作为串行口方式 1 和方式 3 的发送时钟。

EXEN2：T2 外部允许位。当 EXEN2=1 时，在 T2EX 引脚（P1.1）上发生的负跳变会触发计数器 T2 与捕捉寄存器之间的数据传送，并使 EXF2=1，引发 T2 中断；当 EXEN2=0 时，T2EX 引脚信号无作用。

TR2：T2 运行控制位。当 TR2=1 时，T2 开始计数；TR2=0 时，T1 禁止计数。

C/T2：T2 定时器/计数器功能选择位。当 TR2=1 时，T2 开始计数；TR2=0 时，T1 禁止计数。

CP/RL2：T2 捕捉/自动重装载选择位。当设置 CP/RL2=1 时，如果 EXEN2=1，则在 T2EX 引脚（P1.1）上的负跳变将触发捕捉操作；当设置 CP/RL2=0 时，如果 EXEN2=1，则 T2 计数溢出或 T2EX 引脚上的负跳变都将引起自动重装载操作；当 RCLK 位为 1 时，

CP/RL2 标志位不起作用。T2 溢出时,将迫使 T2 进行自动重装载操作。

7.5.2　T2 模式寄存器

与 T2 相关的另一个特殊功能寄存器为 T2MOD,寄存器地址 0C9H,不可位寻址,T2MOD 寄存器的格式如表 7-7 所示。

表 7-7　T2MOD 寄存器

	D7	D6	D5	D4	D3	D2	D1	D0
位符号	—	—	—	—	—	—	T2OE	DCEN

T2OE:定时器 2 输出允许位。当 T2OE＝1 时,P1.0/T2 引脚允许输出连续脉冲信号。

DCEN:允许计数位。当 DCEN＝1 时,允许 T2 增 1/减 1 计数,并由 T2EX 引脚(P1.1)上的逻辑电平决定是增 1 还是减 1 计数。

习题

一、填空

1. AT89C51 单片机定时器有_____工作方式和_____工作方式,工作方式选择是通过_____寄存器的 C/T 位进行设置的。

2. AT89C51 单片机定时器有_____种工作模式,其中方式 0 是_____位定时器,方式_____是 8 位定时器。

3. 如果采用 6MHz 晶振,定时器工作在方式 1 一次溢出的最大定时时间为_____,工作在方式 2 一次溢出的最大定时时间为_____。

二、单项选择

1. 用定时器 0 模式 2 实现 $20\mu s$ 的定时,晶振采用 6MHz,TH0 和 TL0 装入的初值为_____。

  A. 226　　　　　　B. 236　　　　　　C. 246　　　　　　D. 256

2. 定时器 T1 的 GATE 置 1 时,其计数器是否计数的条件_____。

  A. 是由 TR1 和 INT1 两个条件来共同控制

  B. 仅取决于 TR1 的状态

  C. 仅取决于 GATE 位的状态

  D. 仅取决于 INT1 的状态

3. 通过 51 单片机测量脉冲的频率,下面 TMOD 设置的值可行的是_____。

  A. 0x11　　　　　　B. 0x51　　　　　　C. 0x55　　　　　　D. 0x71

三、问答题

1. 一个定时器的定时时间较短,如何用两个定时器配合来实现较长时间的定时?

2. 定时器 T0 作为计数器使用时,其对外部脉冲的计数频率不能超过晶振频率的多少？为什么？

四、编程题

1. AT89C51 单片机采用 6MHz 晶振,用定时器 0 编程由 P1.0 输出矩形波,矩形波高电平宽为 $60\mu s$,低电平宽为 $300\mu s$。编程实现该功能,并用 Proteus 仿真。

2. AT89C51 单片机采用 12MHz 晶振,用 T0 方式 2 编程实现从 P1.0 和 P1.1 引脚分别输出周期为 1ms、5ms 的方波。编程实现该功能,并用 Proteus 仿真。

3. AT89C51 单片机采用 6MHz 晶振,用 T1 方式 1 对外部脉冲进行计数,每计数 100 个脉冲,切换为定时工作方式,1ms 时间到后又转为计数方式对外部脉冲计数,如此循环往复。编程实现该功能,并用 Proteus 仿真。

4. 当 P3.4 引脚上的电平发生负跳变时,从 P1.0 输出一个 $500\mu s$ 的同步脉冲,编程实现该功能,并用 Proteus 仿真。

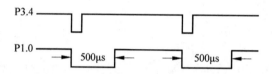

5. 演奏一段音阶(14 个以上音符),要求音阶演奏由定时器控制完成。试编程实现该功能。

6. 简易数字秒表电路如图 7-10 所示,用定时器编程实现一简易数字秒表,用两个按键控制秒表的启动(暂停)和清零(按键用外部中断编程)。

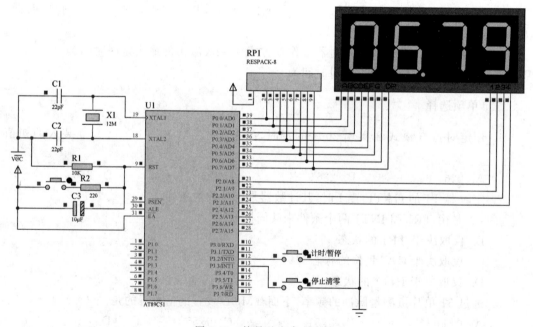

图 7-10　简易秒表参考电路

## 第8章

单片机的串行口

8051单片机片内有一个全双工通用异步收发器(UART)串行口(简称串口),既可以用作通用异步收发器,也可以用作同步移位寄存器。本章介绍通信的基础知识,UART的基本结构和工作原理,串口的4种工作方式,以及与串口相关的特殊功能寄存器。通过实例讲解同步移位寄存器在串转并和并转串的应用,单片机串口双机通信、多机通信、单片机与PC的通信,并对常用标准通信接口RS-232、RS-485、USB做简要介绍。

8.1 通信的基础知识

8.1.1 通信的基本方式

通信的基本方式包括以下两种:

(1)并行通信:一组数据的各数据位在多条线上同时被传输的传输方式。51单片机的4组I/O口就是通过并行通信的方式传送数据。并行通信适合于外部设备与单片机之间近距离、大量和快速的信息交换。并行通信的优点是传输速度快,效率高,通信编程简单;缺点是有多少数据位就需要多少根数据线,传输成本较高,抗干扰能力差,传输距离短。

(2)串行通信:数据在一条数据线上1比特接1比特地按顺序传送的方式。串行接口是一种可以将接收来自CPU的并行数据字符转换为连续的串行数据流发送出去,同时可将接收的串行数据流转换为并行的数据字符供给CPU的器件。完成这种功能的电路称为串行接口电路。与并行通信相比,串行通信具有传输成本低、传送距离长、抗干扰性强等优点,但数据传送效率低于并行通信,低时钟频率的器件传送速率较低。

8.1.2 串行通信的传输方式

通信的传输方式有以下三种:

(1)单工方式:信息只能沿一个方向传输,而不能沿相反方向传输。

(2)半双工方式:信息可以沿着两个方向传输,但在指定时刻信息只能沿一个方向传输。

(3)全双工方式:信息可以同时沿着两个方向传输。

串行通信的传输方式示意图如图8-1所示,要根据通信传输的要求选择最适用、最可靠、最经济的传输方式。

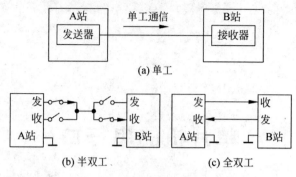

图 8-1　串行通信的传输方式

8.1.3　串行通信的通信方式

串行通信的基本通信方式有以下两种：

（1）异步通信：异步通信在发送字符时，字符之间的时隙可以是任意的，但是接收端必须时刻做好接收的准备。发送端可以在任意时刻开始发送字符，因此必须在每一个字符的开始和结束的地方加上标志，即加上开始位和停止位，以便接收端能够正确地接收每一个字符。异步通信无专门的时钟线，只有 1 根或 2 根数据线，收发双方依据事先约定好的位速率确定各个数据位的时间位置，通信设备简单、便宜，但可靠性较差，传输速率在 1Mb/s 以下。异步串口最常见的是 UART，以及衍生出来的 RS-232、RS-485 等。MAXIM 公司的 1-Wire总线属于只有 1 根线的异步串口，如温度传感器 DS18B20。

（2）同步通信：简单来说，同步通信是一种比特同步通信技术，要求发收双方具有同频同相的同步时钟信号，只需在传送报文的最前面附加特定的同步字符，使发收双方建立同步，此后便在同步时钟的控制下逐位发送/接收。进行数据传输时，发送和接收双方要保持完全的同步，因此要求接收和发送设备必须使用同一时钟。同步通信具有至少 1 根时钟线、1 根或 2 根数据线，利用时钟沿对齐数据，所以此种通信较为可靠，可以实现高速度、大容量的数据传送（1Mb/s 以上，可达 Gb/s 级别）。要求发生时钟和接收时钟保持严格同步，通信设备复杂。SPI、IIC 都属于同步串口。表 8-1 列出常见串行通信方式。

表 8-1　常见串行通信方式

通信标准	主要通信信号端口	通信方式	传输方式
通用异步收发器（UART）	TXD：发送端 RXD：接收端	异步通信	全双工
单总线（1-Wire）	DQ：发送/接收端	异步通信	半双工
串行外设接口SPI	SCK：同步时钟 MISO：主机输入，从机输出 MISI：主机输出，从机输入	同步通信	全双工
集成电路总线（IIC）	SCL：同步时钟 SDA：数据输入/输出端	同步通信	半双工

8.1.4 串行通信的校验

由于数据传输距离和各种干扰因素的影响,串行通信在传输过程中通信数据可能会出现不可预知的错误。为保证数据准确无误地传送,需要在通信过程中对传输数据进行校验。在通信时采取数据校验的方法有奇偶校验、累加和校验、循环冗余校验等。校验过程是发送端(TX端)和接收端(RX端)共同完成的过程。首先,TX端按照用户层协议(数据包格式)将数据根据校验算法计算出 TX 校验字节,并将 TX 校验字节按照协议放在数据包的指定位置。RX端接收到数据包后,在指定位置取出 TX 校验字节,再将接收到的数据按规定方式计算出 RX 校验字节,如果 RX 校验字节与接收到的 TX 校验字节相等,则说明数据包传送无误,否则就说明传送错误。

常见校验方式有以下三种

(1) 奇偶校验:奇偶校验根据被传输的一组二进制代码的数位中"1"的个数是奇数或偶数来进行校验。采用奇数的称为奇校验,采用偶数的称为偶校验。通常在发送的每帧数据后附加一位作为奇偶校验位:当设置为奇校验时,数据中 1 的个数与校验位 1 的个数之和为奇数;当设置为偶校验时,数据中 1 的个数与校验位 1 的个数之和为偶数。例如,求 0x3C 的奇校验位,0x3C 转换为二进制数为 00111100B,在数据中有 4 个 1。如果采用奇校验,要求数据中 1 的个数与校验位 1 的个数之和为奇数,因此奇校验位为 1。如果采用偶校验,要求数据中 1 的个数与校验位 1 的个数之和为偶数,因此偶校验位为 0。奇偶校验能够检测出信息传输过程中的所有单比特错误和部分多比特错误(奇数位误码能检出,偶数位误码不能检出),同时,它不能纠错,在发现错误后只能要求重发。但由于其实现简单,在对通信可靠性要求不高的场合有一定应用。

(2) 求和校验:在发送端将数据分为 k 段,每段均为等长的 n 比特。将分段 1 与分段 2 做求和操作,再逐一与分段 3 至 k 做求和操作,得到长度为 n 比特的求和结果。将该结果取反后作为校验和放在数据块后面,与数据块一起发送到接收端。在接收端对接收到的包括校验和在内的所有 $k+1$ 段数据求和:若结果为零,则传送数据正确;若结果不为零,则发生了错误。求和校验能检测出 95% 的错误,但与奇偶校验相比计算量较大。

(3) 循环冗余校验(CRC):在 K 位信息码后再拼接 R 位的校验码,整个编码长度为 N 位,因此,这种编码也叫(N,K)码。对于一个给定的(N,K)码,可以证明存在一个最高次幂为 $N-K=R$ 的多项式 $G(x)$。根据 $G(x)$ 可以生成 K 位信息的校验码,而 $G(x)$ 称为这个 CRC 码的生成多项式。校验码的具体生成过程:假设发送的信息用多项式 $C(x)$ 表示,将 $C(x)$ 左移 R 位(可表示成 $C(x) \times 2^R$),这样 $C(x)$ 的右边就会空出 R 位,这就是校验码的位置。用 $C(x) \times 2^R$ 除以生成多项式 $G(x)$ 得到的余数就是校验码。CRC 校验有效性很高,能检验出大约 99.95% 的错误,在传输可靠性要求较高的场合广泛应用。

8.2 AT89C51 单片机串行口内部结构

串行接口的通信协议和硬件电路很多,能够完成异步通信的硬件电路称为 UART(通用异步收发器);能够完成同步通信的硬件电路称为 USRT(通用同步收发器);既能够完成异步又能完成同步通信的硬件电路称为 USART（通用同步/异步收发器）。从本质上说，所有的串行接口电路都是以并行数据形式与 CPU 连接，以串行数据形式与外部逻辑设备连接。它们的基本功能是从外部逻辑设备接收串行数据，转换成并行数据后传送给 CPU，或从 CPU 接收并行数据，转换成串行数据后输出到外部逻辑设备。

8.2.1 AT89C51 串口简介

AT89C51 单片机有一个可编程全双工串行通信接口，可以用作通用异步收发器，也可以用作同步移位寄存器。AT89C51 通过串行数据接收端引脚 RXD(P3.0)和串行数据发送端引脚 TXD(P3.1)进行串口通信。既可以实现单片机系统之间的点对点通信，也可以通过计算机串口实现与个人计算机（PC）的单机或多机通信，还可以扩展 I/O 口。AT89C51 单片机串口内部结构示意如图 8-2 所示。

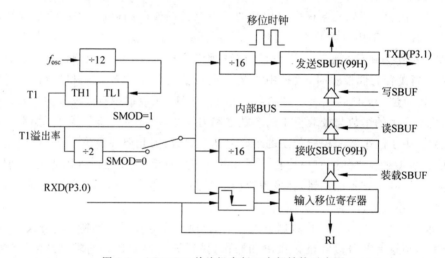

图 8-2　AT89C51 单片机串行口内部结构示意图

UART 有两个物理上独立的接收、发送串行缓冲寄存器（SBUF），它们占用同一地址99H，接收寄存器之前还有移位寄存器，构成了串行接收的双缓冲结构，可以避免在数据接收过程中出现重叠错误。发送数据时因为 CPU 是主动的，不会产生重叠错误，因此发送SBUF 不需要双缓冲结构。发送 SBUF 只能写入，不能读出，接收 SBUF 只能读出，不能写入。如果 CPU 写 SBUF，数据就会被送入发送 SBUF 准备发送，如果 CPU 读 SBUF，则从接收 SBUF 中读入数据。

图 8-3 为 UART 异步通信的数据格式。发送的一帧数据由起始位、数据位、奇偶校验位和停止位构成。首先是 1 位起始位 0，然后是 8 位数据位（低位在前，高位在后），接下来是 1 位奇偶校验位，最后 1 位是停止位 1。线路上在不传送数据时应保持为 1，接收端不断检测线路的电平状态，若连续为 1 后检测到一个起始位 0，就知道发来一个新字符，马上准备接收。数据位接收完毕后，可选奇偶校验位，如在通信格式中规定不用该位，则该位也可省去。接收端接收到停止位后，就知道一帧数据已经传送完毕，同时也为下一帧接收做好准备。若停止位后不是紧接着要传送下一帧数据，则线路处于空闲状态，保持高电平。

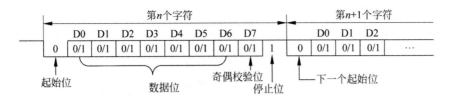

图 8-3　UART 异步通信的数据格式

8.2.2　串行口控制字及控制寄存器

与串行口相关的 SFR 主要有串行控制寄存器、电源控制寄存器和中断允许寄存器。与串行口相关的位有中断允许总控制位 EA 和串口中断允许控制位 ES。另外,在串行口工作在方式 1 和方式 3 时需要用到定时器 1 做波特率发生器,也需要设置与 T1 相关的寄存器。与串行口相关的寄存器如表 8-2 所示,与串行口无关的位在表格中用阴影标出。

表 8-2　与串行口相关的寄存器

寄存器名称	符　号	寄存器内容							
		BIT7	BIT6	BIT5	BIT4	BIT3	BIT2	BIT1	BIT0
串行控制寄存器	SCON	SM0	SM1	SM2	REN	TB8	RB8	TI	RI
收发缓冲寄存器	SBUF	准备发送的数据字节/已经接收的数据字节							
电源控制寄存器	PCON	SMOD	—	—	—	GF1	GF0	PD	IDL
中断允许寄存器	IE	EA	—	—	ES	ET1	EX1	ET0	EX0
中断优先级寄存器	IP	—	—	—	PS	PT1	PX1	PT0	PX0
定时器控制寄存器	TCON	TF1	TR1	TF0	TR0	IE1	IT1	IE0	IT0
定时器方式寄存器	TMOD	GATE	C/T	M1	M0	GATE	C/T	M1	M0
T1 低字节	TL1	定时器/计数器 1 低 8 位累加计数寄存器							
T1 高字节	TH1	定时器/计数器 1 高 8 位累加计数寄存器							

1. 串行控制寄存器

89C51 单片机的串行通信的方式选择、接收和发送控制以及串行口的状态标志等均由 SCON 控制和指示,格式如表 8-3 所示。SCON 的字节地址为 98H,可位寻址。

表 8-3　SCON 寄存器格式

	D7	D6	D5	D4	D3	D2	D1	D0
位地址	9FH	9EH	9DH	9CH	9BH	9AH	99H	98H
位符号	SM0	SM1	SM2	REN	TB8	RB8	TI	RI

SM0、SM1:串口工作方式控制位。用于设定串口的四种工作方式如表 8-4 所示。

表 8-4　串行口的工作方式

SM0 SM1	工作方式	功能说明	波特率
0　0	0	同步移位寄存器(用于扩展 I/O 口)	$f_{osc}/12$
0　1	1	10 位异步收发器(8 位数据)	可变

续表

SM0 SM1	工作方式	功能说明	波特率
1　0	2	11 位异步收发器（9 位数据）	$f_{osc}/32$ 或 $f_{osc}/64$
1　1	3	11 位异步收发器（9 位数据）	可变

SM2：多机通信控制位。多机通信在方式 2 和方式 3 下才能进行，SM2 用于方式 2、3。如果 SM2＝1，则允许多机通信，多机通信协议规定：第 9 位数据为 1，本帧数据为地址帧；第 9 位数据为 0，本帧数据为数据帧。只有当接收到的第 9 位数据（RB8）为 1 时，RI 才置位。当 SM2＝0 时，不允许多机通信，只要接收到字符，RI 就置位。

REN：串行接收允许位。REN＝1，允许串行口接收数据；REN＝0，禁止串行口接收数据。

TB8：发送的第 9 位数据。TB8 用于方式 2、3，为发送的第 9 位数据，在双机通信时，一般作为奇偶校验位使用。在多机通信时用来表示主机发送的是地址帧还是数据帧。当 TB8＝1 时，为地址帧；当 TB8＝0 时，为数据帧。

RB8：接收的第 9 位数据。RB8 在方式 2、3 中，用于存放接收到的第 9 位数据。在方式 1 中，如果 SM2＝0，则 RB8 是接收到的停止位。

TI：发送中断标志位。在方式 0 发送第 8 位数据结束时或其他方式发送到停止位时，TI 由硬件置位。TI＝1 表示一帧数据发送结束，TI 的状态可由软件查询，在 TI 置位的同时也申请中断。TI 置位表示向 CPU 提供"发送缓冲器 SBUF 已清空"的信息，CPU 可准备发送下一帧数据。TI 不会自动清 0，必须用软件清 0。

RI：接收中断标志位。在方式 0 接收完第 8 位数据时或其他方式接收到停止位时，RI 由硬件置位。RI＝1 表示一帧数据接收结束，并已装入接收 SBUF 中，要求 CPU 取走数据。RI 的状态可由软件查询，在 RI 置位的同时也申请中断，CPU 响应中断，在中断服务程序中取走数据。RI 也必须由软件清 0。

SM2、TB8、RB8、RI 位在多机通信的工作原理：在一主多从通信模式下，所有从机的 SM2 位都置 1，允许多机通信。主机首先发送的一帧数据为地址帧，即主机与某从机通信的从机地址，发送的第 9 位为 1（TB8＝1），标记为地址帧。所有从机接收到地址帧后，将第 9 位装入 RB8 中，并将接收到的地址与本机地址比较：地址相符的，从机 SM2＝0，脱离多机状态；地址不相符的，从机保持 SM2＝1。主机紧接着发送数据帧，发送的第 9 位为 0（TB8＝0），标记为数据帧。地址相符的，从机 SM2＝0，接收到信息后 RI 置位，可以接收到主机随后发来的信息。地址不符的，从机由于 SM2＝1，接收到信息 TB8＝0，不接收主机发送信息。这样就实现了主机与指定地址从机的通信。

2．电源控制寄存器

PCON 寄存器中，仅最高位 SMOD 与串行口工作有关。低 4 位的功能在低功耗工作方式中已做介绍，PCON 寄存器格式如表 8-5 所示。

表 8-5　PCON 寄存器格式

位　序	D7	D6	D5	D4	D3	D2	D1	D0
位符号	SMOD	—			GF1	GF0	PD	IDL

SMOD：串行口波特率倍增位。

在串口方式 1、2 和 3 时,波特率和 2^{SMOD} 成正比。也就是 SMOD＝1 时,波特率倍增。

8.3 串行口的工作方式

8.3.1 方式 0

方式 0 为同步移位寄存器输入/输出方式,常用于扩展 I/O 口。串行数据通过 RXD 输入/输出,TXD 用于输出移位时钟脉冲,作为同步信号。方式 0 以 8 位数据为一帧,收发数据低位在前,波特率固定为 $f_{osc}/12$。方式 0 发送数据时序图如图 8-4 所示。在发送过程中,将数据写入发送缓冲器 SBUF 以后,串行口将 SBUF 中的 8 位数据以 $f_{osc}/12$ 的波特率从 RXD(P3.0)输出,低位在前,在 TXD 移位脉冲的指挥下,每来一个上升沿就输出一位数据,当 8 位数据输出完毕后,发送中断标志 TI 被硬件置位。

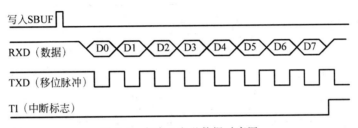

图 8-4　方式 0 发送数据时序图

方式 0 接收数据时序图如图 8-5 所示,在 REN＝1 和 RI ＝0 同时满足时,串口可以进行接收,接收数据在 TXD 移位脉冲的指挥下读入,接收后的数据从低位至高位写入 SBUF 中,一帧数据接收完毕后 RI 被置位。

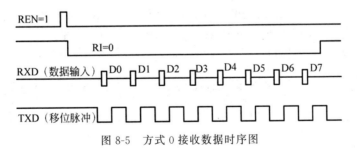

图 8-5　方式 0 接收数据时序图

移位寄存器方式在扩展 I/O 接口时非常有用,串行口外接一片移位寄存器 74LS164 可构成输出接口电路,外接一片移位寄存器 74LS165 可构成输入接口电路。

8.3.2 方式 1

方式 1 是 10 位数据的异步通信口。TXD 为数据发送引脚,RXD 为数据接收引脚,传送数据帧格式如图 8-6 所示。其中 1 位起始位,8 位数据位,1 位停止位,无奇偶校验位。在接收时,停止位进入 SCON 中的 RB8,此方式传送波特率可调。

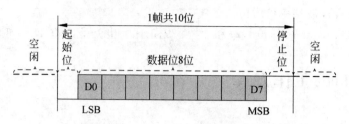

图 8-6　方式 1 传送数据帧格式

　　方式 1 发送数据时序图如图 8-7 所示。方式 1 发送时，CPU 向 SBUF 写入一个数据，即启动发送，从 TXD(P3.1)引脚输出一帧信息，先发送起始位 0，接着从低位开始依次输出 8 位数据，最后输出停止位 1，然后硬件将发送中断标志位 TI 置 1。程序查询到 TI=1 后，清 TI，再向 SBUF 写入数据，启动下一字符发送。也可以采用中断方式，TI=1 时向 CPU 产生中断请求。

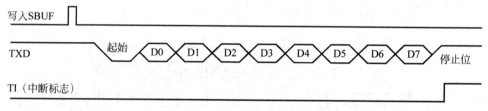

图 8-7　方式 1 发送数据时序图

　　方式 1 接收数据时序图如图 8-8 所示，接收数据前必须 REN 置 1 允许接收。接收器以所选波特率 16 倍的速率采样 RXD(P3.0)引脚的电平。当检测到 RXD 端输入电平发生负跳变时，复位内部的十六分频计数器。计数器的 16 个状态把传送一位数据的时间分为 16 等份，在每位中心，即 7、8、9 这三个计数状态，位检测器采样 RXD 的输入电平，接收的值是三次采样中至少是两次相同的值，这样处理可以防止干扰。如果在第 1 位时间接收到的值（起始位）不是 0，则起始位无效，复位接收电路，重新搜索 RXD 端上的负跳变。接收到停止位为 1 时，将接收到的 8 位数据写入 SBUF，置位 RI，供 CPU 查询或向 CPU 请求中断，程序到 SBUF 里取出接收数据即可。

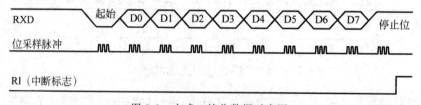

图 8-8　方式 1 接收数据时序图

8.3.3　方式 2 和方式 3

　　方式 2 和方式 3 是 11 位异步串行通信方式，TXD 为数据发送端，RXD 为数据接收端。它们的操作过程完全一样，所不同的是波特率。方式 2 的波特率固定为振荡器频率的 1/64 或 1/32，方式 3 的波特率由定时器 T1 的溢出率确定。在方式 2 和方式 3 中，一帧信息为 11

位：1 位起始位，8 位数据位（先低位后高位），1 位附加的第 9 位数据（发送时为 SCON 中的 TB8，接收时为 SCON 中的 RB8，用于奇偶校验或多机通信），1 位停止位。数据的帧格式如图 8-9 所示。

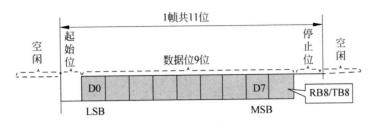

图 8-9　方式 2 和方式 3 传送数据帧格式

方式 2 和方式 3 发送数据时序图如图 8-10 所示。发送前先根据通信协议由软件设置 TB8，然后将要发送的数据写入 SBUF，即可启动发送过程。串行口能自动把 TB8 取出，并装入到第 9 位数据位的位置，再逐一发送出去，发送完毕，硬件置 TI 为 1。

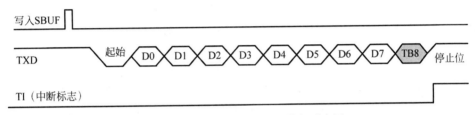

图 8-10　方式 2 和方式 3 发送数据时序图

方式 2 和方式 3 接收数据时序图如图 8-11 所示，接收数据前必须 REN 置 1 允许接收器接收。当检测到 RXD 端有负跳变时（起始位），开始接收 9 位数据，送入移位寄存器。当满足 RI＝0 且 SM2＝0，或接收到的第 9 位数据为 1 时，将已接收的前 8 位数据送入 SBUF，附加的第 9 位数据送入 SCON 中的 RB8，将 RI 置位。如果不满足上述条件，则接收无效，不置位 RI，继续搜索 RXD 引脚的负跳变。

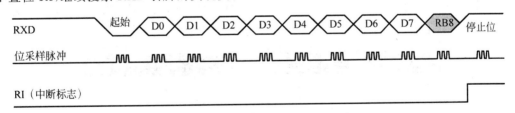

图 8-11　方式 2 和方式 3 接收数据时序图

8.4　波特率设计及定时器初值计算方法

在串行通信中收发双方的波特率必须一致，串口的四种工作方式中，方式 0 和方式 2 的波特率是固定的，方式 1 和方式 3 的波特率是可变的，由定时器 T1 的溢出率决定。

串行口工作在方式 1 或方式 3 时，用定时器 T1 作为波特率发生器，其与定时器 T1 的溢出率关系式为

$$波特率 = \frac{2^{\text{SMOD}}}{32} \times 定时器\ T1\ 的溢出率 \qquad (8\text{-}1)$$

式中：SMOD 为串口波特率倍增位，SMOD＝1，波特率倍增。

在实际设定波特率时采用定时器 1 方式 2，因为方式 2 是自动重装初值，可避免软件重装初值带来的定时误差，波特率比较精确。

定时器 T1 的溢出率也就是每秒 T1 溢出的次数，设定时器 T1 方式 2 的初值为 X，那么 T1 一次溢出所需的时间为

$$(256 - X) \times \frac{12}{f_{\text{osc}}} \qquad (8\text{-}2)$$

T1 的溢出率为

$$\frac{f_{\text{osc}}}{12(256 - X)} \qquad (8\text{-}3)$$

将式(8-3)代入式(8-1)，可得

$$波特率 = \frac{2^{\text{SMOD}}}{32} \times \frac{f_{\text{osc}}}{12(256 - X)} \qquad (8\text{-}4)$$

于是可得设定波特率采用定时器 T1 方式 2 的初值计算公式：

$$X = 256 - \frac{f_{\text{osc}} \times (\text{SMOD} + 1)}{384 \times 波特率} \qquad (8\text{-}5)$$

例 8-1　AT89C51 单片机时钟振荡频率为 11.0592MHz，串口工作在方式 1，选用定时器 T1 方式 2 作为波特率发生器，波特率为 4800b/s，已知设置 SMOD＝1，求定时器 T1 初值。

解：将已知条件代入式(8-5)可得

$$X = 256 - \frac{11.0592 \times 10^6 \times (1 + 1)}{384 \times 4800} = 244 = \text{F4H} \qquad (8\text{-}6)$$

所以，定时器 T1 装入的初值 TH1＝TL1 ＝F4H。

如采用 12MHz、6MHz 等晶振，根据式(8-5)计算出来的初值不是整数，会产生误差。例 8-1 中系统晶振频率选择 11.0592MHz 就是为了使初值计算为整数，产生精确的波特率。

通过波特率计算器工具来计算波特率更加快捷方便。图 8-12 为利用波特率计算器工

图 8-12　51 波特率初值计算软件

具计算初值的结果。图 8-12(a)选择晶振频率为 11.0592MHz,计算初值为 FEH,图 8-12(b)选择晶振频率为 12MHz,初值计算出来也是 FEH,但是此时的误差为 8.5%,如果采用 12MHz 的晶振进行串行通信,误差积累到一定程度会造成数据传送错误。这也是在串行通信中晶振频率通常采用 11.0592MHz 的原因。

表 8-6 列出了定时器 T1 方式 2 下初值常用波特率。

表 8-6 定时器 T1 方式 2 下常用波特率初值查询表

波特率/(b/s)	f_{osc}/MHz	初值	
		SMOD=0	SMOD=1
300	11.0592	0xA0	0x40
600	11.0592	0xD0	0xA0
1.2k	11.0592	0xE8	0xD0
2.4k	11.0592	0xF4	0xE8
4.8k	11.0592	0xFA	0xF4
9.6k	11.0592	0xFD	0xFA
19.2k	11.0592	—	0xFD
28.8k	11.0592	0xFF	0xFE

8.5 串行通信应用设计

AT89C51 的串行口可作为同步移位寄存器用于 I/O 口扩展,可作为 UART 实现单片机系统之间、单片机与 PC 之间的点对点的单机通信或多机通信。

8.5.1 方式 0 输出(串行转并行)

方式 0 工作于移位寄存器方式,在扩展 I/O 接口时通过串口外接一片移位寄存器 74HC164 可构成输出接口扩展电路。74HC164 是 8 位边沿触发式移位寄存器,串行输入数据,然后并行输出,引脚说明如表 8-7 所示。

表 8-7 74HC164 引脚说明

引脚图	引脚	名称	说明
	1	A	串行数据输入引脚
	2	B	串行数据输入引脚
	3～6,10～13	$Q_A \sim Q_H$	并行数据输出
	7	GND	接地
	8	CLK	时钟输入(上升沿触发)
	9	CLR	中央复位输入(低电平有效)
	14	VCC	电源

A、B 两个引脚为串行数据输入引脚,数据通过两个输入端 A 或 B 之一串行输入,任一

输入端可以用作高电平使能端，控制另一输入端的数据输入。两个输入端或者连接在一起，或者把不用的输入端接高电平，一定不能悬空。在时钟输入引脚（CLK）脉冲的作用下，8位串行数据全部送入到74LS164。

74HC164 功能真值表如表 8-8 所示。由复位操作模式的真值表可知：中央复位输入端（CLR）上输入一个低电平将使其他所有输入端都无效，同时非同步地清除寄存器，强制所有的输出为低电平。由移位操作模式的真值表可知：在 CLR 为高电平，CLK 为上升沿时，A、B 都为高电平，则移位寄存器移入 H。当移位寄存器移入 L 时，必须令 A、B 其中之一为 L。

表 8-8　74HC164 真值表

操作模式	输入				输出		
	CLR	CLK	A	B	Q_A	$Q_B \cdots\cdots Q_H$	
复位	L	X	X	X	L	L	L
移位	H	L	X	X	Q_{A0}	Q_{B0}	Q_{H0}
	H	↑	H	H	H	Q_{An}	Q_{Gn}
	H	↑	L	X	L	Q_{An}	Q_{Gn}
	H	↑	X	L	L	Q_{An}	Q_{Gn}

注：H——HIGH(高)电平。

L——LOW(低)电平。

X —— 任意电平。

↑＝低至高电平跳变(上升沿有效)。

Q_{A0}、Q_{B0}、Q_{H0}——规定的稳态条件建立前的电平。

Q_{An}、Q_{Gn}——时钟最近的上升沿前的电平。

例 8-2　通过串行转并行将单片机串行口扩展一组并行口（简称并口），电路如图 8-13 所示，单片机通过串口发送流水灯显示数据，经串行并转行换芯片 74LS164 转换为并行数据进行 I/O 口扩展，实现流水灯功能。

单片机与 74LS164 的电路连接如图 8-13 所示，8 脚时钟输入端与单片机的 TXD 连接，1、2 脚为串行输入端，将其并在一起与单片机的 RXD 连接，9 脚中央复位输入端通过单片机的 I/O 口进行控制。

编程分析：向 74LS164 发送一帧数据前需要对 CLR 送 0 复位，单片机通过方式 0 向 74LS164 发送数据，准备好数据后将待发送的数据放入 SBUF 中即启动发送，当 TI 为 1 时，一帧数据发送完毕，将 TI 清 0 后，启动下一次数据发送。由于发送是主动的，因此只需要等待 T1 置 1 即可，发送不使用中断服务程序。

程序如下：

```c
# include < reg51. h>
# include < intrins. h>
# define UCHAR unsigned char
# define UINT unsigned int
sbit clear0 = P2^0;
void delay(UINT x)
{
    UINT i;
    while(x -- ) for(i = 0;i < 120;i++);
```

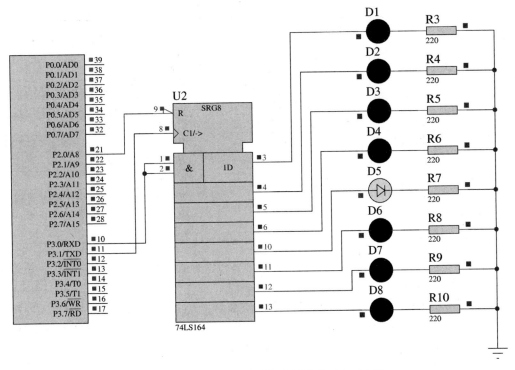

图 8-13　方式 0 串行转并行扩展发送 I/O 口电路

```
}
void main()
{
    UCHAR c = 0x80;                  //发送流水灯初值
    SCON = 0x00;                     //串口方式 0,此句也可不写,SCON 默认即为 0x00
    while(1)
    {
        clear0 = 0;                  //对 74LS164 清 0
        _nop_(); _nop_();            //延时两个机器周期,保证清 0 完成
        clear0 = 1;                  //对 74LS164 结束清 0
        c = _crol_(c,1);             //将 c 循环左移动一位
        SBUF = c;
        while(TI == 0);              //等待发送结束
        TI = 0;                      //TI 软件清 0
        delay(400);
    }
}
```

8.5.2　方式 0 输入(并行转串行)

74HC165 是 8 位并行输入串行输出移位寄存器,可在末级得到互斥的串行输出(Q0 和 Q7)。74HC165 引脚说明如表 8-9 所示,当移位与置位控制引脚 SH 输入为低电平时,D0~ D7 口输入的并行数据将被异步地读取进到寄存器内。而当 SH 引脚为高电平时,移位输出串行数据。

表 8-9　74HC165 引脚说明

引脚图	引脚	名称	说明
	1	SH	移位与置位控制引脚
	2	CLK	时钟输入引脚
	9	Q_H(SO)	串行输出引脚(Serial output,SO)
	7	$\overline{Q_H}$	互补输出引脚,与 QH 是反相关系
	8	GND	接地引脚
	10	SER	串行输入引脚(用于扩展多片 74HC165 的首尾连接引脚)
	11~14,3~6	A~H(D0~D7)	并行数据输入引脚
	15	CLK INH	时钟禁止引脚,为低电平时允许时钟输入
	16	VCC	电源引脚

引脚图:

SH/LD 1 — 16 VCC
CLK 2 — 15 CLK INH
E 3 — 14 D
F 4 — 13 C
G 5 — 12 B
H 6 — 11 A
$\overline{Q_H}$ 7 — 10 SER
GND 8 — 9 QH

例 8-3　图 8-14 为串口外接一片 74LS165,将 74LS165 外接的拨码开关的状态通过串口读取到单片机,并将开关状态显示到 LED 上。

单片机与 74LS165 的接线如图 8-14 所示,需要注意的是 INH 端允许时钟输入要接低电平,CLK 和 SO 分别和单片机串口的 TXD 和 RXD 连接。SH 为移位与置位控制引脚,需要接单片机的 I/O 口来控制 74LS165 的移位与置位。

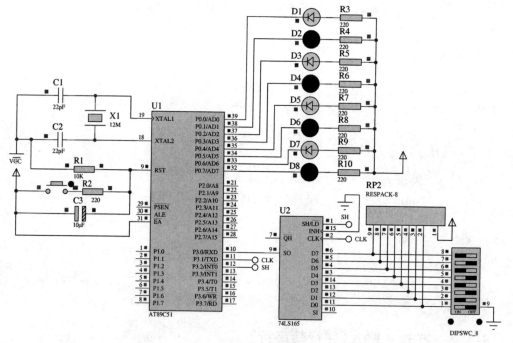

图 8-14　方式 0 并行转串行扩展接收 I/O 口电路

编程分析:单片机通过方式 0 移位寄存器的方式从 74LS165 中读取拨码开关的状态,因此需要设置串口工作在方式 0 并接收。通过 P3.2 控制 74LS165 的置位与移位,接收可采用查询标志位的方式和中断的方式,推荐采用中断方式。串口中断方式还需要设置开启总中断控制位和串口中断控制位。

采用查询标志位方式,程序如下:

```
# include < reg51. h >
# define UCHAR unsigned char
# define UINT unsigned int
sbit SH = P3^2;
void delay(UINT x)
{
    UCHAR t;
    while(x-- ) for(t = 0; t < 120; t++);
}
void main()
{
    REN = 1;                //设为串口方式,并允许串口接收
        while(1)
        {
            SH = 0;          //置数,读入并行输入口的8位数据
            SH = 1;          //移位,并口输入被封锁,串行转换开始
            while(RI == 0);
            RI = 0;
            P0 = SBUF;
            delay(30);
        }
}
```

采用中断方式,主程序和中断服务程序如下:

```
void main()
{

    REN = 1;                //串口方式 0,并允许串口接收
    EA = 1;                 //开总中断
    ES = 1;                 //开定时器中断
    SH = 0;                 //置数,读入并行输入口的8位数据
    SH = 1;                 //移位,并口输入被封锁,串行转换开始
    while(1);
}
void serial_port() interrupt 4
{
    RI = 0;
    P0 = SBUF;
    delay(30);
    SH = 0;                 //置数,读入并行输入口的8位数据
    SH = 1;                 //移位,并口输入被封锁,串行转换开始
}
```

8.5.3 串口方式 1 的发送与接收

串口方式 1 为通用异步接口,TXD 与 RXD 分别用于发送与接收数据。编程与使用步

骤如下：

（1）设置串口工作方式，SCON 的 SM0、SM1 使其工作于方式 1，REN＝1 使能接收。

（2）根据波特率计算公式设置波特率，选用定时器 1 方式 2 作为波特率发生器。波特率是否需要倍速，PCON 寄存器中的 SMOD＝1，波特率倍增。

（3）确定 T1 的工作方式（编程 TMOD 寄存器，TMOD＝0x20），将 T1 的初值装载进 TH1、TL1 然后启动 T1（编程 TCON 中的 TR1 位）。

（4）一般来讲串口发送采用查询模式，串口接收采用中断模式，串口在中断方式工作时，要进行中断设置（编程 IE、IP 寄存器），如果串口收发均采用中断模式，则中断服务函数中需要判断 TI 与 RI 的值。

（5）向 SBUF 写入数据启动串口发送，读 SBUF 可取出接收到的数据。

例 8-4　用串口方式 1 实现两个单片机的双机通信，通过 A 机的按键控制 B 机数码管数值的增加。

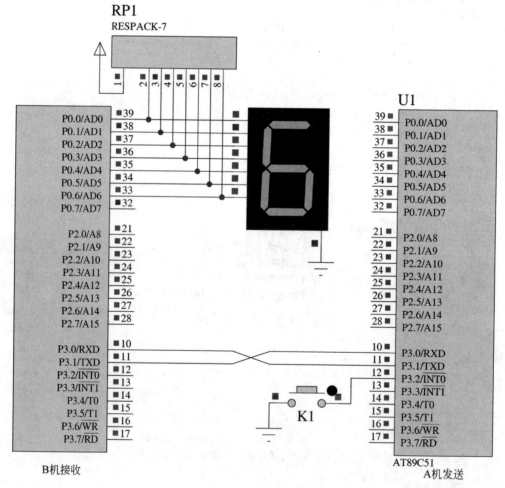

图 8-15　方式 1 双机通信电路

A 机编程分析：根据题目要求，通过 A 机的按键控制 B 机数码管的增加，A 机发送数据，B 机接收数据。A 机需要设置串口模式 1，设置定时器模式和约定波特率的定时器初值，本例约定通信双方使的波特率为 9600b/s，按键通过外部中断 0 实现，在外部中断 0 服务程序中编写串口发送数据程序。

A 机发送代码如下：

```
#include < reg51.h>
#define UCHAR unsigned char
#define UINT unsigned int
void main()
{
    SCON = 0x40;              //串口模式 1,不允许接收
    TMOD = 0x20;              //T1 工作在方式 2,8 位自动重装
    TH1 = 0xFD;
    TL1 = 0xFD;               //波特率 9600b/s
    PCON = 0x00;              //波特率不倍增,此句可不写
    TR1 = 1;                  //启动 T1
    EA = 1;                   //开总中断
    EX0 = 1;                  //开外部中断 0
    IT0 = 1;
    while(1);
}
void int0_ser() interrupt 0
{
    static UCHAR Num = 0x00;
    SBUF = Num;               //待发送数字送发送缓冲寄存器
    Num = (Num + 1) % 10;     //准备下次按下发送的数字
    while(TI == 0);           //等待发送完成
    TI = 0;                   //清发送标志位
}
```

B 机编程分析：B 机的功能是接收 A 机发送的数值，并在数码管上显示。B 机需要设置串口模式寄存器，需要允许接收，设置定时器模式和约定波特率的定时器初值，接收放到串口中断进行，需要开相应的中断允许位，在中断服务程序中实现接收数据并显示功能。

B 机接收程序如下：

```
#define uchar unsigned char
#define uint unsigned int
uchar code Smg[] = {0x3F,0x06,0x5B,0x4F,0x66,0x6D,0x7D,0x07,0x7F,0x6F};
void main()
{
    P0 = 0x00;               //关闭数码管
    SCON = 0x50;             //串口方式 1,允许接收
    TMOD = 0x20;             //T1 工作在方式 2,8 位自动重装初值
    PCON = 0x00;             //波特率不倍增,此句可不写
    TH1 = 0xFD;
    TL1 = 0xFD;              //波特率 9600b/s
    TR1 = 1;                 //启动 T1
    EA = 1;                  //开总中断
    ES = 1;                  //开串口中断
    while(1);
}
```

```
void receive( ) interrupt 4                    //B机串口接收中断函数
{
    RI = 0;                                    //清除串行接收中断标志位
    if(SBUF >= 0 && SBUF <= 9) P0 = Smg[SBUF]; //数据有效性判断
    else P0 = 0x79;                            //如果收到的不是 0~9 的数字,则显示 E
}
```

本例在中断接收函数中加入了数据有效性判断的程序：如果接收到 0~9 的数字,则正确显示；如果接收到的数据不在此范围,则显示 E(error)。验证数据有效性判断的程序是否正确,可将 A 机的程序 Num＝(Num ＋ 1) %10；的代码改为 Num＝(Num ＋ 1) %11,则当数字显示 9 之后再按下一次,B 机接收到的数字超出了有效性判定约定的范围,B 机显示 E。

例 8-5 甲乙两单片机通过串口进行通信,电路图如图 8-16 所示,甲机用一按键向乙机发送控制命令字符"A""B""C""D",乙机根据收到的控制命令字符完成以下功能：收到 A,仅 LED1 亮；收到 B,仅 LED2 亮；收到 C,LED1 和 LED2 同时亮；收到 D,LED1 和 LED2 灭。

甲机编程分析：根据题目要求,通过甲机的按键给乙机发送控制字符。甲机需要设置串口方式 1,设置定时器模式和约定波特率的定时器初值,本例约定通信双方的波特率为 9600b/s,按键通过外部中断 0 实现,在外部中断 0 服务程序中编写串口发送数据程序。因为要发送不同的控制字符,编制一串口发送字符子程序,在发送控制字符时候调用。

甲机发送程序如下：

```
#include < reg51.h >
#define uchar unsigned char
#define uint unsigned int
//----------------------------------
//向串口发送字符子程序
//----------------------------------
void send(uchar c)
{
    SBUF = c;
    while (TI == 0); //等待发送结束
    TI = 0;
}
void main()
{
    uchar Control_No = 0;
    SCON = 0x40;                //串口工作在方式 1
    TMOD = 0x20;                //T1 工作在方式 2,8 位自动重装初值
    PCON = 0x00;                //波特率不倍增
    TH1 = 0xFD;                 //波特率 9600b/s
    TL1 = 0xFD;
    TR1 = 1;                    //启动定时器 T1
    EA = 1;EX0 = 1;IT0 = 1;     // 允许外部中断 1,设置为跳沿触发方式
    while(1);
}
void int0_ser() interrupt 0
```

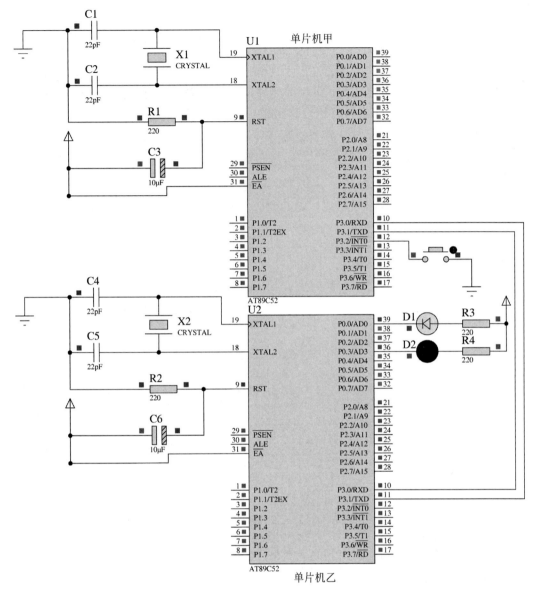

图 8-16 方式 1 双机通信发送控制字符电路

```
{
    static uchar Control_No = 0x00;
    switch(Control_No)            //根据按下次数发送 A、B、C、D 的命令字符
    {
        case 0: send('A');
            break;
        case 1: send('B');
            break;
        case 2: send('C');
            break;
        case 3: send('D');
    }
```

```
        Control_No = (Control_No + 1) % 4;
    }
```

乙机编程分析：乙机的功能是接收甲机发送过来的控制字符，并实现对应的功能。乙机需要设置串口方式寄存器，需要允许接收，设置定时器方式和约定波特率的定时器初值，接收放到串口中断进行，需要开相应的中断允许位，在中断服务程序中用 switch case 语句，按照 SBUF 接收到的控制字符执行相应的控制 LED 的操作。

乙机接收程序如下：

```
#include <reg51.h>
#define uchar unsigned char
#define uint unsigned int
sbit LED_1 = P0^0;
sbit LED_2 = P0^3;

void main()
{
    SCON = 0x50;              //串口方式 1,8 位异步,允许接收
    TMOD = 0x20;             //T1 工作在方式 2,8 位自动重装初值
    TH1 = 0xFD;              //波特率 9600b/s
    TL1 = 0xFD;
    PCON = 0X00;            //波特率不倍增
    TR1 = 1;               //启动定时器 T1
    EA = 1;ES = 1;        //允许串口中断
    while(1);
}
void Serial_INT() interrupt 4
{
        RI = 0;
        switch(SBUF)
        {
            case 'A': LED_1 = 0; LED_2 = 1; break;
            case 'B': LED_1 = 1; LED_2 = 0; break;
            case 'C': LED_1 = 0; LED_2 = 0; break;
            default: LED_1 = 1; LED_2 = 1;
        }
}
```

8.5.4　串口方式 2、方式 3 的发送与接收

串口方式 2 与方式 3 基本一样，只是波特率设置不同，接收/发送 11 位信息：开始为 1 位起始位(0)，中间为 8 位数据位，数据位之后为 1 位程控位(由用户置 SCON 的 TB8 设定)，最后是 1 位停止位(1)，只比方式 1 多了 1 位程控位。

在发送的时候附加 1 位校验位作为奇偶校验位，将校验位放到 TB8 中。PSW 中的 P 位为奇偶标志位，该标志位表示指令执行完时，累加器 ACC 中 1 的个数是奇数还是偶数。P=1，表示 ACC 中 1 的个数为奇数；P=0 表示 ACC 中 1 的个数为偶数。可以通过将待发送(或接收)数据送入 ACC 来取出奇偶校验位。

例如,待发送的数据为 0x3C,转换为二进制数为 00111100B,如果采用偶校验,将 0x3C 送入 ACC,得到 P＝0,即偶校验位为 0。待发送数据为 0x2C,转换为二进制数为 00101100B,采用偶校验,将 0x2C 送入 ACC,得到 P＝1,即偶校验位为 1。因此,对于偶校验可以直接将数送入 ACC,得到 P 的值即是校验位。采用奇校验时只需将 P 取反即可:当 P＝0 时,奇校验位为 1;当 P＝1 时,奇校验位为 0。在接收到的带有奇偶校验位的数据中,校验位在 RB8 中。

例 8-6 用串口方式 3 实现带偶校验的双机通信。

电路图如图 8-17 所示,本例演示功能:A 机向 B 机循环发送 0～9 的字符并附加偶校验位,B 机收到每一个字符后偶校验传送字符是否出错,如果发送正确,就显示发送过来的字符,如果发送出错,向 A 机回传发送错误标志,要求 A 机重新发送该传输错误的字符。在正常传送字符时仿真软件不可能出现传送错误,为模拟传送出错的情况,A 机设置一个按键,当按下按键时,发送一字符并带上错误的偶校验位,B 机收到错误字符后在数码管上显示 E(表示 error),并要求 A 机回传中断前发送的上一个字符,重新显示中断的字符后继续循环接收并显示。正常发送字符时指示灯灭,在显示重新传送的字符期间指示灯亮。

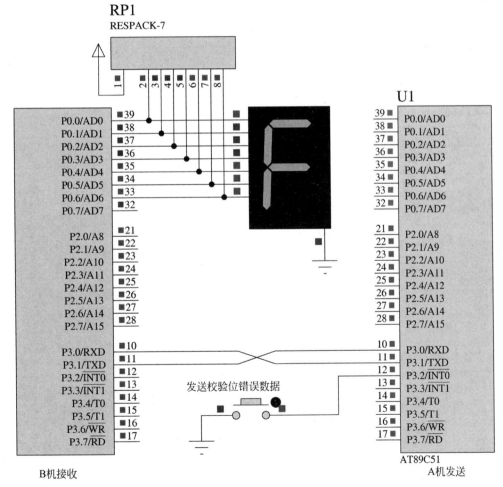

图 8-17 方式 3 双机通信电路

　　A 机编程分析：根据题目功能要求，A 机要完成三个功能，即连续发送 0～9 带偶校验位的数据给 B 机，通过按键发送带错误偶校验位的数据给 B 机，接收 B 机回传的应答信号，如果 B 机接收数据正确，则继续发送，如果 B 机接收数据错误，则重新传送错误发生时发送的数据。

　　A 机需要设置串口方式 3 并允许接收，设定和 B 机相同波特率的定时器初值，并在主程序中启动发送第一次数据。编写一个带偶校验位的发送数据子程序，按照前面介绍的方法通过 ACC 和 P 位发送偶校验位。外部中断 0 服务程序实现按键按下发送错误校验位数据的功能，本例随便选取发送一个数据 0x03，附加一错误的奇偶校验位 1。串口中断负责接收 B 机发送过来的应答信号，双方约定字符 0x0A 为传送正确标志，0x0E 为传送错误标志。当 A 机收到 0x0A 后继续正常传送下一个字符，当收到 0x0E 后重新发送传送错误校验位时发送的字符，并让 LED 在显示重新传送字符期间点亮。

　　A 机发送程序如下：

```
# include < reg51. h >
# define uchar unsigned char
# define uint unsigned int
uchar Dat[] = {0x00,0x01,0x02,0x03,0x04,0x05,0x06,0x07,0x08,0x09};
sbit error_led = P1^0; //错误重新传送指示灯
uchar i = 0;
//----------------------------------------------------------------
//带偶校验的发送数据子程序
//----------------------------------------------------------------
void check_even_send(uchar dat)
{
    ACC = dat;
    TB8 = P;
    SBUF = dat;
    while(!TI);
    TI = 0;
}
void delayms(uint ms)
{
    uchar t;
    while(ms -- ) for(t = 0; t < 120; t++);
}
void main()
{
    SCON = 0xd0;                    //串口方式 2,允许接收
    TMOD = 0x20;                    //T1 方式 2
    PCON = 0x00;
    TH1 = 0xFD;TL1 = 0xFD;          //波特率 9600b/s@11.0592MHz
    EA = 1;
    EX0 = 1; IT0 = 1;              //开外部中断 0,设置为跳沿触发方式
    ES = 1;
    TR1 = 1;
    check_even_send(Dat[i]);        //发送第一个数据
    delayms(1000);
```

```
        while(1);
    }
    void send() interrupt 4
    {
        RI = 0;                             //清除串行接收中断标志位
        if(SBUF == 0x0A)                    //如果收到回送正确标志
        {
            error_led = 1;                  //传输出错故障灯灭
            i = (i + 1) % 10;
            check_even_send(Dat[i]);
            delayms(1000);
        }
        else if(SBUF == 0x0F)               //如果收到回送错误标志
        {
            error_led = 0;                  //传输出错故障灯亮
            if(i == 0) i = 10;              //当传输到数字9时出错
            i--;
            check_even_send(Dat[i]);        //重新发送上一次数据
            delayms(1000);
        }
    }
    void int0_ser() interrupt 0
    {
        TB8 = 1;
        SBUF = 0x03;                        //发送一个数据0x03,附加偶校验位(故意设置偶校验位错误为"1")
        while(!TI);
        TI = 0;
    }
```

B 机编程分析: 根据题目功能要求, B 机要完成的功能是接收 A 机发送过来的带偶校验位的字符, 并通过收到的数据和偶校验位判定是否发生传送错误并向 A 机回传信息。A 机需要设置串口方式 3 并允许接收, 设置定时器方式, 设定与 A 机相同波特率的定时器初值。在串口中断服务程序中接收 A 机发送的数据, 收到的数据的偶校验位通过送入 ACC 取 P 位获得, 收到的偶校验位在 RB8 中。如果 P 等于 RB8, 则接收数据偶校验位正确, B 机显示接收到的数据, 向 A 机回传发送正确标志 0x0A; 如果 P 不等于 RB8, 则接收数据偶校验位错误, 向 A 机回传发送错误标志 0x0E。

B 机接收程序如下:

```
#include < reg51.h >
#define uchar unsigned char
#define uint unsigned int
uchar code Smg[] =                          //数码管段码
{
    0X3F,0X06,0X5B,0X4F,0X66,0X6D,0X7D,0X07,0X7F,
    0X6F,0X77,0X7C,0X39,0X5E,0X79,0X71
};
void delayms(uint ms)
{
    uchar t;
```

```
        while(ms -- ) for(t = 0; t < 120; t++);
    }
    void main()
    {
        SCON = 0xd0;                        //串口方式2,允许接收
        TMOD = 0x20;                        //T1方式2
        PCON = 0x00;
        TH1 = 0xFD;TL1 = 0xFD;              //波特率9600b/s@11.0592MHz
        EA = 1;
        ES = 1;
        TR1 = 1;
        while(1);
    }
    void receive() interrupt 4
    {
        RI = 0;                             //清除串行接收中断标志位
        ACC = SBUF;                         //dat = ACC; //接收数据
        if(P == RB8)                        //如果偶校验位正确
        {
            P0 = Smg[ACC];
            SBUF = 0x0A;                    //回送接收数据正确标志
            while(!TI);
            TI = 0;
        }
        else                                //如果偶校验位不正确
        {
            P0 = Smg[0x0E];                 //显示E
            delayms(1000);
            SBUF = 0x0F;                    //校验错误,回送错误标志
            while(!TI);
            TI = 0;
        }
    }
```

8.6　单片机与PC通信

在测控系统中,上位机是指可以直接发出操控命令的计算机,并显示记录各种信号变化,一般是PC。下位机是直接控制设备获取设备状况的计算机,一般是PLC或单片机。上位机发出控制命令给下位机,下位机再根据命令直接控制设备。下位机读取设备状态数据(一般为模拟量),转换成数字信号反馈给上位机。这就要求单片机不仅能独立完成单机的数据采集和控制任务,还能与PC进行数据交换,传送数字信号给PC并接收PC传送的指令。单片机通过UART不但可以实现将数据传输到计算机端,而且能用计算机作为上位机实现对单片机的控制。89C51单片机输入、输出电平为TTL电平,PC配制的是RS-232C标准串行接口,采用RS-232电平,二者电气规范不同,必须进行电平转换。下面先介绍两种电平及电平转换的问题。

单片机输入、输出电平为TTL电平,通常在TTL正逻辑中:0～2.4V表示"0",3.6～

5V表示"1",2.4~3.6V表示高阻态。由于导线电阻会导致信号的衰减,TTL电平直接传输距离一般不超过1.5m。对于较长距离的通信,常采用RS-232电平负逻辑,拉开"0"和"1"的电压档次,在RS-232负逻辑中:5~15V表示"0",-5~-15V表示"1",最大传输信息的长度为15m。

当用单片机和PC通过串口进行通信,尽管单片机有串行通信的功能,但由于RS-232的逻辑电平与TTL电平不兼容,为了与TTL电平的单片机器件进行通信,必须进行电平转换。目前应用较广的MAX232芯片是MAXIM公司专为RS-232标准串口设计的单电源电平转换芯片。标准的串口采用DB9接口,RS-232C接口信号如表8-10所示。

表8-10 RS-232C接口信号

引脚图	引脚号	符 号	说 明
SG 5 DTR 4 TxD 3 RxD 2 DCD 1 9 RI 8 CTS 7 RTS 6 DSR	1	DCD	数据载体检测
	2	RXD	串行数据接收端
	3	TXD	串行数据发送端
	4	DTR	数据终端就绪
	5	SG	信号地
	6	DSR	数据通信设备准备好
	7	RTS	请求发送
	8	CTS	清除发送
	9	RI	振铃提示

通用串行总线(USB)是目前计算机上应用最广泛的串行接口,DB9串口已经被USB取代,目前除工控计算机以外绝大多数计算机已经没有DB9串口。用单片机串口和USB接口进行通信可选择转换连接模块或芯片,常用USB转串口连接件和芯片如图8-18所示。采用RS-232通信可以选择USB转RS-232串口连接线。采用UART通信可以选择USB转TTL模块,也可以在电路板上设计USB转TTL通信接口。常用的USB转串口芯片有PL2303和CH340。

(a)   (b)   (c)   (d)

图8-18 常用USB转串口连接件和芯片

在单片机和PC通信时,带有RS-232接口的PC可连接带有电平转换芯片的目标电路板,不带RS-232接口的PC可通过USB转串口连接件连接目标电路板,或者在目标电路板上设计USB转TTL通信接口和PC USB连接。本节通过一个例题来讲解PC与单片机通信,为完整实现仿真功能,例子用到了虚拟串口(VSPD)和串口调试助手,在例题中进行介绍。

例 8-7 单片机通过 RS-232 与 PC 通信电路如图 8-19 所示，K1 按下后单片机发送字符串到 PC，并在串口调试助手上显示发送的字符串。通过串口调试助手发送 4 位数字，单片机接收后显示在数码管。

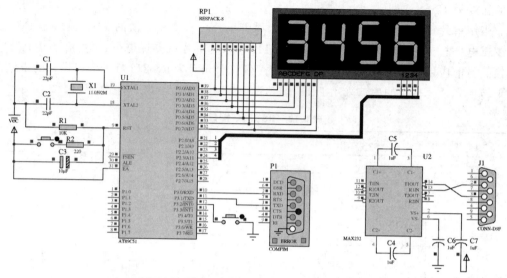

图 8-19　单片机通过 RS-232 与 PC 通信电路

在 PC 上模拟串口和 PC 通信需要安装虚拟串口和使用串口调试助手。（VSPD）由软件公司 Eltima 开发，可在本地 PC 上增加串口数量，VSPD 一次虚拟 2 个串口，方便在 PC 上调试仿真，是仿真调试串口的好工具。VSPD 运行界面如图 8-20 所示，在界面中虚拟好了 COM3 和 COM4 一对串口用于后续软件仿真。

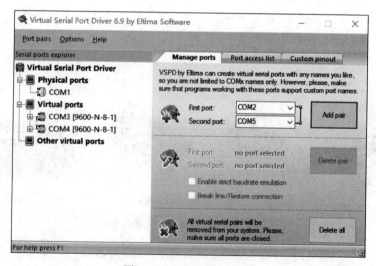

图 8-20　VSPD 运行界面

串口调试助手是一个强大稳定的串口调试工具，支持常用的波特率及自定义波特率，能设置校验、数据位和停止位，能以 ASCII 码或十六进制接收或发送任何数据或字符（包括中文），可以任意设定自动发送周期，并能将接收数据保存成文本文件，能发送任意大小的文本文件。

  单片机通过 COMPIM 仿真组件连接虚拟的 PC 串口,由于 COMPIM 仿真组件内部已经集成了 MAX232 的电平转换,因此本例再加上 MAX232 就不能正常地进行仿真。本例单片机串口直接接 COMPIM 组件,仿真图附上 MAX232 与串口接口的电路。COMPIM 组件设置界面如图 8-21 所示。

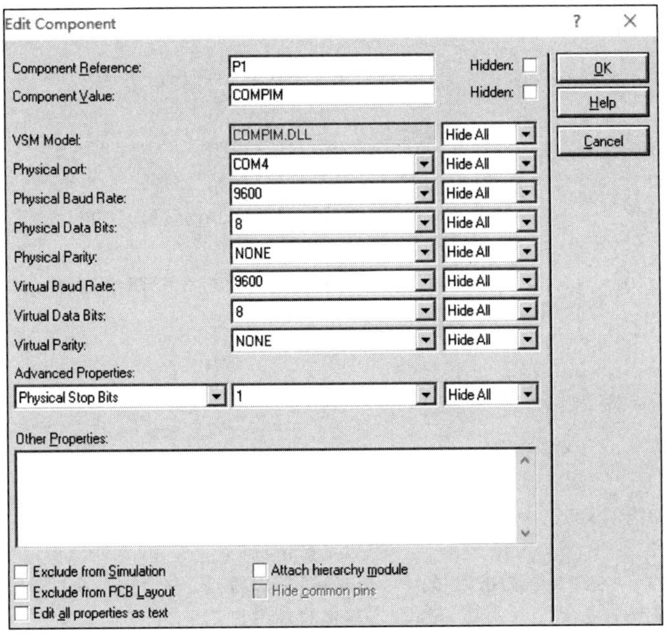

图 8-21　COMPIM 组件设置界面

  配置好虚拟串口、设置好 COMPIM 仿真组件后,就可以开始编制单片机程序并仿真。

  编程分析:根据题目功能要求,单片机要完成的功能是按下按键后向 PC 发送字符串,接收 PC 传来的 4 位数字并显示在 4 位数码管上。单片机设置串口方式 1 并允许接收,设置定时器方式,设定与 PC 相同波特率的定时器初值,允许外部中断 0 和串口中断,外部中断 0 设置为跳沿触发方式。

  外部中断 0 服务程序用于发送字符串,因为字符串的末尾默认为'\0'字符,在循环里逐一发送字符串内的字符,直至字符为'\0',则表示字符串发送完毕,停止发送。串口中断内接收 PC 传来的 4 位数字,因为计算机可以输入任意字符,而仿真电路的数码管只能显示数字和部分字符,加入了数据有效性判断,计算机发送的数字才接收。

  单片机代码如下:

```
#include<reg51.h>
#include<intrins.h>
#define UCHAR unsigned char
#define UINT unsigned int
UCHAR code SMG[] =                       //共阴段码
{0x3F,0x06,0x5B,0x4F,0x66,0x6D,0x7D,0x07,0x7F,0x6F};
UCHAR R_Buffer[] = {0,0,0,0};            //保存接收到的 4 位数字
//------------------------------------------------
//延时程序
```

```
//---------------------------------------------------
void delay_ms(UINT x)
{
    UCHAR t;
    while(x--) for(t = 0;t < 120;t++);
}
void main()
{
    UCHAR i;
    SCON = 0x50;                      //串口方式1,打开接收
    TMOD = 0x20;                      //T1 模式 2
    PCON = 0x00;                      //波特率不倍增
    TH1 = 0xFD;
    TL1 = 0xFD;                       //波特率 9600b/s@11.0592MHz
    TR1 = 1;
    EX0 = 1; IT0 = 1;                 //允许外部中断 0,下降沿触发
    ES = 1;                          //允许串口中断
    EA = 1;
    while(1)
    {
        for(i = 0; i < 4;i++)
        {
            P0 = 0x00;
            P2 = ~(1 << i);          //发送位选码
            P0 = SMG[R_Buffer[i]];   //发送相应段码
            delay_ms(4);             //延时动态显示
        }
    }
}
//---------------------------------------------------
//串口接收中断
//---------------------------------------------------
    void receive() interrupt 4
    {
        static UCHAR j = 0;
        UCHAR c;
        RI = 0;
        c = SBUF;
        if (c == '#') j = 0;            //如果按下＃键,则接收索引清 0
        else if (c >= '0' && c <= '9')  //计算机发送字符为 0~9 才存放
        {
            R_Buffer[ j++] = c - '0';   //将字符 0~9 转换成数字
            if(j == 4) j = 0;
        }
    }
//-----------------------------------------
//INT0 中断发送字符串
//-----------------------------------------
void int0_ser() interrupt 0
```

```
{
    UCHAR * s = "GOOD GOOD STUDY,DAY DAY UP!\r\n";
    UCHAR i = 0;
    while( s[i] != '\0')                 //若未发送完所有字符,则循环发送
    {
        SBUF = s[i++];                   //发送完一个字符后指向下一个字符
        while(TI == 0);                  //等待一个字符发送完成
        TI = 0;                          //软件清零中断标志位
    }
}
```

仿真开启串口调试助手,选择和单片机一样的波特率和 10 位通信数据格式,并运行 Proteus 仿真程序,串口调试助手运行界面如图 8-22 所示,PC 收到单片机发的字符串,显示在串口调试助手显示区内,在发送区输入 4 位数字,单击手动发送按钮,在单片机电路 4 位数码管上,显示串口调试助手发给单片机的 4 位数字。

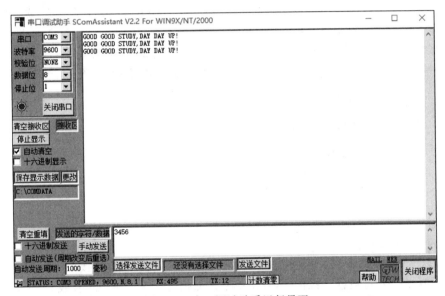

图 8-22 串口调试助手运行界面

在本例中也可以通过虚拟终端来观察发送的情况。将虚拟终端的 RXD 接到单片机的 TXD 引脚,将 TXD 接到单片机的 RXD 引脚,即可在虚拟终端上显示通信的数据,如图 8-23 所示。

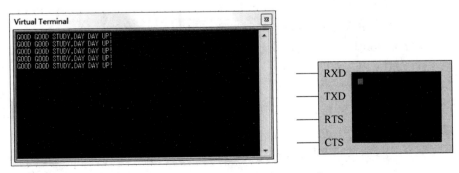

图 8-23 通过虚拟终端查看串口通信

8.7　多机通信

多个 AT89C51 单片机可以利用串口进行多机通信。多机通信的网络拓扑形式较多，可分为星形、环形和主从式结构，89C51 多机通信常采用主从式结构。主从式结构多机通信系统中，一般有一台主机和多台从机，主机发送的信息可以传送到各个从机或指定从机，从机发送的信息只能被主机接收，各从机之间不能直接进行通信。多机通信系统示意图如图 8-24 所示。采用不同的通信标准时，还需要用电平转换芯片进行电平转换，为保证通信的可靠性，还需要对信号进行光电隔离。

在实际的多机通信系统中，常采用 RS-485 总线。RS-485 总线是一个定义平衡数字多点系统中的驱动器和接收器的电气特性的标准，该标准由电信行业协会和电子工业联盟定义。RS-485 采用半双工工作方式，支持多点数据通信。RS-485 总线网络拓扑一般采用终端匹配的总线型结构，即采用一条总线将各个节点串接起来，不支持环形或星形网络。RS-485 采用平衡发送和差分接收，因此具有抑制共模干扰的能力。加上总线收发器具有高灵敏度，能检测低至 200mV 的电压，故传输信号能在千米以外得到恢复。有些 RS-485 收发器修改输入阻抗以便允许将多达 8 倍以上的节点数连接到相同总线。RS-485 最常见的应用是在工业环境下可编程逻辑控制器内部之间的通信。

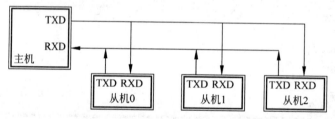

图 8-24　多机通信系统示意图

图 8-24 中，主机的 RXD、TXD 与所有从机的 TXD、RXD 端相连接，主机发起并控制通信，主机发送的信号可被各从机接收，各从机发送的信息则只能由主机接收。

在多机通信系统中，要保证主机与从机实现可靠通信，首先解决的问题是如何通过串口识别从机，其次是如何收发数据。识别从机是通过地址来实现的，即给从机分别设置地址信息。多机通信基于单片机内串口控制寄存器 SCON 的多机通信控制位 SM2 来实现，当从机 SM2=1 时，从机只接收主机发出的地址帧（RB8=1），对数据帧（RB8=0）不予理睬；而当 SM2=0 时，可接收主机发送过来的所有信息。

若 SM2=1，则表示进行多机通信，这时可能出现以下两种情况。

（1）当从机接收到主机发来的第 9 位数据 RB8=1 时，前 8 位数据才装入 SBUF，并置中断标志 RI=1，向 CPU 发出中断请求。在中断服务程序中，从机把接收到的 SBUF 中的数据存入数据缓冲区中。

（2）当从机接收到的第 9 位数据 RB8=0 时，不产生中断标志 RI=1，不引起中断，从机不接收主机发来的信息。

若 SM2=0，则接收的第 9 位数据不论是 0 还是 1，从机都将产生 RI=1 中断标志，接收到的数据装入 SBUF 中。

多机通信的过程如下：

（1）所有从机 SM2＝1，处于只接收地址帧状态。

（2）主机先发送一个地址帧，其中前 8 位数据表示地址，第 9 位为 1 表示地址帧，进行从机寻址。

（3）所有从机接收到地址帧后，进入串口中断处理程序，把接收到的地址与自身地址相比较。地址相符时将 SM2 清 0，脱离多机状态；地址不相符的从机不做任何处理，即保持 SM2＝1。

（4）主机紧接着开始发送数据帧，其中第 9 位为 0 表示数据帧，地址相符的从机 SM2＝0，可以接收到主机随后发来的信息，即主机发送的所有信息。收到信息 TB8＝0，则表示是数据帧，而对于地址不符的从机 SM2＝1，收到信息 TB8＝0，则不予理睬。这样就实现了主机与地址相符的从机之间的双机通信。

（5）被寻址的从机通信结束后 SM2＝1，恢复多机通信系统原有的状态。

例 8-8 简易单片机多机通信程序设计。多机通信仿真电路如图 8-25 所示，1 台主机和 2 台从机进行通信，2 台从机的地址分别设定为 0x01、0x02。主机上设置两个功能键：一个键用于主机选择与从机 1 或从机 2 进行通信；另一个键实现数值加 1，并传送到所选择的从机和将数值显示在从机数码管上。

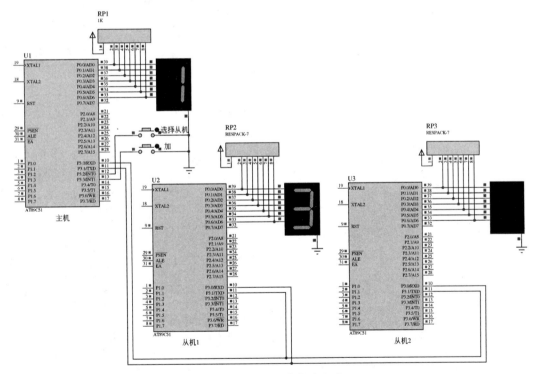

图 8-25 多机通信仿真电路

主机编程分析：主机要完成的功能是向从机发送地址帧选择从机，再向从机发送数据帧。通信约定两个从机的地址分别为 0x01 和 0x02。主机需要完成串口初始化设置，设置串口方式 3，设置定时器方式为 T1 方式 2，设定与从机相同波特率的定时器初值。在 INT0

中断服务程序中切换选中从机的地址,发送地址帧 TB8＝1,在 INT1 中断服务程序中对选中的从机每次按下发送数值加 1 的数字,发送数据帧 TB8＝0。

主机代码如下:

```
#include < reg51.h >
#define uint unsigned int
#define uchar unsigned char
#define addr1 0x01                    //从机 1 地址
#define addr2 0x02                    //从机 2 地址
uchar send_num1 = 0;                  //发送给从机 1 的初始数据为 0
uchar send_num2 = 0;                  //发送给从机 2 的初始数据为 0
uchar k = 0;
uchar code Smg[ ] =
{
    0x3F,0x06,0x5B,0x4F,0x66,0x6D,0x7D,0x07,0x7F,
    0x6F,0x77,0x7C,0x39,0x5E,0x79,0x71
};
void Uart_Init(void)                  //Uart 初始化子程序
{
    TMOD = 0x20;                      //T1 方式 2
    SCON = 0xC0;                      //工作方式 3,9 位数据位
    TH1 = 0xFD;TL1 = 0xFD;            //波特率 9600b/s@11.0592MHz
    TR1 = 1;                          //T1 开始工作
}
void send_addr(uchar addr)            //发送地址子程序
{
    TB8 = 1;                          //地址帧标志
    SBUF = addr;                      //发送地址
    while(!TI);                       //等待数据发送完成
    TI = 0;
}
void send_data(uchar dat)             //发送数据子程序
{
    TB8 = 0;                          //发送数据帧
    SBUF = dat;                       //发送数据
    while(!TI);                       //等待数据发送完成
    TI = 0;
}
void main(void)
{
    Uart_Init();                      //串口初始化
    EA = 1; EX0 = 1; EX1 = 1;         //开总中断和外部中断 0、1
    IT0 = 1; IT1 = 1;                 //外部中断 0、1 设置为边沿触发方式
    P0 = 0X00;                        //关显示
    while(1);
}
void int0_ser() interrupt 0
{
    P0 = Smg[k + 1];                  //显示从机号
    if(k == 0)                        //如果选中的是 1 机
```

```
        {
            send_addr(addr1);                    //呼叫 1 机地址
        }
        else                                      //如果选中的是 2 机
        {
            send_addr(addr2);                    //呼叫 2 机地址
        }
        k = (k + 1) % 2;
}
void int1_ser() interrupt 2
{
    if(k == 1)                                    //如果选中的是从机 1,向从机 1 发送数据
        {
            send_data(send_num1);
            send_num1 = (send_num1 + 1) % 10;
        }
        else                                      //如果选中的是从机 2,向从机 2 发送数据
        {
            send_data(send_num2);
            send_num2 = (send_num2 + 1) % 10;
        }
}
```

从机编程分析：两个从机实现的功能都是接收主机发送的地址帧,如果和主机地址匹配,则继续接收主机发送过来的数据帧,将数据显示到数码管上,两个从机功能完全一致。因此,两个从机的程序完全相同,只是从机地址不同。

从机需要完成串口初始化设置,设置串口方式 3,并将多机通信控制位 SM2 置 1,只接收主机发送的地址帧。设置定时器方式 T1 方式 2,设定与主机相同波特率的定时器初值。在串口中断服务程序中,判定是否接收到的地址帧。如果接收到的地址帧,则进入监听状态,SM2 置 1,将主机发送的地址帧和本机地址比对。如果不是本机地址,则继续监听;如果是本机地址,则将 SM2 清 0 结束监听,接收主机发送的数据帧并显示到数码管上。

从机 1 代码如下：

```
#include<reg51.h>
#define unit unsigned int
#define UCHAR unsigned char
UCHAR addr = 0x01;                                //从机 1 地址
UCHAR Rx_Data;
UCHAR Rxstart = 0;
UCHAR code Smg[] =
{
    0x3F,0x06,0x5B,0x4F,0x66,0x6D,0x7D,0x07,0x7F,
    0x6F,0x77,0x7C,0x39,0x5E,0x79,0x71
};
void Uart_Init(void)
{
    TMOD = 0x20;                                  //T1 方式 2
    TH1 = 0xFD;
    TL1 = 0xFD;                                   //9600b/s@11.0592MHz
```

```
        TR1 = 1;                      //定时器开启
        SCON = 0xF0;                  //工作方式3,9位数据位,SM2 = 1,只接收地址帧
        EA = 1;
        ES = 1;
    }
    void main()
    {
        Uart_Init();
        P0 = 0X00;                    //关闭数码管
        while(1);
    }
    void receive() interrupt 4        //串口接收中断服务程序
    {
        RI = 0;
        if(RB8 == 1)                  //如果接收到的是地址帧
        {
            SM2 = 1;                  //进入监听状态
            P0 = 0x00;                //显示消隐
            if(SBUF != addr)          //非本机地址,继续监听
            {
                goto reti;
            }
            SM2 = 0;                  //是本机地址,取消监听状态
        }
        if(RB8 == 0)                  //如果接收到的是地址帧
        {
            P0 = Smg[SBUF];
        }
        reti:;
    }
```

上述程序只是一个简易的多机通信程序,多机通信是一个比较复杂的通信过程,需要可靠的通信协议来保证主机对从机的准确寻址,多机之间的协调动作、通信过程的可操作性和可靠性。在实际多机通信过程中,还应加入从机应答、呼叫无应答超时处理、数据校验等子程序。工业控制中常采用 Modbus 通信协议,其中 Modbus RTU 和 Modbus ASCII 是基于串口 EIA-485 物理层实现的。

8.8　UART 接口的扩充方法

在实际的设计中常需要用到多个串口以上的情况,这就需要扩展 UART,可选择华邦公司、美信公司等生产的兼容 8051 芯片的具有两个 UART 模块的单片机型号。还可采用以下方法进行扩展:

(1)采用模拟时序的方法扩展串口。编程中利用两条通用的 I/O 引脚,严格按照 UART 信号的时序进行编程,用模拟口线的方式扩展串口。

(2)选择串口芯片。如 SP2338DP 是采用低功耗 CMOS 工艺设计的 UART 多串口扩展芯片,该器件可将 1 个高波特率的 UART 串口扩展为 3 个较高波特率的 UART 串口,从

而为系统需要多个串口时提供了很好的解决方案。SP2538是专用低功耗串行口扩展芯片，该芯片主要是为解决当前基于UART串口通信的外围智能模块及器件较多，单片机的问题而推出的，该器件可将现有单片机的单串口扩展至5个全双工串口。

习题

一、填空

1. AT89C51单片机的串口通信的设置是对_____寄存器进行操作，串行通信数据的发送和接收是在_____寄存器进行的。

2. AT89C51单片机串行口有_____种工作方式，其中方式_____为同步移位寄存器输入/输出方式。

3. AT89C51单片机用_____定时器的方式_____来做波特率发生器是比较理想的。

4. 在单片机与PC串口通信时，单片机采用TTL电平，PC采用_____电平，由于电平不同必须进行电平转换，目前应用较广的电平转换芯片是_____。

二、单项选择

1. 51单片机晶振采用6MHz，串行口工作在方式1，波特率为4800b/s，SMOD位设置为1，T1作为波特率发生器的计数初值为_____。

　A. 0xE3　　　　　B. 0xD7　　　　　C. 0xF4　　　　　D. 0xF5

2. 51单片机串口工作在方式0时，其波特率_____。

　A. 仅由T1的溢出率决定

　B. 仅与SMOD位的值有关

　C. 由T1的溢出率和SMOD位共同决定

　D. 仅由时钟频率决定

3. 对传递的数据附加奇偶校验位，其中0x2B进行奇校验，0x7D进行偶校验，0x62进行偶校验，它们的校验位依次为_____。

　A. 1 0 0　　　　B. 0 1 1　　　　C. 1 0 1　　　　D. 0 1 0

4. 下列串行通信接口中为半双工同步通信的是_____。

　A. UART　　　　B. SPI　　　　C. 1-Wire　　　　D. I^2C

三、问答题

1. 通信的传输方式有哪几种？分别是怎么传输的？

2. 什么是异步通信？异步通信一帧数据的传输格式是什么？

3. 在51单片机串行通信中，采用的晶振频率为11.0592MHz，而不是常用的6MHz、12MHz等晶振频率，为什么？

4. 简述AT89C51单片机多机通信原理。

四、编程题

1. 单片机甲将一段流水灯控制码发送给单片机乙,单片机乙将接收到的控制码实现流水灯功能。设计电路并编程仿真实现。

2. 两单片机通信电路如图 8-26 所示,编程实现如下功能:

(1) 甲机的 K1 按键依次按下向乙机发送控制代码,控制乙机的 LED1 点亮、LED2 点亮、两 LED 全亮、两 LED 全灭。

(2)乙机的按键按下向甲机发送数字,每按下一次,数字从 0 增加到 F 并循环往复,显示在甲机的数码管上。

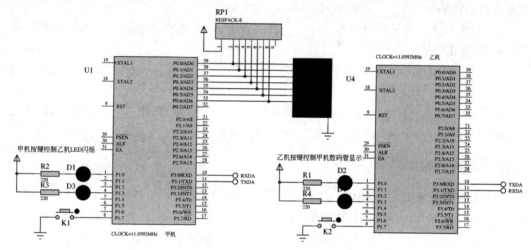

图 8-26　两单片机通信电路

3. 用 VB、VC 或 Labview 等编制 PC 通信端界面和程序,实现例 8-7 的 PC 端上位机功能(本题供学过上述编程语言的同学选做)。

第9章

单片机键盘与显示接口技术

单片机键盘与显示接口属于单片机应用系统中的人机交互接口。人机交互接口是指人与单片机之间建立联系和交换信息的输入/输出设备接口,它是单片机应用系统与用户交互的窗口。一个安全可靠的应用系统必须具有方便灵活的人机交互功能,包括清晰友好的显示界面、方便的用户键盘输入和其他特定需求的输入/输出设备。显示器是单片机应用系统与人进行对话的重要输出设备,常用的显示器有发光二极管显示器、液晶显示器和 CRT 显示器。本章讲解键盘、数码管显示驱动芯片、液晶与单片机的接口设计与软件编程。

9.1 矩阵式键盘

键盘设计的基本任务是:①判断是否有键按下;②识别是哪一个键按下;③按下的键对应的功能(键值处理程序)。若②、③主要由硬件完成,则称为编码键盘,如常用的计算机键盘;若主要由软件完成,则称为非编码键盘。

在第 4 章和第 5 章讲到了用单片机 I/O 口进行按键扩展,采用查询的方式进行编程。其优点是电路简单,编程方便;缺点是严重占用系统资源,当键数较多时,占用较多 I/O 口。第 6 章讲到了外部中断方式按键编程。当按键较多时,各按键可通过与门和单片机外部中断输入口相连。其优点是实时性强,占用系统资源少;缺点是当键数较多时,占用 I/O 口仍较多。为减少键盘与单片机接口时所占用 I/O 口线数目,在键数较多时,通常将键盘排列成行列式键盘。利用矩阵结构只需要 N 条行线和 M 条列线,行线和列线的每个交叉点上设置一个按键,即可组成 $N \times M$ 个按键的键盘。图 9-1 为 4×4 矩阵键盘,由 16 个键组成,矩阵式键盘的实物如图 9-1 所示。图 9-1(a)为用印制电路板制作的 4×4 矩阵键盘模块,图 9-1(b)为薄膜矩阵键盘,通过 8P 的排针或杜邦头连接到单片机的一组 I/O 口即可编程实现功能。矩阵键盘的编程主要有扫描法、线反转法、状态机法三种。扫描法和线反转法原理简单,学习理解较容易,程序占用 CPU 资源较多;状态机法结合定时器中断,大大提高了CPU 利用率。本节介绍扫描法和线反转法的编程。

9.1.1 行(列)扫描法

以 4×4 矩阵键盘为例来介绍矩阵键盘的行扫描法,矩阵键盘接线图如图 9-2 所示,16

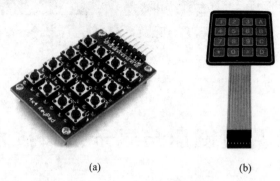

图 9-1　4×4 矩阵键盘实物图

个按键组成 4 行 4 列矩阵键盘，行线由 P1.4～P1.7 控制，列线由 P1.0～P1.3 控制。其工作步骤如下：

Step1：判断键盘中有无键按下。

将全部行线置低电平，称为送全扫描字，然后检测列线的状态。只要有一列为低电平，则表示键盘中有键被按下，而且闭合的键位于低电平线与 4 根行线相交叉的 4 个按键之中。若所有列线均为高电平，则键盘中无键按下。

Step2：判断闭合键所在的位置，读取键盘特征码。

在确认有键按下后，即可进入确定具体按键的过程。通过送行扫描码读取列状态来实现，其方法是依次将行线置为低电平，即在置某根行线为低电平时，其他线为高电平。在将某根行线置为低电平后，再检测各列线的电平状态。若某列为低电平，则该列线与置为低电平的行线交叉处的按键就是闭合的按键。

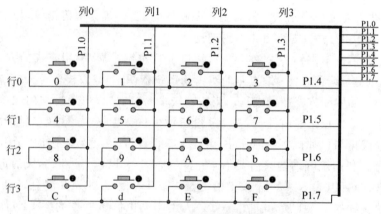

图 9-2　4×4 矩阵键盘接线

矩阵键盘特征码（键值）的获取可在某键的行线和列线为低电平，其余行线和列线为高电平就可得到。如 5 所对应的列线为 P1.1，行线为 P1.5，则 5 的矩阵键盘特征码为 11011101B，即是 0xDD。依次获得 0～F 的矩阵键盘特征码为 0xEE、0xED、0xEB、0xE7、0xDE、0xDD、0xDB、0xD7、0xBE、0xBD、0xBB、0xB7、0x7E、0x7D、0x7B、0x77。

Step3：键值处理程序。

将读取到的键盘特征码进行查表比对获取键值，并根据按键的功能编制键盘处理程序。

以上方法对行输入全扫描字和行扫描,读取列电平状态,称为行扫描法。如果对列送全扫描字和列线扫描,读行电平状态,则称为列扫描法。

例 9-1　矩阵式键盘电路如图 9-3 所示,用行扫描法编程识别键值并将键值显示在数码管上。

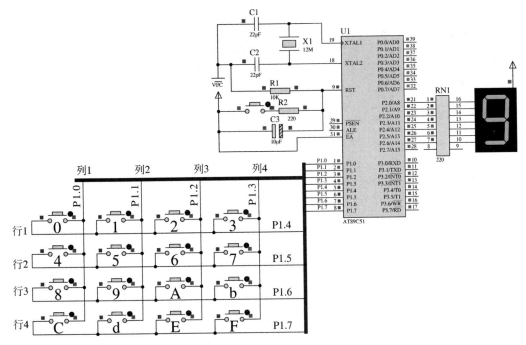

图 9-3　4×4 矩阵式键盘电路

编程分析:行线通过 P1.7~P1.4 控制,列线通过 P1.3~P1.0 控制。采用行扫描的方式进行编程,采用模块化的编程思路分解子程序,有三个主要的子程序:

(1) 判断是否有键按下子程序:由行线发出全扫描字,也就是让 P1.7~P1.4 都送 0,然后 P1.3~P1.0 读取列状态。如果读回的值全为 1,说明没有键按下,则子程序返回 0;如果读到的值不全为 1,说明有键按下,子程序返回 1。

(2) 按键扫描子程序:让 P1.7~P1.4 依次为 0 送行扫描码,然后 P1.3~P1.0 读取列状态。如果读到的值全为 1,说明按下的键不在此行,更新扫描字继续扫描下一行;如果读到的值不全为 1,则返回读到的值,这个值就是矩阵键盘特征码。

(3) 键盘子程序:调用是否有键按下子程序,如果有键按下,则延时消抖,调用按键扫描子程序获取键值。等待按键弹起后将键值与键盘特征码表进行比对,得到键所代表的十六进制字符后送显。

程序如下:

```c
# include < reg51.h>
# include < intrins.h>
# define uchar unsigned char
# define uint unsigned int
uchar code smg[ ] =
{
```

```
        0XC0,0XF9,0XA4,0XB0,0X99,0X92,0X82,0XF8,0X80,
        0X90,0X88,0X83,0XC6,0XA1,0X86,0X8E
    };                                  //0～F的数码管段码

    uchar code keyvalue[] =
    {
        0XEE,0XED,0XEB,0XE7,0XDE,0XDD,0XDB,0XD7,0XBE,
        0XBD,0XBB,0XB7,0X7E,0X7D,0X7B,0X77
    };                                  //矩阵键盘特征码表
    //------------------------------------------------------------
    //子函数声明
    //------------------------------------------------------------
    void Keyboard();                    //键盘子程序
    void delay10ms(uint n);             //延时约 n×10ms 子程序
    bit hitkey();                       //判断是否有键按下子程序
    uchar scan_key();                   //键盘扫描子程序
    void main()
    {
        while(1)
        {
            Keyboard();
        }
    }
    //------------------------------------------------------------
    //键盘子程序
    //------------------------------------------------------------
    void Keyboard()
    {
        uchar Key_Code,i;
        if(hitkey())                    //有键按下
        {
            delay10ms(1);               //延时 10ms,消抖
            if(hitkey())                //仍然按下
            {
                Key_Code = scan_key();  //调用键盘扫描程序
                while(hitkey());        //等待按键释放
                    for(i = 0 ; i<16 ;i++)
                    {
                        if (Key_Code == keyvalue[i]) P2 = smg[i];
                    }
            }
        }
    }
    //------------------------------------------------------------
    //判断是否有键按下子程序,有键按下返回1,无键按下返回0
    //------------------------------------------------------------
    bit hitkey()
    {
        uchar scancode,keycode;
        scancode = 0x0f;                //P1.4～P1.7输出 0,键盘行线发出低电平信号(全扫描字)
        P1 = scancode;
```

```
        keycode = P1;                      //读 P1.0～P1.3 状态
        if((keycode & 0x0f) == 0x0f)       //屏蔽高 4 位,如果读入低 4 位全为 1
            return(0);                     //读入高 4 位全 1,则无键闭合,返回 0
        else
            return(1);                     //否则有键闭合,返回 1
}
//-------------------------------------------------------------
//扫描键盘子程序,高 4 位代表行,低 4 位代表列,返回键值
//-------------------------------------------------------------
uchar scan_key()
{
    uchar scancode,keycode;
    scancode = 0x7f;                       //键盘扫描码初值,逐行扫描,P1.4 = 0,扫描第一列
    while(1)
        {
        P1 = scancode;                     //输入扫描码
        keycode = P1;                      //读出数据,看是否在此行上的某列按键被按下
        if((keycode&0x0f)!= 0x0f) break;   // 如果扫描到按下的键,则退出
        scancode = _cror_(scancode,1);     //否则,左移,更新扫描码继续扫描
    }
        return(keycode);                   //返回扫描键值
}
//-------------------------------------------------------------
//延时子程序,实现约 n × 10ms 的延时
//-------------------------------------------------------------
void delay10ms(uint n)
{
    uchar i,j;
    while(n--)
    {
        for(i = 128;i > 0;i--)
        for(j = 10;j > 0;j--);
    }
}
```

本例的矩阵键盘程序需要不断地检测是否有键按下,占用 CPU 资源较多。如果将检测是否有键按下的功能交给外部中断来做,则会大大提高 CPU 利用率。以下例子演示用外部中断来实现矩阵式键盘。

例 9-2 在 4×4 矩阵键盘电路基础上设计电路扩展一外部中断,用外部中断方式结合行扫描法编程识别矩阵键盘键值并将键值显示在数码管上。

如果采用外部中断方式来进行矩阵式键盘设计,原有的电路无法实现,需要对电路进行改进,改进后的仿真图如图 9-4 所示,将矩阵键盘 4 条列线通过与门接到单片机 INT0。

编程分析:由于列线通过与门接入了 INT0,在程序中无需再编制判断是否有键按下子程序,送行扫描字后,如果有键按下,则会有一列线被拉低,任一列线拉低与门的输出就会为 0,INT0 引脚上的负跳变引起外部中断。判断是否有键按下的功能交给外部中断来进行,如果有键按下,则进入外部中断。主程序完成外部中断允许和中断触发方式选择的设置后送全扫描字,在 INT0 中断服务程序中调用键盘扫描子程序得到键值实现功能。

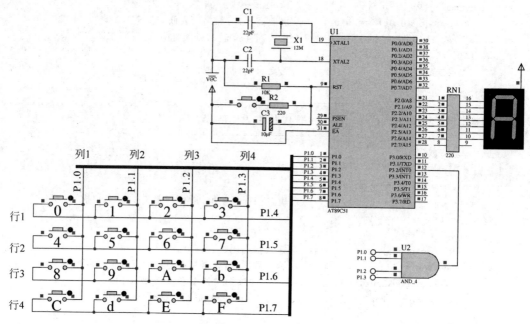

图 9-4　用与门扩展外部中断的 4×4 矩阵式键盘电路

程序如下：

```
#include <reg51.h>
#include <intrins.h>
#define uchar unsigned char
#define uint unsigned int
uchar code smg[] =
{
    0XC0,0XF9,0XA4,0XB0,0X99,0X92,0X82,0XF8,0X80,
    0X90,0X88,0X83,0XC6,0XA1,0X86,0X8E
};                            //0～F 的数码管段码
uchar code keyvalue[] =
{
    0XEE,0XED,0XEB,0XE7,0XDE,0XDD,0XDB,0XD7,0XBE,
    0XBD,0XBB,0XB7,0X7E,0X7D,0X7B,0X77
};                            //矩阵键盘特征码
//----------------------------------------------------
//扫描键盘子程序
//----------------------------------------------------
uchar scan_key()
{
    uchar scancode,keycode;
    scancode = 0x7f;          //键盘扫描初值,从第一行开始扫描
    while(1)
    {
        P1 = scancode;
        keycode = P1;
        if((keycode & 0x0f)!= 0x0f) break;
        scancode = _cror_(scancode,1);
```

```
    }
        return(keycode);
    }
void main()
{
    EA = 1;
    EX0 = 1;
    IT0 = 1;
    P1 = 0x0f;                    //送全扫描字
    while(1);
}
void in0_ser() interrupt 0
{
    uchar keynum;uchar i;
    keynum = scan_key();
    for(i = 0; i < 16;i++)
    {
        if(keynum == keyvalue[i]) P2 = smg[i];
    }
    P1 = 0x0f;                    //送全扫描字
}
```

9.1.2　线反转法

线反转法是通过给单片机的 I/O 口控制的矩阵式键盘行线和列线两次反转赋值后获取键值的一种算法。步骤是：先把行线全部置低电平,读取列线的 I/O 口电平,如果全为高电平,则没有键按下,不做下一步处理。如果有任意键按下,那么一定在对应列上有低电平,保存此时读取的值就对应了按下键所在的列,然后把列线全部置低电平,读取行线的 I/O 口电平,保存此时读取的值就对应了按下键所在的行。将两次读取的值进行或运算就得到该按下键的矩阵键盘特征码。以下例子用线反转法来进行矩阵键盘程序设计。

例 9-3　仿真电路图如图 9-3 所示,用线反转法实现 4×4 矩阵键盘的键值识别并将键值显示在数码管上。

编程分析：先把行线均置低电平,然后读取列线电平,如果此时读到的列线均为高电平,表示没有键按下,则不做下一步处理。如果此时读到的列有低电平,表示有键按下,将此时读到的值存储到一个变量中。然后把列线均置低电平,读取行线电平,将读到的值存储到另一个变量中。将两次反转读取到的行电平和列电平状态进行或运算即可得到矩阵键盘特征码。为更容易理解上述编程思路,结合本例电路图,以按下的键为"A"为例来进一步说明线反转法编程步骤：

Step1：把行线均置低电平,将 P1 口赋值 0x0F 后,然后读取 P1 口的状态,A 键按下从 P1 口读回来的值是 00001011B。

Step2：把列线均置低电平,将 P1 口赋值 0xF0,然后读取 P1 口的状态,则从 P1 口读取回来的值是 10110000B。

Step3：将两次反转读到的值叠加,做或运算,得到 10111011B,即是 0xBB。也即是 A 键所对应的矩阵键盘特征码。

最后将键值与键盘特征码表查表得到对应的字符,用数码管显示即实现了本例功能,程序代码如下:

```
# include < reg51. h>
# include < intrins. h>
# define uchar unsigned char
# define uint unsigned int
uchar code smg[ ] =
{
    0XC0,0XF9,0XA4,0XB0,0X99,0X92,0X82,0XF8,0X80,
    0X90,0X88,0X83,0XC6,0XA1,0X86,0X8E
};                                      //0～F 的共阳数码管段码
uchar code keyvalue[ ] =
{
    0XEE,0XED,0XEB,0XE7,0XDE,0XDD,0XDB,0XD7,0XBE,
    0XBD,0XBB,0XB7,0X7E,0X7D,0X7B,0X77
};                                      //矩阵按键特征码表
//-----------------------------------------------------------
//子函数声明
//-----------------------------------------------------------
void Keyboard();                        //键盘子程序
void delay10ms(uint n);                 //延时约 n×10ms 子程序
uchar Line_reversal();                  //线反转法获取键值子程序
void main()
{
    while(1)
    {
        Keyboard();
    }
}
//-----------------------------------------------------------
//线反转法获取键值子程序
//-----------------------------------------------------------
uchar Line_reversal()
{
    uchar key_column;                   //存储行的变量
    uchar key_row;                      //存储列的变量
    uchar key;                          //键值的编码
    P1 = 0x0f;                          //行为低电平,列为高电平
    key_row = P1;                       //读取 I/O 的数值
    key_row&= 0x0f;                     //屏蔽高 4 位存入列变量中
    if((key_row)!= 0x0f)                //如果列不全为 1,则说明有键按下
    {
        delay10ms(1);                   //延时消抖
        If((key_row)!= 0x0f)            //再次判断
        {
            P1 = 0xf0;                  //列为低电平,行为高电平
            key_column = P1;            //读取 I/O 的数值
            key_column = key_column&0xf0;  //将高 4 位屏蔽掉存入行变量
            key = key_row|key_column;   //将列和行的信息相或得到键值
```

```
            }
            while(P1!= 0xf0);              //等待按键释放
        }
        return key;
}
//-----------------------------------------------------------
//键盘子程序
//-----------------------------------------------------------
void Keyboard()
{
        uchar Key_Code,i;
        Key_Code = Line_reversal(); //调用线反转法获取键值子程序
        for(i = 0 ; i < 16 ;i++)
        {
            if (Key_Code == keyvalue[i]) P2 = smg[i];
        }
}
//-----------------------------------------------------------
//延时子程序,实现约 n×10ms 的延时
//-----------------------------------------------------------
void delay10ms(uint n)
{
    uchar i,j;
    while(n-- )
    {
        for(i = 128;i > 0;i-- )
        for(j = 10;j > 0;j-- );
    }
}
```

9.2 显示驱动芯片 MAX7219 的应用

　　数码管工作方式有静态显示方式和动态显示方式。静态显示的特点是每个数码管的段选引脚必须接一组数据线来保持显示的字形码。当送入一次字形码后,显示字形可一直保持,直到送入新字形码为止。这种方法的优点是占用 CPU 时间少,显示便于监测和控制;缺点是大量占用单片机的 I/O 口,线路繁多。动态显示的特点是将所有位数码管的段选线并联在一起,由位选线控制哪一位数码管有效。选择数码管采用动态扫描方式。动态扫描显示即轮流向各位数码管送出字形码和相应的位选,利用发光管的余辉和人眼视觉暂留作用,使人的感觉好像各位数码管同时都在显示。对于用单片机 I/O 口控制的多位数码管动态显示占用 I/O 口也较多,程序也比较占用 CPU 资源。

　　显示驱动芯片(Display Driver IC,DDIC)是显示面板的主要控制 IC,它的功能是以电信号的形式向显示面板发送驱动信号和数据,通过对屏幕亮度和色彩的控制,使得字母、图片等图像信息得以在屏幕上呈现。下面介绍采用 MAX7219 显示驱动芯片来驱动数码管动态显示。

9.2.1 MAX7219 概述

　　MAX7219 是一种集成化的串行输入/输出共阴极显示驱动器件,可以驱动 8 位 7 段数

码管显示，也可以连接条形 LED 或 8×8LED 点阵屏。采用 MAX7219 仅占用单片机的 3 个 I/O 口，大大节省了动态刷新数码管程序对单片机资源的占用，是驱动数码管显示最常用的 IC 器件，MAX7219 采用 SPI 接口与单片机相连接。

SPI 是一种同步串行外设接口，它可以使 MCU 与各种外围设备以串行方式进行通信以交换信息。SPI 有三个寄存器，分别为控制寄存器 SPCR、状态寄存器 SPSR、数据寄存器 SPDR。采用 SPI 的外围设备很多，包括 FlashRAM、网络控制器、LCD 显示驱动器、A/D 转换器和 MCU 等。SPI 是在 CPU 和外围低速器件之间进行同步串行数据传输，在主器件的移位脉冲下，数据按位传输，高位在前，低位在后，为全双工通信。

MAX7219 主要技术特点：10MHz 的三线串行接口，可独立的 LED 段位控制，译码/非译码位选择，$150\mu A$ 低功耗关断，数字和模拟亮度控制。

9.2.2　MAX7219 引脚功能及工作时序

MAX7219 的引脚排列和功能如表 9-1 所示，MAX7219 工作时序图如图 9-5 所示，发送到 DIN 引脚的 16 位串行数据在每个 CLK 上升沿被移入到内部 16 位移位寄存器中，然后在 LOAD 的上升沿将数据锁存。

表 9-1　MAX7219 引脚说明

引脚图	引脚	名　称	功　　能
	1	DIN	串行数据输入
	$2,3,5\sim$ $8,10,11$	DIG0～DIG7	8 位驱动数据线，从共阴极吸收电流
	4,9	GND	地（两个引脚必须连接在一起）
	12	LOAD(CS)	装载数据输入，串行数据的最后 16 位在 LOAD(CS) 的上升沿锁存
	13	CLK	串行时钟输入，最大数据率为 10MHz
	$14\sim17$, $20\sim23$	SEGA～SEGG、DP	7 段驱动和小数点驱动，为显示器提供电流
	18	ISET	通过电阻 R_{SET} 设置峰值电流
	19	V_+	正电源电压，连接至 +5V
	24	DOUT	串行数据输出

引脚图内容：
DIN 1 — 24 DOUT
DIG 0 2 — 23 SEG D
DIG 4 3 — 22 SEG DP
GND 4 — 21 SEG E
DIG 6 5 — 20 SEG C
DIG 2 6 — 19 V+
DIG 3 7 — 18 ISET
DIG 7 8 — 17 SEG G
GND 9 — 16 SEG B
DIG 5 10 — 15 SEG F
DIG 1 11 — 14 SEG A
LOAD(CS) 12 — 13 CLK
MAX7219 MAX7221

用单片机对外围器件进行操作和读写，通过对外围器件的引脚控制来实现，这些控制信号的一系列具有时间顺序的电平变化称为时序。操作时序是使用任何 IC 芯片或器件必须了解的主要内容，对于分析硬件电路原理至关重要，也是软件编程所遵循的依据。对于带有和外围器件相同总线接口的单片机，其控制时序由硬件产生，只需要设计电路连接，对单片机与该总线接口相关的控制寄存器进行设置和编程来实现对外围芯片的操作。在第 8 章中，51 单片机自带 UART 接口，在编程中无须关注其时序（如果想深入了解 UART 时序，或者 51 单片机串口不够用的情况，也可用 I/O 口编程模拟 UART 时序）。由于 51 单片机不带 SPI,因此需要了解 SPI 时序,通过 I/O 口模拟时序的方式来操作 SPI 的外围器件。一个芯片或器件的所有使用细节都会在它的器件 datasheet 上有详细介绍,使用一个外围器件最重要的就是根据器件手册设计电路和根据时序编制程序,看懂时序图是电子设计软件工程师的必备技能。

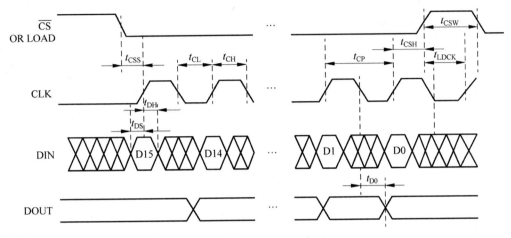

图 9-5   MAX7219 时序图

图 9-5 为 MAX7219 时序图,首先来介绍看懂时序图的一些基本常识:

(1) 时序图最左边符号一般为某一信号引脚的标识,此行图线体现该引脚的信号变化。图中表示的是 LOAD、CLK、DIN、DOUT 四个引脚的时序变化。

(2) 时序图从左至右为时间的先后顺序,表示各个引脚信号电平变化的时间顺序,引脚信号电平的状态有高电平、低电平、上升沿、下降沿等。

(3) 时序图密封的菱形部分,表示有效数据位,如 DIN 的 D15。

(4) 时序图上有关时间的标注,可对照查询时间参数表,在 MAX7219 器件手册上查到时序时间参数表如表 9-2 所示。

表 9-2   MAX7219 时序时间参数

PARAMETER	SYMBOL	CONDITIONS	MIN	TYP	MAX	UNITS
LOGIC INPUTS						
Input Current DIN,CLK, LOAD,$\overline{\text{CS}}$	I_{IH},I_{IL}	$V_{\text{IH}}=0V$ or $V+$	-1		1	μA
Logic High Input Voltage	V_{IH}		3.5			V
Logic Low Input Voltage	V_{IL}				0.8	V
Outut Hiht Voltage	V_{OH}	DOUT,$I_{\text{SOURCE}}=-1mA$	$V\pm 1$			V
Output Low Voltage	V_{OL}	DOUT,$I_{\text{SINK}}=1.6mA$			0.4	V
Hysteresls Voltage	ΔV_{I}	DIN,CLK,LOAD,$\overline{\text{CS}}$		1		V
TIMING CHARACTERISTICS						
CLK Clock Period	t_{CP}		100			ns
CLK Pulse Width High	t_{CH}		50			ns
CLK Pulse Width Low	t_{CL}		50			ns

续表

PARAMETER	SYMBOL	CONDITIONS	MIN TYP MAX	UNITS
$\overline{CS}$ Fall to SCLK Rise Setup Time（MAX7221 only）	t_{CSS}		25	ns
CLK Rise to $\overline{CS}$ or LOAD Rise Hold Time	t_{CSS}		0	ns
DIN Setup Time	t_{DS}		25	ns
DIN Hold Tim	t_{DH}		0	ns
Output Data Propagation Deley	t_{DO}	$C_{LOAD}=50pF$	25	ns
Load-Rising Edge to Next Clock Rising Edge（MAX7219 only）	LDCK		50	ns
Minimum $\overline{CS}$ or LOAD Pulse High	t_{CSW}		50	ns
Data-to-Segment Delay	t_{DSPD}		2.25	ms

　　例如，CS 和 CLK 之间的 t_{CSS}，查询时间参数表 t_{CSS} 为 CS Fall to SCLK Rise Setup Time(MAX7221 only)，在数据手册查询到时间参数为 MIN——25ns。表示的时序信息是：对于 MAX7221 器件，当 CS 为 0 后，必须至少间隔 25ns 才能让 CLK 引脚有一个上升沿。如果采用的是高速处理器，必须关注此类时间参数，并按照时序图在对应信号操作后加上延时满足时序要求；否则，如果器件跟不上主控芯片所处理的速度，就会造成操作失败。对于 51 单片机而言，执行一条指令的时间是微秒级的，这些纳秒级的时序时间参数在软件模拟时序中不加延时也可以达到时序的要求。当然，也有编程者习惯在一些时序操作后略微加一点延时，如用_nop_()延时一个指令周期的时间。

　　从 MAX7219 时序图中，得到以下的时序信息：

　　（1）当向 MAX7219 写入数据时，首先将 LOAD 拉低，允许数据输入到 MAX7219。

　　（2）发送给 MAX7219 的一帧数据为 16 位，高位在前（首先输入的是 D15，最后输入的是 D0）。

　　（3）每位待发送的数据呈现在 DIN 引脚后，在时钟引脚 CLK 的上升沿被发送给 MAX7219。

　　（4）当16位数据发送完后，LOAD 的上升沿将数据锁存到 MAX7219 内部寄存器。

　　时序图中的 DOUT 引脚为串行数据输出引脚，从 DIN 输入的数据在 16.5 个时钟周期后在此端有效。当使用多个 MAX7219 时，用级联模式通过此端方便扩展。在使用单个 MAX7219 时未用到此引脚。

　　串行数据以 16 位为一帧，发送的 16 位数据的格式和内容什么？继续看 datasheet，MAX7219 串行数据格式如表 9-3 所示，其中 D15～D12 位未使用，可为任意值，D11～D8 为内部寄存器地址，D7～D0 为寄存器数据。向指定寄存器地址内写入数据就可以对 MAX7219 进行设置和操作。下面继续看 datasheet 对 MAX7219 内部寄存器的介绍。

表 9-3 MAX7219 串行数据格式

D15	D14	D13	D12	D11	D10	D9	D8	D7	D6	D5	D4	D3	D2	D1	D0
×	×	×	×	地址				MSB			数据				LSB

9.2.3 MAX7219 的内部寄存器

表 9-4 列出了 14 个可寻址位寄存器和控制寄存器。位寄存器由片上 8×8 双端口 SRAM 构成,这些寄存器可直接寻址,所以可分别更新每一位显示,并且只要 V+ 高于 2V 即可保持数据。例如,第 5 位要显示数字 8,只需要向 0110 的地址送入数据 8 即可。控制寄存器由译码模式、显示器亮度、扫描限值、关断和显示测试寄存器组成。以下仅给出控制寄存器的简略介绍,详细寄存器的格式表格参照 MAX7219 数据手册。

表 9-4 MAX7219 的内部寄存器及其地址

寄存器	地址					十六进制地址
	D15~D12	D11	D10	D9	D8	
NO-OP	×	0	0	0	0	X0H
Digit 0	×	0	0	0	1	X1H
Digit 1	×	0	0	1	0	X2H
Digit 2	×	0	0	1	1	X3H
Digit 3	×	0	1	0	0	X4H
Digit 4	×	0	1	0	1	X5H
Digit 5	×	0	1	1	0	X6H
Digit 6	×	0	1	1	1	X7H
Digit 7	×	1	0	0	0	X8H
译码模式寄存器	×	1	0	0	1	X9H
显示器亮度寄存器	×	1	0	1	0	XAH
扫描限值寄存器	×	1	0	1	1	XBH
关断寄存器	×	1	1	0	0	XCH
显示测试寄存器	×	1	1	1	1	XFH

(1) 译码模式寄存器:译码模式寄存器设置每个数据位的 BCD 码(B 码)格式(0~9、E、H、L、P 和一)或非译码操作选项。采用 B 译码模式时,译码器仅接收位寄存器的低位数据 D3~D0,忽略 D4~D6。设置小数点的 D7 与译码器无关。选择非译码模式时,数据位 D7~D0 对应于 MAX7219 的段线。

(2) 显示器亮度寄存器:MAX7219 利用连接在 V+ 和 ISET 之间的外部电阻(R_{SET})控制显示器亮度。从段驱动器提供的峰值电流标称值是流入 ISET 电流的 100 倍。该电阻可以固定,或采用可变电阻实现前面板的亮度调节。电阻最小值应为 9.53kΩ,通常将段电流设置为 40mA。显示器亮度的数字控制通过一个内部脉宽调制器来实现,它由亮度寄存器的低位控制。调制器将平均段电流分成 16 个等级,最大值为峰值电流的 31/32,最小值为峰值电流的 1/32。

(3) 扫描限值寄存器:扫描限制寄存器设置要显示的数据位数,1~8,这些位以复用方式显示,显示 8 位数据时,典型的显示扫描速率为 800 Hz。如果扫描限值寄存器设置在 3 位或更少,每位驱动器将会消耗过多的功率,此时需要根据所显示的位数调整 R_{SET} 电阻值。

（4）关断寄存器:当 MAX7219 处于关断模式时,扫描振荡器暂停,所有段电流源拉至地电位,所有位驱动器拉至 V+,从而关闭显示器。

（5）显示测试寄存器:显示测试寄存器有正常模式和显示器测试模式。显示器测试模式将点亮所有 LED,不受任何控制寄存器和位控制寄存器的内容控制,但并不更改这些寄存器的内容。在显示器测试模式下,扫描 8 个数据位,占空比为 31/32。

MAX7219 可以级联使用以驱动更多的显示器件。将所有器件的 LOAD 输入连接在一起,并将 DOUT 连接到相邻器件的 DIN。

MAX7219 控制寄存器格式如表 9-5 所示。

表 9-5　MAX7219 控制寄存器格式

控制寄存器	控制方式	D7～D0	十六进制代码
译码模式寄存器	7～0 位均不译码	00000000	00H
	0 位译成 B 码,7～1 位均不译码	00000001	01H
	3～0 位译成 B 码,7～4 位均不译码	00001111	0FH
	7～0 位均译成 B 码	11111111	FFH
显示器亮度寄存器	1/32(最小亮度)	xxxx0000	X0H
	…(2/32～29/32)	…	X1H～XEH
	31/32(最大亮度)	xxxx1111	XFH
扫描限值寄存器	只显示第 0 位数据	xxxxx000	X0H
	显示 0 和 1 位数据	xxxxx001	X1H
	显示 0～2…0～6 位数据	…	X2H～X6H
	显示 0～7 位数据	xxxxx111	X7H
关断寄存器	关机模式	xxxxxxx0	X0H
	正常工作模式	xxxxxxx1	X1H
显示测试寄存器	正常工作模式	xxxxxxx0	X0H
	显示测试模式	xxxxxxx1	X1H

另外,NO-OP 是空操作寄存器在级联 MAX7219 时,需要使用,本节未用级联模式不做介绍。下面通过一个例子介绍如何使用 MAX7219 驱动多位数码管显示。

例 9-4　用 MAX7219 驱动 8 位数码管显示数字。

图 9-6 为 MAX7219 驱动 8 位共阴极数码管的电路图,51 单片机没有 SPI,DIN、LOAD、CLK 三个引脚连接到单片机的三个 I/O 口上,通过模拟 SPI 时序的方式进行编程。MAX7219 的 7 段段码和小数点驱动引脚连接到 8 位数码管对应的段码引脚。8 位驱动数据线引脚连接到 8 位数码管对应的位选引脚。

编程分析:本例用 MAX7219 来驱动数码管的动态显示,动态显示的扫描任务由MAX7219 来完成,单片机仅需设置 MAX7219 的模式和传送待显示数据给 MAX7219。通过单片机的 I/O 口模拟时序的方式来向 MAX7219 中写入数据。MAX7219 模拟 SPI 写数据子程序参照图 9-5 所示的 MAX7219 时序图来进行编写:首先将 LOAD 拉低,允许数据输入 MAX7219;然后先发送 8 位地址,再发送 8 位数据。需要将待发送数据的高位取出,然后逐位送到 DIN 引脚模拟 SPI 时序进行串行发送,在循环 8 次的 for 循环内保证取出地

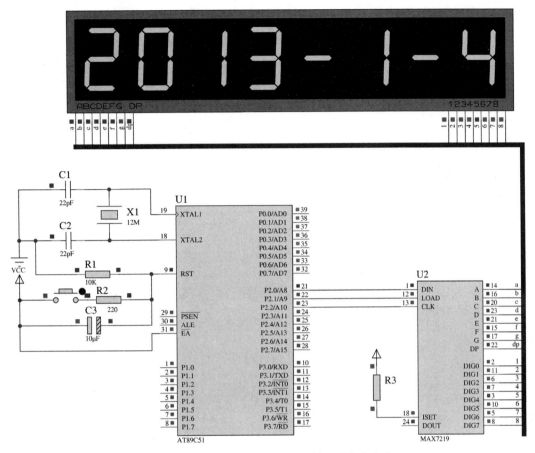

图 9-6　MAX7219 驱动 8 位数码管显示仿真电路

址的 8 个位,每次将待发送数据进行左移一位。如果高位是 0,则不会产生进位,CY=0;如果高位为 1,则产生进位,CY=1。通过读取 CY 值,即可取出该位并将该位送到 DIN 引脚上,CLK 的上升沿就将该位发送出去。同样,再在循环 8 次的 for 循环内将 8 位数据发送出去。当 16 位都发送出去后,在 LOAD 的上升沿的作用下将数据锁存到 MAX7219 内部寄存器。

编写好 SPI 写数据子程序后,需要参照 MAX7219 控制寄存器的地址和控制格式对 MAX7219 进行初始化设置。在本例中,译码模式寄存器设置为 8 个数据位均译成 BCD 码,亮度寄存器选择中等偏上的亮度,扫描限值寄存器设置为 8 个位均扫描显示,关断寄存器设置为正常工作模式。初始化设置完成后,就可送显示数据让数码管显示,送显示数据时先送待显示位的地址,然后送待显示数据的数值。由于选择译码模式,在编程中不需要查询段码,直接送入显示数值即可。

程序如下:

```
# include < reg51.h >
# include < intrins.h >
# define UCHAR unsigned char
# define UINT unsigned int
sbit Din = P2^0;
```

```c
sbit Load = P2^1;
sbit Clk = P2^2;
UCHAR Disp_Buffer[] = {2,0,1,3,10,1,10,4};              //待显示的数字,10为"-"
void delay(UINT x)
{
    UCHAR i;
    while(x--) for(i = 0; i < 120; i++);
}
//--------------------------------------------------
//单片机 I/O 口模拟 SPI 时序写数据子程序
//--------------------------------------------------
void Write(UCHAR Addr,UCHAR Dat)
{
    UCHAR i = 0;
    Load = 0;
    for(i = 0; i < 8; i++)
    {
        Clk = 0;
        Addr <<= 1;
        Din = CY;                                      //CY 为程序状态字进位标志位
        Clk = 1;
        _nop_();
    }
    for(i = 0; i < 8; i++)
    {
        Clk = 0;
        Dat <<= 1;
        Din = CY;                                      //CY 为程序状态字进位标志位
        Clk = 1;
        _nop_();
    }
    Load = 1;
}
//------------------------------------------
//MAX7219 初始化
//------------------------------------------
void Init_7219()
{
    Write(0x09,0xFF);                                  //8 个数据位均选择 BCD 码
    Write(0x0A,0x0B);                                  //亮度寄存器,选择中等偏上的亮度
    Write(0x0B,0x07);                                  //扫描限值寄存器,选择扫描 8 个数码管
    Write(0x0C,0x01);                                  //关断寄存器模式,选择正常模式
}
void main()
{
    UCHAR i;
    Init_7219();                                       //初始化 MAX7219
    delay(1);
    for(i = 0; i < 8; i++)
    {
        Write(i + 1,Disp_Buffer[i]);
    }
    while(1);
}
```

9.3　字符型液晶模块1602的使用与编程

液晶LCD分为两类,一类是字符型LCD,另一类是图形模式LCD。字符型LCD是点阵式液晶显示器,专门用来显示字母、数字、符号。点阵字符型LCD显示模块在国际上已经规范化,采用的控制器多为日立公司的HD44780,也有采用其他兼容控制器如爱普生公司的SED1278、三星公司的KS0666等。LCD控制需专用的驱动电路,一般不会单独使用,而是将LCD面板、驱动与控制电路组合成模块一起使用。

9.3.1　LCD1602概述

1602字符型液晶是一种专门用来显示字母、数字、符号等的点阵型液晶模块。它由2行16列5×7点阵字符位组成,每个点阵字符位都可以显示一个字符,每位之间有一个点距的间隔,每行之间也有间隔,起到了字符间距和行间距的作用,正因为如此,它不能很好地显示图形(用户自定义CGRAM,显示图形效果也不好)。在仅需要一行的显示场合也会用到1601液晶,1601液晶由1行16列字符位组成,其驱动和1602液晶相同。1601液晶和1602液晶实物如图9-7所示。

(a) 1601液晶　　　　　　　　　(b) 1602液晶

图9-7　1601液晶和1602液晶实物

9.3.2　LCD1602引脚接口及工作时序

LCD1602可采用标准的14引脚接口或16引脚接口,16引脚接口多出来的引脚是背光源的正极与负极。16脚1602液晶接口说明如表9-6所示。

表9-6　1602液晶接口说明

引　脚	名　称	说　明
1	VSS	液晶电源地
2	VDD	液晶电源正极,连接至+5V
3	VL	液晶显示偏压信号,对比度调整
4	RS	数据/命令选择端:RS=1,选择数据寄存器;RS=0,选择命令寄存器
5	R/W	读/写选择端:R/W=1,读状态;R/W=0,写指令或数据
6	E	液晶使能端:E=1,使能;E=0,禁止
7～14	D0～D7	数据输入/输出端
15	BLA	背光源正极
16	BLK	背光源负极

HD44780 控制器内有多个寄存器，通过 RS 和 R/W 引脚来共同决定选择哪一个寄存器的读取或写入，如表 9-7 所示。

表 9-7　RS 和 R/W 引脚选择寄存器及操作

RS	R/W	选择寄存器及操作
0	0	选择指令寄存器，写入
0	1	选择忙标志和地址计数器，读出
1	0	选择数据寄存器，写入
1	1	选择数据寄存器，读出

1602 液晶的数据读写是通过 RS、R/W、E 三个引脚和 D0～D7 数据输入/输出端按照操作时序来实现的，1602 的读操作时序如图 9-8 所示，写操作时序如图 9-9 所示。

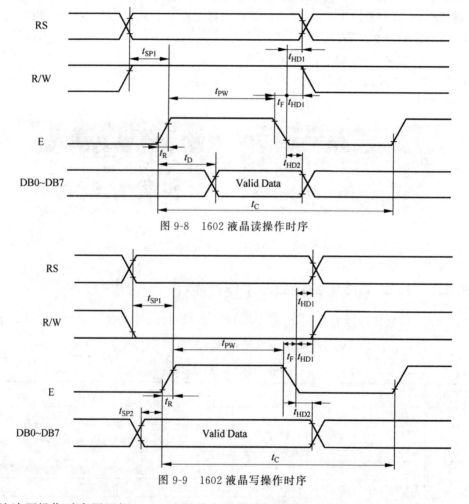

图 9-8　1602 液晶读操作时序

图 9-9　1602 液晶写操作时序

从读写操作时序图可知，1602 液晶共有四种读写操作：

（1）读状态：输入，RS＝L，R/W＝H，E＝H；输出，D0～D7＝状态字。

（2）写指令：输入，RS＝L，R/W＝L，D0～D7＝指令码，E＝高脉冲；输出，无。

（3）读数据：输入，RS＝H，R/W＝H，E＝H；输出，D0～D7＝数据。

(4) 写数据：输入，RS＝H，R/W＝L，D0～D7＝数据，E＝高脉冲；输出，无。

以读状态为例对操作时序进行介绍。在读状态时序中，首先让液晶 RS 端拉低选择命令寄存器，然后让 R/W 端置高表示要进行读取，接着让液晶使能端 E 置高。此时 D0～D7 呈现出液晶的状态字，可通过单片机 I/O 口进行读取。注意到时序图上标记有 t_{P1}、t_{Pw} 等时间间隔，以 t_D 为例，查询液晶说明手册里面的时序参数，t_D 表示读操作的数据建立时间，查询到其最大值为 100ns。它表示的是当 E 置高以后最多等待 100ns 的时间 D0～D7 呈现出液晶的状态字的数据，因此在执行 E＝H 的操作后，需最多等待 100ns 后读取状态字。由于 51 单片机在 12MHz 晶振下执行一条指令都需要 $1\mu s$，纳秒级的等待时间可以忽略不计，因此也可不加入等待时间。当然，为了更稳定，在此处加入一个机器周期的等待时间后再读取也可以。

LCD1602 状态字说明如表 9-8 所示。

表 9-8　LCD1602 状态字说明

STA7	STA6	STA5	STA4	STA3	STA2	STA1	STA0
D7	D6	D5	D4	D3	D2	D1	D0
1—禁止； 0—允许	当前地址指针的数据						

从表中得到信息，对控制器每次进行读写操作之前都必须进行读写检测，确保 STA7 为 0 才能进行下一步的读写操作，如果 STA7 为 1 时，禁止对控制器进行读写操作。51 单片机控制液晶的程序中没有进行读写检测，液晶也能正常工作，这是因为 51 单片机的操作速度慢于液晶控制器的反应速度，不进行读/写检测或只进行简短延时也能满足要求。但还是推荐大家严格按照数据手册的要求来进行编程，避免不可预知的 BUG 的产生。

再以写指令为例对操作时序进一步介绍。在向液晶写入指令时，首先让 RS 拉低选择命令寄存器，然后让 R/W 拉低选择写操作，执行完这两步后开始写命令，接着将待写入的命令数据通过单片机 I/O 口发送给液晶的 D0～D7，然后 E 来一个上升沿，此时就将命令发送给液晶。

9.3.3　LCD1602 内部结构与指令功能

HD44780 内置了 DDRAM(Display Data RAM)、CGROM(Character Generator ROM) 和 CGRAM(Character Generator RAM)。

LCD1602 的 DDRAM 是一个 80B 的 RAM，能够最多存储 80 个 8 位字符代码作为显示数据，对应于显示屏上的各个位置，其中第一行的地址为 00H～27H；第二行为 40H～67H，如图 9-10 所示。

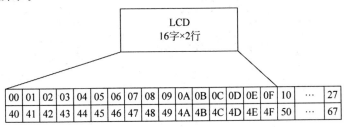

图 9-10　LCD1602 DDRAM 地址映射图

例如，向 LCD1602 屏幕上第一行第二列显示一个字符"B"，只需向 DDRAM 的 01H 地址中写入"B"的代码就行了。图中的 00H～0FH，40H～4FH 为 1602 液晶的 32 个可见显示位，向该地址中写入显示数据时，可立即显示出来。10H～27H，50H～67H 为不可见显示位，当向该范围地址中写入显示数据时，必须通过移屏指令将它们移入到可见显示区域才可以显示出来。

HD44780 内部的 CGROM 已经存储了 160 个点阵字符图形，另外还有 8 个允许用户自定义的字符产生 RAM，称为 CGRAM。图 9-11 说明了 CGROM 与 CGRAM 与字符的对应关系。

图 9-11　HD44780 的 CGROM 字符库集

在图 9-11 中,A 对应的高位代码为 0100,对应左边低位代码为 0001,合起来就是 01000001B,即是 41H,与 A 的 ASCII 码一致。图 9-11 中:20H～7FH 为标准的 ASCII 码,包含阿拉伯数字、英文字母和常用符号;A0H～FFH 为日文字符和希腊文字符;其余字符 (10H～1FH 及 80H～9FH)没有定义。

HD44780 控制器内有多个寄存器,通过读写时序可对内部寄存器进行读写操作。HD44780 共有 11 条指令,如表 9-9 所示。

表 9-9　1602 液晶控制命令集

命 令	命令代码(DB7～DB0)								说 明
清屏	0	0	0	0	0	0	0	1	数据指针清 0,所有显示清 0
光标复位	0	0	0	0	0	0	1	0	光标复位回到显示器左上角,地址计数器 AC 清 0
输入方式设置	0	0	0	0	0	1	N	S	N=1,当读或写 1 个字符后地址指针加 1,且光标加 1;N=0,当读或写 1 个字符后地址指针减 1,且光标减 1;S=1,当写 1 个字符,整屏显示左移(N=1)或右移(N=0),以得到光标不移动而屏幕移动的效果;S=0,当写 1 个字符,整屏显示不移动
显示开关命令	0	0	0	0	1	D	C	B	D=1,开显示;D=0,关显示;C=1,显示光标;C=0,不显示光标;B=1,光标闪烁;B=0,光标不闪烁
光标移位命令	0	0	0	1	S/C	R/L	*	*	移动光标或整个显示字幕移位,当 S/C=1 时,整个显示字幕移位,当 S/C=0 时,只光标移位。当 R/L=1 时,光标右移,R/L=0 时,光标左移
功能设置命令	0	0	1	DL	N	F	*	*	设置数据位数,当 DL=1 时,数据为 8 位,当 DL=0 时,数据为 4 位。设置显示行数,当 N=1 时,双行显示,当 N=0 时,单行显示。设置字形大小,当 F=1 时,为 5×10 点阵,当 F=0 时,为 5×7 点阵
设置字库发生存储器地址	0	0	0	1	CGRAM 的地址				设置用户自定义 CGRAM 的地址,对用户自定义 CGRAM 访问时,要先设定 CGRAM 的地址,地址范围为 0～63
设置数据存储器地址	0	0	1	DDRAM 的地址					设置当前显示缓冲区 DDRAM 的地址,对 DDRAM 访问时,要先设定 DDRAM 的地址,地址范围为 0～127
读忙标志及地址计数器	BF	AC 的值							当 BF=1 时,表示忙,这时不能接收命令和数;当 BF=0 时,表示不忙。低 7 位为读出的 AD 的地址,值为 0～127
写数到 CGRAM 或 DDRAM	1	0	要写的数据						向 DDRAM 或 CGRAM 当前位置中写入数据,写入后地址指针自动移动到下一个位置。对 DDRAM 或 CGRAM 写入数据前,需设定 DDRAM 或 CGRAM 的地址

续表

命　令	命令代码（DB7～DB0）		说　明
从 CGRAM 或 DDRAM 读数	1	1　读出的数据内容	从 CGRAM 或 DDRAM 当前位置读出数据,当 DDRAM 或 CGRAM 读出数据时,需先设定 CGRAM 或 DDRAM 的地址

LCD1602 液晶在显示前需要进行初始化,参考数据手册初始化步骤如下:

延时 15ms→写指令 38H(不检测忙信号)→延时 5ms→写指令 38H(不检测忙信号)后面每次操作后写指令读写数据之前均需检测忙信号。

写指令 38H,显示模式设置→写指令 08H,显示关闭→写指令 01H,显示清屏→写指令 06H,显示光标移动设置→写指令 CCH,显示开及光标设置。

下面通过一个例子来讲解 1602 液晶的使用与编程。

例 9-5 用 LCD1602 显示字符。图 9-12 为 LCD1602 与 51 单片机连接的仿真电路图,其中数据线 D0～D7 与单片机的 P0 口相连,RS、RW、E 分别与 P2.0～P2.2 相连。VEE 连接一个 1kΩ 的电位器来调整对比度。

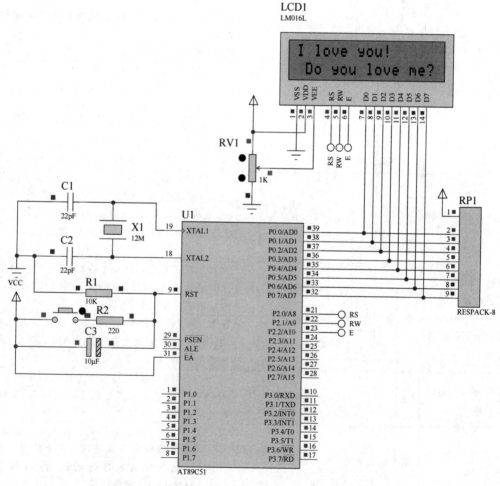

图 9-12　1602 液晶接口电路

编程分析：本例需要先根据 1602 液晶时序编写几个读写子程序,分别是忙检查子程序、向 LCD 写数据子程序、向 LCD 写指令子程序。在此基础上根据 LCD 初始化步骤编写 LCD 初始化子程序和在指定位置显示字符串子程序,待显示字符串的子程序调用格式为 LCD1602_Display(x,y,z),其中,x 为字符显示的列位置,取值范围 0~32,y 为字符显示的行位置,0 表示第一行,1 表示第二行;z 为待显示的字符串数组名。在调用过程中只需要指定待显示字符串的位置即可显示字符串。

在显示字符串子程序中,首先根据用户设定的位置,指定显示起始位置,程序定义了一个指针 str 指向待显示字符串的首地址,在循环中每次将一个字符送对应位置显示,当字符串结束,显示完毕,退出循环。在主程序中,先调用液晶初始化函数 Init_Lcd(),然后调用字符串显示子程序显示第一行和第二行的字符串。

程序如下:

```c
#include <reg51.h>
#define UCHAR unsigned char
#define UINT unsigned int
UCHAR code table[] = "I love you!";
UCHAR code table1[] = "Do you love me?";
sbit Lcd_RS = P2^0;
sbit Lcd_RW = P2^1;
sbit Lcd_EN = P2^2;
void DelayMS(UINT x)
{
    UCHAR i;
    while(x--) for(i = 0; i < 120; i++);
}
//------------------------------------------------
//忙检查
//------------------------------------------------
UCHAR Busy_Check()
{
    UCHAR state;
    Lcd_RS = 0;
    Lcd_RW = 1;
    Lcd_EN = 1;
    DelayMS(1);
    state = P0;
    Lcd_EN = 0;
    DelayMS(1);
    return state;
}
//------------------------------------------------
//向 LCD 写数据
//------------------------------------------------
void Write_Data(UCHAR dat)
{
    while((Busy_Check() & 0x80) == 0x80);      //忙等待
    Lcd_RS = 1;
    Lcd_RW = 0;
```

```c
        Lcd_EN = 0;
        P0 = dat;
        Lcd_EN = 1;                             //高脉冲
        DelayMS(1);
        Lcd_EN = 0;
    }
    //------------------------------------------------
    //向 LCD 写指令
    //------------------------------------------------
    void Write_Cmd(UCHAR cmd)
    {
        while((Busy_Check() & 0x80) == 0x80); //忙等待
        Lcd_RS = 0;
        Lcd_RW = 0;
        P0 = cmd;
        DelayMS(1);
        Lcd_EN = 0;
        Lcd_EN = 1;                             //高脉冲
        DelayMS(1);
        Lcd_EN = 0;
    }
    //------------------------------------------------
    //向 LCD 写指令,不检测忙信号,初始化程序专用
    //------------------------------------------------
    void Write_Cmd_No_Busy(UCHAR cmd)
    {
        Lcd_RS = 0;
        Lcd_RW = 0;
        P0 = cmd;
        DelayMS(1);
        Lcd_EN = 0;
        Lcd_EN = 1;                             //高脉冲
        DelayMS(1);
        Lcd_EN = 0;
    }
    //------------------------------------------------
    //LCD 初始化
    //------------------------------------------------
    void Init_Lcd()
    {
        DelayMS(15);                            //延时 15ms
        Write_Cmd_No_Busy(0x38);                //写指令 38
        DelayMS(5);
        Write_Cmd_No_Busy(0x38);                //写指令 38
        DelayMS(5);
        Write_Cmd_No_Busy(0x38);                //写指令 38
        Write_Cmd(0x38);                        //显示模式设置
        Write_Cmd(0x08);                        //显示关闭
        Write_Cmd(0x0C);                        //当读写一个字符后地址指针加 1,且光标加 1
        Write_Cmd(0x06);                        //开显示,不显示光标,光标不闪烁
        Write_Cmd(0x01);                        //清屏
```

```
}
//---------------------------------------------------------------
//显示字符串
//---------------------------------------------------------------
void LCD1602_Display(UCHAR x,UCHAR y,UCHAR * str)
{
    if(y == 0) Write_Cmd(0x80 | x);
    if(y == 1) Write_Cmd(0xC0 | x);              //设置显示起始位置
    while( * str!= '\0')
    {
        Write_Data( * str);
        str++;
    }
}
void main()
{
    Init_Lcd();                                  //初始化 LCD
    LCD1602_Display(0,0,table);
    LCD1602_Display(1,1,table1);
    while(1);
}
```

9.4　点阵图形液晶模块 12864 的使用与编程

点阵字符型 LCD 显示模块只能显示较为简单的字符,显示较为复杂的汉字或图形,需要选择更高级的点阵图形 LCD 显示模块。

12864 液晶显示模块是 128×64 点阵型液晶显示模块,可显示各种字符及图形,12864 实物如图 9-13 所示。12864 分为带中文字库的和不带中文字库的两种。带字库的 12864 显示模块内部控制器常采用 ST7290,内置 8192 个 16×16 点阵汉字和 128 个 16×8 点阵 ASCII 字符,可以采用并行或串行的方式与单片机接口,可以工作在汉字字符方式和图形点阵方式,在需要显示较多汉字的场合,使用它最方便。不带中文字库的内部控制器通常采用 KS0108 或 ST7565 控制 IC。KS0108 共只有 11 条指令,编程简单,不带串行接口。ST7565 有 20 多条指令,可选用并行接口或串行接口与单片机连接。由于 Proteus 只能仿真不带字库的 12864 液晶,因此本节讲解无字库 KS0108 控制器的 12864 的使用与编程,在实际应用系统中,如果所需的汉字量较少,从节约成本考虑,也可采用无字库液晶,显示汉字可通过字

图 9-13　12864 液晶实物图

模软件提取字模。

无字库 12864 液晶接口说明如表 9-10 所示。

表 9-10　无字库 12864 液晶接口说明

引　脚	名　称	说　明
1	CS1	选择左边 64×64 点
2	CS2	选择右边 64×64 点
3	GND	地
4	VCC	＋5V 电源
5	VO	显示驱动电源 0～5V
6	D/I(RS)	1，选择数据；0，选择命令
7	R/W	1，数据读取；0，数据写入
8	E	使能信号，负跳变有效
9～16	DB0～DB7	数据信号
17	RST	复位、低电平有效
18	$-V_{out}$	LCD 驱动负电源

KS0108 的命令比较简单，总共有 7 条，见表 9-11。

表 9-11　KS0108 控制命令集

命　令	RS	R/W	DB7	DB6	DB5	DB4	DB3	DB2	DB1	DB0	说　明
显示开/关	0	0	0	0	1	1	1	1	1	0/1	DB0 为 0 关显示，为 1 开显示
显示起始行	0	0	1	1	显示起始行(0～63)						该指令设置液晶屏最上一行所显示的 DDRAM 的行地址，有规律地改变起始行，可实现显示滚屏的效果
设置地址（Y 地址）	0	0	0	1	列地址(0～63)						列地址计数器在每一次读写数据后自动加 1
设置页（X 地址）	0	0	1	0	1	1	1	页面(0～7)			设置页地址，DDRAM 共 64 行，分 8 页，每页 8 行
状态读	0	1	B	0	ON/OFF	Rest	0	0	0	0	用于查询 KS0108 的状态 B(1，内部忙；0，空闲)；ON/OFF(1，显示关闭；0，显示打开)；Rest(1，复位状态；0，正常状态)
写数据	1	0	待写入数据字节								写数据到显示存储器，每执行完一次，Y 地址自动加 1
读数据	1	1	读取数据字节								从显示数据存储器中读数据

12864 液晶内部存储器 DDRAM 与显示屏上的显示内容具有一一对应的关系，用户只要将显示内容写入 12864 内部显示存储器 DDRAM 中，就能实现在指定位置的显示。12864 液晶屏水平方向（x 方向）有 128 列像素，从左至右为 0～127 列，垂直方向（y 方向）有

64 行像素。每 8 行组成 1 页,从上到下为 0～7 页。这样以列号和页号为坐标,就可以指定交叉位置的 8 个像素。在液晶内部有一块显示缓冲区,按照列号和页号就可以对显示缓冲区的某个字节写数,该字节的 8 位二进制数就控制着液晶屏对应位置像素的亮灭。如果对第一页第一列的缓存单元写入 0x80,则液晶对应位置的最下面 1 个像素点亮,其余 7 个像素点灭。这样就可以通过程序控制液晶屏的任意像素,实现液晶显示汉字、字符或图形。

KS0108 的写时序和读时序如图 9-14 和图 9-15 所示。时序参数可参阅 KS0108 datasheet。

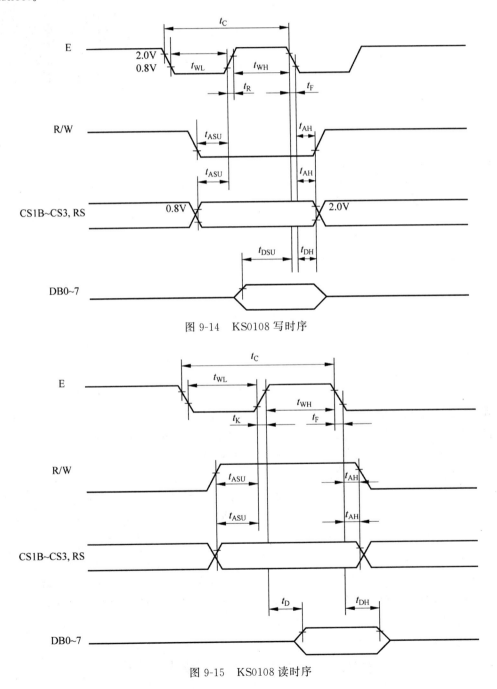

图 9-14　KS0108 写时序

图 9-15　KS0108 读时序

从读写操作时序图可知，KS0108 液晶一共有四种读写操作：

（1）读状态：输入，RS＝L，R/W＝H，E＝H；输出，D0～D7＝状态字。

（2）写指令：输入，RS＝L，R/W＝L，D0～D7＝指令码，E＝高脉冲；输出，无。

（3）读数据：输入，RS＝H，R/W＝H，E＝H；输出，D0～D7＝数据。

（4）写数据：输入，RS＝H，R/W＝L，D0～D7＝数据，E＝高脉冲；输出，无。

例 9-6　12864 液晶显示汉字和图形，仿真电路如图 9-16 所示。

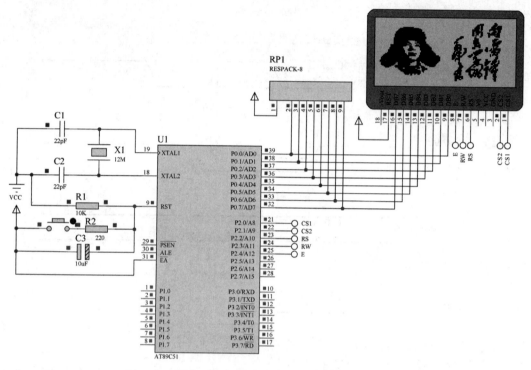

图 9-16　12864 液晶显示仿真电路

　　无字模 12864 液晶显示汉字、字符或图形时，需要用字模提取软件提取字模。网络上可下载的较为常用的字模软件有字模提取软件 V2.2 版和晓奇工作室的液晶汉字模提取软件，通过软件进行字模提取很方便，中文字模选择字体和进行设置后，输入汉字字符串就可得到字模，将提取的字模保存为数组放到单片机 ROM 中。

　　从网络上下载一副"向雷锋同志学习"的彩色图片，为让 12864 液晶显示，需要修改成 128×64 像素以下的黑白图片。图片修改可采用主流的图片处理软件或用 Windows 自带的画图工具（图 9-17）。用 Windows 画图工具修改很简单，首先将图片另存为单色位图的文件，然后在画图工具界面中选择调整大小和扭曲操作，将像素调整为 128×64。

　　下一步需要提取处理好的图片的字模。图 9-18 为用字模提取软件提取图形字模。图 9-18（a）为字模提取 V2.2 软件提取图形字模时的操作界面，图 9-19（b）为用晓奇工作室的液晶汉字模提取软件提取图形字模时的操作界面，前者取模的字模数据直接在点阵生成区复制，后者取模的字模数据数据保存为.h 文件。

　　本例中编写了以下子程序：

　　（1）KS0108 读写子程序，根据时序图进行编程，包括以下子程序：

图 9-17　用 Windows 自带绘图工具修改图片像素

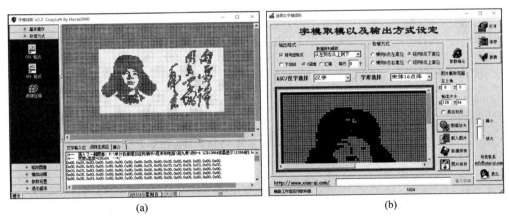

(a)　　　　　　　　　　　　　　　　(b)

图 9-18　用字模提取软件提取图形字模

```
void Busy_12864()                    //LCD 忙检测子程序
void Write_12864_Cmd(UCHAR cmd)      //命令写入子程序
void Write_12864_Data(UCHAR dat)     //数据写入子程序
```

（2）显示定位子程序，对照液晶命令集可知，液晶分为左半屏和右半屏，设置 X 地址即页地址，设置页地址后需要设置列地址（Y），如果不从该页第 0 行开始显示，还需要设置行地址。包括以下子程序：

```
void Select_Screen(UCHAR screen)     //选择屏幕子程序:0-全屏,1-左屏,2-右屏
void Set_Line(UCHAR page)            //设置显示页,页地址 0~7,8 行为一页,共 8 页
void Set_Column(UCHAR column)        //设置显示列,列地址为 0~63
```

（3）清屏子程序，用于液晶初始化和液晶显示下一副字符或画面前进行清屏。

```
void Clear_Screen(UCHAR screen)          // 清屏子程序:0-全屏,1-左屏,2-右屏
```

（4）液晶显示子程序，以下三个子程序分别为显示 16×16 的汉字，显示 16×8 的 ASCII 字符和显示图片子程序，参数的含义见程序注释。

```
void Dis_Chinese_character(UCHAR * s,UCHAR page,UCHAR Column)
void Dis_ASCII(UCHAR * s,UCHAR page,UCHAR Column)
void Display_Pic(UCHAR page,UCHAR column,UCHAR width,UCHAR high,UCHAR * pic)
```

编写好以上子程序后，在主程序指定显示位置对取好的字模进行查表即可显示。程序如下：

```
# include < reg51.h >
# include < intrins.h >
# define UCHAR unsigned char
# define UINT unsigned int
# define LCD_PORT P0
UCHAR code Character[] = {};          //待显示的"我们爱学习单片机"繁体字字模,此处略
UCHAR code Ascii[] = {};              //待显示的"We Love Learning SCM!"字模,此处略
unsigned char code Pic[] = {};        // 待显示"向雷锋同志学习"图片字模,此处略
sbit CS1 = P2^0;                      //片选1
sbit CS2 = P2^1;                      //片选2
sbit RS = P2^2;                       //寄存器数据/命令选择
sbit RW = P2^3;                       //液晶读/写控制
sbit E = P2^4;                        //液晶使能控制
//-------------------------------------------------------------------
//LCD判忙
//-------------------------------------------------------------------
void Busy_12864(){
    do{
        E = 0;RS = 0;RW = 1;          //设置为读,选择状态寄存器
        E = 1;E = 0;}                 //E下降沿读取状态
        while(LCD_PORT & 0x80);       //判忙标志位是否忙,如果忙,则等待
}
//-------------------------------------------------------------------
//命令写入
//-------------------------------------------------------------------
void Write_12864_Cmd(UCHAR cmd){
    Busy_12864();                     //液晶忙等待
    RS = 0; RW = 0;                   //设置为写,选择命令寄存器
    LCD_PORT = cmd;                   //将待写入命令放置到液晶端口
    E = 1; E = 0;                     //下降沿锁存写入的命令
}
//-------------------------------------------------------------------
//数据写入
//-------------------------------------------------------------------
void Write_12864_Data(UCHAR dat){
    Busy_12864();                     //液晶忙等待
```

```c
    RS = 1; RW = 0;                  //设置为写,选择数据寄存器
    LCD_PORT = dat;                  //将待写入数据放置到液晶端口
    E = 1; E = 0;                    //下降沿锁存写入的数据
}
//------------------------------------------------------------
//设置显示页,0xb8 是首地址,页地址 0~7,8 行为一页,共 8 页
//------------------------------------------------------------
void Set_Line(UCHAR page)
{
    //line & = 0x07;                 // 0 <= line <= 7
    page = 0xb8 | page;
    Write_12864_Cmd(page);
}
//------------------------------------------------------------
//设置显示列地址,0x40 是列的首地址,列地址为 0~63
//------------------------------------------------------------
void Set_Column(UCHAR column)
{
    //column & = 0x3f;               // 0 =< column <= 63
    column = 0x40 | column;
    Write_12864_Cmd(column);
}
//------------------------------------------------------------
//选择屏幕子程序:0 - 全屏,1 - 左屏,2 - 右屏
//------------------------------------------------------------
void Select_Screen(UCHAR screen)
{
    switch(screen)
    {
        case 0:
            CS1 = 0;CS2 = 0;          //全屏
            break;
        case 1:
            CS1 = 0;CS2 = 1;          //左半屏
            break;
        case 2:
            CS1 = 1;CS2 = 0;          //右半屏
            break;
        default:
            break;
    }
}
//------------------------------------------------------------
//清屏子程序:0 - 全屏,1 - 左屏,2 - 右屏
//------------------------------------------------------------
void Clear_Screen(UCHAR screen)
{
    UCHAR i,j;
```

243

```
        Select_Screen(screen);
        for(i = 0; i < 8;i++)              //页数 0~7,共 8 页
        {
            Set_Line(i);
            Set_Column(0);
            for(j = 0; j < 64; j++)      //列数 0~63,共 64 列
            {
                Write_12864_Data(0x00);//清屏
            }
        }
}
//---------------------------------------------------
//16×16 的汉字显示,纵向取模,字节倒序
//---------------------------------------------------
void Dis_Chinese_character(UCHAR * s,UCHAR page,UCHAR Column)
{
    UCHAR i,j;
    Set_Line(page);                   //写上半页
    Set_Column(Column);
    for(i = 0;i < 16;i++)
    {
        Write_12864_Data( * s); s++;
    }
    Set_Line(page + 1);               //写下半页
    Set_Column(Column);
    for(j = 0;j < 16;j++)
    {
        Write_12864_Data( * s); s++;
    }
}
//---------------------------------------------------
//16×8 的字符显示,纵向取模,字节倒序
//---------------------------------------------------
void Dis_ASCII(UCHAR * s,UCHAR page,UCHAR Column)
{
    UCHAR i,j;
    Set_Line(page);                   //写上半页
    Set_Column(Column);
    for(i = 0;i < 8;i++)
    {
        Write_12864_Data( * s); s++;
    }
    Set_Line(page + 1);               //写下半页
    Set_Column(Column);
    for(j = 0;j < 8;j++){
        Write_12864_Data( * s); s++;
    }
}
```

```
//--------------------------------------------------------------------
//显示图片函数
//从第 page 页的第 column 列开始显示宽度为 width、高度为 High * 8 的图像
//图像字模在 pic 所指向的缓冲内
//在字模软件中取模时,纵向取模,字节倒序
//--------------------------------------------------------------------
void Display_Pic(UCHAR page,UCHAR column,UCHAR width,UCHAR high,UCHAR * pic)
{
    UCHAR i,j;
    for(i = 0; i < high;i++)
    {
        if(column < 64)    //如果初始的显示列位置小于 64,则图像显示在左半屏或左右半屏
        {
            Select_Screen(1);      //左半屏
            Set_Line(page + i);    //指定页
            Set_Column(column);    //指定列
        if(column + width < 64)    //如果图片都在左半屏,则全部显示在左半屏
            {
                for(j = 0;j < width;j++) Write_12864_Data(pic[j + i * width]);
            }
            else               //如果图片显示在左半屏和右半屏
            {
                for(j = 0; j < 64 - column;j++) Write_12864_Data(pic[j + i * width]);
                                   //左半屏显示
                Select_Screen(2);  //右半屏
                Set_Line(page + i); //指定页
                Set_Column(0);     //指定列
            for(j = 64 - column; j < width; j++) Write_12864_Data(pic[j + i * width]);
            }
        }
        else                       //如果初始的显示列位置大于 64,则全部显示在右半屏
        {
            Select_Screen(2);      //右半屏
            Set_Line(page + i);    //指定页
            Set_Column(column - 64);//指定列
        for(j = 0; j < width; j++) Write_12864_Data(pic[j + i * width]);
        }
    }
}
//--------------------------------------------------------------
//延时子程序
//--------------------------------------------------------------
void delayms(UINT ms)
{
    UCHAR t;
    while(ms -- ) for(t = 0; t < 120; t++);
}
//--------------------------------------------------------------
```

```
//主函数
//------------------------------------------------------------------
main(){
    while(1)
    {
    Clear_Screen(0);                        //清全屏
    Select_Screen(1);                                           //选择左屏
    Dis_Chinese_character(Character,0x01,0);                    //显示汉字
    Dis_Chinese_character(Character + 32,0x01,16);
    Dis_Chinese_character(Character + 64,0x01,32);
    Dis_Chinese_character(Character + 96,0x01,48);
    Dis_ASCII(Ascii,0x03,0);                                    //显示字符
    Dis_ASCII(Ascii + 16,0x03,8);
    Dis_ASCII(Ascii + 32,0x03,16);
    Dis_ASCII(Ascii + 48,0x03,24);
    Dis_ASCII(Ascii + 64,0x03,32);
    Dis_ASCII(Ascii + 80,0x03,40);
    Dis_ASCII(Ascii + 96,0x03,48);
    Dis_ASCII(Ascii + 112,0x03,56);                             //字符第一行左半屏
    Dis_ASCII(Ascii + 256,0x05,0);
    Dis_ASCII(Ascii + 272,0x05,8);
    Dis_ASCII(Ascii + 288,0x05,16);
    Dis_ASCII(Ascii + 304,0x05,24);                             //字符第二行左半屏
    Select_Screen(2);                                           //选择右屏
    Dis_Chinese_character(Character + 128,0x01,64);             //显示汉字
    Dis_Chinese_character(Character + 160,0x01,80);
    Dis_Chinese_character(Character + 192,0x01,96);
    Dis_Chinese_character(Character + 224,0x01,112);
    Dis_ASCII(Ascii + 128,0x03,0);
    Dis_ASCII(Ascii + 144,0x03,8);
    Dis_ASCII(Ascii + 160,0x03,16);
    Dis_ASCII(Ascii + 176,0x03,24);
    Dis_ASCII(Ascii + 192,0x03,32);
    Dis_ASCII(Ascii + 208,0x03,40);
    Dis_ASCII(Ascii + 224,0x03,48);
    Dis_ASCII(Ascii + 240,0x03,56);
    delayms(2000);                                              //延时
    Clear_Screen(0);                                            //清全屏
    Display_Pic(0,0,128,8,Pic);                                 //显示图片
    delayms(2000);
    }
```

　　带字库的 12864 液晶模块通常采用 ST7920 驱动,提供基本命令和扩展命令两套控制命令,和 KS0108 区别较大,但液晶的读写时序都是一致的。带字库液晶模块显示一个汉字,仅需要传送 2 字节汉字字形码即可,在需要汉字较多的场合,使用它最为方便。由于带字库的液晶模块在 Proteus 不能仿真,本书就不再列出带字库的 12864 液晶模块的程序和电路,读者需要使用带字库的液晶模块在使用和编程前需要仔细阅读厂家提供的数据手册,按照数据手册的说明进行编程。

9.5 触摸屏简介

触摸屏又称为触控屏或触控面板,是一种可接收触头等输入信号的感应式液晶显示装置,当接触了屏幕上的图形按钮时,屏幕上的触觉反馈系统根据预先编程的程式驱动各种连接装置,可用以取代机械式的按钮面板,并借由液晶显示画面制造出生动的影音效果。触摸屏是目前最简单、方便、自然的一种人机交互方式。它赋予了多媒体以崭新的面貌,是极富吸引力的全新多媒体交互设备,主要应用于消费电子、公共信息查询、工业控制、军事指挥、多媒体教学等。

按照触摸屏的工作原理和传输信息的介质,把触摸屏分为四种,分别为电阻式、电容感应式、红外线式以及表面声波式,每一类触摸屏都有其各自的优、缺点。使用触摸屏参考数据手册和时序进行编程,由于 Proteus 未内置触摸屏器件,本书不讲解触摸屏的实例。

习题

一、填空

1. 使用并行接口方式连接键盘,采用独立式键盘,6 根 I/O 口线最多可接_____个按键,采用矩阵式键盘,6 根 I/O 口线最多可接_____个按键。

2. MAX7219 采用_____串行接口和单片机连接,由于 51 单片机不带有此接口,因此在和 MAX7219 进行连接的时候需采用_____的方式来进行编程。

3. 1602 液晶面板上共有_____个点阵字符可见显示位,其内部具有字符发生器,在显示相应的数字和字母时,只需向其送入对应的_____码值。

二、问答题

1. 为什么要消除按键的机械抖动? 有哪些方法?
2. 简述矩阵式键盘的扫描子程序。

三、编程题

1. 如图 9-19 所示 3×3 矩阵式键盘,编写程序在数码管上显示键值。

2. 用矩阵式键盘和液晶模块设计一简易整型计算器,可通过键盘输入数字和运算符号实现整型数据的加减乘除。

3. 编制程序和仿真在 1602 液晶上实现一句英文励志名言警句的两种显示方式:

(1) 从左到右滚动显示;

(2) 从上到下滚动显示。

可设置两个按键用于切换两种方式。推荐名言警句(也可自选):

Mastery of work comes from diligent application, and success deponds on forethought.

4. 查询 Proteus 元件库,选择一款本书没讲过的液晶,查询液晶 datasheet,编程及仿真

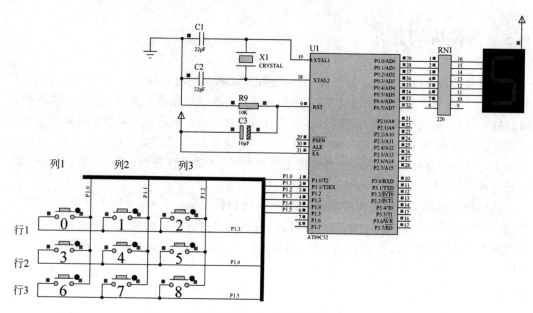

图 9-19   3×3 矩阵式键盘

实现显示功能。

5. 查询 74HC595 的 datasheet，用于驱动多位数码管显示，用 Proteus 绘制电路，编程及仿真实现。

## 第10章

A/D与D/A转换接口技术

在测控应用系统中,需要对一些模拟信号进行检测,将模拟信号转换为数字信号,称为模/数(A/D)转换。通常单片机应用系统也需要模拟量输出,去控制系统中的执行机构,构成控制系统。将计算机中的数字信号转换为模拟信号,称为数/模(D/A)转换。本章介绍几种典型的 ADC 与 DAC 芯片与单片机的接口设计及软件编程。

10.1 A/D 转换设计

由传感器送出的模拟量电压信号或电流信号经过信号调理电路、多路开关和采样保持器后,必须转换成数字量才能送入计算机。将模拟量电压信号转换成数字量信息的器件称为模拟/数字转换器(ADC)。ADC 在工业控制、智能仪器仪表中广为应用。

10.1.1 ADC 的分类

目前产品中应用的 ADC 主要有以下四类:

(1)逐位逼近式 ADC:转换速度中等,精度高,抗干扰能力中等,价格不高,是工业控制和仪器仪表中用得最多的一种。

(2)双积分式 ADC:转换速度慢,精度高,抗干扰能力强,价格低,适用于对速度要求不高的场合,在仪器仪表中应用较多。

(3)V/F 变换计数式 ADC:电路简单,转换速度较慢,价格低,适用于远程信号转换。

(4)$\sum$-Δ 转换器:利用过采样技术进行转换,速度快,精度高。

10.1.2 ADC 的性能指标

对于 ADC,选取的标准主要取决于分辨率和转换速度,以及价格、供货周期、应用情况等其他因素。生产高速 ADC 的厂家众多,如 AD 公司、MAXIM 公司以及 TI 公司等。

(1)分辨率:指 ADC 对输入模拟信号的分辨能力,分辨率通常用位数来表示,如 8 位,12 位,24 位等,一个 n 位二进制输出的 ADC 应能区分输入模拟电压的 2^n 个不同量化级,能区分输入模拟电压的最小差异为 FSR/2^n(FSR 为满量程)。显然,位数越多,使输入数字量变化一个单位的最小模拟信号变化量就越小,分辨率就越高。例如,ADC 为 8 位,若输入信号最大值为 5V，这个 ADC 能区分出输入信号的最小电压为 $5/2^8\text{V}=0.0195\text{V}$，若 ADC 为 12 位，则此 ADC 能区分出输入信号的最小电压为 $5/2^{12}\text{V}=0.00122\text{V}$。

（2）转换速度：指完成一次转换所需的时间。转换时间是从接到转换启动信号开始到输出端获得稳定的数字信号所经过的时间。ADC 的转换速度主要取决于转换电路的类型，不同类型 ADC 转换速度相差很大。采样时间则是另外一个概念，是指两次转换的间隔。为了保证转换的正确完成，采样速率必须小于或等于转换速率，因此习惯上将转换速率在数值上等同于采样速率也是可以接受的，常用单位是 KSa/s 和 MSa/s。

（3）转换精度：可用绝对精度和相对精度表示。绝对精度表示 ADC 实际输出数字量和理想输出数字量之间的差别，一般用最低有效位的倍数表示。相对精度用绝对精度除以满量程的百分数来表示。

ADC 的其他指标还有量化误差、偏移误差、满刻度误差、线性度、总谐波失真、微分非线性、积分非线性等，具体可查阅传感器技术相关书籍。

10.1.3　逐次逼近式 8 位并行 ADC——ADC0809

ADC0809 是带有 8 位 A/D 转换、8 路多路开关以及微处理器兼容的控制逻辑的逐次逼近式 ADC。ADC0809 共 28 个引脚，采用双列直插式封装，其主要引脚功能如表 10-1 所示。

表 10-1　ADC0809 的引脚说明

引脚图			引　脚	名　称	说　明
IN3—1		28—IN2	1～5，26～28	IN0～IN7	模拟量输入引脚（共 8 路）
IN4—2		27—IN1			
IN5—3		26—IN0	17，14，15，8，18～21	DIG0～DIG7	8 位数字量输出引脚
IN6—4		25—ADD A			
IN7—5		24—ADD B			
START—6		23—ADD C	12，16	$V_{REF(+)}$、$V_{REF(-)}$	参考电压正端、负端
EOC—7		22—AKE			
2^{-5}—8		21—2^{-1}MSB	11，13	VCC，GND	+5V 工作电压、地
OUTPUT ENABLE—9		20—2^{-2}	6	START	A/D 转换启动信号输入端
CLOCK—10		19—2^{-3}	7	EOC	转换结束信号输出引脚
VCC—11		18—2^{-4}	9	OE	输出允许控制端
$V_{REF(+)}$—12		17—2^{-8}LSB	10	CLOCK	时钟信号输入端（一般 500kHz）
GND—13		16—$V_{REF(-)}$	23～25	ADD C,B,A	模拟通道地址信号输入端
2^{-7}—14		15—2^{-6}			

ADC0809 对输入模拟量要求：信号单极性，电压范围为 0～5V，若信号太小，必须进行放大，输入的模拟量在转换过程中应该保持不变，如若模拟量变化太快，则需在输入前增加采样保持电路。

ADC0809 引脚中用于通道地址输入和控制线共有 4 条，A、B 和 C 为地址输入线，用于选通 IN0～IN7 上的一路模拟量输入。通道选择见表 10-2。ALE 为地址锁存允许输入线，高电平有效。当 ALE 线为高电平时，地址锁存与译码器将 A、B、C 三条地址线的地址信号进行锁存，经译码后被选中的通道的模拟量进入转换器进行转换。

表 10-2 模拟转换通道选择

输入				选择模拟通道
C	B	A	ALE	
0	0	0	↑	IN0
0	0	1	↑	IN1
0	1	0	↑	IN2
0	1	1	↑	IN3
1	0	0	↑	IN4
1	0	1	↑	IN5
1	1	0	↑	IN6
1	1	1	↑	IN7

数字量输出及控制线共 11 条。

ST 为转换启动信号。当 ST 上升沿时,所有内部寄存器清零;下降沿时,开始进行 A/D 转换;在转换期间,ST 应保持低电平。EOC 为转换结束信号。当 EOC 为高电平时,表明转换结束;否则,表明正在进行 A/D 转换。OE 为输出允许信号,用于控制三条输出锁存器向单片机输出转换得到的数据:OE=1,输出转换得到的数据;OE=0,输出数据线呈高阻状态。D7~D0 为数字量输出线。

CLK 为时钟输入信号线。因 ADC0809 的内部没有时钟电路,所需时钟信号必须由外界提供,通常使用频率为 500kHZ。

VREF(+)、VREF(−)为参考电压输入,参考电压的稳定性和精度对 A/D 转换精度有较大影响,如需要 A/D 转换精确,可以接电压基准。

ADC0809 的时序图如图 10-1 所示。

图 10-1 表示的时序信号和工作流程如下:

(1) ADDRESS 端(A、B、C 三引脚)输入 3 位 A/D 转换通道地址后,使 ALE=1,将地址存入地址锁存器,然后使 ALE=0。

(2) START 引脚送一高脉冲,上升沿使 ADC0809 内部所有寄存器清 0,下降沿开始进行 A/D 转换。A/D 转换期间,EOC 保持低电平,当 EOC 为高电平时,表明转换结束。

(3) 当转换结束后,OE=1,允许输出 A/D 转换数据,此时 A/D 转换的数据可通过并口读出。读取完成后,OE=0,输出数据线呈高阻状态。

ADC0809 内部带有输出锁存器,可与 AT89C51 单片机直接相连,ST 端需要给出一个至少有宽 100ns 的正脉冲信号,是否转换结束是根据 EOC 信号来判断。有关 EOC 引脚与单片机的连接,在实际电路中可以采用三种方式:

(1) EOC 引脚悬空,启动转换后延时 100μs 以上,跳过转换时间后读取 A/D 转换结果。

(2) EOC 引脚接单片机 I/O 口,启动转换后,查询单片机 I/O 的状态,变为高电平后读取 A/D 转换结果。

(3) EOC 引脚连接单片机外部中断请求端,将转换结束信号作为外部中断请求信号向单片机提出中断请求,在中断服务程序内读取 A/D 转换结果。

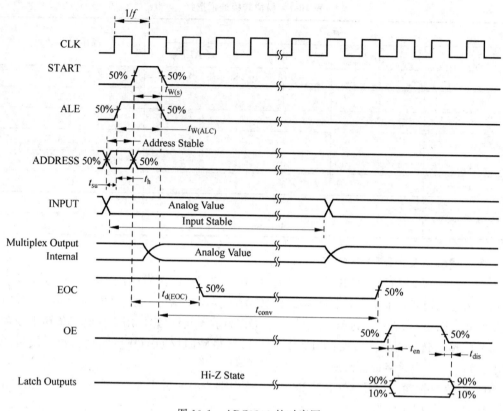

图 10-1　ADC0809 的时序图

例 10-1　用 ADC0809 设计一电压表。

仿真电路如图 10-2 所示，被测电压接到 ADC0809 的 INT6 通道，电压的大小可通过手动调节滑动变阻器 RV1 来实现。P1 口的 7 个 I/O 口用于 ADC0809 通道地址输入及控制线的连接。ADC0809 工作运行需要外接 500kHz～1MHz 的时钟信号，ALE 引脚在单片机正常运行时能输出 1/6 晶振频率的时钟信号，该引脚接到单片机 ALE 引脚上，为符合 ADC0809 工作频率要求，单片机晶振频率选择 6MHz 及以下，转换后的 A/D 值通过 P3 口进行读取，A/D 转换后的结果显示到数码管上。

编程分析：本例编制主要子程序是 A/D 转换子程序和数码管显示电压值子程序。A/D 转换子程序根据图 10-1 时序图进行编写，返回 A/D 转换结果。显示电压值子程序需要分别将待显示值三位数的百位、十位和个位分别取出送显，采用动态显示方式。主程序输入通道后调用 A/D 转换子程序，然后通过子程序返回的 A/D 转换结果计算出电压值。ADC0809 采用的基准电压是 5V，转换所得结果 AD_Result 所代表的电压的值为 AD_Result×5V/255，将电压值显示到小数点后两位，为计算方便可将计算结果乘以 100，然后在百位值后面显示小数点即可。

程序如下：

```
# include < reg51.h>
# define UCHAR unsigned char
# define UINT unsigned int
```

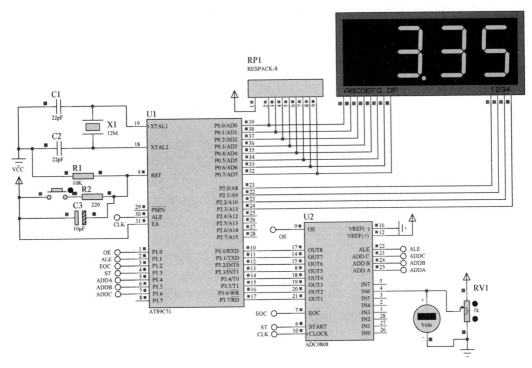

图 10-2 ADC0809 设计的简易电压表电路

```
UCHAR code smg[ ] = {0x3F,0x06,0x5B,0x4F,0x66,0x6D,0x7D,0x07,0x7F,0x6F}; //共阴段码
sbit OE = P1^0;                     //输出允许控制端
sbit ALE = P1^1;                    //地址锁存允许信号输入端
sbit EOC = P1^2;                    //转换结束信号输出引脚
sbit ST = P1^3;                     //AD 转换启动信号输入端
//-----------------------------------------
//延时子程序
//-----------------------------------------
void DelayMS(UINT ms)
{
    UCHAR i;
    while(ms -- ) for(i = 0;i < 120; i++);
}
//-----------------------------------------
//显示电压值子程序
//-----------------------------------------
void Display(UINT d)
{
    P2 = 0xF7;                  //显示小数点后第 2 位
    P0 = smg[ d % 10 ];
    DelayMS(5);
    P2 = 0xFB;
    P0 = smg[ d % 100 / 10 ];   //显示小数点后第 1 位
    DelayMS(5);
    P2 = 0xFD;
```

```
            P0 = smg[ d / 100 ] + 0x80;     //显示整数并显示小数点
            DelayMS(5);
    }
    //------------------------------------------------
    //AD转换子程序
    //------------------------------------------------
    UCHAR AD_Convert()
    {
        UCHAR AD_Result;
        ALE = 0;ALE = 1;ALE = 0;
        ST = 0;ST = 1;ST = 0;          //启动转换
        while( EOC == 0 );             //等待转换结束
        OE = 1;                        //允许输出
        AD_Result = P3;                //读取A/D转换结果
        OE = 0;                        //关闭输出
        return AD_Result;
    }
    //------------------------------------------------
    //主程序
    //------------------------------------------------
    void main()
    {
        UINT Volatage;
        P1 = 0x6F;                     //选择ADC0809通道6
        while(1)
        {

            Volatage = AD_Convert() * 500.0/256 ;
            Display(Volatage);
        }
    }
```

如果单片机选用6MHz以上的晶振，ADC0809的CLK引脚接单片机的ALE引脚就不符合工作时钟频率的要求，CLK引脚可以接单片机的一个I/O口，用定时器中断编程输出时钟信号给ADC0809提供工作时钟。

10.1.3 逐次逼近式12位串行ADC——TLC2543

TLC2543是TI公司的12位串行模/数转换器，使用开关电容逐次逼近技术完成A/D转换过程。TLC2543具有4线制串行接口，分别为片选端（CS）、串行时钟输入端（CLOCK），串行数据输入端（DATA IN）和串行数据输出端（DATA OUT）。它带有标准SPI接口，可以直接与带SPI的器件进行连接，不需要其他外部逻辑。同时，它还可以在高达4MHz的串行速率下与主机进行通信。TLC2543的引脚说明如表10-3所示。

表 10-3 TLC2543 的引脚说明

引脚图	引脚	名称	说明
AIN0 1　　20 VCC AIN1 2　　19 EOC AIN2 3　　18 I/O CLOCK AIN3 4　　17 DATA INPUT AIN4 5　　16 DATA OUT AIN5 6　　15 $\overline{CS}$ AIN6 7　　14 REF+ AIN7 8　　13 REF- AIN8 9　　12 AIN10 GND 10　　11 AIN9	1～9,11,12	AIN0～AIN10	模拟量输入引脚(共 11 路)
	20,10	VCC,GND	+5V 工作电压,地
	14,13	REF+、REF-	参考电压正端、负端
	15	CS	片选端
	16	DATA OUT	A/D 转换结果串行数据输出端
	17	DATA INPUT	串行数据输入端
	18	I/O CLOCK	I/O 时钟端
	19	EOC	转换结束端

TLC2543 片内有 1 个 14 路模拟开关,它用来选择 11 路模拟输入及 3 路内部测试电压中的 1 路进行采样。为保证测量结果的准确性,内置 3 路内部测试方式,可分别测试 REF+高基准电压值、REF-低基准电压值和 REF+/2 值。器件的模拟量输入范围为 REF-～REF+。如果测量 0～5V 的电压值,REF+接+5V,REF-接地。TLC2543 的时序图如图 10-3所示。

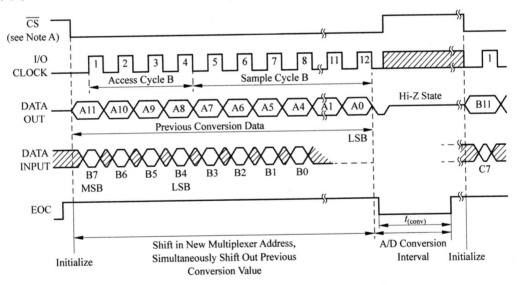

图 10-3 TLC2543 的时序图

由图 10-3 可知:CS 为高电平时,TLC2543 的 CLK 和 DIN 被禁止,DOUT 为高阻状态。CS 变低开始转换过程,CLK 和 DIN 有效,并且 DOUT 脱离高阻状态。EOC 开始为高,输入数据寄存器被置为全零,输出数据寄存器内容随机,并且第一次转换结果将被忽略。

由 TLC2543 的时序,命令字的写入和转换结果的输出是同时进行的,即在读出转换结果的同时也写入下一次的命令字,若采集 10 次数据,则要进行 11 次转换。第 1 次写入的命令字是有实际意义的,而第 1 次读出的转换结果是无意义的,应丢弃;第 11 次写入的命令字是无意义的操作,而读出的转换结果是有意义的。

TLC2543 输入寄存器的命令字格式见表 10-4。

表 10-4　TLC2543 输入寄存器的命令字格式

功能选择	D7	D6	D5	D4	D3	D2	D1	D0
	MSB							LSB
D7~D4 为通道选择位，用于选择 A/D 转换通道 AIN0~AIN10 AIN0 对应于 0000，AIN1 对应于 0001，AIN2 对应于 0010，AIN3 对应于 001，…，AIN10 对应于 1010	0	0	0	0				
	~							
	1	0	1	0				
D3、D2 为输出数据长度控制位，分别选择 8 位、12 位和 16 位数据。选择 12 位数据时，所有数据均被输出；选择 8 位数据时，低 4 位被截去，转换精度降为 8 位；选择 16 位数据时，转换结果低 4 位被填充 0。X 表示任意值，即是该位为 0 或 1 均可					0	1		
					X	0		
					1	1		
D1 为输出数据顺序控制位：为 0 时，选择高位在前，为 1 时，选择低位在前							0	
							1	
D0 为数据极性选择位：为 0 时，用单极性二进制数码表示；为 1 时，用双极性二进制数码表示								0
								1

应用 TLC2543 时注意以下问题：

（1）硬件设计中，EOC 引脚是否连接问题。EOC 引脚由高变低是在第 12 个时钟的下降沿，它标志 TLC2543 开始对本次采样的模拟量进行 A/D 转换，转换完成后 EOC 变高，标志转换结束。应该通过 EOC 判断是否可以进行新的周期，以便从 TLC2543 中取出已转换的 A/D 数据，TLC2543 的一次 A/D 转换时间约为 $10\mu s$，而一般情况下，一个工作周期后，51 单片机的后续处理工作已大于 $10\mu s$，也可以不接 EOC。

（2）一个输入、输出工作周期为 12 个时钟信号，随着 12 个时钟信号的进入，TLC2543 的 DATA OUT 引脚送出的 12 位数，为上一个工作周期的 A/D 转换数据，而这一数据是何通道的采集量取决于上一工作周期从 DATA INPUT 引脚送入 TLC2543 的控制字的前 4 位。因此，对于系统上电后第一个工作周期，从 DATA OUT 取出的数据是没有意义的。

（3）控制字的低 4 位决定输出数据长度及格式，初始设定后，一般不要在运行过程中改变，以免数据混乱。而在工作周期循环，若累加器 A 中数据没有处理好，容易把非法的控制字带入 TLC2543，引起输出数据格式错误。

（4）对于转换结果用二进制方式输出，当输入电压等于 VREF＋时，转换结果为 12 个"1"，即（1111 1111 1111），当输入电压等于 VREF－时，转换结果为 12 个"0"，即（0000 0000 0000），当输入电压等于（VREF＋＋VREF－）/2 时，转换结果为（1000 0000 0000），供校正参考。12 位采集数据，对于 8 位单片机分放在两个内存地址中，若是向微机系统传送，可以直接发送，由微机系统计算；若是自身使用，计算合成后，仍需放两个地址。

TLC2543 采用 SPI 接口，由于 51 单片机不带 SPI 接口，需模拟 SPI 时序对 TLC2543 编程。以下例子为 51 单片机模拟 SPI 时序操作 TLC2543 进行 A/D 转换。

例 10-2　用 TLC2543 进行 A/D 转换，采集电压值并显示。

仿真电路如图 10-4 所示，被测电压接到 TLC2543 的 INT0 通道，电压的大小可通过手动调节滑动变阻器 RV2 来实现。由于 51 单片机不带 SPI 接口，需要通过 I/O 口模拟 SPI

时序来对 TLC2543 进行读取,P2.4、P2.5、P2.6、P2.7 分别连接 TLC2543 的串行输入 SDI、片选端 CS、时钟端 CLK、转换结束端 EOC。转换后的 A/D 值通过 P2.3 口连接 TLC2543 的串行输出 SDO 进行读取,A/D 转换后的结果显示到 LCD1602 液晶上。

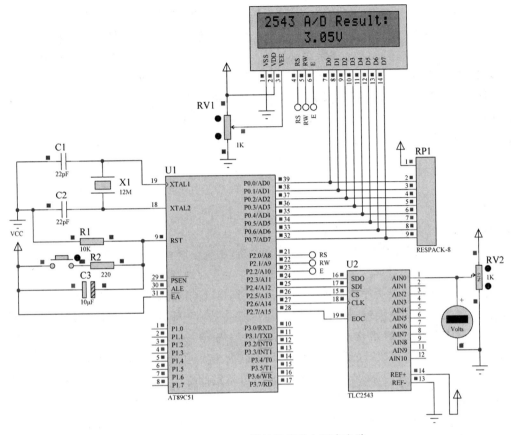

图 10-4　TLC2543 设计的简易电压表电路

编程分析:本例首先需要根据 TLC2543 工作时序图编制 A/D 转换子程序,启动 A/D 转换之前需要向 TLC2543 写入命令字,在 A/D 转换子程序中设定一输入参数 Port 作为通道号,方便用户进行指定。由 TLC2543 输入寄存器命令字格式可知,通道号在命令字的高 4 位,命令字低 4 位设置为 0000,表示选择 12 位数据,输出数据顺序高位在前,用单极性二进制数码表示。由于通道号高位在前,假设指定采集通道 8 的 A/D 值,需要输入命令字为 0x80,不太符合程序调用者的输入习惯,因此在程序中做处理将 port ≪= 4,低 4 位补 0 也不影响低 4 位本身为 0000 的初始化设置,调用程序时只需要指定通道号即可。

TLC2543 读写程序中,首先让 CLK=0,为高脉冲做准备,将片选 CS 拉低,准备好待写入的通道命令字;然后在循环体中完成命令字的写入及 A/D 转换数据的读出。在子程序中定义一个整型变量 Ad_Result 用于存放读取的 A/D 值,由于读出来的 A/D 值是高位在前,因此可以每次读取到一位后,将读取到的值放到 Ad_Result 的最低位,再将 Ad_Result 左移一位,准备读取下一位。这样共左移 11 次以后就完整读取到了整个 12 位的 A/D 转换数据,并存入 Ad_Result。

代码

```
Ad_Result << = 1;
if(Tlc_Sdo) Ad_Result |= 0x01;
```

用于实现读取 A/D 转换值的功能。注意"Ad_Result ≪= 1"这条语句一定要写在"if(Tlc_Sdo) Ad_Result |= 0x01"这条语句的前面。因为从读取到最高位到读取到最低位完全存放到 Ad_Result 中左移 11 次，如果写到该语句之后就左移了 12 次，得到不正确的结果。

TLC2543 的读写是同时进行的，在读取的同时也需要写入包含下一通道值的命令字，写入命令字也是高位在前，可以每次将 port 左移一位，如果高位为 0，则不产生进位，如果高位为 1，则产生进位。CY 为进位标识位，不产生进位时，CY＝0，产生进位时，CY＝1。因此，就可通过 CY 将高位取出写入 TLC2543。

代码：

```
port << = 1;
Tlc_Sdi = CY;
```

用于实现每次写入命令字一位的功能。

准备好了写入和读取的代码后，将 CLK 置高，来一个时钟上升沿，就完成了 1 位的读写操作；然后再将 CLK 拉低，为下一次读写的时钟上升沿做准备。

读写子程序代码见程序代码的 UINT read_2543(UCHAR port)子程序。

完成最重要的 A/D 转换子程序后，就可以在主程序中调用该子程序实现电压表的功能。首先在主程序中初始化液晶，显示第一行的内容"2543 A/D Result："，然后用代码"read_2543(0)"空读一次，这是由于 TLC2543 的命令字写入和 A/D 转换值读取是同时进行的，第一次写入的命令字是有实际意义的，这里指定的下一次 A/D 转换的通道为通道 0，但第一次读出的转换结果由于没有指定通道是无意义的，因此对读到的值不做任何处理。完成了空读后，程序在循环里面不断读取通道 0 的 A/D 转换值，并计算出电压值送显。

程序如下：

```
# include < reg51. h>
# include < intrins. h>
# include < lcd1602. h>
# define UCHAR unsigned char
# define UINT unsigned int

sbit Tlc_Sdo = P2^3;                          //2543 输出
sbit Tlc_Sdi = P2^4;                          //2543 输入
sbit Tlc_Cs = P2^5;                           //2543 片选
sbit Tlc_Clk = P2^6;                          //2543 时钟
sbit Tlc_Eoc = P2^7;

UCHAR code LCD_DSY1[] = {"2543 A/D Result:"};  //第一行显示的字符
UCHAR LCD_DSY2[] = {" 0.00V "};               //第二行显示结果
//------------------------------------------------------------
//读 2543A/D 转换值子程序,输入参数为 Port 通道号,输出参数为 A/D 转换值
//------------------------------------------------------------
UINT read_2543(UCHAR port)
```

```
{
    UINT Ad_Result = 0;                        //用于存放采集的 A/D 转换值
    UCHAR i;
    Tlc_Clk = 0;
    Tlc_Cs = 0;
    port <<= 4;                                //选择数据长度为 12 位,高位在前
    for(i = 0 ; i < 12; i++)
    {
        Ad_Result <<= 1;
        if(Tlc_Sdo) Ad_Result | = 0x01;
        port <<= 1;
        Tlc_Sdi = CY;                          //CY 为程序状态字进位标志位
        Tlc_Clk = 1;                           //时钟上升沿
        Tlc_Clk = 0;
    }
    Tlc_Cs = 1;
    return(Ad_Result);
}
void main()
{
    UINT Tmp;
    Initialize_LCD1602();
    LCD1602_Display(0,0,LCD_DSY1);             //显示第一行的字符
    read_2543(0);                              //启动 A/D 转换,选中通道 0,转换结果无意义
    while(1)
    {
        while(!Tlc_Eoc);                       //等待 A/D 转换结束
        Tmp = read_2543(0) * 500.0/4095 ;
        LCD_DSY2[5] = Tmp / 100 + '0';
        LCD_DSY2[7] = Tmp / 10 % 10 + '0';     //百位
        LCD_DSY2[8] = Tmp % 10 + '0';          //十位
        LCD1602_Display(0,1,LCD_DSY2);
    }
}
```

10.2　D/A转换设计

单片机应用系统需要模拟量输出,去控制系统中的执行机构,构成控制系统。将计算机中的数字信号转换为模拟信号称为数/模转换。

10.2.1　D/A转换器 DAC0832

DAC0832 是 8 位分辨率的 D/A 转换集成芯片,转换结果以电流形式输出。DAC0832 具有价格低、接口简单、转换控制容易等优点,在单片机系统中得到广泛应用。D/A 转换器由 8 位输入锁存器、8 位 DAC 寄存器、8 位 D/A 转换电路及转换控制电路构成。DAC0832 的引脚说明如表 10-5 所示。

表 10-5　DAC0832 的引脚说明

引脚图	引　脚	名　称	说　明
	7 ～ 4，16～13	DI0～DI7	8 位数据输入端
	19	ILE	数据锁存允许信号输入端
	1	CS	片选信号输入端
	2	WR1	输入锁存器写选通信号输入端
	18	WR2	DAC 寄存器写选通信号输入端
	11	I_{OUT1}	模拟电流输出端 1
	12	I_{OUT2}	模拟电流输出端 2
	17	XFER	数据传送控制信号输入端
	9	R_{fb}	反馈信号输入端
	8	V_{ref}	基准电压输入端
	20，3，10	VCC，GND	电源输入端，模拟地，数字地

引脚图：

```
 CS̄   —1•        20— VCC
 WR̄₁  —2         19— I_LE(BYTE1/BYTE2)†
 GND  —3         18— WR̄₂
 DI₃  —4         17— XF̄ER
 DI₂  —5         16— DI₄
 DI₁  —6         15— DI₅
DI₀(LSB)—7       14— DI₆
 V_REF —8        13— DI₇(MSB)
 R_fb —9         12— I_OUT2
 gnd  —10        11— I_OUT1
```

DAC0832 由输入寄存器、DAC 寄存器和 D/A 转换器构成，由于有输入寄存器和 DAC 寄存器两级寄存器，故 DAC0832 可以工作在双缓冲方式下，在输出模拟信号的同时可以采集下一个数字量，这样能有效地提高转换速度；另外，有了两级锁存器，可以在多个 D/A 转换器同时工作时，利用第二极锁存信号实现多路 D/A 的同时输出。根据对 DAC0832 的数据锁存器和 DAC 寄存器的不同控制方式，DAC0832 有直通、单缓冲和双缓冲三种工作方式。

1. 直通方式

直通方式是数据不经两级锁存器锁存，当 8 位数字量传送给 DI0～DI7 后立即进行 D/A 转换，从输出端得到转换的模拟量。此方式 CS、XFER、WR1、WR2 均接地，ILE 接高电平。此方式适用于不带微机的控制系统和连续反馈控制线路，当接单片机工作时，不能直接和单片机的 I/O 口连接，必须通过另加独立的 I/O 接口，以匹配 CPU 与 D/A 转换。

2. 单缓冲方式

单缓冲方式是控制输入寄存器和 DAC 寄存器同时接收数据，或者只用输入寄存器而把 DAC 寄存器接成直通方式。此方式适用只有一路模拟量输出或几路模拟量异步输出的情形。对于单缓冲方式，单片机只需要一次操作，就能将转换的数据送到 DAC0832 的 DAC 寄存器并立即开始转换，转换结果通过输出端输出。

3. 双缓冲方式

当 8 位输入寄存器和 8 位 DAC 寄存器分开控制导通时，DAC0832 工作于双缓冲方式。此时，单片机对 DAC0832 的操作先后分为两步：第一步使输入寄存器导通，将 8 位数字量写入输入寄存器中；第二步使 DAC 寄存器导通，8 位数字量从输入寄存器送入 DAC 寄存器,这一步只使 DAC 寄存器导通,在数据输入端写入的数据无意义。

双缓冲方式是先使输入寄存器接收资料,再控制输入寄存器的输出资料到 DAC 寄存器,即分两次锁存输入资料。此方式适用于多个 D/A 转换同步输出的情形。

例 10-3 用 DAC0832 产生范围为 0~5V 的方波、锯齿波、三角波。

在要求一路模拟量输出的场合可采用单缓冲方式,图 10-5 为 DAC0832 工作在单缓冲方式的电路。DAC0832 的 WR2 和 XFER 引脚接地,ILE 引脚接+5V,时钟保持有效。CS与 P2.7 连接用于片选,WR1 与 P3.6 连接用于输入锁存器写选通信号输入。DI0~DI7 与单片机的 P0 口相连。转换结果通过输出端输出,输出端接了放大器,将电流转换成电压,送示波器显示。

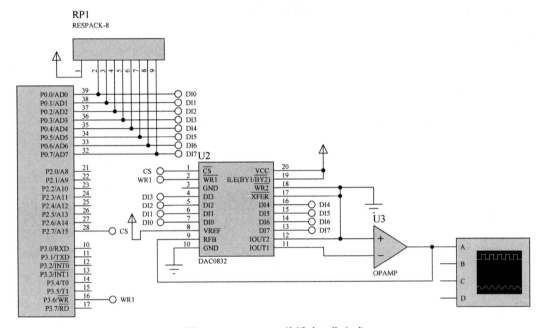

图 10-5 DAC0832 单缓冲工作方式

编程分析:单片机通过 P2.7 送出一个低电平到 DAC0832 的 CS 片选引脚选中 DAC0832,通过 P3.6 引脚送出一个低电平到 WR1 引脚,输入锁存器开始接收数据,收到数据以后DAC0832 将数据进行 D/A 转换并输出。D/A 转换器产生波形的原理是利用 D/A 转换器输出模拟量和输出数字量成正比,通过单片机向 D/A 转换器送出呈一定规律变化的数字,则 D/A 转换器输出端就可以输出随时间按相应规律变化的波形。

如果要产生方波,则向 DAC0832 输入 255,间隔一段时间后输入 0,循环往复就产生了方波。如果要产生锯齿波,由于锯齿波的输出电压是逐渐上升的,只需要让单片机向DAC0832 输入 0~255 逐渐上升的数字量,到达 255 后又从 0 开始输入,如此循环往复即可。如果要产生三角波,则让单片机向 DAC0832 输入 0~255 逐渐上升的数字量,到达 255后又从 255 逐渐递减至 0,如此循环往复。

产生方波、锯齿波、三角波的程序如下(仅列出主程序,延时子程序及头文件和位定义等语句略掉):

```
void main()                    //产生方波的程序
```

```
    {
        cs = 0;
        wr = 0;
        while(1)
        {
            P0 = 0xFF;
            delay(20);
            P0 = 0x00;
            delay(20);
        }
    }


    void main()                         //产生锯齿波的程序
    {
        UCHAR i;
        cs = 0;
        wr = 0;
        while(1)
        {
            for(i = 0;i < 255;i++)
            P0 = i;
        }
    }


    void main()                         //产生三角波的程序
    {
        UCHAR i = 0,j = 0;
        cs = 0;
        wr = 0;
        while(1)
        {
            P0 = i;
            i++;
            if(i == 255){j = 1;}
            while(j)
            {
                P0 = i;
                i--;
                if(i == 0){j = 0;}
                delay(1);
            }
            delay(1);
        }
    }
```

　　DAC0832 相当于片外存储器，因此可以采用由 ABSACC 头文件所定义的指令 XBYTE 来实现对 DAC0832 的寻址，编程更为方便。

　　以下为三角波的程序：

```
# include < reg51.h >
# include < absacc.h >
```

```
#define UCHAR unsigned char
#define UINT unsigned int
#define DAC0832 XBYTE[0x7FFF]
void delay(UINT ms)
{
UCHAR i;
    while(ms-- )
    {
        for(i = 0;i < 120;i++);
    }
}
void main()
{
    UCHAR i = 0,j = 0;
    while(1)
    {
        DAC0832 = i;
        i++;
        if(i == 255){j = 1;}
        while(j)
        {
            P0 = i;
            i-- ;
            if(i == 0){j = 0;}
            delay(1);
        }
        delay(1);
    }
}
```

10.2.2　串行 10 位 D/A 转换器 TLC5615

TLC5615 为美国 TI 公司推出的产品,是具有串行接口的数/模转换器,其输出为电压型,最大输出电压是基准电压值的 2 倍。带有上电复位功能,即把 DAC 寄存器复位至全零。性能比早期电流型输出的 DAC 要好。只需要通过 3 根串行总线就可以完成 10 位数据的串行输入,易于和工业标准的微处理器或微控制器(单片机)接口。TLC5615 引脚的说明见表 10-6。

表 10-6　TLC5615 的引脚说明

引脚图	引　脚	名　称	说　　明
	1	DIN	串行数据输入端
	2	SCLK	串行时钟输入端
DIN ☐ 1　8 ☐ VDD	3	CS	片选信号输入端,低电平有效
SCLK ☐ 2　7 ☐ OUT	4	DOUT	用于菊花链式串行数据输出
$\overline{CS}$ ☐ 3　6 ☐ REFIN	5	AGND	模拟地
DOUT ☐ 4　5 ☐ AGND	6	REFIN	基准电压输入端
	7	OUT	DAC 模拟电压输出端
	8	VDD	正电源端

TLC5615 的时序图如图 10-6 所示。可以看出,只有当片选 CS 为低电平时,串行输入数据才能被移入 16 位移位寄存器。当 CS 为低电平时,在每一个 SCLK 时钟的上升沿将 DIN 的一位数据移入 16 位移寄存器。注意,二进制最高有效位被导前移入。接着,CS 的上升沿将 16 位移位寄存器的 10 位有效数据锁存于 10 位 DAC 寄存器,供 DAC 电路进行转换。当片选 CS 为高电平时,串行输入数据不能被移入 16 位移位寄存器。注意,CS 的上升和下降都必须发生在 SCLK 为低电平期间。

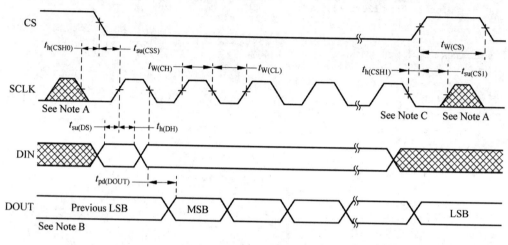

图 10-6　TLC5615 的时序图

TLC5615 有两种工作方式:不使用级联(菊花链)功能和使用级联(菊花链)功能。不使用级联功能时,DIN 只需要输入 12 位数据,前 10 位为 TLC5615 输入的 D/A 转换数据,高位在前,后 2 位未使用,可写入 0 或 1 任意数值。TLC5615 不使用级联功能 12 位数据序列格式如图 10-7 所示。

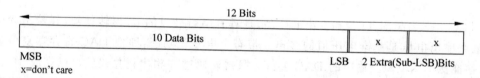

图 10-7　TLC5615 不使用级联功能 12 位数据序列格式

使用级联功能,即 16 位数据列,可以将本片的 DOUT 接到下一片的 DIN,需要向 16 位移位寄存器按先后输入高 4 位虚拟位、10 位有效位和低 2 位填充位,由于增加了高 4 位虚拟位,所以需要 16 个时钟脉冲。TLC5615 使用级联功能 16 位数据序列格式如图 10-8 所示。

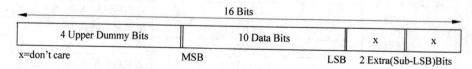

图 10-8　TLC5615 使用级联功能 16 位数据序列格式

例 10-4　用 TLC5615 实现数字步进调压,用两个按键实现电压增减。

仿真电路如图 10-9 所示。在电路图中,用 P2.0 控制串行时钟输入端 SCLK,P2.1 控制片选信号输入端 CS,P2.2 控制串行数据输入端 DIN。用外部中断 0 和外部中断 1 连接两个按键实现电压增减功能。采用模拟口线方式模拟 SPI 时序进行编程。

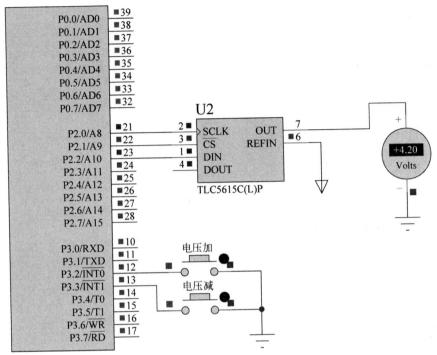

图 10-9　TCL5615 实现数字步进调压仿真电路

程序如下:

```c
#include <reg51.h>
#define UCHAR unsigned char
#define UINT unsigned int
sbit SCLK = P2^0;
sbit CS = P2^1;
sbit DIN = P2^2;
UINT DA_Number = 0;                    //待发送的 DA 初始值为 0
//-------------------------------------------------------------
//写 TLC5616 子程序,输入参数:10 位数值
//-------------------------------------------------------------
void Write_Tlc5616(UINT Digital)
{
    UCHAR i;
    SCLK = 0;
    CS = 0;
    Digital <<= 4;                     //准备好待写入的数值,高位在前
    for(i = 0; i < 12;i++)
    {
        Digital <<= 1;
        DIN = CY;
```

```
            SCLK = 1;                       //时钟上升沿,写入
            SCLK = 0;
        }
        CS = 1;
    }
    void main()
    {
        EA = 1;
        EX0 = 1;EX1 = 1;
        IT0 = 1;IT1 = 1;
        while(1);
    }
    void int0_ser() interrupt 0            //电压增加
    {
        Write_Tlc5616(DA_Number += 100);
    }
    void int1_ser() interrupt 2            //电压增加
    {
        Write_Tlc5616(DA_Number -= 100);
    }
```

习题

一、填空

1. 按照转换的原理,ADC0809 是_____型转换器,对 $0\sim5\mathrm{V}$ 的电压采用 ADC0809 进行 A/D 转换,其能识别的最小电压为_____。

2. ADC0809 是_____位的 A/D 转换器,TLC2543 是_____位的 A/D 转换器,这里的位是指 A/D 转换器的_____。

二、问答题

A/D 转换器最重要的两个技术指标是什么？分别表示什么含义？

三、编程题

1. 用 ADC0809 或 TLC2543 实现 4 路以上的 A/D 转换功能,并每隔 5s 将各通道值所采集的电压值滚动显示在数码管或液晶显示屏上。

2. 查阅 ADC0832 的 datasheet,编程实现 A/D 转换功能。

3. 用 DAC0832 产生正弦波。

## 第11章

单片机的系统扩展

    51 单片机芯片内集成计算机的基本功能,但片内存储器容量、并行 I/O 端口、定时器等内部资源有限,根据实际需求,在系统资源不够时 51 单片机可以很方便地进行功能扩展,包括外部程序存储器的扩展、外部数据存储器的扩展和 I/O 端口的扩展以及其他功能器件的扩展等。外部扩展可分为并行扩展和串行扩展,早期的单片机应用系统采用并行扩展较多,随着串行技术发展串行扩展早已成为主流。本章介绍 51 单片机系统的三总线并行扩展技术、SPI、I²C、1-Wire 串行扩展技术和一些常见的外围芯片及单片机的接口与编程。

11.1 单片机系统并行扩展技术

    51 单片机可通过并行三总线扩展存储器、I/O 和其他所需要的外围芯片。

11.1.1 并行扩展三总线简介

    总线就是连接系统中各扩展部件的一组公共信号线,按照功能,系统总线分为地址总线(Address BUS,AB)、数据总线(Data BUS,DB)和控制总线(Control BUS,CB)。地址总线用于传送单片机发出的地址信号,以便进行存储单元和 I/O 接口芯片中的寄存器单元的选择;数据总线用于单片机与外部存储器之间或 I/O 接口之间传送数据,数据总线是双向的;控制总线是单片机发出的各种控制信号线。

    51 单片机由于受引脚的限制,数据线和地址线是复用的,由 I/O 口线复用。51 单片机并行系统扩展三总线结构如图 11-1 所示。

    其三总线扩展系统的实现如下:

1. 以 P0 口作为 8 位数据总线

    P0 口提供 8 位数据总线 D0~D7,用于传输数据、指令等信息;同时,挂接在 DB 上的外围器件可以有多个,但在同一时刻只能有一个外围器件与单片机进行数据交换。

2. P0 和 P2 口作为 16 位地址总线

    P0 口提供低 8 位地址总线,A0~A7,P2 口提供高 8 位地址总线 A8~A15,组成 16 位

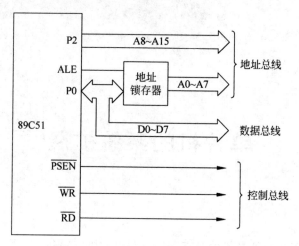

图 11-1　51 单片机扩展的并行三总线

地址总线，寻址范围可达到 64KB。在实际应用系统中。高位地址并不固定为 8 位，可根据实际需要从 P2 口引出所需要的口线。因为 P0 口既作为地址总线又作为数据线，需要加一个 8 位地址锁存器，对 P0 口分时复用。

3. 控制信号线

除了地址线和数据线之外，在扩展系统中还需要一些控制信号线，用于扩展输出控制线和片外输入控制。例如：

ALE：下降沿控制锁存器锁存 P0 的低 8 位地址。

PSEN：作为扩展片外程序存储器的读选通信号。

RD 和 WR：作为扩展数据存储器和 I/O 口的读/写选通信号。

EA：片内外程序存储器选择。

扩展接口要求单片机与外设的速度匹配，由于数据在数据总线上保留的时间很短，要求输出具有数据锁存，为避免占用总线，要求输入数据有三态缓冲。扩展存储器等外围器件的核心问题就是存储器的编址，编址就是给存储单元分配地址，使用系统提供的地址线，通过适当连接，使得一个地址唯一对应一个存储单元。单片机通过地址总线发出地址，可以选择某一外部存储器单元并对其进行读入或写出操作。要保证正确完成这种功能，需经过两种选择：一种是必须选中器件，称为片选；二是必须选择该器件的某一存储单元，称为字选。高位片选地址加上字选单元地址构成一个可寻址的外部地址。

存储器芯片的选择有两种方法：

（1）线选法：直接以系统的地址作为存储芯片的片选信号。优点是简单，不需要增加额外电路，适用于小规模单片机系统的存储器扩展；缺点是存储空间不连续。

（2）译码法：使用译码器对系统的高位地址进行译码，以其译码输出作为存储芯片的片选信号。优点是存储空间连续，适用于大容量多芯片存储器扩展；缺点是需要译码器额外增加硬件开销。

11.1.2 三总线存储器扩展技术

以 AT89C51 单片机为例,内部只有 128B 的 RAM 和 4KB 的 ROM,当存储空间不够用时,可以考虑扩展片外数据存储器和片外程序存储器。

89C51 单片机可通过三总线扩展到最大 64KB 的 ROM 空间,片内 ROM 和外部扩展 ROM 是统一编址的。扩展典型的 EPROM 芯片有 2716、2732、2764、27512 等。需要强调的是,程序存储器不建议采用外扩的方案。因为 51 单片机有 ROM 容量在 4~64KB 的型号产品可供选择,当程序存储器不够的情况下,应首选 ROM 容量更高的单片机型号,而非采用外扩 ROM。本书不讲解 ROM 的扩展。

89C51 单片机在扩展外部 RAM 时,由于 89C51 对动态刷新功能没有硬件支持,因此不适合选用动态数据存储器(DRAM),通常采用静态数据存储器(SRAM)。89C51 单片机对外部扩展的数据存储器空间访问,由 P2 口提供高 8 位地址,P0 口分时提供低 8 位地址和 8 位数据。RAM 的读写由 RD 和 WR 信号控制。片外 RAM 的输出端允许 OE 由单片机读选通 PSEN 信号控制。用作数据存储器的易失静态 RAM 在掉电时数据会丢失,在有些需要掉电保持数据的场合也用到非易失性随机访问存储器(Non-Volatile Random Access Memory,NVRAM),如 DS1225、DS1235 等。

虽然外扩存储器的解决方案不再是主流方案,但了解下外部存储器扩展技术也是有益的。较为通用的并行 SRAM 有 6116、6264、62256、628128、628512 等,其容量分别为 2KB、8KB、32KB、128KB 和 512KB,62256 是 32K×8bit 的 CMOS 静态 RAM,引脚说明如表 11-1 所示,62256 共有 15 位地址总线 A0~A14,其可提供的存储空间为 $2^{15}=32768=32$KB。下面通过一个例子来讲解 62256 的扩展。

表 11-1 62256 引脚说明

引脚图			引 脚	名 称	说 明
A14 1○		28 VCC	10~3,25,24,21,23,2,26,1	A0~A14	地址总线
A12 2		27 $\overline{\text{WE}}$			
A7 3		26 A13	27	WE	输入使能
A6 4		25 A8			
A5 5		24 A9	20	CS	片选
A4 6		23 A11			
A3 7	28-DIP	22 $\overline{\text{OE}}$	22	OE	输出使能
A2 8	28-SOP	21 A10			
A1 9		20 $\overline{\text{CS}}$	11~13, 15~19	I/O1~I/O8	数据输入/输出
A0 10		19 I/O8			
I/O1 11		18 I/O7			
I/O2 12		17 I/O6	28	VCC	电源(5V)
I/O3 13		16 I/O5			
VSS 14		15 I/O4	14	VSS	地

例 11-1 用 62256 扩展 AT89C51 单片机 RAM,将 0~99 写入到外部 RAM 从 0000H

开始到 0063H 结束 100 个存储单元，然后将写入的数据从 0063H 往前读出，写入到 0010H 开始的 100 个存储单元。完成操作后 LED 闪烁，提示读写 RAM 完成。

62256 扩展 RAM 电路如图 11-2 所示，数据总线 D0～D7 与 P0 口连接，其 15 位地址总线 A0～A7 与复用端口 P0 通过锁存器 74LS373 连接。A8～A14 与 P2.0～P2.7 连接。74LS373 的地址锁存由单片机 ALE 引脚控制，单片机读写控制引脚 RD 和 WR 与 62256 的输出使能 OE 和输入使能 WE 连接。

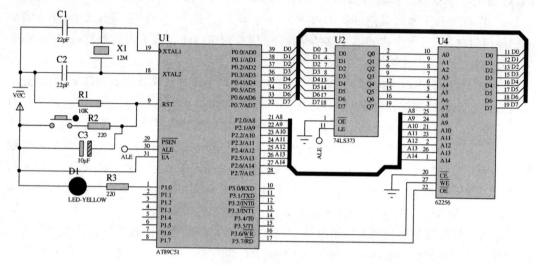

图 11-2　62256 扩展 RAM 电路

编程分析：外部存储器扩展的实质是通过扩展总线对外部存储器进行访问，包含进"absacc.h"库即可使用其中定义的宏来直接访问外部 RAM 的绝对地址，本例写入的数 0～99 为一个字节的数据，可以很方便地用 XBYTE 来读写外部 RAM。程序先用 for 循环从 0x0000 开始的地址依次写入 0～99 的数据，然后用 for 循环将写入的数据从 0x0063 地址处依次往前读取，写入到 0100H 开始的 100 个存储单元。RAM 读写完后让 LED 闪烁。

程序如下：

```
# include < reg51.h >
# include < absacc.h >
# define UCHAR unsigned char
# define UINT unsigned int

sbit LED = P1^0;
void DelayMS(UINT x)
{
    UCHAR i;
    while(x -- )
    {
        for(i = 0;i < 120;i++);
    }
}
void main()
{
```

```
    UINT i;
    LED = 0;
    for(i = 0; i < 100; i++) XBYTE[i] = i;
    //把 0～99 写入到外部 RAM 从 0x0000 地址开始的 100 个单元
    for(i = 0; i < 100; i++) XBYTE[i + 0x0100] = XBYTE[0x0063 - i];
    //将写入的数据从 0063H 往前读出,写入到 0100H 开始的 100 个存储单元
    while(1)
    {
        DelayMS(100);
        LED = ～LED;
    }
}
```

要查看 62256 写入的数据,在仿真电路载入编译好的 HEX 文件后运行。运行到 LED 闪烁时表明已经读写完毕,此时单击 Pause 按钮暂停程序,单击 Debug 菜单下的 Memory Contents,打开如图 11-3 所示窗口,可以看到本例程序执行后窗口显示的单元写入的内存数据。

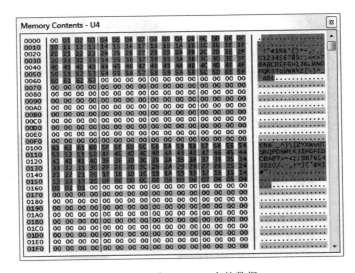

图 11-3 存入 RAM 中的数据

目前,一些增强型 51 单片机的型号已具有较为充足的 ROM 和 RAM,如 STC89C516RD+单片机内部含有 64KB 的 ROM 和 1280B 的 RAM,因此一般不建议外扩 ROM 和 RAM。

11.1.3 三总线外围器件扩展

利用三总线技术还可外扩 I/O 口、定时器、串行接口 UART、ADC、DAC、RTC、LCD 模块等各种功能的外围器件。下面以 ADC0809 为例来讲解外围器件扩展的接线与编程方法。

例 11-2 用三总线方式读取 ACD0809 采样通道 7 输入的模拟量,转换后电压值显示在数码管上。

在第 10 章中讲过 ADC0809 的使用与编程,通过时序编程实现。本例用三总线方式来

实现，图 11-4 为 ADC0809 与 51 单片机通过三总线方式连接的接口电路。用单片机的 P2.7 引脚作为片选信号，片选信号和 WR 一起经或非门产生 ADC0809 的启动信号 START 和地址锁存信号 ALE。片选信号和 RD 信号一起经或非门产生 ADC0809 的输出允许信号 OE。EOC 信号经反向后接到 ADC0809 的 INT0 引脚，A/D 转换完成后产生中断请求信号。模拟通道选择信号 ADD A、ADD B、ADD C 通过低三位地址总线，由 P0 口提供，即 P0.0、P0.1、P0.2，只要向端口地址分别写入数据 00H～07H，即可选定模拟量输入通道 0～7 进行转换。

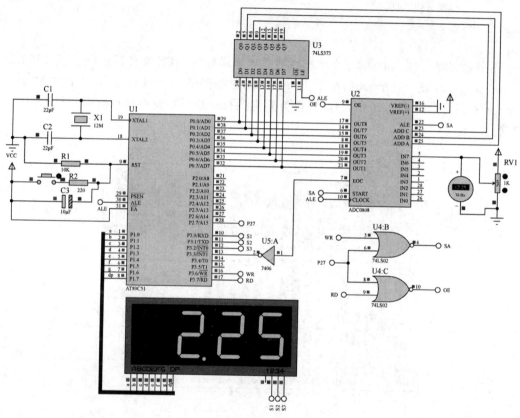

图 11-4　ADC0809 三总线接口电路

编程分析：本例将 ADC0809 通过三总线扩展为对外部存储器进行访问，用 absacc.h 头文件内定义的 XBYTE 对 ADC0809 的地址进行访问，即可方便地实现通道的指定和 A/D 转换值的读取。

如何确定 ADC0809 的外部地址？地址高 8 位是 P2 口，因为 P2.7 控制读写端口 WR 和 RD，为 0 时候选中芯片，P2.7 是地址总线最高位 A15，P2.7 低电平有效。在启动 A/D 转换时，由写信号 WR 和 P2.7 控制 ADC0809 的地址锁存和转换启动，在读取 A/D 转换结果时，由读信号 RD 和 P2.7 控制 ADC0809 的 OE 信号。因 P2.7＝0，P0.0～P0.2 连接的是 ADC0809 的 ADD A、ADD B 和 ADD C，当选中 IN0 通道的时候是 000，其他引脚没有用到默认是 1，则外部地址是 0x7FF8。本例选择的是 INT7 通道，P0.0～P0.2 为 111，因此外部地址设定为 0x7FFF。

本例直接通过 XBYTE 寻址读取 A/D 转换结果，程序如下：

```c
# include < reg51. h >
# include < absacc. h >
# define UCHAR unsigned char
# define UINT unsigned int
UCHAR code smg[ ] = {0x3F,0x06,0x5B,0x4F,
        0x66,0x6D,0x7D,0x07,0x7F,0x6F};       //共阴数码管段码
# define ADC 0x7FFF                            //ADC0809 端口地址
UCHAR AD_Convert;
UINT Voltage;
//----------------------------------------
//延时子程序
//----------------------------------------
void DelayMS(UINT ms)
{
    UCHAR i;
    while(ms -- ) for( i = 0;i < 120; i++);
}
//----------------------------------------
//显示子程序
//----------------------------------------
void Display(UINT d)
{
    P3 = 0xFB;                                //显示小数点后第 2 位
    P1 = smg[ d % 10 ];
    DelayMS(5);
    P3 = 0xFC;                                //显示小数点后第 1 位
    P1 = smg[ d % 100 / 10 ];
    DelayMS(5);
    P3 = 0xFE;                                //显示整数,并显示小数点
    P1 = smg[ d / 100 ] + 0x80;
    DelayMS(5);
}
void main( )
{
    EA = 1;EX1 = 1;IT1 = 1;
    XBYTE[ADC] = 7;                           //启动 ADC 第 7 通道
    while(1);
}
void int0_ser( ) interrupt 2
{
    AD_Convert = XBYTE[ADC];                  //读取 A/D 转换结果
    Voltage = AD_Convert * 500.0/255 ;
    Display(Voltage);                         //显示电压值
    XBYTE[ADC] = 7;                           //重新启动 ADC 第 7 通道
}
```

三总线系统扩展是一种古老的总线扩展技术,在利用并行总线技术扩展外部器件时占用了引脚资源,需要借助锁存器和门电路,增加了电路的复杂程度,因此一般不提倡采用三

总线扩展方式。目前的主流外围器件均是采用串行扩展技术。

11.2　SPI 总线

SPI 总线是一种高速、全双工、同步的通信总线，并且在芯片的引脚上只占用四根线，节约了芯片的引脚；同时，为 PCB 的布局上节省空间，提供方便。正是出于这种简单易用的特性，越来越多的芯片集成了这种通信协议。SPI 接口主要应用在 EEPROM、Flash、实时时钟、A/D 转换器等。

11.2.1　SPI 总线简介

SPI 以主从方式工作，这种模式通常有一个主设备和一个或多个从设备，标准的 SPI 接口使用 4 个引脚，在单向传输时用 3 个引脚。SPI 通信引脚是基于 SPI 的设备通用的，它们是 SDI(数据输入)、SDO(数据输出)、SCLK(时钟)、CS(片选)。

（1）SDI：主设备数据输入，从设备数据输出。

（2）SDO：主设备数据输出，从设备数据输入。

（3）SCLK：时钟信号，由主设备产生。

（4）CS：从设备使能信号，由主设备控制。

CS 是控制芯片，其是否被选中，只有片选信号为预先规定的使能信号时(高电位或低电位)，对此芯片的操作才有效。这就使在同一总线上连接多个 SPI 设备成为可能。

串行数据传输由 SCLK 提供时钟脉冲，SDI，SDO 则基于此脉冲完成数据传输。数据输出通过 SDO 线，数据在时钟上升沿或下降沿时改变，在紧接着的下降沿或上升沿被读取。完成一位数据传输，输入也使用同样原理。需要 8 次时钟信号的改变(上升沿或下降沿)，才能完成 8 位数据的传输。

需要注意的是，SCLK 信号线只由主设备控制，从设备不能控制信号线。同样，在一个基于 SPI 的设备中，至少有一个主控设备。这样的传输方式有一个优点，与普通的串行通信不同，普通的串行通信一次连续传送至少 8 位数据，而 SPI 允许数据一位一位地传送，甚至允许暂停。因为 SCLK 时钟线由主控设备控制，当没有时钟跳变时，从设备不采集或传送数据。也就是说，主设备通过对 SCLK 时钟线的控制可以完成对通信的控制。SPI 还是一个数据交换协议：因为 SPI 的数据输入和输出线独立，所以允许同时完成数据的输入和输出。不同的 SPI 设备的实现方式不尽相同，主要是数据改变和采集的时间不同，在时钟信号上沿或下沿采集有不同定义，具体可参考相关器件的文档。SPI 的缺点是没有指定的流控制，没有应答机制确认是否接收到数据。

51 单片机由于片内未集成 SPI 通信接口，采用模拟口线的方式模拟 SPI 时序进行编程，MAX7219、TLC2543、TLC5615 均采用 SPI 方式。下面介绍 SPI 接口的一款日历时钟芯片 DS1302 的使用与编程。

11.2.2　日历时钟芯片 DS1302 的使用与编程

对于很多电子产品和设备，经常需要显示及设定时间。实时时钟芯片（Real Time

Clock,RTC)是一种能够提供日历/时钟及数据存储等多功能的芯片,根据日历的要求常带有闰年补偿功能,对于时钟精度要求较高的芯片还提供高精度温度补偿功能,对晶体振荡器进行温度补偿以提高时钟运行精度,对于要求掉电时钟不丢失的场合常采用双电源供电,在系统断电时仍可以维持一定时间的工作。

DS1302 是美国 DALLAS 公司(已被 MAXIM 公司并购)推出的一款高性能、低功耗、涓流充电、带 RAM 的实时时钟电路的芯片,它可以对年、月、日、周、时、分、秒进行计时,具有闰年补偿功能,2.0~5.5V 的宽电压范围操作。采用三线接口与 CPU 进行同步通信,并可采用突发方式一次传送多个字节的时钟信号或 RAM 数据。DS1302 内部有一个用于临时性存放数据的 RAM。具备主电源/后备电源双电源引脚,同时提供了对后备电源进行涓细电流充电的能力。

表 11-2 为 DS1302 的引脚说明。其中 VCC2 为主电源,VCC1 为备用电源。接上备用电源在主电源断开的情况下,也能保持时钟的连续运行。DS1302 由 V_{CC1}、V_{CC2} 中的较大者供电。当 V_{CC2} 大于 $V_{CC1}+0.2V$ 时,V_{CC2} 给 DS1302 供电。当 V_{CC2} 小于 V_{CC1} 时,DS1302 由 V_{CC1} 供电。X1 和 X2 是晶振引脚,DS1302 可以外接 32.768kHz 晶体振荡器,X1 与外部振荡信号连接,X2 悬浮。CE 是复位引脚,通过把 CE 输入驱动置高电平来启动所有的数据传送。CE 输入有两种功能:一是 CE 接通控制逻辑,允许地址/命令序列送入移位寄存器;二是 CE 提供终止单字节或多字节数据传送的方法。当 CE 为高电平时,所有的数据传送被初始化,允许对 DS1302 进行操作。如果在传送过程中 CE 置为低电平,则会终止此次数据传送,I/O 引脚变为高阻态。上电运行时,在 $V_{CC}>2.0V$ 之前,CE 必须保持低电平。只有在 SCLK 为低电平时,才能将 CE 置为高电平。I/O 为串行数据输入/输出引脚,SCLK 为串行时钟引脚。

表 11-2 DS1302 引脚说明

引脚图	引脚	名称	功能
VCC2 ☐1 8☐ VCC1 X1 ☐2 7☐ SCLK X2 ☐3 6☐ I/O GND ☐4 5☐ CE (DS1302)	1	VCC2	主电源
	2,3	X1、X2	32.768KHz 晶振引脚
	4	GND	电源地
	5	CE	复位引脚
	6	I/O	数据输入/输入引脚
	7	SCLK	串行时钟引脚
	8	VCC1	备用电源

图 11-5 为 DS1302 命令字节的格式,通过命令字节启动每一次数据传输。位 7 固定为 1,如果是 0,则禁止对 DS1302 写入。位 6 为 0 时,选择时钟数据;为 1 时,选择 RAM 数据。位 5~位 1 表示输入/输出的指定寄存器的地址。位"0"是读写选择位:该位为 0 时,为写操作,为"1"时,为读操作。

7	6	5	4	3	2	1	0
1	RAM $\overline{CK}$	A4	A3	A2	A1	A0	RD $\overline{WR}$

图 11-5 DS1302 命令字节的格式

DS1302 共有 12 个寄存器，其中 7 个与日历时钟有关，日历时钟的寄存器见表 11-3。

表 11-3　DS1302 时钟的寄存器

读	写	BIT7	BIT6	BIT5	BIT4	BIT3	BIT2	BIT1	BIT0	范　围
81h	80h	CH	秒（10 位）			秒（个位）				00～59
83h	82h	分（10 位）				分（个位）				00～59
85h	84h	12/24	0	1 为 AM 0 为 PM	小时					1～12 或 0～23
87h	86h	0	0	日的十位		日的个位				1～31
89h	88h	0	0	0	10 月	月				1～12
8Bh	8Ah	0	0	0	0	0	星期			1～7
8Dh	8Ch	年（十位）				年（个位）				00～99
8Fh	8Eh	WP	0	0	0	0	0	0	0	—
91h	90h	TCS	TCS	TCS	TCS	DS	DS	RS	RS	—

时钟寄存器的说明如下：

（1）共有 7 个寄存器与日历、时钟数据相关，存放的数据均为 BCD 码形式。

（2）秒寄存器中的 CH 位为时钟暂停位：该位为 1 时，时钟暂停；该位为 0 时，时钟开始启动。

（3）小时寄存器 BIT7 位为 12 小时/24 小时选择位：该位为 0 时选择 24 小时制，此时 BIT5、BIT4 位为小时的十位；该位为 1 时选择 12 小时制，此时 BIT5 位为上午和下午选择位，BIT4 为小时的十位。

（4）写保护寄存器中的 WP 位为写保护位：当 WP=1 时，写保护；当 WP=0 时，取消写保护。当对日历、时钟寄存器或片内 RAM 进行写时，WP 应清零；对日历时钟寄存器或片内 RAM 进行读时，WP 一般置 1。

（5）涓流充电寄存器的 TCS 位为控制涓流充电的选择位，当它为 1010 时，才能使能涓流充电。DS 为二极管选择位：DS 为 01 时，选择一个二极管；DS 为 10 时，选择两个二极管。DS 为 11 或 00 时，充电器被禁止，与 TCS 无关。RS 用于选择连接在 V_{CC2} 与 V_{CC1} 之间的电阻，RS 为 00 时，充电器被禁止，与 TCS 无关。

DS1302 片内有 31 个 RAM 单元，对片内 RAM 的操作有单字节方式和多字节方式。当控制命令为 0xC0～0xFD 时，为单字节读写方式，命令字中的 BIT5～BIT1 用于选择对应的 RAM 单元，其中奇数为读操作，偶数为写操作。当控制命令字为 0xFE～0xFF 时为多字节操作（RAM 突发模式），多字节操作可一次把所有的 RAM 单元内容进行读写，0xFE 为写操作，0xFF 为读操作。

图 11-6 为 DS1302 单字节写时序图，第一个字节是地址字节，第二个字节是数据字节，CE 拉高后才能允许写操作，地址字节和数据字节的每一位写入都是在 SCLK 的上升沿有效，低位（LSB）在前。

图 11-7 为 DS1302 单字节读时序图，CE 拉高后才能允许读写操作，首先写地址，再从该地址读取 1 字节数据，地址字节的每一位写入在 SCLK 的上升沿有效，在 SCLK 的下降沿读取数据字节的一位，低位（LSB）在前。

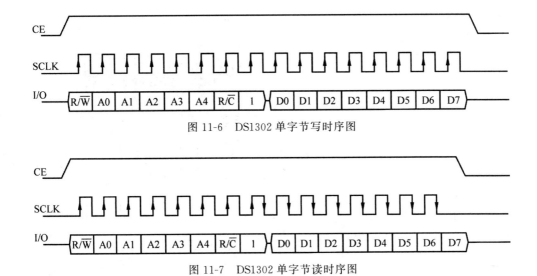

图 11-6　DS1302 单字节写时序图

图 11-7　DS1302 单字节读时序图

例 11-3　DS1302 仿真电路如图 11-8 所示，将 DS1302 时钟初始化为 2022 年 1 月 1 日，启动时钟将日期、星期和时间显示在液晶上。

编程分析：编写 DS1302 字节读/写子程序，参照图 11-6 和图 11-7 时序图，读/写 DS1302 时要首先写入地址，低位在前逐位写入，然后读取数据，低位在前；另外，DS1302 所保存的数据是 BCD 码，需要转换程序进行转换。

程序如下：

```
//------------------------------------------------------------
//向 DS1302 写入 1 字节子程序
//------------------------------------------------------------
void Write1b_1302(UCHAR x)
{
    UCHAR i;
    for(i = 0x01; i!= 0x00;i << = 1)
    {
        IO_1302 = x & i;
        SCLK_1302 = 1;
        SCLK_1302 = 0;
    }
}
//------------------------------------------------------------
//从 DS1302 读取 1 字节数据子程序(数据为低位在前)
//------------------------------------------------------------
UCHAR Read1b_1302()
{
    UCHAR i,dat = 0x00;
    for(i = 0; i < 8; i++)
    {
        dat >> = 1;
        if(IO_1302) dat | = 0x80;
        SCLK_1302 = 1;
```

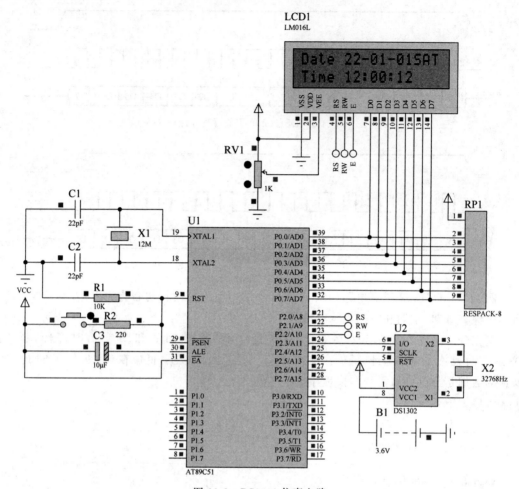

图 11-8　DS1302 仿真电路

```
        SCLK_1302 = 0;
    }
    return dat;                        //返回所读取的 BCD 码
}
//------------------------------------------------------------
//从 DS1302 指定地址读取数据
//------------------------------------------------------------
UCHAR Read_1302(UCHAR addr)
{
    UCHAR dat;
    RST_1302 = 0;
    SCLK_1302 = 0;
    RST_1302 = 1;
    Write1b_1302(addr);
    dat = Read1b_1302();
    SCLK_1302 = 1;
    RST_1302 = 0;
    return dat;
}
```

```
//------------------------------------------------------------
//向 DS1302 指定地址写数据
//------------------------------------------------------------
void Write_1302(UCHAR addr,UCHAR dat)
{
    RST_1302 = 0;
    SCLK_1302 = 0;
    RST_1302 = 1;
    Write1b_1302(addr);
    Write1b_1302(dat);
    SCLK_1302 = 1;
    RST_1302 = 0;
}
//------------------------------------------------------------
//读取当前日期和时间
//------------------------------------------------------------
void ReadDateTime()
{
    UCHAR i, addr = 0x81;
    for(i = 0; i < 7; i++,addr += 2)
    {
        DateTime[i] = Read_1302(addr);
    }
}
//------------------------------------------------------------
//初始化日期和时间
//------------------------------------------------------------
void InitDateTime()
{
    UCHAR i, addr = 0x80;
    Write_1302(0x8E,0x00);      //取消写保护
    for(i = 0; i < 7; i++,addr += 2)
    {
        Write_1302(addr,inittime[i]);
    }
    Write_1302(0x8E,0x80);      //取消写保护
}
//------------------------------------------------------------
//日期与时间转换为数字字符
//------------------------------------------------------------
void Format_DateTime(UCHAR d,UCHAR * a)
{
    *a = (d >> 4) + '0';
    *(a + 1) = (d & 0x0F) + '0';
}
void main()
{
    Initialize_LCD1602();
    InitDateTime();
    while(1)
    {
```

```
        ReadDateTime();                //从 1302 读取日期和时间
        Format_DateTime(DateTime[6],Dis_Buf1 + 5);
        Format_DateTime(DateTime[4],Dis_Buf1 + 8);
        Format_DateTime(DateTime[3],Dis_Buf1 + 11);
        //格式化年月日
        strcpy(Dis_Buf1 + 13,WEEK[DateTime[5] - 1]);
        //格式化时星期
        Format_DateTime(DateTime[2],Dis_Buf2 + 5);
        Format_DateTime(DateTime[1],Dis_Buf2 + 8);
        Format_DateTime(DateTime[0],Dis_Buf2 + 11);
        //格式化时分秒
        LCD1602_Display(0,0,Dis_Buf1);
        LCD1602_Display(0,1,Dis_Buf2);
    }
}
```

11.3　I^2C 总线

I^2C 总线是由飞利浦公司开发的两线式同步串行总线，用于连接微控制器及其外围设备，是微电子通信控制领域广泛采用的一种总线标准，具有接口线少、控制方式简单、器件封装形式小、通信速率较高等优点。I^2C 总线支持任何 IC 生产工艺，包括 CMOS、双极型。通过串行数据线（SDA）和串行时钟线（SCL）在连接到总线的器件间传递信息。每个器件都有唯一的地址识别，根据器件功能每个器件都可以作为一个发送器或接收器，例如 LCD 驱动器只能作为接收器，而存储器则既可以接收数据又可以发送数据。器件在执行数据传输时也可以被看作主机或从机。主机是初始化总线的数据传输并产生允许传输的时钟信号的器件，此时，任何被寻址的器件都被认为是从机。

图 11-9 为 I^2C 总线系统结构，I^2C 总线最主要的优点是简单性和有效性，由于接口直接在器件上，占用空间非常小，方便进行电路板的布线和多器件互联，能以 10Kb/s 的最大传输速率支持 40 个器件。I^2C 总线的另一个优点是支持多主控，任何能够进行发送和接收的设备都可以控制总线，一个主控设备能够控制信号的传输和时钟频率，当然，在任何时间点上只能有一个主控设备。

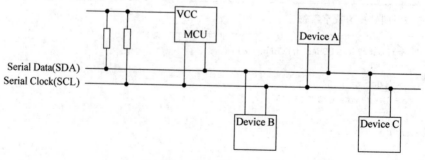

图 11-9　I^2C 总线系统结构

11.3.1 I²C 总线的基本特点

I²C 总线的基本特点如下：

（1）双线制：一根是 SCL，作为时钟同步线；是一根是 SDA，作为数据传输线。

（2）半双工：由于只有一根数据传输线，因此不能同时双向传输。

（3）同步通信：SCL 作为同步信号线，通信协议严格按照时序，SDA 在通信双方同步后在 SCL 的时序下按位传输数据。

（4）主从模式：支持一主多从模式，通信过程中 SCL 一直由主机控制，从机需要设备地址，从机设备地址由 IC 生产厂家定义。主机不需要设备地址。

11.3.2 I²C 总线信号时序

1. 数据位的有效性规定

I²C 总线进行数据传送时（图 11-10），时钟信号为高电平期间，数据线上的数据必须保持稳定，只有在时钟线上的信号为低电平期间，数据线上的高电平或低电平状态才允许变化。

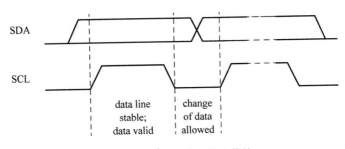

图 11-10　I²C 总线上的位传输

2. 起始和终止信号

在数据传送过程中，必须确认数据传送的起始和终止，在 I²C 总线技术规范中，起始和终止条件如图 11-11 所示。SCL 为高电平期间，SDA 由高电平向低电平的变化表示起始信号，开始传送数据。SCL 为高电平期间，SDA 由低电平向高电平的变化表示终止信号，结束传递数据。

起始信号和终止信号都是由主器件产生的，在起始信号后，总线就处于被占用的状态。主器件在终止信号后释放总线控制权，总线处于空闲状态。

接收器件收到一个完整的数据字节后，如需完成其他后续处理工作，可能无法立刻接收下一个字节，此时接收器件可以将 SCL 拉成低电平，从而让主机处于等待状态，直到接收器件准备好接收下一个字节时，再释放 SCL 线使数据传输继续进行。

3. 总线空闲状态

起始信号和终止信号都是由主机发出的，在起始信号产生后总线处于被占用的状态，在

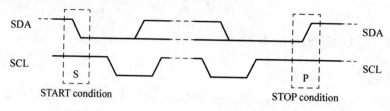

图 11-11　I^2C 总线的起始和终止条件

终止信号产生后总线处于空闲状态。SDA 和 SCL 都处于高电平，即总线上所有的器件都释放总线，两条信号线各自的上拉电阻把电平拉高。

4. 数据传输与应答信号 ACK

发送到 SDA 线上的数据必须是 8 位的。每次传输可以发送的数据不受限制。每个字节后必须在时钟的第 9 个脉冲期间释放数据总线（SDA 为高），由接收器发送一个 ACK（把数据总线的电平拉低）来表示数据成功接收。I^2C 总线的应答信号如图 11-12 所示。

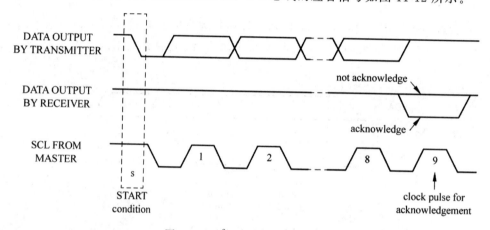

图 11-12　I^2C 总线的应答信号

11.3.3　51 单片机模拟 I^2C 总线通信

目前市场上很多单片机已经具有硬件 I^2C 控制模块，相关协议和总线操作由硬件实现。由于 89C51 单片机无硬件 I^2C 接口，需要用单片机 I/O 口来模拟 I^2C 总线时序。如果用的单片机晶振频率是 12MHz，则一个机器周期为 $1\mu s$，I^2C 总线的 SDA 与 SCL 与单片机的两个 I/O 口连接，分别用 sbit 特殊功能位定义为 I2C_SDA、I2C_SCL。为保证时序的要求，需要在一些操作后进行延时，在晶振选取 12MHz 时，先宏定义一个 $5\mu s$ 的延时子程序：

```
#define Dealy5us() {_nop_();_nop_();_nop_();_nop_();_nop_()};)
```

下面根据 I^2C 总线协议编写基本的底层操作函数，包括起始信号、停止、写入 1 字节、读取 1 字节。

1. 产生总线起始信号

根据协议和时序图，在时钟总线 SCL 为高电平的情况下，给 SDA 一个下降沿，产生总线起始信号,此时表明主器件要开始操作从器件。

起始信号子程序如下:

```
void I2C_Start()
{
    I2C_SDA = 1;
    I2C_SCL = 1;                    //首先确保 SDA、SCL 都是高电平
    Delay5us();
    I2C_SDA = 0;                    //发送开始信号
    Delay5us();
    I2C_SCL = 0;
}
```

2. 产生总线停止信号

根据协议和时序图,在 SCL 为高电平的情况下,给 SDA 一个上升沿,产生总线停止信号,表明所有操作结束。

停止信号子程序如下:

```
void I2C_Stop()
{
    I2C_SDA = 0;
    I2C_SCL = 1;
    Delay5us();
    I2C_SDA = 1; //SDA 上升沿,停止信号
    Delay5us();
}
```

3. 应答与非应答

应答与非应答是 I²C 协议中非常重要的机制。应答包括主机向从机发送应答和非应答信号,以及主机读从机应答信号。在 SCL 为高脉冲期间,若 SDA 为"0",则表示主机向从机发送应答信号。

产生应答信号子程序如下:

```
void I2C_Ack(void)
{
    I2C_SDA = 0;                    //产生应答信号
    Delay5us();
    I2C_SCL = 1; //产生高脉冲
    Delay5us();
    I2C_SCL = 0;
    I2C_SDA = 1; //释放总线
}
```

在 SCL 为高脉冲期间,若 SDA 为"1",表示主机向从机发送非应答信号。

发送非应答信号子程序如下:

```
void I2C_Nack(void)
```

```
{
    I2C_SDA = 1;                    //产生非应答信号
    Delay5us();
    I2C_SCL = 1;                    //高脉冲
    Delay5us();
    I2C_SCL = 0;
    Delay5us();
    I2C_SDA = 0;
}
```

主机读从机应答，主机判断从器件是否产生了应答信号并读取。主机读从机应答子程序如下：

```
bit I2C_Read_Ack(void)
{
    bit ack;                        //用于暂存应答位的值
    I2C_SDA = 1;
    Delay5us();
    I2C_SCL = 1;
    Delay5us();
    ack = !I2C_SDA;
    I2C_SCL = 0;
    return ack;
}
```

上面的程序在实际应用中某些情况下可能存在一个小的 BUG，当将 SDA 拉高后，读取从机返回的应答信号，若从机立即反应就给出应答信号，但若从机特殊原因延迟产生了应答信号，这时也看作从机没有应答。因此，需在程序中做出改进，主器件等待一定时间，若在此间从机产生应答信号，则返回应答信号；若等待时间结束，则默认从器件已经收到了数据而不再产生应答信号。

改进后的程序如下：

```
bit I2C_Read_Ack(void)
{
    bit ack;                        //用于暂存应答位的值
    UCHAR i = 0;
    I2C_SDA = 1;
    Delay5us();
    I2C_SCL = 1;
    Delay5us();
    while((I2C_SDA == 1)&&(i < 255))
    {
        i++;                        //如果暂未收到应答位，则 i 自增，等待一点时间
    }
    ack = !I2C_SDA;
    I2C_SCL = 0;
    return ack;
}
```

4. I²C 总线写操作，dat 为待写入字节，返回值为从机应答位的值

写 1 个字节子程序如下：

```
bit I2C_Write_One_Byte(UCHAR dat)
{
    UCHAR i;
    for(i = 0; i < 8;i++)
{
        Delay5us(); dat << = 1;I2C_SDA = CY;              //高位在前输出
        Delay5us();I2C_SCL = 1; Delay5us();I2C_SCL = 0;   //串行时钟脉冲输出
    }
    return (I2C_Read_Ack());                              //返回从机应答状态
}
```

5. I²C 总线读操作，并发送非应答位信号，返回值为读到的字节

读 1 个字节子程序如下：

```
UCHAR I2C_Read_One_Byte(void)
{
    UCHAR i, dat = 0x00;
    I2C_SDA = 1;                                 //置数据线为输入
    for(i = 0; i < 8;i++)
    {
        I2C_SCL = 1;
        Delay5us();
        dat = (dat << 1) | I2C_SDA; Delay5us();   //主机读取 1 位
        I2C_SCL = 0;
        Delay5us();
    }
    return (dat);
}
```

11.3.4 I²C 总线数据格式

I²C 总线的数据格式如图 11-13 所示。

I²C 支持两种数据格式：7bit/10bit 寻址数据格式和 7bit/10bit 寻址和重复开始信号的数据格式。如图 11-11 所示，图中 S 为 I²C 开始标识，Slave address 为从设备地址。有两种从地址类型：一是固定的从地址，I²C 总线只能接一个同类型的固定的从地址设备；二是半固定的从地址，前半部分地址是固定的，后半部分地址是可编程的，I²C 总线只能接多个同类型的半固定的从地址设备。

以 7bit 半固定从地址为例，通常 7bit 中四个较重要的位（MSB）为固定的，并依器件本身性质的分类区分，如 1010 即代表串行 EEPROM，而其他三个较不重要的位（LSB），即 A2、A1 与 A0 可以通过硬件电子引脚设定，并取得高达 8 个不同的 I²C 地址组合，因此在同一个 I²C 总线上可以有 8 个相同形式的器件运作。这些引脚固定在 VCC 高电压代表逻

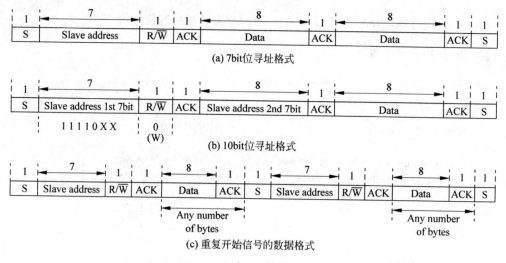

图 11-13　I^2C 总线数据格式

辑 1，固定在接地低电压则代表逻辑 0。7bit 的地址方式可以带来总线上 128 个器件的组合，但由于部分地址设定保留给特殊指令应用，因此实际上最高器件数大约为 120 个。

R/W 为读写操作表示位，0 表示写，1 表示读。在主机开始与从机通信前，主机需要告知此次通信谁是发送方，谁是接收方。写表示主机是发送方，读表示主机作为接收方。

ACK 为读写完 1Byte 的地址数据的应答信号。

Data 为数据，紧跟设备地址传输的第一个 Byte 数据（Data）可以是子地址（sub-address）表示设备的寄存器。

I^2C 总线的数据传输过程基本过程：主机发出开始信号，主机接着送出 1 字节的从机地址信息，其中最低位为读写控制码（1 为读，0 为写），高 7 位为从机器件地址代码，然后从机发出应答信号。接着主机开始发送信息，每发完 1 字节后，从机发出应答信号给主机，主机发出停止信号。

一次完整的 I^2C 通信过程一般由以下几部分组成：

（1）通信前：为空闲状态，SDA 和 SCL 都为高电平，并且高电平保持足够的一段时间。

（2）通信时：

① 启动信号，从空闲状态转到通信状态。

② 主机以广播的形式发送（器件地址＋读写位）共 8 位数据给从机。

③ 从机发给主机应答信号（主机发送数给从机）。

④ 主机发给从机应答信号（主机读取从机数据）。

⑤ 数据的发送或接收（以 8bit 数据为单位）。

⑥ 停止信号，回归空闲状态。

11.3.5　带 I^2C 总线接口的 E^2PROM AT24CXX

1. AT24CXX 概述

E^2PROM 是一种掉电后数据不丢失的存储芯片，广泛应用于仪器仪表、家用电器、消费电子等需要掉电存储的场合。比如,仪器仪表中需要 E^2PROM 保存测量数据并保证掉电情况下数据不会丢失。又如,家用电器中需要 E^2PROM 保存一些参数和模式设置,电视机中有关亮度、对比度、音量等用户的设置存储在 E^2PROM 中,关机后再次打开电视时用户的设置数据也不会丢失。

AT24CXX 是美国 ATMEL 公司生产的低功耗 CMOS 串行 E^2PROM,典型的型号有 AT24C01、AT24C02、AT24C04、AT24C08、AT24C16,它们的存储容量分别是 128/256/512/1024/2048B。它具有工作电压宽(2.5~5.5V)、擦写次数较多(1 百万次)、数据可保存 100 年等特性。

AT24C01 有 1kb 即是 128B 的存储容量,内部组织有 16 页,每页 8B。

AT24C02 有 2kb 即是 256B 的存储容量,内部组织有 32 页,每页有 8B。

AT24C04 有 4kb 即是 512B 的存储容量,内部组织有 32 页,每页有 16B。

AT24C08A 有 8kb 即是 1024B 的存储容量,内部组织有 64 页,每页有 16B。

AT24C16A 有 16kb 即是 2048B 的存储容量,内部组织有 128 页,每页有 16B。

2. AT24CXX 的引脚功能

AT24CXX 有 6 种封装形式,引脚说明如表 11-4 所示。

表 11-4 AT24CXX 引脚说明

引脚图	引　脚	名　称	说　明
A0 □1　8□ VCC A1 □2　7□ WP A2 □3　6□ SCL GND □4　5□ SDA	1,2,3	A0,A1,A2	可编程地址输入引脚
	4	GND	电源地
	5	SDA	串行数据输入/输出引脚
	6	SCL	串行时钟输入引脚
	7	WP	写保护输出引脚:1,禁止;0,允许
	8	VCC	电源

SCL:串行时钟信号引脚。在 SCL 输入时钟信号的上升沿将数据送入 EEPROM 器件,并在时钟的下降沿将数据读出。

SDA:串行数据输入/输出引脚,可实现双向串行数据传输。该引脚为开漏输出,可与其他多个开漏输出器件或开集电极器件线或连接。

A2、A1 和 A0:器件/页地址脚,为 AT24C01 与 AT24C02 的硬件连接的器件地址输入引脚。AT24C01 在一个总线上最多可寻址 8 个 1K 器件,AT24C02 在一个总线上最多可寻址 8 个 2K 器件,A2、A1 和 A0 内部必须连接。AT24C04 仅使用 A2、A1 作为硬件连接的器件地址输入引脚,在一个总线上最多可寻址 4 个 4K 器件。A0 引脚内部未连接。AT24C08 仅使用 A2 作为硬件连接的器件地址输入引脚,在一个总线上最多可寻址 2 个 8K 器件。A0 和 A1 引脚内部未连接。AT24C16 未使用作为硬件连接的器件地址输入引脚,在一个总线上最多可连接 1 个 16K 器件。

WP:写保护引脚,用于硬件数据写保护。当该引脚为低电平时,允许正常的读/写操作。当该引脚接高电平时,芯片启动写保护功能,不能写入,可以读取。

AT24CXX 芯片器件地址如图 11-14 所示。

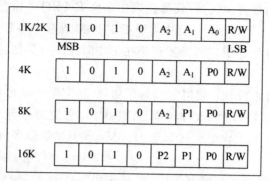

图 11-14 AT24CXX 芯片器件地址

E^2PROM 操作注意事如下：

（1）写数据必须保证写保护的正确使用。

（2）读写数据的读出写入地址逻辑关系。

（3）通信过程中的时序关系。

（4）读数据最后一个字节必须回应"非应答位"。

（5）符合通信速率兼容性：10kHz(1.8V),400kHz(2.7V,5V)。

3. AT24CXX 的写操作

1）字节写入

字节写入方式时序如图 11-15 所示。在字节写入方式下，主器件（单片机）在一次数据帧中只向 E^2PROM 的一个单元地址中写入数据。该方式下，主器件先发送起始信号，再发送 8 位器件地址，其中器件地址位最低位 R/W 位置 0 表示写操作。主器件在收到从器件的应答信号 ACK 后，再发送 1 个字节的存储单元地址，收到从器件应答信号 ACK 后，发送向该存储单元地址写入的数据。收到从器件应答信号后，主器件发出停止信号。

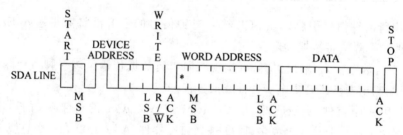

图 11-15 字节写入方式时序图

2）页写入方式

页写入方式时序如图 11-16 所示。在页写入方式下，主器件（单片机）可以连续写入一页(8 个)E^2PROM 存储单元。该方式下，单片机首先发送启动信号，然后送 1 个字节的器件地址，主器件在收到从器件的应答信号 ACK 后，再送 1 个字节的存储器起始单元地址。收到应答信号 ACK 后，发送向该页连续写入的数据，每发送 1 个字节数据后，从器件将响应一个应答位，且地址自动加 1。也就是说，页写入操作中，AT24CXX 在写入一页内数据字节时只需输入首地址，每写入完 1 个字节数据后地址自动加一。如果写到此页的最后 1 个字节,主器件继续发送数据,则数据重新从该页的首地址写入,从而造成原来写入的数据被覆盖。实现跨页写入的解决方法是在每页的末地址写入后,将地址软件加 1 或者给下一页重新赋首地址。

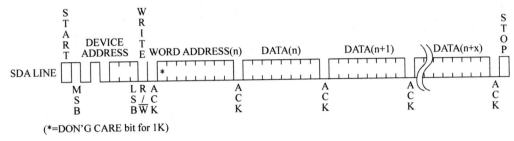

图 11-16　页写入方式时序图

4. AT24CXX 的读操作

AT24CXX 的读操作和写操作的初始化方式一样,仅把 R/W 位置为 1,有三种操作方式。

1) 立即/当前地址读

读地址计数器内容为最后操作字节的地址加 1,也就是说,立即读的地址从上次读/写的操作地址+1 开始。该方式单片机首先发送一个起始信号,然后发送 1 个字节的器件地址信号待应答后就可读取数据。读完数据后,主器件不发送应答信号,但需要产生一个停止信号。立即读地址时序图如图 11-17 所示。

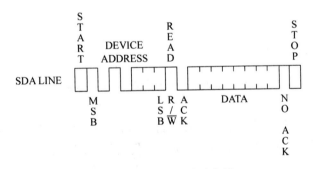

图 11-17　立即地址读时序图

2) 选择/随机读

该方式允许主器件对寄存器的任意字节进行读操作。单片机首先发送起始信号,从器件地址和它想读取的字节地址执行一个伪写(DUMMY WRITE)操作,在 EEPROM 应答之后,主器件重新发送起始信号和从器件地址,此时 R/W 位需置 1。EEPROM 响应并发送应答信号后,输出该地址存放的 1 字节数据,读完数据后,单片机不发送应答信号,但需要产生一个停止信号。选择地址读时序图如图 11-18 所示。

3) 连续读

连续读可通过立即读或选择性读操作启动。单片机接收到 EEPROM 发送的 1 字节数据后,主器件产生一个应答信号来响应,告知 EEPROM 需要更多的数据,收到每个主机产

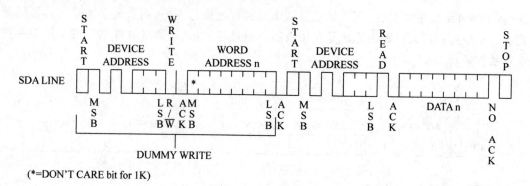

图 11-18　选择地址读时序图

生的应答信号，EEPROM 的内部地址寄存器就自动加 1 指向下一存储单元，发送下 1 个字节数据。当主器件发送非应答信号时，接着发送一个停止位结束连续读操作。连续读时序图如图 11-19 所示。

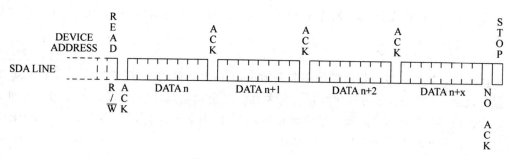

图 11-19　连续读时序图

5. AT24CXX 读写编程

有了上面的读写分析后，下面编写两个重要的 ATC24XX 读写子程序。

1）页写子程序

对照图 11-16 所示的页写入方式时序图进行编程。该程序的功能是从指定位置开始写入一页的数据，程序入口参数：At24c_addr 为器件地址，addr 为寄存器地址，s 为待写入的数据，len 为数据的长度。

子程序如下：

```c
UCHAR At24c_Write_Reg(UCHAR At24c_addr,UCHAR addr,UCHAR * s,UCHAR len)
{
    UCHAR i;
    I2C_Start();                                    //启动总线
    if(I2C_Write_One_Byte(At24c_addr) == 0) return 0;   //发送器件地址,未接收,返回 0
    if(I2C_Write_One_Byte(addr) == 0) return 0;         //发送寄存器地址,失败,返回 0
    for(i = 0; i < len;i++)
    {
        if(I2C_Write_One_Byte( * s++) == 0) return 0;   //发送待写入数据,失败,返回 0
    }
    I2C_Stop();                                     //结束总线
```

```
    return 1;                                    //写入多字节成功
}
```

AT24CXX 的页面大小为 8B,采用页写方式可以提高写入效率,但遇到跨页写入的情况地址计数器将自动翻转,先前写入的数据会被覆盖。AT24CXX 片内地址在接收到每一个数据字节后自动加 1,故装载一页以内数据字节时只需输入首地址。如果写到此页的最后一个字节,主器件继续发送数据,数据将重新从该页的首地址写入,先前写入的数据将会被覆盖。解决这个问题的方法是可以在第 8 个数据后将地址强制加 1,或者将下一页的首地址重新赋给寄存器。将上述子程序进行改进,以实现跨页写入的功能。

2. 连续读数据子程序

对照图 11-19 所示的连续读时序图进行编程。该程序的功能是从指定地址读 N 个数据,程序入口参数:At24c_addr 器件地址,addr 寄存器地址,s 待写入的数据,len 数据的长度。

子程序如下:

```
UCHAR At24c_Read_Reg(UCHAR At24c_addr,UCHAR addr,UCHAR * s,UCHAR len)
{
    UCHAR i;
    I2C_Start(); //启动总线
    if(I2C_Write_One_Byte(At24c_addr) == 0) return 0;   //发送器件地址,未接收,返回 0
    if(I2C_Write_One_Byte(addr) == 0) return 0;         //发送寄存器地址,失败,返回 0
                                                        //上述过程为伪写入操作
    I2C_Start();                                        //重新启动总线
    if(I2C_Write_One_Byte(At24c_addr | 1) == 0) return 0;//发送器件地址,最低位置 1 表示
                                                        //RW = 1 读取
    for(i = 0; i < len - 1;i++)
    {
        * s++ = I2C_Read_One_Byte();                    //接收 1 字节数据
        I2C_Ack();   //每接收完 1 字节数据,单片机给器件发送一个应答位
    }
    * s = I2C_Read_One_Byte();                          //接收最后 1 字节数据
    I2C_Nack();                                         //发送非应答位
    I2C_Stop();                                         //结束总线
    return 1;                                           //返回 1,表示写入多字节读取成功
}
```

例 11-4 AT24C02 读写仿真电路如图 11-20 所示,在 I^2C 总线上挂接两片 AT24C02,按下写入键,将两种流水灯功能的数组分别写入存储器 1 和存储器 2 中,按下读取键将存入存储器 1 单元中的流水灯数组显示到流水灯上,再按下读取键将存入存储器 2 中的流水灯数组显示到流水灯上。

本例电路存储器 1 的 A0、A1、A2 三个引脚接地,存储器 1 的器件地址为 0xA0,存储器 2 的器件地址 A0 接电,A1、A2 接地,存储器 2 的器件地址为 0xA2。

程序分析:主程序完成初始化设置,将流水灯数组写入 AT24C02 功能放入外部中断 0 中,当按键按下,用写入函数将两组花样流水灯数组分别写入存储器 1 和存储器 2。将从 AT24C02 中读取流水灯数组功能,并送显放到外部中断 1 中。按键按下一次读取存储器 1

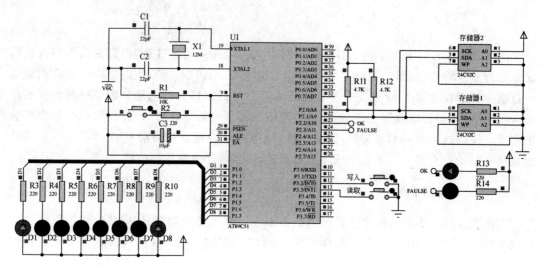

图 11-20   AT24C02 读写仿真电路

的数组送显，再按下读取存储器 2 的数组并送显。设置两个指示灯，当写入和读取正常时，正常指示灯亮；当写入和读取异常时，错误指示灯亮。

主程序和中断服务程序如下：

```c
void main()
{
    EA = 1;EX0 = 1;IT0 = 1;
    EX1 = 1;IT1 = 1;
    while(1);
}
void int0_ser() interrupt 0
{
    if(At24c_Write_Reg(0xA0,0x00,Pattern_LED1,8))    //写入存储器 1
    {
        led_ok = 0 ;                                 //如果写入成功,成功指示灯亮
    }
    else
    {
        led_faulse = 0;                              //如果写入不成功,失败指示灯亮
    }
    if(At24c_Write_Reg(0xA2,0x00,Pattern_LED2,8))
    {
        led_ok = 0 ;                                 //如果写入成功,成功指示灯亮
    }
    else
    {
        led_faulse = 0;                              //如果写入不成功,失败指示灯亮
    }
}
void int1_ser() interrupt 2
{
    static uchar k = 0;
```

```
uchar addr;
uchar j;
if(k == 0)addr = 0xA2;
else addr = 0xA0;
if(At24c_Read_Reg(addr,0x00,receivetable,8))        //如果读取成功,显示读取的数据
{
    for(j = 0;j < 8;j++)
    {
    P1 = receivetable[j];
    delay(500);
    }
}
else
{
    led_faulse = 0;                                  //如果读取不成功,失败指示灯亮
}
k = (k + 1) % 2;
}
```

11.4 1-Wire 总线

1-Wire 单总线是 MAXIM 全资子公司 Dallas 的一项专有技术,可通过一根共用的数据线实现主控制器与一个或一个以上从器件之间的半双工双向通信,它具有节省 I/O 口线资源、结构简单、成本低廉,以及便于总线扩展和维护等诸多优点。

1-Wire 单总线器件通过一根信号线传送地址信息、控制信息和数据信息,且可通过"寄生电源"的方式对器件进行供电。1-Wire 网络工作于一主多从模式(多点网络)。时序非常灵活,允许从机以高达 16kb/s 的速率与主机通信。每个 1-Wire 器件都有一个全球唯一的 64 位 ROM ID,允许 1-Wire 主机精确选择位于网络任何位置的一个从机进行通信。1-Wire 总线采用漏极开路模式工作,主机(或需要输出数据的从机)将数据线拉低到地表示数据 0,将数据线释放为高表示数据 1。这通常在数据线和 VCC 之间连一个分立电阻实现。由于 1-Wire 器件是具有集成度高、功能丰富而外接简单的单总线网络器件,因而无论在自动化系统或者是通信工程及金融安全等领域应用非常广泛。又由于其具有使用方便、体积小等特点,既适合各类测控系统开发,又适用于智能化或小型仪器仪表的制造。

11.4.1 1-Wire 总线数据通信协议简介

单总线技术采用严格的总线通信协议来实现数据通信,以保证数据通信的完整。单总线通信协议中定义了复位脉冲、应答脉冲、写 1、写 0、读 1、读 0 六种信号类型。除应答脉冲外,所有信号都由主机初始化发出。发送的命令和数据低位在前。单总线数据传输过程包括通信初始化、信号传输类型、单总线的 ROM 命令和单总线通信的功能命令等。

11.4.2 单总线数字温度传感器 DS18B20

数字温度传感器 DS18B20 提供 9～12 位摄氏度温度测量数据,可编程非易失存储器设

置温度监测的上限和下限，提供温度报警。DS18B20 通过 1-Wire 总线通信，只需要一条数据线（和地线）即可与处理器进行数据传输。DS18B20 测温范围为 $-55\sim+125℃$，在 $-10\sim+85℃$ 范围内测量精度为 $\pm0.5℃$。此外，DS18B20 还可以直接利用数据线供电（寄生供电），无须外部电源。每个 DS18B20 具有唯一的 64 位序列号，从而允许多个 DS18B20 挂接在同一条 1-Wire 总线，可以方便地采用一个微处理器控制多个分布在较大区域的 DS18B20。该功能非常适合 HVAC 环境控制、楼宇、大型设备、机器、过程监测与控制系统内部的温度测量等应用。

DS18B20 具有 9～12 位的可编程分辨率（默认为 12 位），在 9 位分辨率时的温度转换时间最多为 93.75ms，在 12 位分辨率时温度转换时间最多为 750ms。用户可灵活定义温度报警门限，通过报警搜索指令找到超过设定温度报警条件的器件。

1. DS18B20 的封装和引脚定义

DS18B20 有 3 脚 TO-92 直插式、8 脚 SO（150mil）贴片式封装和更加紧凑的 8 脚 μSOP 封装三种封装形式。DS18B20 封装及引脚排列如图 11-21 所示。GND 为地，DQ 为数据输入/输出脚，VDD 为电源正极。在寄生供电模式下只需要两个操作引脚（DQ 和 GND）。

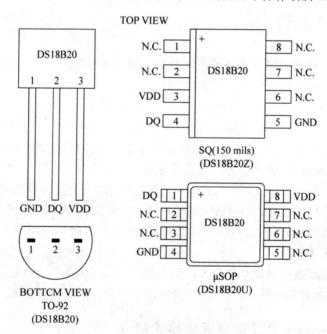

图 11-21　DS18B20 的封装及引脚排列

DS18B20 可以采用寄生电源工作方式，在信号线处于高电平时把电量存储在内部电容中，在信号线处于低电平时器件利用电容中的电量进行供电。采用寄生电源方式时，VDD 引脚必须接地；另外，为了得到足够的工作电流，应给单片机的 I/O 口线一个强上拉，一般可以使用一个场效应管将 I/O 口线直接拉到电源上。DS18B20 的供电方式如图 11-22 所示。

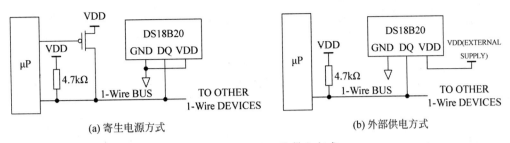

(a) 寄生电源方式   (b) 外部供电方式

图 11-22　DS18B20 的供电方式

2. DS18B20 工作时序及编程

DS18B20 需要严格遵循单总线协议以确保数据的完整性,协议包括复位脉冲、应答脉冲、写 1、写 0、读 1、读 0 六种单总线信号类型。所有的时序都是将主机作为主设备,单总线器件作为从设备。每一次命令和数据的传输都是从主机主动启动写时序开始,如果要求单总线器件回送数据,在进行写命令后,主机需启动读指令完成数据接收。下面结合时序图对 DS18B20 的通信进行分析。

1)初始化时序

DS18B20 的所有通信都是以由复位脉冲组成的初始化时序开始的。该初始化时序由主机发出复位脉冲,后跟由 DS18B20 发出的存在脉冲。初始化时序图如图 11-23 所示。

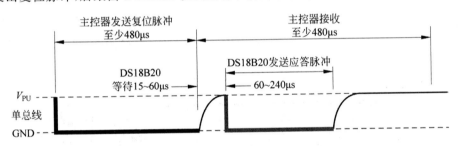

图 11-23　DS18B20 的初始化时序图

在初始化时序中,总线上的主机通过拉低总线至少 $480\mu s$ 来发出一个复位脉冲,然后总线主机释放总线并进入接收模式。总线释放后,$4.7k\Omega$ 的上拉电阻把单总线上的电平拉回高电平。当 DS18B20 探测到上升沿后等待 $15\sim60\mu s$,然后 DS18B20 以拉低总线 $60\sim240\mu s$ 的方式发出存在脉冲,完成初始化过程。

主机在写时隙向 DS18B20 写入数据,在读时隙从 DS18B20 读取数据。在单总线上每个时隙只传送一位数据。

```
//------------------------------------
//初始化 DS18B20
//------------------------------------
UCHAR Init_Ds18b20()
{
    UCHAR status;
    DQ = 1;
    Delay(8);
    DQ = 0;
```

```
    Delay(90);                    //延时约 480μs,产生复位脉冲
    DQ = 1;                       //释放总线
    Delay(8);
    status = DQ;
    Delay(100);
    DQ = 1;                       //释放总线
    return status;
}
```

2）写时序

有两种写时隙，分别为写"0"时间隙和写"1"时间隙。主机控制总线通过写"1"时间隙向 DS18B20 写入逻辑 1，使用写"0"时间隙向 DS18B20 写入逻辑 0。所有的写时隙必须至少有 $60μs$ 的持续时间，相邻两个写时隙必须至少有 $1μs$ 的恢复时间。当总线控制器把数据线从逻辑高电平拉到低电平的时候，写时序开始。DS18B20 的写时序图如图 11-24 所示。

为了产生写"1"时隙，在拉低总线后主机必须在 $15μs$ 内释放总线。在总线被释放后，由 $4.7kΩ$ 上拉电阻将总线恢复为高电平。为了产生写"0"时隙，在拉低总线后主机必须继续拉低总线，以满足时隙持续时间的要求（至少 $60μs$）。

在主机产生写时隙后，DS18B20 会在其后的 $15\sim60μs$ 的时间窗口内采样单总线。在采样的时间窗口内，如果总线为高电平，主机会向 DS18B20 写入 1；如果总线为低电平，主机会向 DS18B20 写入 0。如上所述，所有的写时隙必须至少有 $60μs$ 的持续时间。相邻两个写时隙必须要有最少 $1μs$ 的恢复时间。所有的写时隙（写 0 和写 1）都由拉低总线产生。

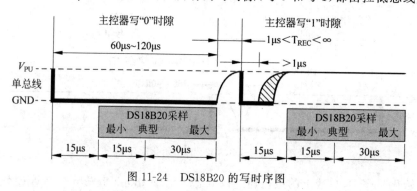

图 11-24   DS18B20 的写时序图

```
//--------------------------------------------
//写一字节
//--------------------------------------------
void Write_Onebyte(UCHAR dat)
{
    UCHAR i;
    for(i = 0; i < 8; i++)
    {
        DQ = 0;
        DQ = dat & 0x01;
        Delay(5);
        DQ = 1;
        dat >>= 1;
    }
}
```

3）读时序

DS18B20 只有在主机发出读时隙后才会向主机发送数据。因此，在发出读暂存器命令 [Beh] 或读电源命令 [B4h] 后，主机必须立即产生读时隙，以便 DS18B20 提供所需数据。另外，主机可在发出温度转换命令 T [44h] 或 Recall 命令 E 2 [B8h] 后产生读时隙，以便了解操作的状态。所有的读时隙必须至少有 $60\mu s$ 的持续时间。相邻两个读时隙必须至少有 $1\mu s$ 的恢复时间。所有的读时隙都由拉低总线，持续至少 $1\mu s$ 后再释放总线产生。在主机产生读时隙后，DS18B20 开始发送 0 或 1 到总线上。DS18B20 让总线保持高电平的方式发送 1，以拉低总线的方式表示发送 0。当发送 0 时，DS18B20 在读时隙的末期将会释放总线，总线将会被上拉电阻拉回高电平（总线空闲的状态）。DS18B20 输出的数据在下降沿（下降沿产生读时隙）产生后 $15\mu s$ 后有效。因此，主机释放总线和采样总线等动作要在 $15\mu s$ 内完成。DS18B20 读时序图如图 11-25 所示。

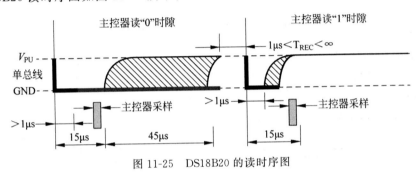

图 11-25 DS18B20 的读时序图

```
//------------------------------------------
//读一字节
//------------------------------------------
UCHAR Read_Onebyte()
{
    UCHAR i;
    UCHAR dat = 0;
    DQ = 1; _nop_();
    for(i = 0; i < 8;i++)
    {
        DQ = 0;                  //拉低总线,产生读信号
        _nop_();
        _nop_();
        dat >>= 1;
        DQ = 1;                  //释放总线,准备读数据
        _nop_();_nop_();
        if(DQ) dat |= 0x80;
        Delay(30);
        DQ = 1;                  //拉高总线,准备下一位数据读取
    }
    return dat;
}
```

3. DS18B20 的内部寄存器及工作原理

对 DS18B20 进行使用和操作除了根据单总线协议编写初始化、读 1 个节、写 1 个节的

子函数以外,还需要参考 DS18B20 的内部结构、功能命令集进行编程。DS18B20 的内部结构如图 11-26 所示。

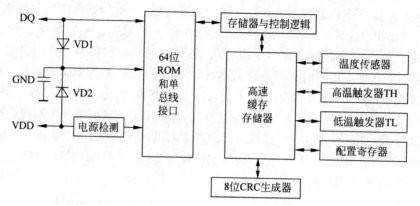

图 11-26　DS18B20 的内部结构

DS18B20 内部有 64 位光刻 ROM,图 11-27 是 DS18B20 的 64 位光刻 ROM 编码格式,最低 8 位是单线系列编码 28H。中间 48 位是一个全球唯一的序列号。高 8 位是以上 56 位的 CRC 校验码。

8-BIT CRC		48-BIT SERIAL NUMBER		48-BIT FAMILY CODE(28h)	
MSB	LSB	MSB	LSB	MSB	LSB

图 11-27　DS18B20 的 64 位光刻 ROM 编码格式

DS18B20 内部高速缓存存储器的结构如图 11-28 所示。

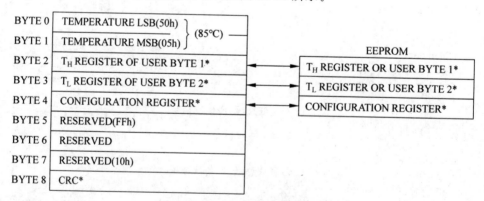

图 11-28　DS18B20 存储器结构

1）温度寄存器

BYTE0 和 BYTE1 为温度寄存器,用于存放温度值。DS18B20 的核心是直接读取数字的温度传感器。温度传感器的精度为用户可编程的 9～12 位。温度传感器 A/D 转换获得的温度值保存在温度寄存器中,温度寄存器格式如图 11-29 所示。

温度值在温度寄存器中,以补码的格式存储,DS18B20 默认配置为 12 位的分辨率,包含 1 个符号位和 11 个数据位。温度寄存器共两个字节,LSB 为低字节,MSB 为高字节。对

	BIT 7	BIT 6	BIT 5	BIT 4	BIT 3	BIT 2	BIT 1	BIT 0
LS BYTE	2^3	2^2	2^1	2^0	2^{-1}	2^{-2}	2^{-3}	2^{-4}

	BIT 15	BIT 14	BIT 13	BIT 12	BIT 11	BIT 10	BIT 9	BIT 8
MS BYTE	S	S	S	S	S	2^6	2^5	2^4

图 11-29　温度寄存器格式

于正温度,高字节中的 BIT11 符号位 S＝0,高 4 位也全为 0。对于负温度,高字节中的 BIT11 符号位 S＝1,高 4 位也全为 1。低 11 位都是 2 的幂,用来表示温度值,其中低字节的低 4 位为小数位,其分辨率为 $1/2^4＝0.0625℃$。DS18B20 部分温度值如表 11-5 所示。

表 11-5　DS18B20 部分温度值

温度/℃	16 位二进制编码	十六进制表示
＋125	0000 0111 1101 0000	07D0H
＋85	0000 0101 0101 0000	0550H
＋25.0625	0000 0001 1001 0001	0191H
＋10.125	0000 0000 1010 0010	00A2H
＋0.5	0000 0000 0000 1000	0008H
0	0000 0000 0000 0000	0000H
－0.5	1111 1111 1111 1000	FFF8H
－10.125	1111 1111 0101 1110	FF5EH
－25.0625	1111 1110 0110 1111	FE6FH
－55	1111 1100 1001 0000	FC90H

2）非易失性温度报警触发器

TH 和 TL 是非易失性可用户自定义的寄存器。第 2 和第 3 字节用于存储高、低报警触发值 T_H、T_L,当报警功能不使用时,两个寄存器可以当作普通寄存器使用。

3）配置寄存器

字节 4 为配置寄存器,用户可通过配置寄存器的 R0 和 R1 位来设定 DS18B20 的精度,配置寄存器格式和设置参阅 DS18B20 数据手册。

字节 5、6、7 被器件保留,禁止写入。字节 8 是只读的,包含以上 8 个字节 CRC 码。

DS18B20 必须先建立 ROM 操作协议,才能进行存储器和控制操作,每一次读写之前都要对 DS18B20 进行复位,复位成功后发送一条 ROM 指令,最后发送 RAM 指令,实现对 DS18B20 的预定操作。DS18B20 的 ROM 指令如表 11-6 所示。

表 11-6　DS18B20 的 ROM 指令表

指　令	代　码	说　明
读 ROM	33H	读 DS18B20 温度传感器 ROM 中的编码(64 位地址)
匹配 ROM	55H	发出此命令之后,接着发出 64 位 ROM 编码,访问单总线上与该编码相对应的 DS18B20 使之做出响应,为下一步对该 DS18B20 的读写做准备
跳过 ROM	CCH	忽略 64 位 ROM 地址,直接向 DS1820 发温度变换命令。适用于单片工作

续表

指　令	代　码	说　明
搜索 ROM	F0H	用于确定挂接在同一总线上 DS18B20 的个数和识别 64 位 ROM 地址。为操作各器件做好准备
报警搜索	ECH	执行后只有温度超过设定值上限或下限的片子才做出响应

下面对 ROM 指令进行介绍。

读 ROM(Read ROM)：此命令允许主机读 DS18B20 的 8 位产品系列编码，唯一的 48 位序列号以及 8 位的 CRC。此命令只能在总线上仅有一片器件的情况下可以使用，若总线上存在多于一片的器件，当所有从片企图同时发送时将发生数据冲突的现象（漏极开路会产生线与的结果）。

匹配 ROM(Match ROM)：发出此命令之后，接着发出 64 位 ROM 编码，允许总线主机对特定的器件寻址。只有与 64 位 ROM 序列严格相符的器件才能对后续的存储器操作命令做出响应，与 64 位 ROM 序列不符的从片将等待复位脉冲。此命令在总线上有单个或多个器件的情况下均可使用。

跳过 ROM(Skip ROM)：在单点总线系统中，此命令通过允许总线主机不提供 64 位 ROM 编码而访问存储器操作来节省时间。如果总线上存在多于一个的从属器件而且在 Skip ROM 命令之后发出读命令，那么由于多个从片同时发送数据，会在总线上发生数据冲突（漏极开路下拉会产生线与的效果）。

搜索 ROM(Search ROM)：当系统开始工作时，总线主机可能不知道单线总线上的器件个数或者不知道其 64 位 ROM 编码，搜索 ROM 命令允许总线控制器用排除法识别总线上的所有从机的 64 位编码。

报警搜索(Alarm Search)：此命令的流程与搜索 ROM 命令相同，但是仅在最近一次温度测量出现告警的情况下，DS18B20 才对此命令做出响应。告警条件定义为温度高于 TH 或低于 TL。只要 DS18B20 上电，报警条件就保持在设置状态，直到另一次温度测量显示出非报警值或者改变 TH 或 TL 的设置，使得测量值再一次位于允许的范围之内。存储在 EEPROM 内的触发器置用于报警。

DS18B20 的 RAM 指令如表 11-7 所示。

表 11-7　DS18B20 的 RAM 指令表

指　令	代　码	说　明
温度变换	44H	启动 DS18B20 进行温度转换，12 位转换时最长为 750ms(9 位为 93.75ms)。结果存入内部 9 字节 RAM 中
读暂存器	BEH	读内部 RAM 中 9 字节的内容
写暂存器	4EH	发出向内部 RAM 的 3、4 字节写上、下限温度数据命令，紧跟该命令之后，是传送两字节的数据
复制暂存器	48H	将 RAM 中第 3、4 字节的内容复制到 EEPROM 中
重调 EEPROM	B8H	将 EEPROM 中的内容恢复到 RAM 中的第 3、4 字节
读供电	B4H	读 DS18B20 的供电模式。寄生供电时 DS18B20 发送"0"，外接电源供电时 DS18B20 发送"1"

下面对 RAM 指令进行介绍：

写暂存器(Write Scratchpad)：这个命令向 DS18B20 的暂存器中写入数据,开始位置在地址 2,接下来写入的 2 个字节被存到暂存器中的地址位置 2 和 3。可以在任何时刻发出复位命令来中止写入。

读暂存器(Read Scratchpad)：这个命令读取暂存器的内容,读取将从字节 0 开始,一直进行下去,直到第 9(字节 8,CRC)字节读取完毕。如果不想读完所有字节,控制器可以在任何时间发出复位命令来中止读取。

复制暂存器(Copy Scratchpad)：这条命令把暂存器的内容复制到 DS18B20 的 EEPROM 里,即把温度报警触发字节存入非易失性存储器里。如果总线控制器在这条命令之后跟着发出读时间隙,而 DS18B20 又正在忙于把暂存器复制到 EEPROM,DS18B20 就会输出一个"0",如果复制结束,DS18B20 则输出"1"。如果使用寄生电源,总线控制器必须在这条命令发出后立即启动强上拉并最少保持 10ms。

温度变换(Convert T)：这条命令启动一次温度转换而无需其他数据。温度转换命令被执行,而后 DS18B20 保持等待状态。如果总线控制器在这条命令之后跟着发出读时间隙,而 DS18B20 又忙于做时间转换,DS18B20 将在总线上输出"0",若温度转换完成,则输出"1"。如果使用寄生电源,总线控制器必须在发出这条命令后立即启动强上拉,并保持 500ms。

重调 EEPROM(Recall EEPROM)：这条命令把存储在 EEPROM 中温度触发器的值重新调至暂存存储器。这种重新调出的操作在对 DS18B20 上电时也自动发生,因此只要器件一上电,暂存存储器内就有了有效的数据。在这条命令发出之后,对于所发出的第一个读数据时间片,器件会输出温度转换忙的标识：当为"0"时,忙；当为"1"时,准备就绪。

读供电(Read Power Supply)：对于在此命令发送至 DS18B20 之后所发出的第一个读数据的时间片,器件都会给出其电源方式的信号：当为"0"时,寄生电源供电；当为"1"时,外部电源供电。

4) DS18B20 编程举例

下面以总线上挂接一只 DS18B20 温度传感器来分析操作过程。

首先单片机要读取温度传感器的温度,它需要完成以下操作步骤：

Step1：初始化 DS18B20,检测 DS18B20 是否在线。

Step2：因为总线上只挂接了一只温度传感器,因此选择 ROM 指令表的"跳过 ROM"指令,发送 0xCC,忽略 64 位 ROM 地址。

Step3：需要启动温度转换,选择 RAM 指令表的"温度变换"指令,发送 0X44 启动温度转换。

Step4：等待温度所需的时间后,选择 RAM 指令表的"读暂存器"指令,开始读取寄存器。发送该命令后,可连续读取 9 个字节,由 DS18B20 的寄存器结构,温度数据在 0、1 字节。因此只需要读取前 2 个字节即可。

通过以上四步操作就可以读取温度传感器的值。接下来需要显示温度传感器的值。

例 11-5 读取一片 DS18B20 的温度数据并显示到 1602 液晶上,测量电路如图 11-30 所示。

程序分析：主程序完成初始化设置,将测量温度的功能放到定时器中断服务函数中。

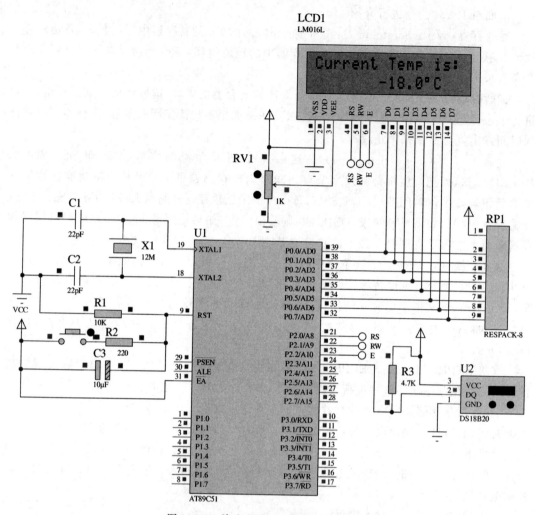

图 11-30　单片 DS18B20 温度测量电路

在单总线读写时序子程序的基础上编写读取温度值子程序,在显示温度子程序取出读取温度整数部分、小数部分和负号标识。

主程序和中断服务程序如下:

```
# include < reg51. h >
# include < intrins. h >
# include < lcd1602. h >
sbit DQ = P2^3;
uchar code Line1[] = "Current Temp is:";          //第一行显示字符
uchar code Error_Display[] = "Sensor Failure";    //传感器连接错误显示
uchar Display_Buffer[] = " ";                     //第二行显示温度
//温度字符
uchar code df_Table[] = {0,1,1,2,3,3,4,4,5,6,6,7,8,8,9,9};
//温度小数位对照表
uchar CurrentT = 0;                               //当前读取的温度整数部分
uchar Temp_L = 0x00;                              //从 DS18B20 读取温度值的低 8 位
uchar Temp_H = 0x00;                              //从 DS18B20 读取温度值的高 8 位
```

```c
uchar Display_Digit[] = {0,0,0,0};              //待显示的各温度数位
bit Ds18b20_OK = 1;                             //传感器正常标志
//------------------------------------------
//延时10ms的子程序@12MHz晶振
//------------------------------------------
void Delay_n10us(uchar n)
{
    uchar i;
    for(i = n; i > 0; i-- )
    {
        _nop_();_nop_();_nop_();_nop_();_nop_();_nop_();
    }
}


//------------------------------------------
//初始化DS18B20
//------------------------------------------
uchar Init_Ds18b20()
{
    uchar status;
    DQ = 0;
    Delay_n10us(50);                            //延时500μs
    DQ = 1;                                     //释放总线
    Delay_n10us(4);                             //等待40μs
    status = DQ;                                //读取存在脉冲
    Delay_n10us(20);
    DQ = 1;                                     //释放总线
    return status;
}
//------------------------------------------
//读1字节
//------------------------------------------
uchar Read_Onebyte()
{
    uchar i;
    uchar dat = 0;
    DQ = 1; _nop_();
    for(i = 0; i < 8;i++)
    {
        DQ = 0;                                 //拉低总线,产生读信号
        _nop_();
        _nop_();
        dat >>= 1;
        DQ = 1;                                 //释放总线,准备读数据
        _nop_();_nop_();
        if(DQ) dat |= 0x80;
        Delay_n10us(6);                         //延时60μs
        DQ = 1;                                 //拉高总线,准备下一位数据读取
    }
    return dat;
}
```

```
// ------------------------------------------
//写一字节
// ------------------------------------------
void Write_Onebyte(uchar dat)
{
    uchar i;
    for(i = 0; i < 8; i++)
    {
        DQ = 0;
        DQ = dat & 0x01;
        Delay_n10us(6);                     //延时 60μs
        DQ = 1;
        dat >>= 1;
    }
}
// ------------------------------------------
//读取温度值
// ------------------------------------------
void Read_Temperature()
{
    if(Init_Ds18b20() == 1)                 //18b20 故障
        Ds18b20_OK = 0;
    else
    {
        Write_Onebyte(0xCC);                //SKIPROM
        Write_Onebyte(0x44);                //启动温度转换
        Init_Ds18b20();
        Write_Onebyte(0xCC);                //跳过序列号
        Write_Onebyte(0xBE);                //读取温度转换值
        Temp_L = Read_Onebyte();            //温度低 8 位
        Temp_H = Read_Onebyte();            //温度高 8 位
        Ds18b20_OK = 1;
    }
}
// ------------------------------------------
//显示温度子程序
// ------------------------------------------
void Display_Temp()
{
    uchar t = 150, ng = 0;                  // 延时值与负数标识
    if((Temp_H & 0xF8) == 0xF8)
    {
        Temp_H = ~Temp_H;
        Temp_L = ~Temp_L + 1;
        if(Temp_L == 0x00) Temp_H++;
        ng = 1;                             //负数标识置 1
    }
    Display_Digit[0] = df_Table[Temp_L & 0x0F];
    //查表得到温度小数部分
    CurrentT = ((Temp_L & 0xF0) >> 4) | ((Temp_H & 0x07)<< 4);
    //获取温度整数部分(高字节中的低 3 位与低字节中的高 4 位,无符号)
```

```
        Display_Digit[3] = CurrentT/100;              //整数百位
        Display_Digit[2] = CurrentT % 100 / 10;       //整数十位
        Display_Digit[1] = CurrentT % 10;             //整数个位

        Display_Buffer[13] = 0x43;                    //显示 C
        Display_Buffer[12] = 0xDF;                    //显示度
        Display_Buffer[11] = Display_Digit[0] + '0';
        Display_Buffer[10] = '.';
        Display_Buffer[9] = Display_Digit[1] + '0';
        Display_Buffer[8] = Display_Digit[2] + '0';
        Display_Buffer[7] = Display_Digit[3] + '0';
        if(Display_Digit[3] == 0) Display_Buffer[7] = ' ';    //高位为 0 不显示
        if(Display_Digit[2] == 0 && Display_Digit[3] == 0)
        Display_Buffer[8] = ' '; //百位和十位为 0,十位不显示
        if(ng)                                        //负数符号显示
        {
            if(Display_Buffer[8] == ' ')
                Display_Buffer[8] = '-';
            else
            if(Display_Buffer[7] == ' ')
                Display_Buffer[7] = '-';
            else
                Display_Buffer[6] = '-';
        }
        LCD1602_Display(0,1,Display_Buffer);          //第二行显示温度
}

void main()
{
    Initialize_LCD1602();
    TH1 = (65536 - 50000)/256;
    TL0 = (65536 - 50000)%256;
    EA = 1;ET0 = 1;TR0 = 1;
    while(1);
}
void T0_ser() interrupt 1
{
    TH1 = (65536 - 50000)/256;
    TL0 = (65536 - 50000)%256;
    LCD1602_Display(0,0,Line1);                       //第一行显示标题
    Read_Temperature();
    if(Ds18b20_OK) Display_Temp();                    //显示温度值
    else LCD1602_Display(0,1,Error_Display);          //显示传感器故障
}
```

习题

一、填空

1. 51 单片机并行扩展三总线为_____、_____和_____。

2. 在 51 单片机并行扩展时，P0 口复用作为_____和_____。

3. 单片机扩展并行 I/O 口芯片的基本要求是：输出应具有_____，输入应具有_____。

4. I^2C 总线有两条信号线，一条是_____，另一条是_____。

5. 1-Wire 总线器件通过一根信号线传送信息，且可通过_____的方式对器件进行供电，每个单总线器件具有全球唯一的_____位序列号，从而允许多个器件挂接在同一条总线上。

二、单项选择

1. SPI 总线是一种_____。

    A. 全双工，异步通信总线   B. 半双工，同步通信总线

    C. 全双工，同步通信总线   D. 半双工，异步通信总线

2. 下列有关 I^2C 总线协议说法错误的是_____。

    A. I^2C 总线进行数据传送时，时钟信号为高电平期间，数据线上的数据必须保持稳定，只有在时钟线上的信号为低电平期间，数据线上的高电平或低电平状态才允许变化

    B. SCL 为高电平，给 SDA 一个下降沿产生总线起始信号

    C. 起始信号后，总线就处于被占用的状态；主器件在终止信号后释放总线控制权，总线处于空闲状态

    D. 在 SCL 为高脉冲期间，若 SDA 为"1"，则表示主机向从机发送应答信号

三、问答题

1. 51 单片机为什么需要扩展三总线？简述 51 单片机三总线扩展系统的实现方式。

2. 随着单片机技术的发展，为什么并行总线扩展方式越来越少使用？目前外围设备的主要扩展方式有哪些？

3. 单片机如何对 I^2C 总线的器件进行寻址？

第12章

单片机的应用系统设计及抗干扰技术

实现某一功能的单片机应用系统包含硬件和软件系统,硬件和软件必须紧密结合、协调一致才能正常工作。系统抗干扰性能是影响单片机应用系统可靠性的重要因素。本章介绍单片机应用系统的组成、应用系统设计步骤,分析单片机应用系统硬件和软件设计应考虑的问题。本章还对干扰的来源,以及硬件和软件的抗干扰措施进行介绍。

12.1 单片机应用系统的组成

单片机应用系统由硬件和软件组成,硬件是应用系统的基础,软件在硬件的基础上对其资源进行合理调配,从而完成应用系统要求的任务,是功能的体现者,二者相互依赖,缺一不可。在实际开发中,要让单片机去完成某项任务,需将单片机和被控对象进行电气连接,加上各种扩展接口电路、外部设备、被控对象的硬件和软件,构成单片机应用系统。典型单片机应用系统框图如图 12-1 所示。

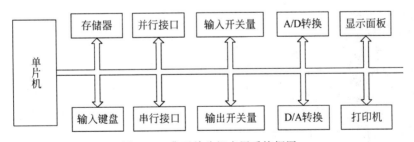

图 12-1　典型单片机应用系统框图

典型单片机的测控系统主要包括以下功能模块:

(1)前向通道:应用系统的数据采集输入通道,主要完成对测控对象的状态、量值的检测。前向通道输入的信号包括模拟信号和数字信号两大类。通常由传感器采集信息,为模拟信号,进行信号调理(包括放大、滤波等),然后经过模拟开关、采样保持器、A/D 转换器等,最终将 A/D 得到的数字信号输入到单片机中进行数据处理。数字信号包括输入开关量、输入频率信号等。

(2)后向通道:输出控制信号产生控制作用的通道。后向通道的末端是直接作用在被控对象上的驱动器或执行器,包括继电器、蜂鸣器、电机、电磁阀、压电元件、扬声器等。后向通道的控制分为两种情况：对于仅需要通断信号的驱动器，单片机可以直接输出开关量，驱动继电器实现通断控制；对于需要大功率模拟信号的驱动器，单片机可进行 D/A 转换，再进行功率放大进行驱动，也可输出 PWM 信号，通过数字控制技术进行驱动。

（3）人机交互通道：人与单片机应用系统之间建立联系，交换信息的输入/输出设备的接口通道。对于单片机测控系统而言可以将信息反馈给用户，同时接收用户指令，以便对系统参数进行设置以及干预测控过程。其主要包括键盘、数码管、液晶显示器、触摸屏、麦克风、扬声器等。

（4）信息交互通道：对于测控仪器仪表和多机协同工作的系统，信息交互通道是必要的，其负责共享信息和与其他设备一起协同完成测控任务。它主要由各种通信接口组成。对于近距离的双机或多机通信系统，采用 RS-232、RS-485 比较简单实用；对于分布式测控系统，要求单片机测控系统具有各种通信接口，如 CAN 总线接口、以太网接口、无线通信接口等。

12.2 单片机应用系统设计步骤

单片机应用系统以单片机为核心，配以一定的外围电路和软件，能实现用户所要求的测控功能的系统。应用系统设计一般可分为以下阶段：

（1）需求分析和方案论证。需求分析和方案论证是解决做什么的问题。它是单片机系统设计工作的开始，也是工作的基础，只有经过深入细致的需求分析和周密科学的方案论证，才能使系统设计工作顺利完成。需求分析应对国内外同类产品的状况进行调查，对市场进行调研，根据客户提出的设计要求，分析和了解项目的总体要求，输入信号、输出控制、使用环境和工作电源要求，产品成本和可靠性和可维护性等，对项目设定可行的性能指标。需求分析的内容主要包括被测控参数的环境（电量、非电量、模拟量、数字量等）、被测控参数的范围、性能指标、系统功能、工作环境、显示、报警、打印要求等。方案论证是根据用户要求设计出符合现场条件软硬件方案，在测量结果输出方式上，既要满足用户要求，又要使系统简单、经济、可靠，使方案具有技术可行性和经济可行性。

（2）项目总体设计。项目总体设计是解决怎么做的问题。它确定初步方案，包括模块功能的确定，系统软、硬件模块的划分及主要技术路线和技术方案。在项目技术方案的制定上要摸清软、硬件技术难度，明确技术主攻方向；借鉴一些成熟的软、硬件技术方案和可移植的软件代码，防止低水平重复劳动。

（3）项目硬件设计。单片机应用系统的硬件设计主要包括硬件电路设计和产品结构设计。硬件电路设计是根据总体设计的系统结构框图画出电路原理图，结合产品的结构设计画出印制电路板图。硬件电路设计包括单片机的选型、外围电路器件的选型、硬件电路设计、PCB 设计、抗干扰设计等工作。产品结构设计主要包括产品的形状、体积、外观、面板、插接件设计。必须考虑到产品的美观和安装、调试维修方便，在结构设计中也要考虑电路的抗干扰性问题。

（4）项目软件设计。项目软件设计是根据系统功能和结合电路设计来进行设计的，能可靠地实现系统的各种功能。在项目软件设计中采用模块化、分层设计的思想，使软件具有良好的可靠性、可读性、可调试性、可维护性和可移植性。

（5）硬件与软件联合调试。结合电路将各功能模块逐个调试好后，再进行系统总体调试。可先使用 EDA 软件仿真开发工具进行单片机系统仿真设计，再制作目标电路板进行软、硬件联合调试。

（6）运行测试和后期维护。运行测试包括功能测试和可靠性测试。功能测试是按照设计任务书检查各个功能是否一一实现。可靠性测试又称烤机，在一定的测试时间内检测系统是否能正常运行，还需要结合实际工况进行高温、低温、振动、抗电磁干扰测试等。当功能测试和可靠性测试都通过时，单片机应用系统开发成功。在产品投入使用的过程中还需要不断根据用户反馈，对系统进行后期的维护和升级，以提高产品生命周期和用户满意度。

（7）技术文档的整理。技术文档分两类：一类是开发中用到的研发文档；另一类是给客户看的产品文档。研发文档是系统开发使用和维护过程中必备的资料，它能提高系统开发的效率，保证设计的质量，而且在软件的使用过程中有指导、帮助、解惑的作用，尤其在系统维护工作中。研发文档的编写贯穿整个开发流程，大致按照项目管理类、硬件设计类、软件设计类、项目调试类、验收检验类等进行整理和管理。

产品文档详细解释产品的具体使用方法、安全提示、客户服务信息等。阅读对象一般为用户、技术支持工程师、售后服务人员。文档作为产品和市场接轨的桥梁，为产品在市场上赢得客户的青睐，以及产品的长期发展提供了良好的保障。

12.3 单片机应用系统硬件和软件设计应考虑的问题

12.3.1 单片机应用系统硬件设计应考虑的问题

单片机应用系统的硬件设计是由总体设计所给出功能，在确定单片机类型的基础上进行硬件设计、实验和仿真。进行必要的工艺结构设计，绘制电路原理图和 PCB 图，制作出印制电路板，然后进行焊接和组装。一个单片机应用系统的硬件电路设计主要包含两部分内容：一是系统扩展，即单片机内部的功能单元，如 ROM、RAM、I/O、定时器/计数器、中断系统等不能满足应用系统的要求时，必须在片外进行扩展，选择适当的芯片，设计相应的电路；二是系统的配置，即按照系统功能要求配置外围设备，如键盘、显示器、打印机、ADC、DAC等，要设计合适的接口电路。

单片机硬件设计应考虑如下的问题：

（1）元器件选型。尽量选择通用大厂元器件，尽量少使用冷门、小厂元器件，减少开发风险；在功能和性能上都满足要求的情况下，尽量选择性价比高的元器件；尽量选择集成度高，片上功能丰富的单片机，简化外围器件，降低成本，提高可靠性；尽量选择采购方便、供货稳定、一定期限内不会停产，兼容芯片生产厂商较多具有可替代性的芯片；根据系统设计功耗、工作环境等选择符合技术指标的元器件。

（2）电路设计。尽量选择典型电路和成熟电路，硬件电路采用模块化设计，逻辑设计力求简单可靠；硬件设计应结合软件方案，在满足系统功能和实时性的前提下，尽量以软代硬；单片机外围电路较多时，必须考虑其驱动能力。驱动能力不足时，系统工作不可靠，可通过增设线驱动器增强驱动能力或减少芯片功耗来降低总线负载。

（3）PCB 设计。电路板的数量、尺寸和外观应结合产品的机箱结构和显示、按键、供电的布局进行考虑，主要功能模块设计成单独模块，尽量考虑用排线和插接件方式进行连接，并应考虑安装、调试、维修方便。

可靠性及抗干扰设计是 PCB 设计必不可少的一部分，它包括元件布局、印制电路板布线、去耦滤波、通道隔离等。相关的一些经验和设计准则在电路 CAD 书籍有介绍，本书不再赘述。

12.3.2　单片机应用系统软件设计应考虑的问题

在进行应用系统的总体设计时，软件和硬件设计应统一考虑，在系统的硬件设计的基础上进行软件设计：

（1）总体规划，合理分配资源。软件所要完成的任务在系统总体设计时已经确定，在具体软件设计时，要结合硬件结构，将系统软件分成若干相对独立的部分，设计出合理的软件总体结构。单片机的资源有限，要考虑合理分配系统资源和存储单元，包括 ROM、RAM、定时器/计数器、中断源等。

（2）程序模块化，分层化。各功能程序实现模块化，采用分层化设计，这样既便于调试、链接，又便于移植、修改和后期维护。分层化设计一般分为底层、中间层和应用层。底层一般是直接访问硬件的接口，中间层一般是在底层与上层之间进行数据及信息的转换，上层一般面向应用，在很少考虑硬件实现的前提下以通用的方式实现所需的功能。分层的好处是：可以将应用与硬件剥离，当硬件发生变更（移植，设计更改）时，只需改动底层以及少量中间层；当需求发生变更时，只需改动上层以及少量中间层。

（3）软件自诊断和抗干扰。系统启动运行时，开始执行开机自检程序，实时检测单片机各个模块的运行使用情况。当检查内容均为正常状态时，程序才能顺利地往后依次运行，一旦出现异常情况便进行相应的措施处理。采用软件抗干扰措施，可以消除干扰信号，当系统工作出现混乱时使系统恢复正常运行。

12.4　单片机应用系统的可靠性与抗干扰设计

单片机应用系统的可靠性是指系统在规定的条件下，给定的时间内执行所要求的功能不出现故障和失效的概率。提高单片机应用系统可靠性是提高产品质量，减少维修和寿命周期费用的重要途径，在设计开发过程中，深入开展可靠性工程，对提高产品可靠性具有十分重要的意义。影响单片机系统可靠安全运行的主要因素主要来自系统所处环境的温度、湿度、震动、电磁干扰等外部因素的干扰，并受系统结构设计，以及元器件选择、安装、制造工艺影响。高可靠性的单片机应用系统是通过可靠性设计而产生的，并且通过可靠性生产和可靠性使用及维护来保证。因此，在系统设计时要充分利用可靠性的概念和方法考虑系统硬件设计与软件设计。

12.4.1　干扰的来源

在单片机测控系统产品开发过程中，常会遇到在实验室环境下系统运行正常，但是小批量生产并运行在实际工作环境中出现系统不能稳定工作的情况。其原因是系统抗干扰设计不够妥善,在实际工作环境中受到干扰导致系统工作不正常。在工业测控环境中的干扰通常以脉冲的形式进入系统,来源途径主要有以下三种:

(1) 供电系统干扰:供电电力线相当于一个接收天线,能把雷电、电弧、电磁波等辐射的高频干扰信号通过电源变压器初级耦合到次级,形成对单片机系统的干扰;电源开关的通断、电机和大功率设备的启停会使供电电网发生波动,由于工业现场运行的大功率设备众多,感性负载设备的启停会产生很大的电流和电压变化率,电网上会出现几百伏甚至上千伏的尖脉冲干扰。

(2) 空间干扰:空间干扰主要来自太阳及其他天体辐射的电磁波、广播电台或通信发射台发出的电磁波及各种电气设备发射的电磁干扰等。如果单片机应用系统工作在电磁波较强的区域而没有采取相关防护措施,工作就容易受到影响。

(3) 过程通道干扰:测控系统中开关量输入/输出(DI/DO)、模拟量输入/输出(AI/AO)通道是必不可少的。在工业现场中这些输入/输出的信号线和控制线繁多,长度可长达几百米甚至上千米。设备漏电、接地装置不可靠是产生干扰的重要原因,各种类型的传感器、输入输出线路的绝缘损坏也会使过程通道中直接串入干扰信号,各通道的线路也会通过电磁感应而产生瞬间的干扰串入过程通道。

如果干扰进入单片机系统,将会对系统产生数据采集误差加大甚至出现错误,程序运行失常,系统被控对象错误操作、被控对象状态不稳定、定时不准、传输数据发生错误等,因此必须对单片机系统采取抗干扰措施。

12.4.2　单片机应用系统的硬件抗干扰设计

针对干扰的来源途径,主要采取以下抗干扰措施。

1. 屏蔽

屏蔽是指利用导电或导磁材料制成的盒状或壳状屏蔽体,将干扰源或干扰对象包围起来,从而割断或削弱干扰场的空间耦合通道,阻止其电磁能量的传输。按需要屏蔽的干扰场性质可分为电场屏蔽、磁场屏蔽和电磁场屏蔽等。

2. 隔离

隔离实质上是把引进的干扰通道切断,从而达到隔离现场干扰的目的。测控装置与现场信号之间、弱电和强电之间常用的隔离方式有以下四种:

(1) 光电隔离。光电隔离是以光作为媒介在隔离的两端之间进行信号传输的,用的是光电耦合器。由于光电耦合器在传输信息时不是将输入和输出的电信号进行直接耦合,而是借助于光作为媒介物进行耦合,因而具有较强的隔离和抗干扰能力。图 12-2 为用光电耦合器 6N137 组成的 RS-485 通信光电隔离电路。

(2) 变压器隔离。对于交流信号的传输,一般使用变压器隔离干扰信号的办法。隔离变压器用来阻断交流信号中的直流干扰和抑制低频干扰信号的强度。隔离变压器把各种模拟负载和数字信号源隔离开来,也就是把模拟地和数字地断开。传输信号通过变压器获得通路,而共模干扰由于不形成回路而被抑制。

(3) 继电器隔离。继电器线圈和触点仅有机械的联系,而没有直接的电的联系,因此可

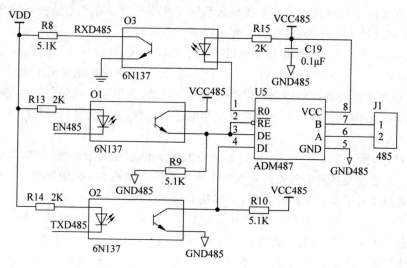

图 12-2　RS-485 通信光电隔离电路

利用继电器线圈接收电信号，利用其触点控制和传输电信号，从而实现强电和弱电的隔离。同时，继电器触点较多，且其触点能承受较大的负载电流，因此应用非常广泛。

（4）隔离放大器。隔离放大器是一种特殊的测量放大电路，其输入、输出和电源电路之间没有直接电路耦合，即信号在传输过程中没有公共的接地端。输入电路和放大器输出之间有欧姆隔离的器件。隔离放大器用于防止数据采集器件遭受远程传感器出现的潜在破坏性电压的影响。这些放大器还在多通道应用中放大低电平信号，也可以消除接地环路引起的测量误差。由于不需要附加的隔离电源，带有内部变压器的隔离放大器可以降低电路成本。

3. 从安装和工艺等方面采取措施以消除干扰

（1）合理选择接地。许多产品在样机设计中看似比较完美，但在工作现场常出现故障，通常是接地选择不合理使系统容易受干扰。选择正确的接地方式需要考虑：交流接地点与直流接地点分离；保证逻辑地浮空；保证使机身、机柜的安全地的接地质量；分隔模拟电路的接地和数字电路的接地等。

（2）合理选择电源。电源是引进外部干扰的重要来源，通过电源引入的干扰噪声是多途径的，如控制装置中各类开关的频繁闭合或断开，各类电感线圈（包括电机、继电器、接触器以及电磁阀等）的瞬时通断，晶闸管电源及高频、中频电源等系统中开关器件的导通和截止等都会引起干扰，这些干扰幅值瞬时可达千伏级，而且占有很宽的频率。显而易见，要想完全抑制如此宽频带范围的干扰，必须对交流电源和直流电源同时采取措施。大量实践表明，采用压敏电阻和低通滤波器可使频率范围在 20kHz～100MHz 的干扰大大衰减。采用隔离变压器和电源变压器的屏蔽层可以消除 20kHz 以下的干扰，而为了消除交流电网电压缓慢变化对控制系统造成的影响，可采取交流稳压等措施。

对于直流电源通常要考虑尽量加大电源功率容限和电压调整范围。为了使装备能适应负载在较大范围变化和防止通过电源造成内部噪声干扰，整机电源必须留有较大的储备量，并有较好的动态特性，习惯上一般选取 0.5～1 倍的裕量。直流稳压电源不仅可以进一步抑制来自交流电网的干扰,而且可以抑制负载变化造成的电路直流工作电压的波动。

（3）合理布局和布线。对机电一体化设备及系统的各个部分进行合理布局,能有效地防止电磁干扰的危害。合理布局的基本原则是使干扰源与干扰对象尽可能远离,输入和输出端口妥善分离,高电平电缆及脉冲引线与低电平电缆分别敷设等。放置在工业生产现场的设备仪器之间也存在合理布局问题,不同设备对环境的干扰类型、干扰强度不同,抗干扰能力和精度也不同,因此,在设备位置布置要考虑设备分类和环境处理,如精密检测仪器应放置在恒温环境,并远离有机械冲击的场所,弱电仪器应考虑工作环境的电磁干扰强度等。还应在安装、布线等方面采取严格的工艺措施,如布线上注意整个系统导线的分类布置,接插件的可靠安装与良好接触,以及焊接质量等。实践表明,对于一个具体的系统,如果工艺措施得当,不仅可以大大提高系统的可靠性和抗干扰能力,而且可以弥补某些设计上的不足之处。

单片机应用系统的软件和硬件是紧密相关的,要使整个系统具有较高的可靠性,除了在尽可能提高硬件可靠性的前提下,软件的可靠性设计也是必不可少的,必须从设计、测试及长期使用等方面来解决软件可靠性。

12.4.3　软件抗干扰技术

在提高硬件系统抗干扰能力的同时,软件抗干扰以其设计灵活、节省硬件资源、可靠性高得到广泛应用。在工程实践中,软件抗干扰主要达到的目标是消除模拟输入信号的噪声,程序混乱和死机时使程序重入正轨。

1. 软件滤波

用软件来识别有用信号和干扰信号,并滤除干扰信号的方法称为软件滤波。常用的集中软件滤波方法有以下四种:

（1）算数平均滤波法:连续取 N 个采样值进行算数平均。此法适用于信号在某一数值范围附近上下波动,具有随机干扰的信号进行滤波,对于测量速度较慢或要求计算速度较快的实时测控不适用,且计算需占用较大 RAM 空间。一般情况下,N 取 3～5 次即可,对于不同的测量对象可按经验取值,例如,对于一般流量测量,N 取经验值 12,对于压力测量,N 取经验值 4。

（2）中位值滤波法:连续采样 N（N 取奇数）次,把 N 次采样值按大小排列,取中间值为本次有效值。此法能有效克服偶然因素引起的波动干扰,对温度、液位的变化缓慢的被测参数有良好的滤波效果,对流量、速度等快速变化的参数不适合。

（3）滑动平均滤波法:也称为递推平均滤波法,把连续取 N 个采样值看成一个队列,队列的长度固定为 N,每次采样到一个新数据放入队尾,并去掉原来队首的一次数据（先进先出原则）,把 N 个数据进行算数平均,就可获得新的滤波结果。N 值的选取:流量,$N=12$;压力,$N=4$;液面,$N=4～12$;温度,$N=1～4$。滑动平均滤波法只需测量一次即可得到当前算数平均值。其适用于要求数据计算较快的实时测控系统,对周期性干扰有良好的抑制作用,平滑度高;但灵敏度低,对偶然出现的脉冲性干扰的抑制作用较差,不易消除脉冲干扰所引起的采样值偏差,不适用于脉冲干扰比较严重的场合,比较浪费 RAM。

（4）限幅滤波法:根据经验判断,确定两次采样允许的最大偏差值（设为 A）。每次检测到新值时判断：如果本次值与上次值之差≤A，则本次值有效；如果本次值与上次值之差＞A，则本次值无效，放弃本次值，用上次值代替本次值。此法能有效克服偶然因素引起的脉冲干扰；但无法抑制周期性干扰，平滑度差。

除以上几种软件滤波方法外，还有中位值平均滤波法、限幅平均滤波法、一阶滞后滤波法、加权递推平均滤波法、消抖滤波法、限幅消抖滤波法等。

2. 软件陷阱

单片机正常运行时，PC值始终指向正在执行指令的下一条指令的首字节程序存储器单元地址。程序跑飞是指系统受到干扰时，PC值出现偏离。在很多情况下，程序跑飞后的PC值指向未写入数据的程序存储器，由于没有写入数据的程序存储器的内容通常为0FFH，机器码0FFH对应的汇编指令为MOV R7，A，所以系统不断地执行该指令，并很快会执行到程序存储器的末尾，进入死循环而导致死机。软件陷阱就是一条引导指令，其指导思想是把程序存储器未使用的单元填上引导指令，作为陷阱来强制捕获跑飞的程序，并将捕获的程序引向一个指定的地址，该地址存储有一段专门针对程序出错进行处理的指令，使系统恢复正常。

3. 软件看门狗

看门狗（WDT）实际上就是一个计数器，用于监视程序的运行。一般给看门狗一个计数初值，程序开始运行后看门狗开始倒计数，如果程序运行正常，过一段时间CPU应发出指令（称为"喂狗"指令）让看门狗复位，重新开始倒计数。如果程序运行异常，而使得"喂狗"操作不能正常进行，看门狗计数器会计数直到溢出，触发单片机复位，从而避免单片机跑飞以后失控而导致死机。AT89C51单片机片内未集成软件看门狗，但其扩展型号有软件看门狗。下面以AT89C51RD2单片机为例介绍看门狗的使用与编程。

AT89C51RD2单片机内置看门狗电路，通过寄存器进行控制，控制看门狗的寄存器有看门狗定时器复位（WatchDog Timer Reset，WDTRST）寄存器和看门狗编程（WatchDog Timer Program，WDTPRG）寄存器。

WDT是为了解决CPU程序运行时可能进入混乱或死循环而设置，它由一个14位计数器和看门狗复位SFR（WDTRST）构成。外部复位时，WDT默认为关闭状态，要打开WDT，用户必须按顺序将01EH和0E1H写到WDTRST寄存器（SFR地址为OA6H），当启动了WDT，它会随晶体振荡器在每个机器周期计数，除硬件复位或WDT溢出复位外没有其他方法关闭WDT，当WDT溢出时。将使RSF引脚输出高电平的复位脉冲。

使用WDT：打开WDT需按次序写01EH和0E1H到WDTRST寄存器（SFR的地址为OA6H），当WDT打开后，需在一定的时候写01EH和0E1H到WDTRST寄存器以避免WDT计数溢出。14位WDT计数器计数达到16383（3FFFH），WDT将溢出并使器件复位。WDT打开时，它会随晶体振荡器在每个机器周期计数，这意味着用户必须在小于每个16383机器周期内复位WDT，即写01EH和0E1H到WDTRST寄存器，WDTRST为只写寄存器。WDT计数器既不可读也不可写，当WDT溢出时，通常将使RST引脚输出高电平的复位脉冲。复位脉冲持续时间为$96 \times T_{clk}$，而$T_{clk} = 1/f_{osc}$（晶体振荡频率）。为使WDT工作最优化，必须在合适的程序代码时间段周期地复位WDT防止WDT溢出。

为使看门狗功能更强大,单片机内置专门的计数器用于设置看门狗的溢出时间。在 $f_{osc}=12\text{MHz}$ 时,延时的范围为 16ms～2s。这一功能是通过 WDTPRG 寄存器来实现的,WDTPRG 寄存器格式如表 12-1 所示。WDTPRG 寄存器的设置需放在 WDT 激活之前,并且设置内容直到下次重置才能修改。

表 12-1　WDTPRG 寄存器格式

位　序	D7	D6	D5	D4	D3	D2	D1	D0
位符号	T4	T3	T2	T1	T0	S2	S1	S0

T4、T3、T2、T1、T0:保留位。从保留位中读取的值是不确定值,也不要试图去设置这些位。

S2、S1、S0:WDT 时间选择位。用于配置看门狗定时器定时值(表 12-2),取值为 0x00～0x07。

表 12-2　WDT 定时器定时值设置

S2	S1	S0	定时机器周期数	定时时间($f_{osc}=12\text{MHz}$)
0	0	0	$2^{14}-1=16383$	16.3ms
0	0	1	$2^{15}-1=32767$	32.7ms
0	1	0	$2^{16}-1=65535$	65.5ms
0	1	1	$2^{17}-1=131071$	131ms
1	0	0	$2^{18}-1=262143$	262ms
1	0	1	$2^{19}-1=524287$	524ms
1	1	0	$2^{20}-1=1048575$	1.04s
1	1	1	$2^{21}-1=2097151$	2.09s

例 12-1　看门狗功能演示。

因为看门狗功能需要在程序受到干扰并且程序跑飞系统无法正常工作时才能运行,因此本例采用按键控制停止"喂狗"来演示看门狗功能。本例电路图如图 12-3 所示,采用带有看门狗的 89C51RD2 型号单片机。

编程分析:本例在主程序启动运行时设置"复位"指示灯点亮一段时间,然后进入主程序循环后将复位灯熄灭,程序在正常运行主程序循环时让"正常运行"指示灯不断闪烁。在主程序启动时,晶振频率为 12MHz 下,设置 WDTPRG 寄存器将看门狗定时器的定时值设为 32.7ms,并对 WDTRST 寄存器进行操作激活看门狗。将"喂狗"指令放到定时器 0 中断进行,设置定时时间为 30ms,程序在正常运行的过程中每隔 30ms 进入定时器 0 中断服务程序中执行"喂狗指令",小于看门狗定时器的定时值 32.7ms,因此看门狗定时器在程序正常运行过程时将永远不会溢出。为模拟程序受到干扰时看门狗定时器的作用,在外部中断 0 服务程序中执行按键模拟的停止"喂狗"功能,当按键按下,在外部中断 0 服务程序中将定时器 0 中断允许关闭,程序就不能进入定时器中断 0 执行"喂狗"指令。看门狗定时器时间到,程序就自动复位。观察到的现象是停止"喂狗"键按下后,"正常运行指示灯"停止闪烁,系统重启后复位指示灯亮一段时间后又进入正常运行工作模式。

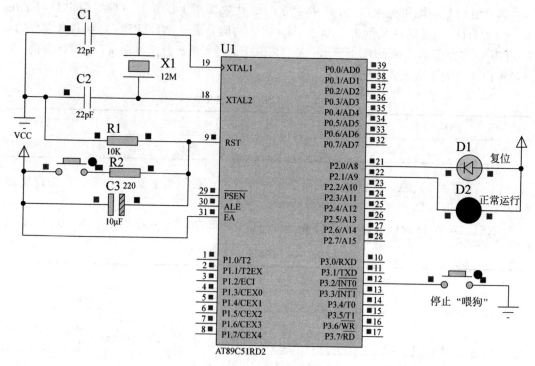

图 12-3　看门狗功能演示电路

程序如下：

```
# include "89c51rd2.h"
# define UCHAR unsigned char
# define UINT unsigned int
sbit LED1 = P2^0;
sbit LED2 = P2^1;
//--------------------------------------------------
// 延时子程序
//--------------------------------------------------
void delay(UINT x)
{
    UCHAR t;
    while(x--) for(t = 0; t < 120; t++);
}

void main()
{
    WDTPRG |= 0x01;                 //看门狗定时器定时值 32.7ms@12MHz
    LED1 = 0;                       // 程序启动和复位时点亮 LED1
    LED2 = 1;
    delay(2000);
    TMOD = 0x01;                    //定时器 0 方式 1
    EA = 1;ET0 = 1;EX0 = 1;IT0 = 1;
    TH0 = (65536 - 30000)/256;
    TL0 = (65536 - 30000)%256;
```

```
        TR0 = 1;
        WDTRST = 0x1E;
        WDTRST = 0xE1;                  //初始化并激活看门狗定时器
        while(1)
        {
            LED1 = 1;                   //进入正常工作后 LED1 熄灭
            LED2 = !LED2;               // LED2 闪烁
            delay(300);
        }
    }
    void int0_ser() interrupt 0
    {
        ET0 = 0;                        //关定时器 0 中断,停止"喂狗"
    }
    void t0_ser() interrupt 1
    {
        TH0 = (65536 - 30000)/256;
        TL0 = (65536 - 30000) % 256;
        WDTRST = 0x1E;
        WDTRST = 0xE1;                  //每隔 30ms 复位看门狗,执行"喂狗"指令
    }
```

　　本例在 Proteus 仿真时,由于该软件的仿真单片机未设置看门狗功能,按下停止"喂狗"按钮,观察不到重启效果,实际仿真效果和按下手动复位键一样,读者可按下手动复位键观察仿真效果。也可在硬件平台上调试本例。

　　单片机一般会有一些标志寄存器,用来判断复位原因,也可以在 RAM 中预置一些标志位。在每次程序复位时,通过判断这些标志位可以判断出不同的复位原因,还可以根据不同的标志位直接跳到相应的程序。这样可以使程序连续运行,在使用时也不会察觉程序被重新复位。

　　在工程实践中通常是几种抗干扰方法并用,互相补充完善,才能取得较好的抗干扰效果。从根本上来说,硬件抗干扰是主动的,而软件抗干扰是被动的。细致周到地分析干扰源,硬件与软件抗干扰相结合,完善系统监控程序,设计稳定可靠的单片机应用系统是完全可行的。

　　对单片机应用系统,除了提高硬件抗干扰和软件抗干扰能力外,还需引入可靠性设计,提高系统可靠性。对于一个具体的单片机应用产品,在满足生产工艺控制要求的前提下,逻辑设计应尽量简单,以便节省元件,方便操作;加入硬件自检测和软件自恢复的设计,由于干扰引起的误动作多是偶发性的,因而应采取某种措施使这种偶发的误动作不影响系统的运行。因此,在总体设计上必须设法消除干扰造成的故障,通常是在硬件上设置某些自动监测电路,对一些薄弱环节加强监控,以便缩小故障范围,增强整体的可靠性。

第13章

单片机的电机控制

　　电机是把电能转换成机械能的一种设备。电机控制主要是对电机的启动、加速、运转、减速及停止进行控制，根据不同电机的类型及电机的使用场合有不同的要求及目的，达到电机快速启动、快速响应、高效率、高转矩输出及高过载能力的目的。电机控制理论涉及的相关知识点较多，达到控制要求还需要用到控制理论和算法。本章仅就直流电机、步进电机和舵机的工作原理及单片机的基本控制方法做介绍。

13.1　直流电机控制

　　直流电机是将直流电能转换为机械能的电机。直流电机调速性能好，可以在重负载条件下实现均匀、平滑的无级调速，而且调速范围较宽，动力矩大，可以均匀而经济地实现转速调节，广泛应用于大型可逆轧钢机、卷扬机、电力机车、电动汽车等在重负载下启动或要求均匀调节转速的机械。图 13-1 为几种常用的直流电机。

(a) 普通直流电机　　　　(b) 减速直流电机　　　　(c) 无刷直流电机　　　　(d) 直流伺服电机

图 13-1　四种常用直流电机

13.1.1　直流电机的控制原理

　　直流电机的工作原理图如图 13-2 所示，在电枢线圈中通入直流电流，电枢在磁场中旋转，换向器和电枢一起旋转。电枢一经转动，由于换向器配合电刷对电流的换向作用，直流电流交替地由线圈边 ab、cd 流入，使线圈边只要处于 N 极下，其中通过电流的方向总是从电刷 A 流入的方向，在 S 极下，电流的方向总是从电刷 B 流出的方向，由此保证了每个磁极线圈边中的电流始终是一个方向，使电机连续旋转。如图 13-2(a)所示，有直流电流从电刷 A 流入，经过线圈 abcd 从电刷 B 流出，根据电磁力定律，载流导体 ab 和 cd 受到电磁力的作用,其方向可由左手定则判定,两段导体受到的力形成了一个转矩,使得转子逆时针转动。如果转子转到如图 13-2(b)所示的位置,电刷 A 和换向片 2 接触,电刷 B 和换向片 1 接触,直流电流从电刷 A 流入,在线圈中的流动方向是 dcba,从电刷 B 流出。

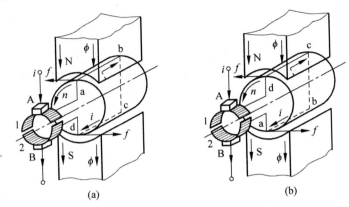

图 13-2 直流电机的工作原理

此时,载流导体 ab 和 cd 受到电磁力的作用方向同样可由左手定则判定,它们产生的转矩仍然使得转子逆时针转动。这就是直流电机的工作原理。外加的电源是直流的,但由于电刷和换向片的作用,在线圈中流过的电流是交流的,其产生的转矩的方向却是不变的。

直流电机的转速为

$$n = \frac{U_a - I_a R_a}{C\Phi} \tag{13-1}$$

式中,U_a 为电枢端电压(V);I_a 为电枢电流(A);R_a 为电枢电路总电阻(Ω);Φ 为每极磁通量(Wb);C 为电机结构参数,由电机结构决定的电势常数。

由式(13-1)可知,直流电机调速有以下三种调速方法:

(1) 调压调速:通过调节电枢电压来调节电机转速。

(2) 励磁调速:改变励磁磁通量大小来调节电机转速。这种方法在低速时受磁极饱和的限制,在高速时受换向火花和换向器结构强度的限制,并且励磁线圈电感较大,动态响应较差,所以很少采用。

(3) 串电阻调速:通过增减电枢电路总电阻实现调速。功率损耗、发热和运行效率等原因,此法一般不采用。

控制直流电机的转向,必须改变电磁转矩的方向。由左手定则可知,改变电磁转矩的方向有两种方法,即改变磁通的方向或改变电枢电流的方向。注意,以上两种方法需单独改变方向,如果磁通、电枢电流的方向均改变,则电磁转矩方向不变。

13.1.2 直流电机的驱动

用单片机控制直流电机时,需要加驱动电路,以提供足够大的驱动电流和进行启停、正反转、调速控制。不同型号的直流电机,驱动电流不同,要根据实际需求选择适合的驱动电路。当驱动单个电机且电机驱动电流不大时,可以用三极管搭建 H 桥驱动电路。实际应用中,用分立元件搭建 H 桥驱动电路比较繁杂,现在市面上有很多 H 桥集成驱动元件,接上电源、电机和控制信号就可以很方便地使用,常用的电机驱动芯片有 L297/298、MC33886、ML4428 等。在需要较大驱动电流的场合,还可选用达林顿管进行驱动,如高耐压、大电流复合晶体管 IC—ULN2003。

1. 直流电机的 H 桥驱动

图 13-3 为用三极管搭建的直流电机 H 桥驱动电路示意。4 个三极管组成 H 桥的 4 条垂直腿,H 中的横杠就是电机。要使电机转动,必须导通对角线上的一对三极管,导通 Q1、Q4 电流会从左至右流过电机,导通 Q2、Q3 电流会从右至左流过电机,从而控制电机的转向。

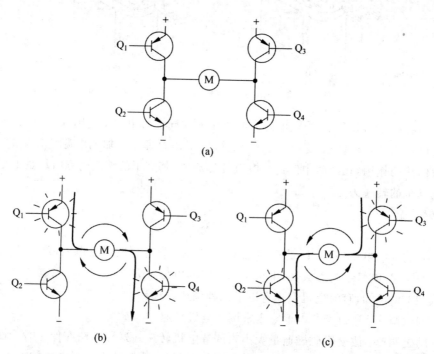

图 13-3　H 桥驱动电路示意

驱动电机时,保证 H 桥上两个同侧的三极管不会同时导通非常重要。如果三极管 $Q1$ 和 $Q2$ 同时导通,电流就会从正极穿过两个三极管直接回到负极。此时,电路中除了三极管外没有其他任何负载,可能烧坏三极管。在实际驱动电路中,可通过多种搭建方法来组织硬件电路方便可靠地控制三极管开的开关。

图 13-4 为 H 桥搭建的直流电机驱动仿真电路,由小信号三极管 2SC2547 及中功率开关/放大管 TIP31、TIP32 构成。方向控制信号由 DIR 点从 Q3 引入,调速信号由 PWM 点从 Q6 引入。

下面分析驱动电路的工作原理:

（1）电机正转: DIR＝0,PWM＝1。

DIR 点为 0 时,Q3、Q2 截止,Q7、Q1 导通,电机左端为高电平;PWM 点为 1 时,Q8、Q4 截止,Q6、Q5 导通,电机右端为低电平。

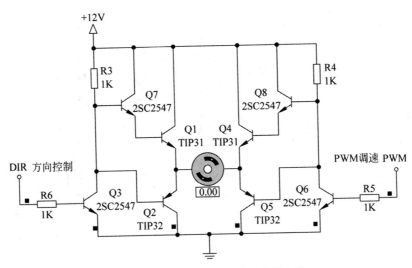

图 13-4　H 桥直流电机驱动仿真电路

（2）电机反转：DIR＝1，PWM＝0。

DIR 点为 1 时，Q3、Q2 导通，Q7、Q1 截止，电机左端为低电平；PWM 点为 0 时，Q8、Q4 导通，Q6、Q5 截止，电机右端为高电平。

（3）电机停止：DIR＝0，PWM＝0 或 DIR＝1，PWM＝1。

当 DIR 点和 PWM 点都为 0 时，电机两端均为高电平，电机停止转动；当 DIR 点和 PWM 点都为 1 时，电机两端均为低电平。

（4）电机调速：通过 PWM 点引入 PWM 信号实现速度控制。PWM 是按一定规律改变脉冲序列的脉冲宽度，以调节输出量和波形的一种调制方式。在控制系统中最常用的是矩形波 PWM 信号，在控制时通过调节 PWM 的占空比来实现脉宽调制。控制电机转速时，占空比越大，速度越快。如果全为高电平，即占空比达到 100％，电机全速运行，速度最快。

下面通过一个例子来讲解单片机通过 H 桥电路控制直流电机。

例 13-1　通过单片机控制 H 桥电路实现电机的启停、正反转和调速控制。

直流电机控制仿真电路如图 13-5 所示，通过单片机的 P1.0 引脚控制图 13-4 的 H 桥电路的 DIR 端来控制电机的正反转，通过单片机的 P1.1 引脚控制 H 桥电路的 PWM 端控制电机的调速，设置了 3 个 LED 来指示电机的工作状态。通过外部中断连接 4 个按键，分别控制电机加减速、正反转和停止。

程序分析：本例中电路四个按键的功能通过 INT0 中断服务程序来实现。电机的控制和调速在定时器中断服务程序中进行。

（1）在程序中设定正反转标志位 A_flag，A_flag＝0 表示正转，A_flag＝1 表示反转。当 K3 正反转控制按键按下，在 INT0 中断服务程序中改变 A_flag 的值；在定时器中断服务程序中，根据 A_flag 的值控制 H 桥电路的方向控制端 DIR 即可实现正反转切换。

（2）当按下停止键后，通过 I/O 口控制 H 桥电路 DIR 点为 0，PWM 点为 0 即可控制电机停止。

（3）电机的调速控制通过单片机 I/O 口给 H 桥电路的 PWM 点输入占空比不同的 PWM 波来实现。当加速键按下时，设置占空比从 0～100％进行递增，电机从停止一直加速

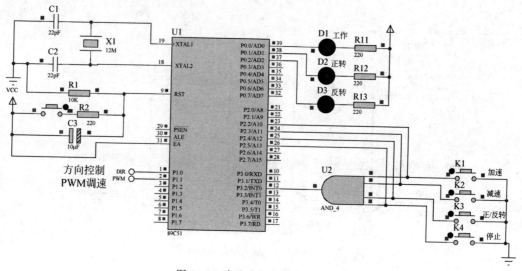

图 13-5　直流电机控制仿真电路

到全速运行。当减速键按下时，占空比进行递减，电机实现减速运行。

　　在程序设计中，定义一个脉宽变量 W，在 INT0 中断服务程序中，加速键按下 W 每次递增，减速键按下 W 每次递减。程序还定义了一个定时标记变量 T_flag，在定时器中断服务程序中，每次进入定时器中断 T_flag 就增1，通过比较 T_flag 和按键所设置的 W 值来控制 PWM 点送 0 或送 1，实现了 PWM 的调速控制。

　　以程序中两条语句来分析：

```
if(T_flag > W) PWM = 0;
else PWM = 1;
```

　　假设通过按键设置 W 后的值为5，定时器中断每次进入中断，T_flag 的值自增：在 T_flag 的值从 0 增加到 5 时，此时 T_flag>5 不成立，因此上述程序执行 PWM=1；当 T_flag 的值从 6 增加到 100 时，此时 T_flag>5 成立，上述程序执行 PWM=0。于是，在一个周期内，输出的高电平占5%，低电平占95%。输出的 PWM 波占空比为5%，输出 PWM 波形图如图 13-6（a）所示，当输出的 PWM 波占空比为95%，输出 PWM 波形如图 13-6（b）所示。本程序设置的 W 每次增加或减少的值为5，可实现 20 级的调速，如果要在程序中实现其他级的调速，只需设置 W 的值即可实现。

　　程序如下：

```
# include < reg51.h >
# define UCHAR unsigned char
# define UINT unsigned int
sbit M_ON = P0^0;          //工作指示灯
sbit M_F = P0^1;           //正转指示灯
sbit M_R = P0^2;           //反转指示灯
sbit Dir = P1^0;           //方向控制
sbit PWM = P1^1;           //PWM 调速
sbit K1 = P2^2;            // 加速键
sbit K2 = P2^3;            // 减速键
```

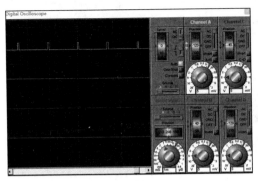
(a) 占空比5%

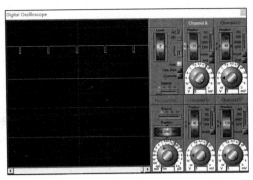
(b) 占空比95%

图 13-6 直流电机控制 PWM 脉宽调制波形图

```
sbit K3 = P2^4;                      // 正反转切换
sbit K4 = P2^5;                      // 停止键
UCHAR T_flag = 0;                    //定时标记
UCHAR W = 0;                         //脉宽值 0~100
UCHAR A_flag = 0;                    //方向标记 0、1,为 0 时表示正转,为 1 时表示反转
void main()
{
    EA = 1;
    EX0 = 1;
    ITO = 1;
    TMOD = 0x01;
    ET0 = 1;
    TH0 = 0xff;
    TL0 = 0xf6;                      //定时器初值
    while(1);
}
//-------------------------------------------------
//中断服务程序实现按键功能
//-------------------------------------------------
void int0_ser() interrupt 0
{
    if(K1 == 0 )                     // 如果加速键按下
    {
        if(W == 100) W = 100;        //如果脉宽加到 100 %
        else W += 5;
    TR0 = 1;
    }
    if(K2 == 0 )                     // 如果减速键按下
    {
        if(W == 0) W = 0;            //如果脉宽减到 0 %
        else W -= 5;
        TR0 = 1;
    }
    if(K3 == 0 )                     //正反转切换
    {
        A_flag = !A_flag;            //方向标志位切换
```

```
    }
    if(K4 == 0 )                        //停止
    {
        PWM = 0; Dir = 0;
        M_ON = 1;
        M_F = 1;                        //正转指示灯灭
        M_R = 1;                        //反转指示灯亮
        W = 0;                          //脉宽清0
        TR0 = 0;
    }
}
//------------------------------------------------
//T0 定时器控制电机正反转,并控制转速
//------------------------------------------------
void T0_ser() interrupt 1
{
    TH0 = 0xff;
    TL0 = 0xf6;                         //定时器重装初值
    T_flag++;
    if(A_flag == 0)                     //如果电机标志位为正转
    {
        Dir = 0;                        //正转
        M_ON = 0;
        M_F = 0;                        //正转指示灯亮
        M_R = 1;
        if(T_flag > W) PWM = 0;
        else PWM = 1;
    }
    if(A_flag == 1)                     //如果电机标志位为反转
    {
        Dir = 1;                        //反转
        M_ON = 0;
        M_F = 1;                        //正转指示灯灭
        M_R = 0;                        //反转指示灯亮
        if(T_flag > W) PWM = 0;
    else PWM = 1;
    }
    if(T_flag == 100)
    T_flag = 0;
}
```

2. 电机驱动芯片 L298N 的应用

在实际应用中搭建 H 桥电路比较烦琐,直流电机驱动常用电机驱动芯片实现,常用的芯片有 L297/298、MC33886、ML4428 等。

L298N 是 ST 公司生产的一种高电压、大电流电机驱动芯片,L298N 芯片实物和引脚图如图 13-7 所示。该芯片采用 15 脚封装,L298N 芯片引脚功能如表 13-1 所示。L298N 芯片主要特点是:工作电压高,最高工作电压可达 46V;输出电流大,瞬间峰值电流可达 3A,持续工作电流为 2A;额定功率 25W。内含两个 H 桥的高电压大电流全桥式驱动器,可以

用来驱动直流电机和步进电机、继电器线圈等感性负载；采用标准逻辑电平信号控制；具有两个使能控制端，在不受输入信号影响的情况下允许或禁止器件工作有一个逻辑电源输入端，使内部逻辑电路部分在低电压下工作；可以外接检测电阻，将变化量反馈给控制电路。L298N 芯片可以驱动一台两相步进电机或四相步进电机，也可以驱动两台直流电机。

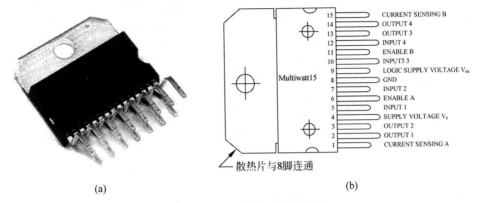

图 13-7　L298N 芯片实物及引脚

表 13-1　L298N 芯片引脚说明

引脚号	引脚名称	说　　明
1,15	SenseA,SenseB	连接一个采样电阻到地，以控制负载电流
2,3	Out1,Out2	A 桥输出，通过此两脚到负载的电流由 pin1 监控
4	VS	负载驱动供电引脚，该引脚和地之间必须连接一个 100nF 无感电容
5,7	Input1,Input2	A 桥信号输入，兼容 TTL 逻辑电平
6,11	EnableA,EnableB	使能输入，兼容 TTL，低（L）禁止 A 桥和 B 桥，高（H）使能 A 桥或 B 桥
8	GND	地
9	V_{SS}	逻辑供电，该引脚到地必须连接一个 100nF 电容
10,12	Input3,Input4	B 桥信号输入，兼容 TTL 逻辑电平
13,14	Out3,Out4	B 桥输出，通过此两脚到负载的电流由 pin15 监控

例 13-2　通过 L298N 实现电机的启停、正反转和调速控制。

通过 L298N 芯片进行直流电机的调速控制，控制逻辑如表 13-2 所示。

表 13-2　L298N 芯片进行直流电机调速控制逻辑

ENA	IN1	IN2	电机状态
0	×	×	停止
1	1	0	正转
1	0	1	反转
1	1	1	刹停
1	0	0	停止

L298N 芯片进行直流电机控制仿真电路如图 13-8 所示，单片机 P1.0、P1.1 接 IN1、IN2 用于控制电机正反转，P1.3 接 ENA 引脚用于输入 PWM 波进行电机调速。

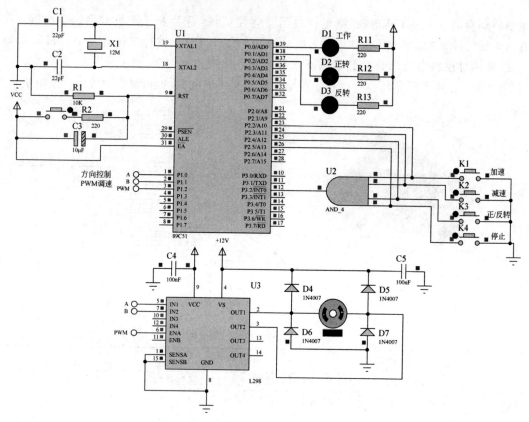

图 13-8 L298N 芯片直流电机控制仿真电路

程序如下：

```
#include <reg51.h>
#define uchar unsigned char
#define uint unsigned int
sbit M_ON = P0^0;                   //工作指示灯
sbit M_F = P0^1;                    //正转指示灯
sbit M_R = P0^2;                    //反转指示灯
sbit Motor_A = P1^0;                //方向控制
sbit Motor_B = P1^1;
sbit PWM = P1^2;                    //PWM 调速

sbit K1 = P2^2;                     // 加速键
sbit K2 = P2^3;                     // 减速键
sbit K3 = P2^4;                     // 正反转切换
sbit K4 = P2^5;                     // 停止键
uchar T_flag = 0;                   //定时标记
uchar W = 0;                        //脉宽值 0～100
uchar A_flag = 0;                   //方向标记 0、1,为 0 时表示正转,为 1 时表示反转
#define Forward rotation P2_1 = 0
#define reversal
void main()
{
    EA = 1;
```

```
        EXO  = 1;
        ITO  = 1;
        TMOD = 0x01;
        ETO  = 1;
        THO  = 0xff;
        TLO  = 0xf6;                        //定时器初值
        while(1);
}
void int0_ser() interrupt 0
{
        if(K1 ==0 )                        //如果加速键按下
        {
            if(W==100)                     //如果脉宽加到100%
            W = 100;
            else
            W += 5;
         TRO = 1;
        }
        if(K2 ==0 )                        // 如果减速键按下
        {
            if(W==0)                       //如果脉宽减到0%
            W = 0;
            else
            W -= 5;
            TRO = 1;
        }

        if(K3 ==0 )                        //正反转切换
        {
            A_flag = !A_flag;              //方向标志位切换
        }
        if(K4 ==0 )                        //停止
        {
            Motor_A = 0; Motor_B = 0;
            M_ON = 1;
            M_F = 1;                       //正转指示灯灭
            M_R = 1;                       //反转指示灯亮
            W = 0;                         //脉宽清0
            TRO = 0;
        }
}
//--------------------------------------------------
//T0定时器控制电机正反转,并控制转速
//--------------------------------------------------
void T0_ser() interrupt 1
{
        THO = 0xff;
        TLO = 0xf6;                        //定时器重装初值
        T_flag++;
        if(A_flag == 0)                    //如果电机标志位为正转
        {
```

327

```
            Motor_A = 1;Motor_B = 0;      //正转
            M_ON = 0;
            M_F = 0;                       //正转指示灯亮
            M_R = 1;
            if(T_flag > W)
                PWM = 0;
            else
                PWM = 1;
        }
        if(A_flag == 1)                    //如果电机标志位为反转
        {
            Motor_A = 0;Motor_B = 1;       //反转
            M_ON = 0;
            M_F = 1;                       //正转指示灯灭
            M_R = 0;                       //反转指示灯亮
            if(T_flag > W)
                PWM = 0;
            else
                PWM = 1;
        }
        if(T_flag == 100)
        T_flag = 0;
    }
```

13.2 步进电机控制

步进电机是将电脉冲信号转变为角位移或线位移的开环控制电机,是现代数字程序控制系统中的主要执行元件,应用极为广泛。在非超载的情况下,电机的转速、停止的位置只取决于脉冲信号的频率和脉冲数,而不受负载变化的影响。当步进驱动器接收到一个脉冲信号,它就驱动步进电机按设定的方向转动一个固定的角度,称为步距角。它的旋转是以固定的角度一步一步运行的。可以通过控制脉冲个数来控制角位移量,从而达到准确定位的目的;同时可以通过控制脉冲频率来控制电机转动的速度和加速度,从而达到调速的目的。

13.2.1 步进电机的结构与工作原理

步进电机的结构与一般旋转电机结构相似,由定子和转子两部分组成。定子由硅钢片叠成定子铁芯和装在其上的多个绕组组成,输入电脉冲对多个定子绕组轮流进行励磁而产生磁场,定子绕组的个数称为相数。转子由硅钢片叠成或用软磁性材料做成凸极结构,凸极的个数称为齿数。根据转子结构不同,步进电机通常分为反应式、永磁式和混合式三种。

图 13-9 为三相反应式步进电机的结,定子上有三对磁极,每对磁极上绕有一相控制绕组,转子有四个分布均匀的齿,齿上没有绕组。

如图 13-10 所示,是三相步进电机的定子上有六个均匀分布的磁极,其夹角为 60°。

当仅 A 相绕组通电时,步进电机的气隙磁场与 A 相绕组轴线重合,而磁力线总是力图从磁阻最小的路径通过,电机转子受到一个反应转矩,在此转矩的作用下,将转子齿 1、3 吸

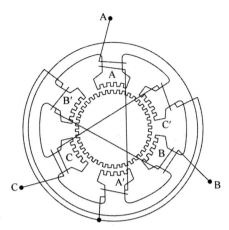

图 13-9 三相反应式步进电机结构

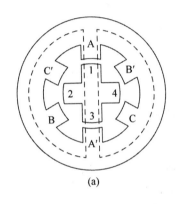 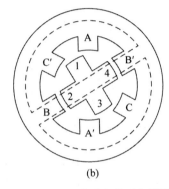 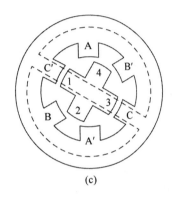

(a)　　　　　　　　　(b)　　　　　　　　　(c)

图 13-10 三相步进电机工作原理图

到 A 级下,转子齿 1、3 的轴线与定子 A 极的轴线对齐,如图 13-10(a)所示。当仅 A 相绕组通电变为仅 B 相绕组通电时,转子受到反应转矩而转动,使转子齿 2、4 转到 B 级下,转子齿 2、4 的轴线与定子 B 级的轴线对齐,如图 13-10(b)所示。此时,转子前进了一步,在空间上顺时针转过了 30°角,转过的这个角称为步距角。同样地,如果仅 C 相绕组通电,转子又顺时针转动一个步距角,使转子的齿 1 和 3 与定子 C 对齐,如图 13-10(c)所示。如此按照 A→B→C→A 的顺序不断地接通和断开控制绕组,电机按顺时针转动。若按照 A→C→B→A 的顺序通电,则电机逆时针转动。因此,只要改变通电顺序,就可以改变步进电机的旋转方向。

步进电机有单相轮流通电、双相轮流通电和单双相轮流通电的三种通电方式。"单"是指每次切换前后只有一相绕组通电,"双"是指每次有两相绕组通电。定子控制绕组每改变一次通电状态称为一拍。

以三相步进电机为例说明步进电机的通电方式:

(1) 三相单三拍通电方式:前面讲解三相步进电机的原理时,采用每次只有一相绕组通电的方式,而每一个通电循环只有三次通电,故称为三相单三拍通电方式。单三拍通电方式每次只有一组绕组通电,容易使转子在平衡位置附近产生振荡,稳定性较差。另外,在切换时一组控制绕组断点而另一组控制绕组开始通电,容易引起失步,这种通电方式在实际应用中很少采用。

（2）三相双三拍通电方式：如果按照 AB→BC→CA→AB 的顺序通电，每次均有两相绕组通电，称为三相双三拍通电方式。其步距角与三相单三拍通电方式一样，都是 30°。双三拍通电方式每次两相同时通电，转子受到的感应力矩大，静态误差小，定位精度高，在切换通电时始终有一组控制绕组保持通电状态，所以工作稳定，不容易失步。

（3）三相六拍通电方式：若按 A→AB→B→BC→C→CA→A 的顺序通电，每次循环有六次通电，故称为三相六拍。这种通电方式是单双相轮流通电，故又称为三相单双六拍。这种通电方式具有双三拍的特点，且一次循环的通电次数增加 1 倍，使步距角减少 1/2。三相步进电机六拍通电方式工作原理如图 13-11 所示。

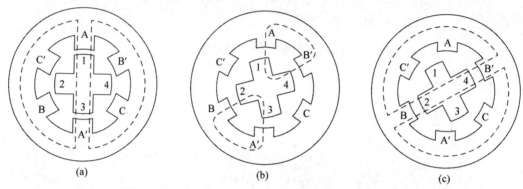

图 13-11   三相步进电机三相六拍通电方式工作原理图

上述结构的步进电机是为了讨论工作原理而进行了简化，步距角为 30°或者 15°，无法满足实际工作对精度的要求。实际步进电机一般采用转子齿数很多、定子磁极上带有小齿的反应式结构。以下仅给出步距角和转速计算的公式，具体推导和步进电机的主要特性等更多内容参阅机电传动控制、控制电机等相关书籍。

步距角为

$$\beta = \frac{360°}{Kmz} \tag{13-2}$$

式中：K 为通电系数，当相数等于拍数时，为 1，否则为 2；M 为定子相数；z 为转子齿数。

若步进电机的输入电脉冲信号的频率为 f，则步进电机的转速为

$$n = \frac{60f}{Kmz} \tag{13-3}$$

综上所述，步进电机的控制有如下特点：

（1）给步进电机脉冲，电机就转动；不给步进电机脉冲，电机就停转。

（2）步进电机的转速可通过调节步进脉冲频率来实现。

（3）改变各相的通电方式，可改变电机的运行方式。

（4）改变通电顺序，可控制步进电机的正反转。

13.2.2   步进电机的单片机控制

步进电机的开环位置控制是步进电机的一大优点，它可以控制步进电机不借助位置传

感器,带动执行机构从一个位置精确地运行到另一个位置。步进电机是一种将电脉冲转化为角位移的执行机构,当步进驱动器接收到一个脉冲信号时。它就驱动步进电机按照设定方向转动一个固定的角度。可以通过控制脉冲个数来控制角位移量,从而达到准确定位的目的。

可以通过控制单片机发出的步进脉冲频率来实现步进电机调速,对于通过查表法进行的软脉冲分配方式,可以采用调整两个控制字之间的时间间隔来实现步进电机调速。用单片机控制步进电机速度有两种方法:一种是通过软件延时的方法,这种方法通过改变延时的长度,就可以改变输出脉冲的频率。这种方法占用 CPU 资源,实用价值较低。另一种是采用定时器中断的方法,在定时器中断服务子程序中进行脉冲输出操作,调整定时器的时间就可以进行调速。这种方法占用 CPU 时间少,是一种比较实用的调速方法。

例 13-3 实现步进电机的启停、正反转和调速控制。

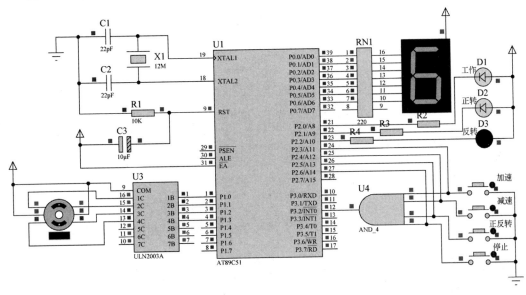

图 13-12 步进电机控制仿真电路

步进电机控制仿真电路如图 13-12 所示。本例采用 5V 直流步进电机,步进角度为 18°,采用芯片 ULN2003 作为电机驱动,通过 P1.0～P1.3 接 ULN2003 驱动步进电机的四相。设置四个按键:K1 为加速键,K2 为减速键,K3 控制电机的正/反转,K4 控制电机的启动/停止。设置三个指示灯:D1 为工作指示灯、D2 为正转指示灯、D3 为反转指示灯。开机后,电机不转;按下启动键,电机旋转;按下加速键,速度增加;按下减速键,速度降低;按下反转键,电机切换正反转;按下停止键电机停转。本例设置了 10 挡速度控制,在数码管上显示挡位。

编程分析:步进电机程序设计的关键为励磁序列的定义,本例的单极 4 相步进电机工作于 8 拍方式,正转励磁顺序 A→AB→B→BC→C→CD→D→DA,反转励磁顺序 AD→D→CD→C→BC→B→AB→A。将正反转的励磁顺序设定两个 8 字节励磁数组,供 I/O 口查询并输出。

由于本例的步进电机步进角为 18°,在四相八拍方式下,每拍步进角度为 9°,I/O 口输出一遍 8 字节的励磁数组,电机转过 72°,电机转过一圈,需要输出 5 次励磁数组。分别查询并输出正转和反转的励磁数组,即可控制电机的正反转。电机的调速在于输出每个字节励磁数组的时间间隔,时间间隔越短,速度越快,时间间隔越长,速度越慢。本程序在定时器中断中输出励磁数组实现正反转,通过调节定时器中断的时长控制电机的转速。

程序如下:

```c
# include < reg51.h >
# define UCHAR unsigned char
# define UINT unsigned int

sbit M_ON = P2^0;                    //工作指示灯
sbit M_F = P2^1;                     //正转指示灯
sbit M_R = P2^2;                     //反转指示灯

sbit Add = P2^3;                     // 加速键
sbit Dec = P2^4;                     // 减速键
sbit Rev = P2^5;                     // 正反转切换
sbit Stop = P2^6;                    // 停止键


//-----------------------------------------------------------
//步进电机控制表,本设计 4 相步进电机工作于 8 拍方式
//-----------------------------------------------------------
//正转励磁顺序 A -> AB -> B -> BC -> C -> CD -> D -> DA
UCHAR code FFW[] = {0x01,0x03,0x02,0x06,0x04,0x0C,0x08,0x09};
//反转励磁顺序 AD -> D -> CD -> C -> BC -> B -> AB -> A
UCHAR code REV[] = {0x09,0x08,0x0C,0x04,0x06,0x02,0x03,0x01};

UCHAR code SMG[] = {0xc0,0xf9,0xa4,0xb0,0x99,0x92,0x82,0xf8,0x80,0x90,0x88};

UCHAR speed = 0;                     //调速挡位控制,1 为最小挡
UCHAR A_flag = 0;                    //方向标记 0、1,为 0 时表示正转,为 1 时表示反转
UCHAR i = 0;
UCHAR j = 0;

void main()
{
    EA = 1;
    EX0 = 1;
    IT0 = 1;
    TMOD = 0x01;
    ET0 = 1;
    while(1)
    {
        P0 = SMG[speed];
    }

}
void int0_ser() interrupt 0
{
    if(Add == 0 )                    // 如果加速键按下
```

```
    {
        speed++ ;
        TR0 = 1;
        if(speed > 10)                      //如果加速到大于10
        speed = 10;                         //加速标记为10(设定的最高转速)
        TR0 = 1;
    }
    if(Dec == 0)                            //如果减速键按下
    {
        speed -- ;
        if(speed == 0)                      //如果减速到0
        speed = 1;                          //减速标记为1(设置的最低转速)
        TR0 = 1;
    }

    if(Rev == 0 )                           //如果正反转切换键按下
    {
        A_flag = !A_flag;                   //方向标志位切换
    }
    if(Stop == 0 )                          //如果停止键按下
    {
        M_ON = 1;                           //工作指示灯停止
        M_F = 1;                            //正转指示灯灭
        M_R = 1;                            //反转指示灯灭
        speed = 0;
        TR0 = 0;
    }
}
//---------------------------------------------
//T0 定时器控制电机正反转,并控制转速
//---------------------------------------------
void T0_INT() interrupt 1
{
    TH0 = (65536 - 50000/speed)/256;
    TL0 = (65536 - 50000/speed) % 256;
    if(A_flag == 0)                         //如果电机标志位为正转
    {
        M_ON = 0;
        M_F = 0;                            //正转指示灯亮
        M_R = 1;                            //反转指示灯关闭
        P1 = FFW[j++ % 8];
    }
    if(A_flag == 1)                         //如果电机标志位为反转
    {
        M_ON = 0;
        M_F = 1;                            //正转指示灯灭
        M_R = 0;                            //反转指示灯亮
        P1 = REV[j++ % 8];
    }
}
```

13.3 舵机控制

舵机也称为伺服机,适用于需要输出旋转角度并能保持的控制系统。其特点是结构紧凑,易安装调试,控制简单,大扭力,成本较低等。舵机的主要性能取决于最大力矩和工作速度,舵机一般而言都有最大旋转角度,与普通直流电机的主要区别:直流电机是一圈圈地连续旋转的,舵机只能在一定角度内转动(数字舵机可以在舵机模式和电机模式中切换)。普通直流电机无法反馈转动的角度信息,而舵机可以。用途也不同,普通直流电机一般是整圈转动作动力用,舵机是控制某物体转动一定角度用。

舵机分为模拟舵机和数字舵机,如图 13-13(a)、(b)所示,它们在基本结构上是完全一样的,主要区别体现在控制电路。

在智能车设计中,小车的转向就是通过舵机控制。在机器人、机器手臂的关节,也是通过舵机控制。图 13-13(c)为 17 自由度机器人,采用 17 个舵机来控制关节的运动,可以实现多种动作。

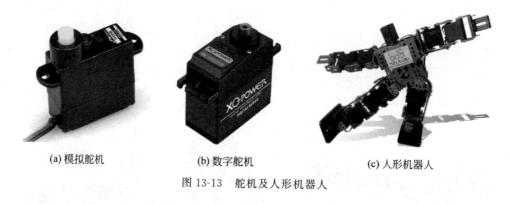

(a) 模拟舵机   (b) 数字舵机   (c) 人形机器人

图 13-13 舵机及人形机器人

13.3.1 舵机的结构与工作原理

舵机的结构与控制原理如图 13-14 所示,舵机集成了直流电机、控制电路板、减速齿轮组、传感器和控制电路板,并封装在一个便于安装的外壳中。舵机中的电位器(或角度传感器)用于检测输出轴的转动角度,控制板驱动电机转动,并根据电位器反馈的信息控制和保持输出轴的转动角度。齿轮组将电机减速,并将电机的输出扭矩放大后输出。

简单地说,舵机就是集成了直流电机、电机控制器和减速器等,并封装在一个便于安装的外壳里的伺服单元,能够利用简单的输入信号比较精确地转动给定角度的电机系统。舵机安装了一个电位器(或其他角度传感器)检测输出轴转动角度,控制板根据电位器的信息能比较精确地控制和保持输出轴的角度,这样的直流电机控制方式称为闭环控制。所以更准确地说,舵机是伺服电机。舵机的主体结构如图 13-15 所示,主要有外壳、减速齿轮组、电机、电位器、控制电路。简单的工作原理是:控制电路接收信号源的控制信号,并驱动电机转动;齿轮组将电机的速度成大倍数缩小,并将电机的输出扭矩放大相应倍数,然后输出;电位器和齿轮组的末级一起转动,测量舵机轴转动角度;电路板检测并根据电位器判断舵

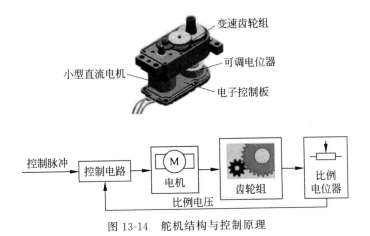

图 13-14 舵机结构与控制原理

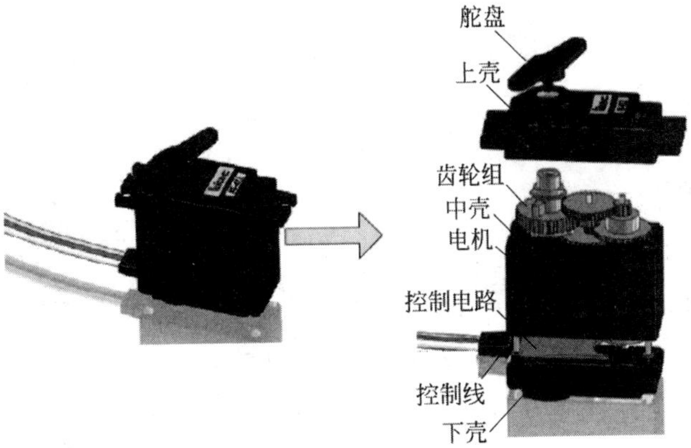

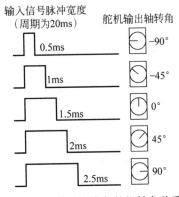

图 13-15 舵机的主体结构

机转动角度,然后控制舵机转动到目标角度或保持在目标角度。

标准舵机有三条引线,分别是电源线 VCC、地线 GND 和控制信号线。舵机的控制信号是一种 PWM 信号。图 13-16 为一输出轴转角在 $-90°\sim90°$ 的舵机脉冲宽度与舵机转角关系,在脉冲宽度为 0.5ms 时,舵机左满舵,脉冲宽度为 2.5ms 时,舵机右满舵。脉冲的高电平持续在 $0.5\sim2.5$ms 变化时,舵机的输出轴转角在 $-90°\sim90°$ 变化,控制脉冲的周期为 20ms。

由于舵机的输出位置角度与控制信号脉冲宽度没有统一的标准,而且其最大转角对于不同厂家来说也有不同,在实际使用中参照所选舵机的技术手册。

图 13-16 脉冲宽度与舵机转角关系

舵机的瞬时运动速度是由其内部的直流电机和变速齿轮组的配合决定的,恒定的电压驱动下,其数值固定。其平均运动速度可通过分段停顿的控制方式来改变,例如可以把动作幅度为 $90°$ 的舵机转动分为多个停顿点,通过控制每个停顿点的时间来实现 $0°\sim90°$ 变化的平均速度的调节。

335

13.3.2　舵机的单片机控制

在用单片机驱动舵机之前，先确定相应舵机的功率，再选择足够功率的电源为舵机供电，控制端无需大电流，直接用单片机 I/O 口就可以操作。

舵机输出转角的控制必须完成两个任务：首先是产生基本的 PWM 周期信号，产生 20ms 的周期信号并保持舵机初始位置的 PWM 控制信号；其次是脉宽的调整，调整输出 PWM 控制信号的占空比，从而控制舵机的转动角度。

例 13-4　单片机控制舵机仿真电路如图 13-17 所示。用单片机控制舵机，开机时舵机角度为 0°，按下"右"键，舵机每次顺时针转动 18°，直至转到 90°；按下"左"键，舵机每次逆时针转动 18°，直至转到 −90°。

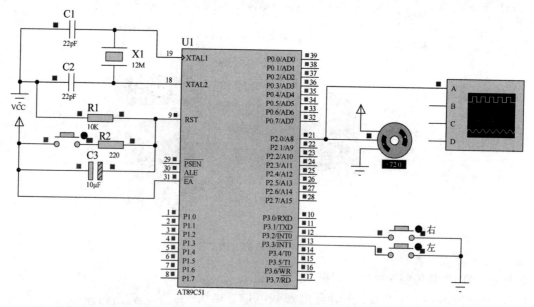

图 13-17　单片机控制舵机仿真电路

编程分析：本例要实现控制舵机的转动角度，通过定时器产生 PWM 信号经 P2.0 输出到舵机的控制信号线来控制。本例使用定时器 0 方式 2，8 位自动重装初值方式，避免软件重装初值所带来的时间误差。为便于计算，设定定时器 0 的初值为 156，12MHz 晶振下定时 100μs。定义变量 count 用于在中断服务程序中定时，count 的数值最大为 200，实现信号周期为 100μs×200＝20ms。定义角度标识 angel，用于和 count 比较产生 PWM 信号，舵机在初始运行时转角为 0°，即高电平为 1.5ms，因此设定 angle 的初值为 1.5ms/100μs＝15。在外部中断 0 和外部中断 1 服务程序中，按键按下，实现 angle 的加减用于调整角度，控制的角度每次转过 18°，因此 angle 每次的变化为 2。

程序如下：

```
#include<reg51.h>
#define UCHAR unsigned char
#define UINT unsigned int
sbit PWM = P2^0;
```

```
UCHAR count;                          //计数变量
UCHAR angle = 15 ;                    //角度标识
void main()
{
    EA = 1;
    EX0 = 1;IT0 = 1;
    EX1 = 1;IT1 = 1;
    ET0 = 1;TR0 = 1;
    TMOD = 0x02;                      //定时器0方式2定时
    TH0 = 156;
    TL0 = 156;                        //定时初值100μs
    while(1);
}

void T0_Ser() interrupt 1            //定时器中断服务程序,用于产生PWM信号
{
    if(count < angle)
        PWM = 1;
    else
        PWM = 0;
    count = (count + 1) % 200;       //保持一个周期为100μs×200 = 20ms
}
void Int0_ser() interrupt 0          //外部中断0服务程序,控制角度标识增加,顺时针旋转
{
    if(angle == 25)                  //如果转角达到90°
        angle = 25;                  //则不再增加
    else
        angle = angle + 2;
}
void Int1_ser() interrupt 2          //外部中断1服务程序,控制角度标识减小,逆时针旋转
{
    if(angle == 5)                   //如果转角达到-90°
        angle = 5;                   //则不再减少
    else
        angle = angle - 2;
}
```

在实际应用中,往往控制多个舵机才能达到控制要求,如固定翼的模型飞机至少需要3个舵机才能保证空中姿态的稳定,机器人则需要更多舵机来完成动作。单片机定时器资源有限,可以尝试通过一定编程技巧,用一个定时器或两个定时器结合来实现多路PWM输出,从而控制多个舵机动作。

## 第14章

单片机的模块化程序设计

单片机的模块化程序设计使程序具有更好的可读性、可移植性、可调试性,大大提高了开发项目的效率和速度。模块化程序设计遵循高内聚、低耦合的原则,单片机模块化编程的思维就是把一个整体项目分成若干子模块,一个工程包含多个源文件,每个 .c 文件称为一个模块,每一个模块都有其各自的功能,而每一个.h 文件则是声明该模块,作为对外部调用的接口,把不需要的细节尽可能对外部屏蔽起来。本章介绍单片机模块化划分的原则,C51模块化编程的方法和规范,在 Keil4 中单片机模块化工程建立的方法和步骤,并通过实例讲解单片机模块化程序设计的方法。

14.1　模块化程序设计简介

回顾本书讲解的例程,从最初第一个程序点亮一个 LED 只需要一条操作代码到液晶显示、A/D 转换等程序需要较多的函数,开发一个完整的项目时需要的代码就更多了。当开发的单片机项目较小,所写的程序代码量较少时,程序员总是习惯于将所有代码编写在同一个 .c 文件下,在这个文件下又包含若干函数,这种操作是可行方便的,本书前面讲过的例题代码大都是这样编写。如果开发的项目较大,代码量上千行或者上万行甚至更大,还继续将所有代码全部编写在仅有的一个 .c 文件下,这种方式的弊端会突显出来,它会给代码调试、更改及后期维护带来极大的不便,所以有必要学习一种让编程更简洁高效的方法——模块化程序设计。

模块化程序设计是指在进行程序设计时将一个大程序按照功能划分为若干小程序模块,每个小程序模块完成一个确定的功能,并在这些模块之间建立必要的联系,通过模块的互相协作完成整个功能的程序设计。模块化程序设计的基本思想是自顶向下、逐步分解、分而治之,即将一个较大的程序按照功能分成一些小模块,各模块相对独立、功能单一、结构清晰、接口简单。

开发一个相对复杂的工程时,通常需要和小组成员分工合作一起完成项目,这就要求小组成员各自负责一部分工程,比如,工程师甲负责传感器数据采集、工程师乙负责键盘和显示模块、工程师丙负责通信模块、工程师丁负责电机控制和算法……。此时,每个成员应该将自己的这一块程序写成一个模块,单独调试,留出接口供其他模块调用。最后,小组成员都将自己负责的模块写完并调试无误后再进行组合调试。这些场合就要求程序必须模块化。模块化的优点很多,不仅仅是便于分工,它还有助于程序的调试,有利于程序结构的划分,模块化编程后的程序不仅使整体的程序功能结构清晰明了,具有较好的可读性,而且提高程序代码的利用率,有些模块代码可以直接进行移植或者经简单修改就可在项目使用,大大提高了开发项目的效率和速度。在嵌入式系统开发中,模块化编程是必须掌握的基本技能。

14.2 模块编程步骤和模块划分原则

模块化编程可采用以下步骤进行:

(1) 分析问题,明确需要解决的任务;

(2) 对任务进行逐步分解和细化,分成若干个子任务,每个子任务只完成部分完整功能,并且可以通过函数来实现;

(3) 确定模块(函数)之间的调用关系;

(4) 优化模块之间的调用关系;

(5) 在主函数中进行调用实现。

模块化编程的准则是高内聚、低耦合,目的是增强程序模块的可重用性、移植性。高内聚是指一个.c文件里面的函数尽量只有相互之间的调用,而没有或少量调用其他文件里面的函数,这样可以视为高内聚,尽量减小不同文件里函数的交叉引用。低耦合是指一个完整的系统,模块与模块之间尽可能使其独立存在。也就是说,让每一个模块尽可能独立完成某个特定的子功能,模块与模块之间的接口尽量少而简单。通常,程序结构中各模块的内聚程度越高,模块间的耦合程度就越低。对于模块化编程,根据实际需要使用模块化编程的思维将具有不同功能的程序封装在不同模块中。模块划分通常遵循以下原则:

(1) 模块独立。保证模块完成独立的功能,模块与模块之间关系简单,修改某一模块不会造成整个程序混乱。保证模块的独立性应注意:每个模块完成一个相对独立的特定功能,在对任务分解时注意对问题的综合;模块之间的关系力求简单,如模块之间最好只通过数据传递发生联系,而不发生控制关系,C语言中一般禁止goto语句作用到另一函数,就是为了保证函数的独立性;使用与模块独立的变量,模块内的数据,对于不需要这些数据的其他模块来说应该不允许使用,对一个模块内的变量的修改不会影响其他模块的数据,即模块的私有数据只属于这个模块。

(2) 模块规模适当。模块不要太大,也不要太小。模块功能复杂,其可读性就降低。模块太小,也会增加程序的复杂度。模块规模适当可保证开发出的软件系统可靠性高,易于理解和维护。

(3) 分解模块要注意层次。要多层次地分解任务,注意对问题的抽象化,开始不要过于注意细节,以后再细化求精。在分解初期,可以只考虑大的模块;在中期,再逐步进行细化,分解成较小的模块进行设计。

14.3　C51 模块化编程的方法和规范

14.3.1　C51 模块化编程文件

C51 程序设计中,编程文件通常分为两种:一种用于保存程序的实现,称为源文件,以".c"为后缀,将一个功能模块的代码单独编写成一个.c 文件;另一种用于保存函数和变量等的声明,称为头文件,以".h"为后缀。

1. C 语言源文件.c

.c 文件大家已经相当熟悉,本书前面讲过的例子的程序代码几乎都在这个.c 文件里。编译器也是以此文件来进行编译并生成相应的目标文件。作为模块化编程的组成基础,所要实现的所有功能的源代码均在这个文件里。

.c 源文件的第一部分通常是包含自己所对应的头文件,.c 文件中应该写变量的定义,函数的实现,同时在.c 文件内部使用的局部变量一般会冠以 static。

2. C 语言头文件.h

谈到模块化编程,必然会涉及多文件编译,也就是工程编译。在这样的一个系统中,往往会有多个.c 文件,而且每个.c 文件的作用不尽相同。.c 文件需要对外提供接口,因此必须有一些函数或者是变量提供给外部其他文件进行调用,头文件的作用正是在此。可以称其为一份接口描述文件,其文件内部不应该包含任何实质性的函数代码。头文件内容就是模块对外提供的接口函数或者是接口变量,同时该文件也包含了一些很重要的宏定义以及一些结构体的信息。头文件提供内容总的原则是:不该让外界知道的信息就不应该出现在头文件里,而外界调用模块内接口函数或者是接口变量所必需的信息就一定要出现在头文件里,否则,外界就无法正确地调用模块提供的接口功能。为了让外部函数或者文件调用模块提供的接口功能,就必须包含进该头文件。同时,自身模块也需要包含这份模块头文件,因为其包含了模块源文件中所需要的宏定义或是结构体等。

头文件中的内容一般是放置对外接口的声明,如对外提供的函数声明、宏定义、类型定义、枚举声明、结构体声明等。.h 头文件是对该模块(.c 文件)接口的声明,接口包括该模块提供给其他模块调用的外部函数以及外部全局变量。其他模块访问这些外部定义的变量和函数都需要在.h 文件中冠以 extern 关键字声明,模块(.c 文件)内的函数和局部变量一般需要在.c 文件开头冠以 static 关键字声明。不要在.h 文件中定义变量,但可以声明变量。如果其他模块想要调用该模块的变量和函数,直接包含该模块的头文件即可。

头文件能加强类型安全检查。如果某个接口被实现或被使用时,其方式与头文件中的声明不一致,编译器就会指出错误,这一简单的规则能大大减轻程序员调试、改错的负担。

头文件中可以和 C 程序一样引用其他头文件,可以写预处理块,但不要写具体的语句。可以声明函数,但不可以定义函数。可以声明常量,但不可以定义变量。可以"定义"一个宏函数。注意:宏函数很像函数,却不是函数,其实还是一个声明。结构的定义、自定义数据类型一般也放在头文件中。

源文件和头文件的定义使用按照以下规则：

（1）一个.c文件应有一个同名的.h文件，头文件放置接口的声明，不放置具体的实现。

.c文件必须要有一个同名.h文件用于声明对外公开的接口。对于一些简单的定义类头文件，不必有.c的存在。头文件中放置对外部的声明，如对外提供的函数声明、宏定义、类型定义等。内部使用的函数声明、变量、宏、枚举、结构等定义不应放在头文件。

（2）任意一个.c文件只要使用了其他.c文件提供的接口，都要同时包含其对应的头文件，每个.c文件应该头文件自包含。

（3）不要包含用不到的头文件。有些开发工程按照这样的方法：新建一个common.h文件，其作用为包含所有，将所有要用到的头文件定义在此头文件内，将其他头文件用♯include包含进去，只需要在任何一个源程序文件里面写一句♯include "common.h"就可以了。有些书籍和技术论坛也推荐这样，这种写法看似使用方便，将包含进一些模块不需要用到的头文件，导致编译时间很长，给后续程序维护带来麻烦，本书不建议采用这种方法。

（4）禁止头文件循环依赖。若a.h包含了b.h，则称作头文件a依赖b，依赖关系会进行传导，a.h(包含b.h)、b.h(包含c.h)、c.h(包含a.h)就会造成文件的循环依赖，任何一个头文件修改都会导致所有包含了的abc头文件的代码重新编译一遍。循环依赖会降低编译效率，而且循环依赖超过一定数量会造成"头文件数过多"的编译错误，头文件单相依赖可以缓解这一问题。

（5）头文件中不能定义变量。头文件中定义变量，会由于头文件被其他.c文件包含而重复定义变量。

（6）只能通过包含头文件的方式使用外部函数接口和变量。如果a.c使用了b.c中定义的xxx()函数，则应当在b.h中声明该函数，并在a.c中包含进b.h头文件来使用该函数。禁止直接在a.c内声明xxx()函数后使用该函数，虽然这种写法仍然能够调用函数，但容易在xxx()函数改变时导致声明和定义不一致。

（7）包含系统头文件和用户自定义头文件采用不同的写法。♯include < filename.h >，编译系统会到环境指定的目录去引用，一般用于引用系统头文件。♯include "filename.h"，系统一般首先在当前目录查找，然后去编译器指定目录查找，一般用于包含用户自定义头文件。

14.3.2　模块化编程遵循原则

在进行模块化编程时应遵循以下原则：

（1）.c源文件和.h头文件应成对出现。模块是一个.c和一个.h的结合，每个.c源文件必须有一个.h头文件跟它对应。头文件.h是对该模块的声明，是为了声明对外的接口。如果一个.c文件不需要对外公布任何接口，则其就不应当存在，除非它是程序的入口，如main函数所在的文件，同时main函数所在文件可以没有对应的头文件。

（2）.c源文件和.h头文件各司其职。.c源文件只负责函数的定义和变量的定义，不负责函数的声明和变量的声明。.h头文件只负责函数的声明和变量的声明，以及常量和I/O口的宏定义，不负责函数的定义和变量的定义。头文件是模块的对外的接口，供外部程序调用。头文件中应放置对外部的声明，如对外提供的函数声明、宏定义、变量类型声明等。函数的实现、变量的赋值、语句的操作等不能放在头文件中。因为头文件的功能是向外提供接口，如函数、变量，具体如何实现是在.c文件中进行，头文件仅是进行了描述声明。

（3）外部函数和内部函数需声明。某模块提供给其他模块调用的外部函数，是数据在所对应的.h文件中冠以 extern 关键字来声明的。模块内部的函数和变量需在.c文件开头处冠以 static 关键字来声明。在 Keil 编译器中，extern 关键字即使不声明，编译器也不会报错，且程序运行良好，是因为 Keil 编译器默认声明的函数为 extern，但不保证使用其他编译器也如此。

（4）采用条件编译语句避免头文件重复包含。一般情况下，调用模块时需要将相应的头文件用♯include 包含到源文件（＊.c文件）中。但头文件中又允许包含其他的头文件，这就难免发生某个头文件被重复地包含。可以使用编译预处理命令避免发生这种情况。

每个.h头文件都必须固定以♯ifndef、♯define、♯endif语句为模板，用来避免编译时重复包含头文件里面的内容而导致出错。在编程中参照系统头文件使用的模板，该模板的格式为条件编译指令后加上xx.h的文件名，并将文件名全部改为大写，把点变成下画线 _ 再在两边加上两根下画线 __ 即可。基本格式如下：

```
♯ifndef __(所定义的.h文件名大写)_H__
♯define __(所定义的.h文件名大写)_H__
…… …… …… …… …… …… ……
♯endif
```

在系统头文件"reg51.h"中用的以下模板：

```
♯ifndef __REG51_H__
♯define __REG51_H__
…… …… …… …… …… …… ……
♯endif
```

在用户自定义头文件 lcd1602.h 中参照以上格式：

```
♯ifndef __LCD1602_H__
♯define __LCD1602_H__
…… …… …… …… …… …… ……
♯endif
```

第一条预处理命令是：如果 LCD1602_H 未被定义，说明此文件没被包含过，就可通过第二条预处理命令定义 LCD1602_H。最后一条预处理命令♯endif是为了标出接受上述处理的源程序的范围。

下面分析为什么采用此模板可以避免头文件重复包含。假如有两个不同源文件需要调用 LCD1602_Display(UCHAR x, UCHAR y, UCHAR ＊ str)这个函数，它们分别都通过♯include"lcd1602.h"把头文件包含进去。在第一个源文件进行编译时，由于没有定义过_LCD1602_H_，因此♯ifndef _LCD1602_H_ 条件成立，于是定义_LCD1602_H_ 并将下面的声明包含进去。在第二个文件编译时，由于第一个文件包含时已经将_LCD1602_H_定义过，因此♯ifndef _LCD1602_H_ 不成立，整个头文件内容就没有被包含。假设没有这样的条件编译语句，那么两个文件都包含 LCD1602_Display(UCHAR x, UCHAR y, UCHAR ＊ str)，引起重复包含的错误。

（5）.c 源文件的包含文件。任意一个.c 源文件只要使用了其他.c 文件提供的接口,都要将其对应的头文件包含到该.c 文件中,没有使用到其他.c 文件的接口,就不应该将其匹配的头文件包含。51 单片机每个.c 源文件里都必须包含两个文件:一个是单片机的系统头文件;另一个是它自身的模块声明头文件。比如,在 initial.c 源文件中:

```
# include <reg51.h>        //必须包含的 51 单片机系统头文件
# include "initial.h"      //必须包含它本身的头文件
```

14.3.3　变量类型名定义与模块化编程

为减少常用的变量类型书写长度,在本书前面的程序中利用如下语句来对数据类型名称进行简化:

```
# define UCHAR unsigned char
# define UINT unsigned int
```

然后在定义变量的时候　直接使用"UINT count=0;"在未采用结构化编程之前,这样确实没有问题,而且程序移植也比较方便。但是 #define 为简单的宏替换,在某些编程场合会出现一些问题。例如,考虑下面涉及指针的场合:

```
# define pStr int *
pStr a, b;
```

上两条指令编程者本意是想定义两个 int 型指针变量 a 和 b,但是实际上语句为:

```
int * a,b;
```

a 被定义成 int 型指针,b 被定义成 int 型变量,不是想要的结果。

如果使用 typedef 定义:

```
typedef int * pStr;
pStr a,b;
```

由于用 typedef 定义的是一种类型的别名,而不只是简单的宏替换,这样 a 和 b 都是 int 型指针了。

#define(宏定义)只是简单的字符串代换,它本身并不在编译过程中进行,而是在预处理过程就已经完成。typedef 是为了增加可读性而为标识符另起的新名称,它的新名称具有一定的封装性,以至于新命名的标识符具有更易定义变量的功能,它是语言编译过程的一部分,并不实际分配内存空间。

在用 51 单片机编程的时候,整形变量的范围是 16 位,而在基于 32 位微处理下的整型变量是 32 位。若在 8 位单片机下编写的一些代码想要移植到 32 位的处理器上,就需要在源文件中到处修改变量的类型定义。这是一件庞大的工作,为了考虑程序的可移植性,采用模块化编程应该养成良好的习惯,用变量的别名进行定义。

例如,在 8 位单片机的平台下有如下一个变量定义:

```
UINT16 TimeCounter = 0 ;
```

如果移植32单片机的平台下,该变量长度仍用16位,可以直接修改 UINT16 的定义,即

```
typedef unsigned short int UINT16 ;
```

这样不需要到源文件处处寻找并修改。

为了提高程序的可移植性,有必要用可移植变量类型的别名进行编程,应建立一个专用头文件,用于对变量类型取别名,将常用的数据类型全部用此方法定义,在编程时程序包含进此头文件即可。定义一个 MacroAndConst. h 头文件如下:

```
#ifndef _MACRO_AND_CONST_H_
#define _MACRO_AND_CONST_H_
typedef unsigned int UINT16;
typedef unsigned int UINT;
typedef unsigned int uint;
typedef unsigned int uint16;
typedef unsigned int WORD;
typedef unsigned int word;
typedef int int16;
typedef int INT16;
typedef unsigned long UINT32;
typedef unsigned long uint32;
typedef unsigned long DWORD;
typedef unsigned long dword;
typedef long int32;
typedef long INT32;
typedef signed char int8;
typedef signed char INT8;
typedef unsigned char byte;
typedef unsigned char BYTE;
typedef unsigned char UCHAR;
typedef unsigned char uchar;
typedef unsigned char UINT8;
typedef unsigned char uint8;
typedef unsigned char BOOL;
#endif
```

在编程中将 MacroAndConst. h 头文件包含进去即可,而无须单独在程序中对变量类型取别名或宏定义。

14.4　模块化工程建立

在介绍模块化程序设计之前,所有的程序放到一个文件夹,图 14-1 为 LED 闪烁工程编译后的所有文件,工程文件和编译过程文件杂乱放在一起。好的代码管理方法能给人一种有条理的感觉,通过将不同功能的代码文件分门别类地组织起来,不仅可以厘清整个项目的脉络,还可以非常方便地在各代码文件和函数之间跳转,方便加载有用的模块化程序,从而有利于模块化程序设计,加快项目的开发速度。

名称	修改日期	类型	大小
LED	2021/7/30 23:45	文件	2 KB
LED.hex	2021/7/30 23:45	HEX 文件	1 KB
LED.lnp	2021/7/30 23:45	LNP 文件	1 KB
LED.M51	2021/7/30 23:45	M51 文件	3 KB
LED.plg	2021/8/5 11:27	PLG 文件	1 KB
LED.uvopt	2021/8/5 15:57	UVOPT 文件	54 KB
LED.uvproj	2021/7/30 23:37	礦ision4 Project	13 KB
LED_uvopt.bak	2021/7/31 0:23	BAK 文件	54 KB
LED_uvproj.bak	2021/7/30 23:36	BAK 文件	0 KB
main.c	2021/7/30 23:45	C Source File	1 KB
main.LST	2021/7/30 23:45	MASM Listing	2 KB
main.OBJ	2021/7/30 23:45	3D Object	2 KB

图 14-1　LED 闪烁工程编译后所有文件

14.4.1　Keil 中的主要文件类型

Keil 中用到的文件类型很多,有数十种,下面列举常见的几类文件:

(1) 工程类型文件 Project Files。主要放置.uvproj 工程文件、.vmpw 多工程文件、.uvopt 工程选项配置文件。

(2) 源代码类型文件 Source Files。主要放置源文件和头文件,.c:C 源文件,.h:C 头文件,.cpp:C++源文件.inc:汇编头文件,.a51,.s,.a66:汇编源文件,.src:C 编译器生成的其他源文件等。

(3) 链接类型文件 Listing Files。这一类文件属于中间文件,一般在编译过程中产生。主要放置.map:存储镜像文件,.I:C 语言预处理输出文件,.lst:C 编译器或汇编程序生成的文件,.cod:包含混合 C 和汇编代码的完整的程序清单文件等。

(4) 目标和 hex 类型文件。这一类文件同样属于中间文件,一般在编译过程中产生,但这类文件比较重要,调试信息、预览信息,可执行文件等都属于此类。主要放置.hex:可执行文件,.axf:包含调试信息的程序文件,.d:编译生成的依赖文件,一般一个.c 文件对应一个.d 文件,.o:目标的依赖文件,.lib:库文件,.elf:ELF/DWARF 链接的文件,.crf:浏览信息文件等。

(5) 编译和调试类型文件。Build Files、Debugger Files:编译和调试是两种不同类型文件。三种编译和调试类型文件:.bat:批处理文件,._IA,.__I,._II,.SCR:工具调用文件,.ini:初始化源码文件。

(6) 其他类型文件。Other Files 这类文件比较多,但使用较少。例如:pack:软件(支持包)文件,.sct:链接控制文件,.lnp:连接器传递命令文件,.dep:目标编译依赖文件,.cdb:μVision 设备数据库文件等。

14.4.2　模块化工程建立

为了分门别类管理工程文件,模块化程序设计中,在建立工程前应建立各个不同功能的文件夹,分门别类对工程文件进行管理。文件夹的建立风格可根据个人编程风格和习惯自行定义。以下为一种文件夹建立风格：

在工程目录下建立 Project、Output、Listing、inc、src、Readme 六个文件夹，并在文件夹 Readme 下建立 Readme.txt 文件。Project 文件夹用于存放工程文件；Output 文件夹用于存放各种输出文件，如 hex 文件；Listing 文件夹用于存放编译过程中产生的各种中间文件；inc 是 include 的缩写，该文件夹用于存放头文件；src 是 source code 的缩写，该文件夹用于存放源文件和代码；Readme 文件夹用于存放工程项目的说明文件。

分门别类建立工程目录的目的是增强工程文件的可读性及结构化，便于维护和管理。在建立了工程目录后，新建工程，定义生成文件路径，添加头文件路径，写程序，即完成了模块化工程的建立。以下通过实例来讲解模块化工程建立的方法和步骤。

14.4.3　C51 模块化工程建立实例

C51 模块化编程建立的一般步骤如下：

（1）建立模块化编程文件夹，并新建模块化程序工程。首先新建工程，然后定义生成文件路径，再添加头文件路径。

（2）新建一个主程序 main.c 文件，新建若干子模块程序的 xxx.c 文件和 xxx.h 文件。

（3）编写 xxx.c 文件内容。首先在程序中包含对应的 xxx.h：include "xxx.h"，然后编写功能函数。

（4）编写 xxx.h 文件内容：

条件编译格式：

```
# ifndef __XXX_H__
# define __XXX_H__
```

编写单片机头文件或宏定义或声明变量或定义变量或声明功能函数。

```
# endif
```

（5）编写 main.c 函数。

下面通过实例对 C51 模块化工程建立和模块化编程方法进行初步讲解。

例 14-1　将 LED 闪烁程序进行模块化。

程序如下：

```
# include < reg51.h>
# define uchar unsigned char
# define uint unsigned int
sbit D0 = P1^0;
//----------------------------------------------
// 延时子程序
//----------------------------------------------
void delay(uint x)
{
    uchar t;
    while(x-- ) for(t = 0; t < 120; t++);
}
//----------------------------------------------
```

```
//主程序
//------------------------------------------------
void main( )
{
    while(1)
    {
        D0 = ~D0;                          //LED 闪烁
        delay(200);
    }
}
```

程序有一个延时函数,直接在 main 函数内将控制 LED 的 I/O 端口取反并调用延时函数实现 LED 闪烁功能。以上函数都是写在一个 main. c 文件里。下面将这个简单的程序进行模块化来讲解模块化编程的方法,搭建模块化程序的结构框架按照以下步骤进行:

Step1:先建文件夹。LED 模块化总文件夹,文件夹下有 Project、User、Output、Listing、Hardware、Readme 六个文件夹,如图 14-2 所示。

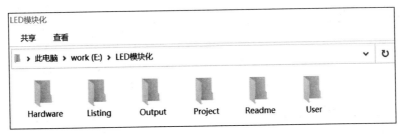

图 14-2　建立模块化工程文件夹

各个文件夹存放的文件如下:

$$
LED 模块化\begin{cases}
Project 存放工程项目文件 \\
Output 存放生成的 HEX 文件 \\
Listing 存放编译过程中产生的各种中间文件 \\
user 存放 main 函数、公共函数和应用层源文件 \\
Hardware 存放外设电路的底层模块化程序源文件 \\
Redme 存放工程项目的说明文件
\end{cases}
$$

本例文件夹建立和上一节讲过的风格略有不同,本例按照功能层次和类别建立了 user 和 Hardware 两个文件夹用于管理程序文件,上一节介绍的一种文件夹管理风格是将头文件和源文件分别放在两个文件夹内,建立一个文件夹 Inc(include 缩写)存放头文件,建立一个文件夹 src(soruce code 缩写)存放源文件。可以根据自己习惯和编程风格建立文件夹。

Step2:建立工程。

打开 Keil4 软件,建立工程文件,将工程保存在新建的 Project 工程文件夹下,工程文件名取名 LED_Blink,如图 14-3 所示;然后进行器件选型,在弹出的对话框选择是否添加启动代码等设置后建立工程。

Step3:Options for Target 设置。

打开 Options for Target 'Target1'对话框,除了在 Target 选项卡下的 Xtal(MHz)输入晶振频率设置和在 Output 选项卡下勾选"Create HEX File"外,还需进行以下设置:

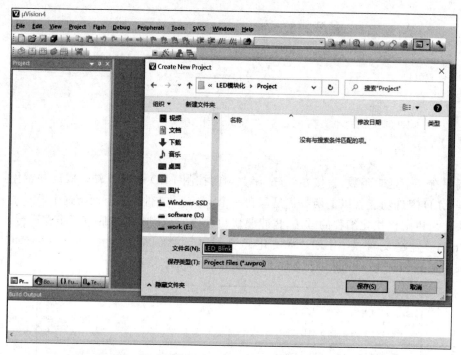

图 14-3　新建 LED_Blink 工程文件

（1）设置编译文件存放文件夹。选择 Output 选项卡，单击 Select Folder for Objects 后弹出文件夹选择对话框，选择到 Output 文件夹下后单击 OK 按钮，如图 14-4 所示。这样编译产生的一些文件包括 hex 文件就会存放到该文件夹中。

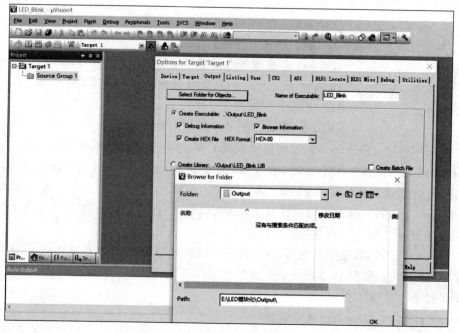

图 14-4　设置编译文件存放文件夹

（2）设置编译链接文件存放文件夹。选择 Listing 选项卡，单击 Select Folder for Objects 后弹出文件夹选择对话框，选择到 Listing 文件夹下后单击 OK 按钮，如图 14-5 所示。这样编译过程中产生的一些链接文件就存放在这个文件夹下。

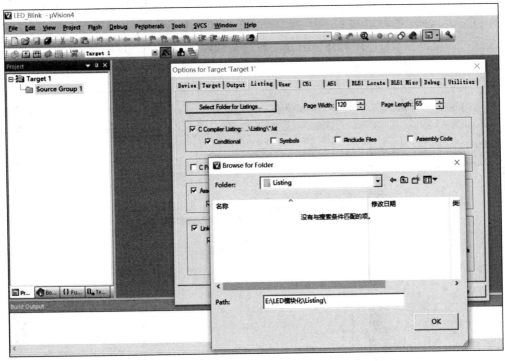

图 14-5　设置编译链接文件存放文件夹

（3）添加头文件路径。选择 C51 选项卡，单击 Include Paths 栏目右边的添加路径按钮弹出 Folder Setup 对话框，单击 New(Insert)按钮，将包含头文件的路径定位到 User 文件夹下，再次单击 New(Insert)按钮，添加包含文件路径到 Hardware 文件夹下后单击 OK 按钮，如图 14-6 所示。

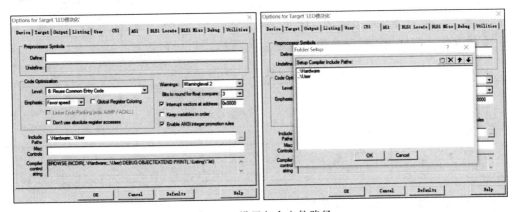

图 14-6　设置包含文件路径

Step4：Components 对话框设置。

在 Project 组件右击 Target1，在弹出的菜单中选择 Manage components 打开工程组件对话框。在左边 Project Targets 栏可对项目进行名称修改、新建、删除、上移、下移的操作，双击 Target1 将其修改为"LED 模块化编程举例"，单击下面的 Set as Current Target，将其设置为目标文件。中间的 Groups 栏可对组进行名称修改、新建、删除、上移、下移的操作，双击 Source Group1，将其修改为 User，单击新建图标，新建一个组，命名为 Hardware。右边的 Files 栏可对程序文件进行添加、删除、上移、下移的操作，若已经有源文件，选择右下角的 Add Files 可添加文件。此时还没有建立程序文件，因此没有添加。设置的界面如图 14-7 所示。

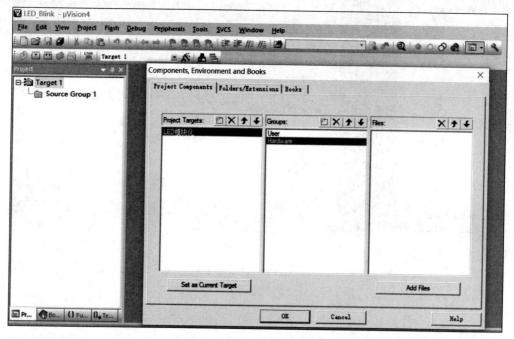

图 14-7　Components 设置

Step5：新建和加入模块化程序文件。

新建 main. c 文件保存在 User 文件夹下，新建 delay. c, delay. h 文件保存在 User 文件夹下，新建 led. c, led. h 文件保存在 Hardware 文件夹下，将 MacroAndConst. h 文件复制进 User 文件夹中。模块化工程程序清单如表 14-1 所示。

表 14-1　LED 模块化工程程序清单

. c 文件	. h 头文件	描　　述	存放文件夹
main. c	无	主程序	User
无	MacroAndConst. h	变量类型别名定义	User
delay. c	delay. h	延时子程序模块	User
led. c	led. h	Led 闪烁程序	Hardware

Step6：编写模块化程序函数并编译。

（1）延时模块 delay. c 和 delay. h。

首先编写延时子函数，将延时程序写好，并在. h 文件声明该函数，表示提供给外部使用。因为函数声明默认是加 extern 关键字的，因此在. h 文件声明时可加上 extern 关键字，也可不加。

```
/****************************************************
delay.c
***************************************************/
  #include "delay.h"
  void delay(uint x)
  {
      uchar t;
      while(x--) for(t = 0; t < 120; t++);
  }
/****************************************************
delay.h
***************************************************/
    #ifndef _DELAY_H_
    #define _DELAY_H_
    #include "MacroAndConst.h"
        extern void delay(uint x);
    #endif
```

（2）LED 功能模块 led.c 和 led.h。

编写 led.c 程序代码，程序功能就是实现 LED 闪烁，编写一个实现 LED 闪烁的函数即可，由于要使用延时子函数，故需要包含 delay.h。在.h 文件中声明 LED 闪烁函数供外部文件调用。

```
/****************************************************
led.c
***************************************************/
      #include "led.h"
      #include "delay.h"
      #include < reg51.h >
      sbit D0 = P1^0;
      void LED_Blink()
      {
          D0 = ~D0; //LED 闪烁
          delay(300);
      }
/****************************************************
led.h
***************************************************/
      #ifndef __LED_H__
      #define __LED_H__
          extern void LED_Blink();
      #endif
```

（3）主函数 main.c。

主函数包含进 led.h 函数，直接调用 LED 闪烁函数即实现功能。

```
/****************************************************
main.c
***************************************************/
    #include < reg51.h >
    #include "MacroAndConst.h"
```

```
#include "led.h"
void main( )
{
    while(1)
    {
        LED_Blink();
    }
}
```

LED 模块化程序编译成功界面如图 14-8 所示。

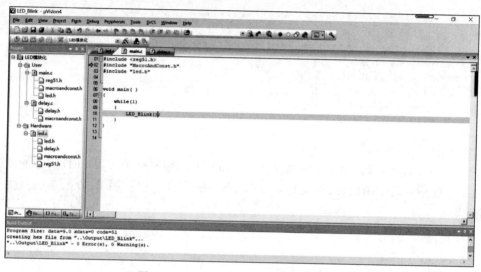

图 14-8　LED 模块化程序编译成功界面

程序编译成功后，在 Proteus 仿真电路图加载编译生成的 hex 文件，hex 文件在 Output 文件夹下，仿真运行实现 LED 闪烁功能。

14.5　C51 模块化实例

在通过上一节例子掌握了模块化工程建立的方法和步骤后，本节再通过两个实例来进一步讲解模块化程序设计的方法。

例 14-2　将 1602 液晶显示程序进行模块化。

前面已经讲过 1602 液晶的程序，本例只需要按照模块化的思路对程序稍做修改，即可将 1602 液晶做成一个底层模块，供程序设计进行调用。1602 液晶模块化工程程序清单如表 14-2 所示。

表 14-2　1602 液晶模块化工程程序清单

.c 文件	.h 头文件	描　述	存放文件夹
main.c	无	主程序	User
无	MacroAndConst.h	变量类型别名定义	User
lcd1602.c	lcd1602.h	延时子程序模块	Hardware

修改后的 lcd1602.c 程序(子程序内容前面章节已经介绍,这里省略)如下:

```
# include "lcd1602.h"
static void LCD1602_DelayMS(UCHAR ms)                        //延时子程序
static UCHAR LCD1602_Busy_Check()                            //忙检查子程序
static void LCD1602_Write_Cmd(UCHAR cmd)                     //写 LCD 命令之程序
static void LCD1602_Write_Data(UCHAR dat)                    //发送数据子程序
void Initialize_LCD1602()                                    //LCD 初始化子程序
void LCD1602_Display(UCHAR x,UCHAR y,UCHAR * str)            //指定位置显示字符串子程序
```

在模块化程序时,1602 液晶驱动需要用到的延时程序、忙检查子程序、写命令子程序、发送数据子程序均为模块内部函数,用户不需要对其进行调用。用 static 对其进行声明。

下面编写对应的 lcd1602.h 头文件。.h 头文件只负责函数的声明和变量的声明,以及常量和 I/O 口的定义,不负责函数的定义和变量的定义。1602 液晶显示模块对外部的只有两个接口,LCD 初始化函数和在指定位置显示字符串的函数。对这两个供外部调用的函数用 extern 对其进行声明(默认为 extern,也可省略 extern 关键字)。LCD 液晶模块需要连接单片机的 3 个 I/O 口,因此用 sbit 进行位定义。本液晶模块按照本例电路图的连接进行位定义,在使用前根据自己接线进行修改。本模块使用了"MacroAndConst.h"的变量类型别名定义,将其包含进来。用条件编译 #ifndef、#define、#endif 语句,防止重复包含。书写好的.h 文件如下:

```
# ifndef __LCD1602_H__
# define __LCD1602_H__
# include < reg51.h >
# include "MacroAndConst.h"
# include < intrins.h >
//----------------------------------------------------------------
//接口定义,使用前根据自己接线修改
//----------------------------------------------------------------
# define DATAPORT P0
sbit Lcd1602Rs = P2^0;
sbit Lcd1602Rw = P2^1;
sbit Lcd1602En = P2^2;
extern void Initialize_LCD1602();                            //LCD 初始化
extern void LCD1602_Display(UCHAR x,UCHAR y,UCHAR * str);    //显示字符串
# endif
```

为方便使用,本模块化程序还附上了程序调用说明,方便用户进行使用。

```
//--------------------- 程序调用说明 ---------------------------
//1602 液晶的驱动程序,调用前按接线自行更改液晶接口的位定义;
//在主程序中输入:Initialize_LCD1602();进行 1602 液晶的初始化
//显示需调用函数:LCD1602_Display(x,y,z)
// 其中 x 为字符的列位置,取值范围 0~32,y 为字符的行位置,取值范围为:
// 0——第一行,1——第二行;z 为待显示的字符串数组名
```

至此,就完成了对 1602 液晶的模块化。该液晶模块可以实现在指定位置显示指定字符串的基本显示功能。本模块仅对外声明了需要用到的两个函数,如果用户还要在此模块基础上开发其他功能,可以将需要用到的子程序在.h 文件中对外声明接口。

下面在主程序中调用，显示字符串：

```
#include<reg51.h>
#include"lcd1602.h"
uchar code LCD_DSY1[] = "I love you!";
uchar LCD_DSY2[] = "Do you love me?";
void main()
{
    Initialize_LCD1602();                  //初始化液晶
    LCD1602_Display(0,0,LCD_DSY1);         //第一行显示
    LCD1602_Display(1,1,LCD_DSY2);         //第二行显示
    while(1);
}
```

LCD1602 液晶程序模块化工程界面如图 14-9 所示，将编译生成的 hex 文件加载进仿真电路，实现功能。

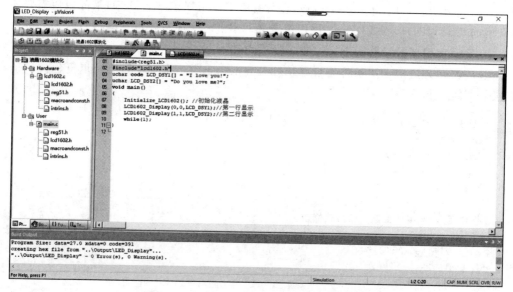

图 14-9　LCD1602 液晶程序模块化工程界面

例 14-3　带温度显示的日历时钟设计。

实现一带温度显示的日历时钟，电路图如图 14-10 所示。设计要求如下：

（1）时钟初始上电运行时能正确显示年月日、星期、时间。设定一初始值 2020 年 1 月 1 日 12：00，周三。

（2）设置选择、加、减、确定 4 个按键，可通过按键设置年、月、日、时、分、秒。当按下选择键时，在对应设置的位置光标闪烁，再次按下切换到下一个设置位置光标闪烁。可通过加、减两个键设置对应的数值。按下确定键，设置的数值写入 DS1302，时钟正常显示模式。

（3）通过程序保证在按键设置时，时间参数在符合该参数的正确范围内调整，设置年月日时星期自动调整。

（4）用 DS18B20 测量并读取温度值显示在液晶上，能够正确显示正、负温度。

本例首先根据设计要求进行模块化分解，设置 User 文件夹用于存放编制应用层程序，

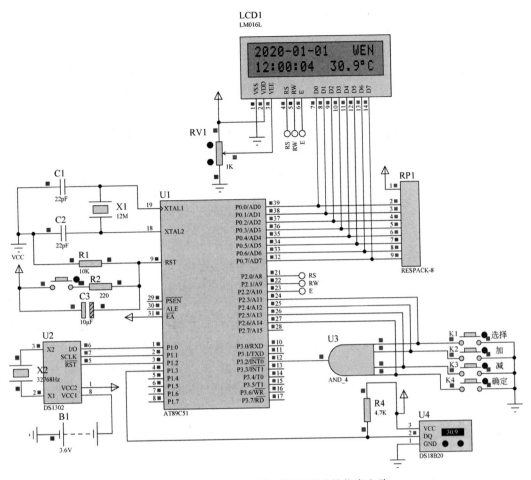

图 14-10 带温度显示的可调日历时钟仿真电路

设置 Hardware 文件夹用于存放底层硬件程序。程序模块化清单如表 14-3 所示。

表 14-3 1602 液晶模块化工程程序清单

.c 文件	.h 头文件	描 述	存放文件夹
main. c	无	主程序	User
无	MacroAndConst. h	变量类型别名定义	User
readdisplay. c	readdisplay. h	读取时间和温度并显示	User
key. c	key. h	设置调整时间	Hardware
lcd1602. c	lcd1602. h	1602 液晶底层程序	Hardware
ds1302. c	ds1302. h	DS1302 时钟底层程序	Hardware
ds18b20. c	ds18b20. h	DS18B20 温度传感器底层程序	Hardware

主函数的程序如下:

```
# include < reg51. h>
# include "MacroAndConst. h"
# include "readdisplay. h"
void main()
```

```
        {
            Init_Sys();                         //初始化系统
            EA = 1;EX0 = 1;IT0 = 1;             //开总中断,外部中断1,设置跳沿触发方式
            TH0 = (65536 - 50000)/256;
            TL0 = (65536 - 50000)%256;
            ET0 = 1;TR0 = 1;                    //开定时器0中断,允许定时器0
            while(1);
        }
        void int0_ser() interrupt 0
        {
            Set_RTC();                          //按键设置时钟
        }
        void t0_ser() interrupt 1
        {
            TH0 = (65536 - 50000)/256;
            TL0 = (65536 - 50000)%256;
            Read_Dis_18b20();                   // 读取并显示温度
            Read_Dis_1302();                    //读取并显示时间
        }
```

在时钟年月日设置程序中需要保证每个月的日期的正确性,2月的天数需要根据闰年来调整,判断闰年的条件是下面两个条件之一：年份能被 4 整除,但不能被 100 整除；年份可以被 400 整除。闰年的 2 月是 29 天,平年的 2 月是 28 天。

本例还设计了根据设置的日期自动调整星期,根据日期判定星期几的程序功能。

14.6 模块化程序设计编译常见错误和警告及解决方法

模块化程序设计加载了.c 和.h 文件后,在编译器编译可能出现以下 WARNING 或 ERROR 警告。出现错误会导致不能编译成功,必须找出原因并修改,对于某些警告可以忽略,对于一些警告需要解决。本节以上一节的程序为例,设置了一些错误和警告,列举部分错误和警告,说明原因和解决方法：

（1）*** WARNING L16: UNCALLED SEGMENT, IGNORED FOR OVERLAY PROCESS
　　　 SEGMENT: ?PR?_TESTWARNING?DS18B20

警告：存在未调用的函数,产生该警告的原因是 ds18b20 文件中有 testwarning 函数未被调用,会浪费 RAM 和 ROM 空间,到 ds18b20.c 中找到 testwarning 函数删除或注释掉即可。如果存储空间充足,可不用处理此警告,但建议消除此警告。

（2）..\USER\READDISPLAY.C(36): warning C206: 'Initialize_LCD1602': missing function
　　 - prototype

警告：缺少函数原型。产生该警告的原因是 Initialize_LCD1602 函数被调用,但找不到,编译仍然通过,但提示警告信息。未带参数的函数未在子程序中声明会产生该警告,但编译仍然能通过。解决办法：检查源文件是否有 Initialize_LCD1602 函数并在.h 文件中声明。

（3）..\USER\KEY.C(25): warning C206: 'LCD1602_Write_Cmd': missing function - prototype

..\USER\KEY.C(25): error C267: 'LCD1602_Write_Cmd': requires ANSI - style prototype

警告：缺少函数原型。错误：需要 ANSI 样式的函数原型。产生该警告和错误的原因是 LCD1602_Write_Cmd 函数被调用，但找不到，产生了警告和错误，编译不通过，带参数的函数未在子程序定义和声明会产生该警告和错误。解决办法：检查是否有 LCD1602_Write_Cmd 函数并在.h 文件中声明。

（4）*** WARNING L15: MULTIPLE CALL TO SEGMENT

SEGMENT: ?PR?_LCD1602_DISPLAY?LCD1602

CALLER1: ?PR?INT0_SER?MAIN

CALLER2: ?PR?T0_SER?MAIN

警告：多段调用。产生该警告的原因是编译器发现有一个函数被主函数和一个中断服务程序调用，或者被多个中断服务程序调用。本警告下面提示中断函数 int0_ser 和 t0_ser 都调用了 lcd1602.c 文件中的 lcd1602_display 函数。有可能存在潜在的函数重入的可能性，因为 51 单片机内存较少，编译器对于函数的参数采用利用固定的 RAM 地址静态传递的方法，而不是采用堆栈传递。如果函数重入，后一次的参数就会覆盖前一次的参数，虽然出现概率极小，一旦出现程序运行就会得到不可预知的结果。如果函数在执行完毕之前发生中断，中断内又调用了该函数，就会发生函数重入。如果不可避免调用同一个函数，可采用以下解决办法：①将涉及有中断重入问题的函数重复写成多个同样的函数，取不同的函数名，每个调用的中断任务和后台任务分别用一个。这样不同的任务对应不同的函数实体，自然不存在函数重入问题。②在函数体后加 reentrant 关键字，该函数采用堆栈传递参数。③程序保证该函数执行期间不会进入调用该函数的中断或主程序。本例在函数体上加上 reentrant 关键字，声明为可重入函数，void LCD1602_Display（uchar x，uchar y，uchar * str）reentrant，warning 消除。

（5）*** WARNING L1: UNRESOLVED EXTERNAL SYMBOL

SYMBOL: INITIALIZE_LCD1602

MODULE: ..\Output\readdisplay.obj (READDISPLAY)

警告：无法解析的外部符号。产生该警告的原因是该函数声明但未被定义，或者该函数的模块文件未添加进工程内。解决办法：本例未将 lcd1602.c 添加进工程，Keil 工作界面左侧 project 栏，在 Hardware 处单击右键 Add Files to Group "Hardware"，将 lcd1602.c 添加进工程，所有警告消失。

编译中还可能出现其他错误和警告，本节仅列举几个常见错误和警告，在出现其他错误时，可将该错误提示复制粘贴到百度查询错误和警告原因，分析解决。

14.7 模块化程序设计推荐规范

程序不仅是被计算机执行，还需要供人读，代码首先要具有可读性，良好的编程习惯和编程风格会使程序易于维护，可靠性高和可移植性强，更有利于模块化程序设计。本节总结了一些大公司的编程规范，作为推荐规范供读者参考。

14.7.1　程序排版规范

程序块要采用缩进风格编写，缩进的空格数为 4 个。if、for、do、while、case、switch、default 等语句自占一行，且 if、for、do、while 等语句的执行语句无论多少行都要加大括号{}。

14.7.2　命名推荐规范

1. 文件命名

文件命名建议具有可读性，不采用无意义的字符命名。由于不同系统对文件名大小处理会不同，Windows 系统不区分大小写，Linux 系统会区分，所以建议代码文件命名统一采用全小写字母命名。例如：lcd1602.c，lcd1602.h。

2. 变量命名

变量命名应该使用具有可读性的名称，不要使用无意义的字符。建议使用英语单词，尽量不使用拼音。例如 InputVoltage，表示输入电压，当单词需要出现空格才便于理解时，可用下画线"_"代替空格，例如 Degree_F 表示华氏度。

如果变量名单词较多，为了减小变量名的长度，可对用到的单词采用缩写，一般较短的单词去掉元音缩写，较长的单词取头几个字母缩写，除一些公用的缩写外，不采用让人难以理解的缩写。例如，本书显示程序中命名的数组名 Disp_Buff[]表示显示缓冲。常见的一些单词通用缩写见表 14-4。

对于一些通用命名的变量，如 i、j、k 作为循环变量，p、q 作为指针变量，s、t 作为字符串变量，不要用不符合通用习惯的其他变量名。

表 14-4　编程中常见单词通用缩写

单　词	缩　写	单　词	缩　写	单　词	缩　写
address	addr	horizontal	horz	resource	res
argument	arg	index	idx	second	sec
avg	average	increment	inc	source	src
buffer	buff	initialize	init	system	sys
clock	clk	maximum	max	temporary	tmp
command	cmd	minimum	min	translate	tran
database	DB	message	msg	upgrade	upg
display	disp	parameter	para	variable	var
error	err	register	reg	vertical	vert

3. 函数名命名

函数名称也需要具有可读性，建议使用英文单词组合，具有操作功能的函数建议使用"模块名_功能名"方式命名，对于所有模块都通用的函数，可不写模块名。建议函数名每个单词首字母大写，专有名词或缩略词全都大写。如以下函数名：

```
void LCD1602_Display(uchar x,uchar y,uchar * str)
```

4. 宏命名

对于数值或者字符串等常量的定义,建议全采用大写字母,单词之间加下画线的方式命名。宏定义属于字符型替代,在宏定义时要注意放置产生歧义,数值全部加括号,以免和程序前后文本意外构成运算优先级。以下画线"_"开头、结尾的宏都是一些内部定义,因此除了头文件或编译开关等特殊标识,宏定义不能使用下画线"_"开头和结尾。建议宏定义后的注释使用 / ∗∗ /不要用//,避免某些版本编译器将宏定义连同注释都全部替换造成错误。

例如: ♯define LCM_ROW   (64)   /∗ 点阵液晶的行数 64 宏定义为 LCM_ROW ∗/

用宏定义表达式时候,要使用完备的括号,以免存在风险。

例如,以下定义了一个计算矩形面积的宏定义,格式的宏定义存在一定风险。

```
♯define RECTANGLE_AREA(a,b) a ∗ b
♯define RECTANGLE_AREA(a,b) (a ∗ b)
♯define RECTANGLE_AREA(a,b) (a) ∗ (b)
```

无风险的正确定义是:

```
♯define RECTANGLE_AREA(a,b) ((a) ∗ (b))
```

14.7.3   模块化编程注释推荐规范

头文件、源文件的头部应进行注释。注释需列出文件名、作者、目的、功能、修改日志等。例如:

```
/ ∗∗∗∗∗∗∗∗∗∗∗∗∗∗∗∗∗∗∗∗∗∗∗∗∗∗∗∗∗∗∗∗∗∗∗∗∗∗∗∗∗∗∗∗∗
文件名:
编写者:
编写日期:
简要描述:
修改记录:
 ∗∗∗∗∗∗∗∗∗∗∗∗∗∗∗∗∗∗∗∗∗∗∗∗∗∗∗∗∗∗∗∗∗∗∗∗∗∗∗∗∗∗ /
```

函数头部应进行注释,列出函数的目的、功能、输入参数、输出参数、修改日志等。推荐形式如下:

```
/ ∗∗∗∗∗∗∗∗∗∗∗∗∗∗∗∗∗∗∗∗∗∗∗∗∗∗∗∗∗∗∗∗∗∗∗∗∗∗∗∗∗∗∗∗∗
函数名称:
简要描述:     // 函数目的、功能等的描述
输入:        // 输入参数说明,包括每个参数的作用、取值说明及参数间关系,
输出:        // 输出参数的说明, 返回值的说明
修改日志:
 ∗∗∗∗∗∗∗∗∗∗∗∗∗∗∗∗∗∗∗∗∗∗∗∗∗∗∗∗∗∗∗∗∗∗∗∗∗∗∗∗∗∗∗∗∗∗∗ /
```

对一些复杂的函数,在注释中最好提供典型用法。

Proteus提供的仿真元件分类及子类中英文对照

元件分类	元件子类别
Analogy Ics 模拟芯片	Amplifiers 放大器，Comparators 比较器，Display Drivers 显示驱动器，Filters 滤波器，Multiplexers 数据选择器，Regulators 稳压器，Timers 定时器，Volatage References 基准电压，Miscellaneous 杂类
Capacitors 电容	Animated 可动态显示充放电电容，Audio Grade Axial 音响专用轴线电容，Axial Lead Polypropene 轴线聚苯烯电容，Axial Lead Polypropene 轴线聚苯乙烯电容，Ceramic Disc 陶瓷圆片电容，Decoupling Disc 去耦片状电容，Generic 普通电容，High Temp Radial 高温径线电容，High Temperature Axial Electrolytic 高温轴线电解电容，Metallised Polyester Film 金属化聚酯膜电容，Metallised Ploypropene 金属化聚烯电容，Metallised Ploypropene Film 金属化聚烯膜电容，Minture Electrolytic 小型电解电容，Multilayer Metallised Polyester Film 多层金属化聚酯膜电容，Mylar Film 聚酯膜电容，Nickel Barrier 镍栅电容，Non Polarized 无极性电容，Polyester Layer 聚酯层电容，Radial Electrolytic 径线电解电容，Resin Dipped 树脂蚀刻电容，Tantalum Bead 钽珠电容，Variable 可变电容，VX Axial Electrolytic VX 轴线电解电容
Connectors 连接器	Audio 音频接口，D-Type D 型接口，DIL 双排插座，Header Block 插头，PCB Transfer PCB 转接器，Ribbon Cable 带线，SIL 单排插座，Terminal Blocks 连接端子，Miscellaneous 杂类
Data Converters 数据转换器	A/D Converters 模/数转换器，D/A Converters 数/模转换器，Sample & Hold 采样保持器，Temperatrue Sensors 温度传感器
Debugging Tools 调试工具	Breakpoint Triggers 断电触发器，Logic probes 逻辑探针，Logic Stimuli 逻辑激励源
Diode 二极管	Bridge Rectifiers 整流桥，Generic 普通二极管，Rectifiers 整流管，Schottky 肖特基二极管，Swiching 开关管，Tunnel 隧道二极管，Varicap 变容二极管，Zener 齐纳击穿二极管
ECL 10000 SeriesECL 1000 系列	ECL1000 系列集成电路
Electromechanical 机电器件	包含各类机电传动器件，直流和步进电机
Inductros 电感	Generic 普通电感，SMT Inductors 贴片式电感，Transformers 变压器

元件分类	元件子类别
Laplace Transformation 拉普拉斯变换	1st Order 一阶模型，2st Order 二阶模型，Controllers 控制器，Non-Linear 非线性模式，Operators 算子，Poles/Zones 极点/零点，Symbols 符号
Memory ICS 存储芯片	Dynamic RAM 动态数据存储器，EEPROM 电可擦除可编程存储器，EPROM 可擦除可编程存储器，I^2C Memories I^2C 总线存储器，SPI Memories SPI 总线存储器，Memory Cards 存储卡，Static Memories 静态数据存储器
Microprocessor Ics 微处理芯片	68000 Family 68000 系列，8051 Family 8051 系列，ARM Family ARM 系列，AVR Family AVR 系列，BASIC Stamp Modules Parallax 公司微处理器，HCF11 Family HCF11 系列，PIC10 Familay PIC10 系列，PIC12 Family PIC12 系列，PIC16 Family PIC16 系列，PIC18 Family PIC18 系列，Z80 family Z80 系列，Peripherals CPU 外设
Miscellaneous 杂项	包含天线、ATA/IDE 硬盘驱动器、电池、晶体振荡器、动态与通用保险、模拟电压与电流符号、交通信号灯、串行物理接口模型等
Modelling Primitives 建模源	Analogy(SPICE)模拟(仿真分析)，Digital(Buffer & Gates)数字(缓冲器与门电路)，Digital(Miscellaneous)数字(杂类)，Digital(Combinational)数字(组合电路)，Digital(Sequential) 数字(时序电路)，Mixed Mode(混合模式)，PLD Elements(可编程逻辑器件单元)，Realtime(Actuators)实时激励源，Realtime(Indictors)实时指示器
Operational Amplifiers 运算放大器	Single 单路，Dual 二路，Triple 三路，Quad 四路，Octal 八路，Ideal 理想运放，Macromodel 大量使用的运放
Optoelectronics 光电子类器件	7-Segment Displays 7 段数码管，Alphanumerics LCDS 英文字符与数字符号液晶显示器，Bargraph Displays 条形显示器，Dot Matrix Displays 点阵显示器，Graphical LCDs 图形液晶，Lamp 灯泡，LCD Controllers 液晶控制器，LCD Panels Displays 液晶面板显示器，LEDs 发光二极管，Optocouplers 光耦元件，Serial LCDs 串行接口液晶
Resistors 电阻	0.6W Metal Film 0.6W 金属膜电阻，10W Wirewound 10W 绕线电阻，2W Metal Film 2W 金属膜电阻，3W Metal Film 3W 金属膜电阻，7W Metal Film 7W 金属膜电阻，Generic 通用电阻，High Volatage 高压电阻，NTC 负温度系数热敏电阻，Resistor Packs 排阻，Variable 滑动变阻器，Varistor 可变电阻
Simulator Primitives 仿真源	Flip-Flops 触发器，Gates 门电路，Sources 电源
Speakers & Sounders 扬声器与音响设备	无子类
Switchers & Relays 开关与继电器	Keypads 键盘，Generic Relays 普通继电器，Specific Relays 专用继电器，Switches 按键与拨码开关
Switching Devices 开关器件	DIACs 双端交流开关元件，Generic 普通开关元件，SCRS 晶闸管，TRIACs 三端晶闸管
Thermionic Valves 热阴极电子管	Diodes 二级真空管，Triodes 三级真空管，Tetrodes 四级真空管，Pentodes 五级真空管

续表

元件分类	元件子类别
Transistors 晶体管	Bipolar 双极性晶体管，Generic 普通晶体管，IGBT/Insulated Gate Bipolar Transistors 绝缘栅场效应管，JFET 结型场效应管，MOSFET 金属-氧化物半导体场效应晶体管，RF Power LDMOS 射频功率 LDMOS 晶体管，RF Power VDMOS 射频功率 VDMOS 晶体管，Unijunction 单结晶体管
CMOS 4000 series COMS 4000 系列	Adders 加法器，Buffers & Drivers 缓冲器/驱动器，Comparators 比较器，Counters 计数器，Decoders 解码器，Encoders 编码器，Flip-Flop & Latches 触发器/锁存器，Frequency Dividers & Timers 分频器/定时器，Gates & Inverters 门电路/反相器，Multiplexers 数据选择器，Multivibrators 多谐振荡器，Oscillators 振荡器，Phrase-Locked-Loops PLL 锁相环，Registers 寄存器，Signal Switches 信号开关，Transceivers 收发器，Misc. Logic 杂类逻辑芯片

reg51.h文件

```
/* ------------------------------------------------------------------
REG51.H
Header file for generic 80C51 and 80C31 microcontroller.
Copyright (c) 1988 - 2002 Keil Elektronik GmbH and Keil Software, Inc.
All rights reserved.
------------------------------------------------------------------ */
#ifndef __REG51_H__
#define __REG51_H__
/* BYTE Register */
sfr P0 = 0x80;
sfr P1 = 0x90;
sfr P2 = 0xA0;
sfr P3 = 0xB0;
sfr PSW = 0xD0;
sfr ACC = 0xE0;
sfr B = 0xF0;
sfr SP = 0x81;
sfr DPL = 0x82;
sfr DPH = 0x83;
sfr PCON = 0x87;
sfr TCON = 0x88;
sfr TMOD = 0x89;
sfr TL0 = 0x8A;
sfr TL1 = 0x8B;
sfr TH0 = 0x8C;
sfr TH1 = 0x8D;
sfr IE = 0xA8;
sfr IP = 0xB8;
sfr SCON = 0x98;
sfr SBUF = 0x99;
/* BIT Register */
/* PSW */
sbit CY = 0xD7;
sbit AC = 0xD6;
sbit F0 = 0xD5;
sbit RS1 = 0xD4;
```

```
    sbit RS0 = 0xD3;
    sbit OV = 0xD2;
    sbit P = 0xD0;
    /* TCON */
    sbit TF1 = 0x8F;
    sbit TR1 = 0x8E;
    sbit TF0 = 0x8D;
    sbit TR0 = 0x8C;
    sbit IE1 = 0x8B;
    sbit IT1 = 0x8A;
    sbit IE0 = 0x89;
    sbit IT0 = 0x88;
    /* IE */
    sbit EA = 0xAF;
    sbit ES = 0xAC;
    sbit ET1 = 0xAB;
    sbit EX1 = 0xAA;
    sbit ET0 = 0xA9;
    sbit EX0 = 0xA8;
    /* IP */
    sbit PS = 0xBC;
    sbit PT1 = 0xBB;
    sbit PX1 = 0xBA;
    sbit PT0 = 0xB9;
    sbit PX0 = 0xB8;
    /* P3 */
    sbit RD = 0xB7;
    sbit WR = 0xB6;
    sbit T1 = 0xB5;
    sbit T0 = 0xB4;
    sbit INT1 = 0xB3;
    sbit INT0 = 0xB2;
    sbit TXD = 0xB1;
    sbit RXD = 0xB0;
    /* SCON */
    sbit SM0 = 0x9F;
    sbit SM1 = 0x9E;
    sbit SM2 = 0x9D;
    sbit REN = 0x9C;
    sbit TB8 = 0x9B;
    sbit RB8 = 0x9A;
    sbit TI = 0x99;
    sbit RI = 0x98;

    #endif
```

Keil C51常用库函数

1. 本征库函数 intrins. h

函 数 定 义	功 能 说 明
void_nop_（void）	产生一个机器周期的空指令
bit_testbit_（bit x）	相当于 JBC bit 指令，对字节中的一位进行测试，为 1 返回 1，为 0 返回 0
unsigned char _cror_（unsigned char val，unsigned char n）	将字符型数据 val 循环右移动 n 位
unsigned int _iror_（unsigned int val，unsigned char n）	将整型数据 val 循环右移 n 位
unsigned long _lror_（unsigned long val，unsigned char n）	将长整型数据 val 循环右移 n 位
unsigned char _crol_（unsigned char val，unsigned char n）	将字符型数据 val 循环左移 n 位
int _irol_（unsigned int val，unsigned char n）	将整型数据 val 循环左移 n 位
unsigned long _lrol_（unsigned long val，unsigned char n）	将长整型数据 val 循环左移 n 位
unsigned char _chkfloat_(float ual)	测试并返回浮点数状态

2. 字符判断转换库函数 CTYPE. H

函 数 定 义	功能说明(以下检查参数函数是返回1,否则返回 0)
bit isalpha (unsigned char c)	检查参数字符是否为英文字母,是返回1,否则返回 0
bit isalnum (unsigned char c)	检查参数字符是否为英文字母或数字字符
bit iscntrl (unsigned char c)	检查参数值是否为 0x00~0x1f 或等于 0x7F 的控制字符

续表

函 数 定 义	功能说明（以下检查参数函数是返回1，否则返回0）
bit isdigit（unsigned char c）	检查参数是否为十进制数字字符
bit isgraph（unsigned char c）	检查参数是否为可打印字符（ASCII 的值为 0x21～0x7e），不含空格
bit isprint（unsigned char c）	检查参数是否为可打印字符，包含空格
bit ispunct（unsigned char c）	检查参数是否为标点、空格或格式字符
bit islower（unsigned char c）	检查参数字符是否为小写英文字母
bit isupper（unsigned char c）	检查参数字符是否为大写英文字母
bit isspace（unsigned char c）	检查参数字符是否为空格、制表符、回车、换行、垂直制表符和送纸符号（0x09～0x0d，或 0x20）
bit isxdigit（unsigned char c）	检查参数是否为 16 进制字符
unsigned char tolower（unsigned char c）	将大写字符转换为小写形式，如果字符不在 A～Z 之间，则直接返回该字符
unsigned char toupper（unsigned char c）	将小写字符转换为大写形式，如果字符不在 a～z 之间，则直接返回该字符
unsigned char toint（unsigned char c）	将 ASCII 字符 0～9，A～F(不分大小写)转换成 16 进制数字，返回转换后的 16 进制数字

3. 字符串处理库函数 STRING.H

函 数 定 义	功 能 说 明
char * strcat（char * s1, char * s2）	将串 s2 复制到 s1 的尾部，strcat 假定 s1 所定义的地址区域足以接收两个串，返回指向 s1 串中第一个字符的指针
char * strncat（char * s1, char * s2, int n）	复制串 s2 中 n 个字符到 s1 的尾部，如果 s2 比 n 短，则只复制 s2(包括串结束符)
char strcmp（char * s1, char * s2）	比较串 s1 和 s2：如果相等，则返回 0；如果 s1<s2，则返回一个负数；如果 s1>s2，则返回一个正数
char strncmp（char * s1, char * s2, int n）	比较串 s1 和 s2 中的前 n 个字符，返回值与 strcmp 相同
char strcpy（char * s1, char * s2）	将串 s2，包括结束符复制到 s1 中，返回指向 s1 中第一个字符的指针
char * strncpy（char * s1, char * s2, int n）	与 strcpy 相似，但它只复制前 n 个字符，如果 s2 的长度小于 n，则 s1 串以 0 补齐到长度 n
int strlen（char *）	返回串 s1 中的字符个数，不包括结尾的空字符
char * strchr（const char * s, char c）	搜索 s 字符串中第一个出现的字符 c，如果找到，则返回该字符的指针，否则返回 NULL。被搜索的值可以是串结束符，返回值为指向串结束符的指针

函　数　定　义	功　能　说　明
int strpos（const char ＊ s, char c）	功能与 strchr 类似,但返回的是字符 c 在串中出现的位置,否则返回－1
char ＊ strrchr（const char ＊ s, char c）	搜索 s 字符串中最后一个出现的字符 c,如果找到,则返回该字符的指针,否则返回 NULL
int strrpos（const char ＊ s, char c）	功能与 strrpos 类似,但返回的是字符 c 在串中出现的位置,否则返回－1
int strspn（char ＊ s, char ＊ set）	搜索 s 字符串中第一个不包括在 set 串种的字符,返回值是 s 字符串中包含在 set 里的字符个数。如果 s 中所有字符都包含在 set 里面,则返回 s 的长度(不包括结束符),如果 set 是空串,则返回 0
int strcspn（char ＊ s, char ＊ set）	功能与 strspn 类似,但返回指向搜索到的字符的指针而不是个数,如果未找到,则返回 NULL
char ＊ strpbrk（char ＊ s, char ＊ set）	功能与 strspn 类似,但返回指向搜索到的字符的指针而不是个数,如果未找到,则返回 NULL
char ＊ strrpbrk（char ＊ s, char ＊ set）	功能与 strspn 类似,但返回 s 中指向找到的 set 字符集中最后一个字符的指针
char ＊ strstr（char ＊ s, char ＊ sub）	搜索字符 sub 第一次出现在 s 中的位置,并返回一个指向第一次出现位置开始处的指针,如果字符 s 中不包含字符串 sub,则返回一个空指针
char ＊ strtok（char ＊ str, const char ＊ set）	切割字符串,将 str 切分成子串,在第一次被调用的时间 str 是传入需要被切割字符串的首地址,在后面调用的时间传入 NULL。set 表示切割字符串,字符串中的每个字符都被当作分隔符。如果查不到 set 所标示的字符,则返回当前字符串的指针
charmemcmp（void ＊ s1, void ＊ s2, int n）	逐个字符比较串 s1 和 s2 的前 n 个字符,相等时,返回 0,如果串 s1 大于或小于 s2,则相应地返回一个正数或一个负数
void ＊ memcpy（void ＊ s1, void ＊ s2, int n）	从 s2 所指向的内存中复制 n 个字符到 s1 中,返回指向 s1 中最后一个字符的指针,如果 s2 和 s1 发生交叠,则结果不可预测
void ＊ memchr（void ＊ s, char val, int n）	顺序搜索字符串 s 的前 n 个字符 val,成功时,返回 s 中指向 val 的指针,失败时,返回 NULL
void ＊ memccpy（void ＊ s1, void ＊ s2, char val, int n）	复制 s2 中 n 个元素到 s1,如果实际复制了 n 个字符,则返回 NULL,复制过程中在复制完字符 val 后停止,此时返回指向 s1 中下一个元素的指针
void ＊ memmove（void ＊ s1, void ＊ s2, int n）	工作方式与 memccpy 相同,但复制的区域可以交叠
void ＊ memset（void ＊ s, char val, int n）	用 val 来填充 s 指针中的 n 个单元

4. 输入/输出库函数 STDIO. H

函 数 定 义	功 能 说 明
char _getkey（void）	等待从串口读入一个字符并返回读入的字符,这个函数是改变整个输入端口机制时应做修改的唯一一个函数
char getchar（void）	使用_getkey从串口读入字符,并将读入的字符马上传给_putchar 函数输出
char ungetchar（char）	将输入字符送输入缓冲区,因此下次 gets 或 getchar 可用该字符。成功时,返回 char 型值 c,失败时,返回 EOF,不能用 ungetchar 处理多个字符
char putchar（char）	通过串口输出字符,这个函数是改变整个输出机制所需修改的唯一一个函数
int printf（const char * , …）	以第一个参数指向字符串制定的格式通过 8051 串行口输出数值和字符串,返回值为实际输出的字符数
int sprintf（char * , const char * , …）	与 printf 的功能相似,但数据不是输出到串行口,而是通过一个指针 s,送入内存缓冲区,并以 ASCII 码的形式储存
int vprintf（const char * , char * ）	将格式化字符串和数值值输出到由指针 s 指向的内存缓冲区内。该函数类似于 sprintf,但它接受一个指向变量表的指针而不是变量表。返回值为实际写入到输出字符串中的字符数。格式控制字符串 fmsr 与 printf 函数一致
int vsprintf（char * , const char * , char * ）	将格式化输出送到串中(将 Param 按格式 format 写入字符串 string 中),正常情况下返回生成字串的长度(除去\.),错误情况下返回负值
char * gets（char * s, int n）	通过_getchar从串口读入一个长度为 n 的字符串并存入由 s 指向的数组。输入时一旦检测到换行符,就结束字符输入。输入成功时,返回传入的参数指针;失败时,返回 NULL
int scanf（const char * fmsr, …）	在格式控制串的控制下,利用 getchar 函数从串行口读入数据,每遇到一个符合格式控制串 fmsr 规定的值,就将它按顺序存入由参数指针 argument 指向的存储单元。注意,每个参数必须是指针,scanf 返回它所发现并转换的输入项数,若遇到错误,则返回 EOF
int sscanf（char * , const char * , …）	从一个字符串中读进与指定格式相符的数据
int puts（const char * ）	把一个字符串 str 写入到标准输出 stdout,直到空字符,但不包括空字符。换行符会被追加到输出中。如果成功,该函数返回一个非负值,如果发生错误,则返回 EOF

4. 类型转换及内存分配库函数 STDLIB.H

函 数 定 义	功 能 说 明
int abs (int val)	返回整数 val 的绝对值
long labs(long val)	返回长整型数 val 的绝对值
float atof (char * s1)	将字符串 s1 转换成双精度浮点数值并返回
long atol (char * s1)	将字符串 s1 转换成长整型数值并返回
int atoi (char * s1)	将字符串 s1 转换成整型数值并返回
int rand ()	产生随机数
void srand (int)	初始化随机数种子
float strtod(char * str, char * * endptr)	将字符串转换成双精度浮点数
long int strtol (char * str, char * * endptr, int base)	将参数 str 字符串根据参数 base 来转换成长整型数
unsigned long strtoul (char * ntpr, char * * endptr, int base)	将参数 nptr 字符串根据参数 base 来转换成无符号的长整型数
init_mempool (void _MALLOC_MEM_ * p, unsigned int size)	初始化内存,对被 callon、malloc 或 realloc 函数分配的存储区域进行初始化,p 指向存储区域首地址,size 表示存储区域的大小
_MALLOC_MEM_ * malloc (unsigned int size)	分配一块 size 大小的内存,返回一个指向该块内存开始的指针
void free(void _MALLOC_MEM_ * p)	回收内存,如果 p 不是通过 malloc、calloc、realloc 函数分配的,则会造成不可预测的结果
_MALLOC_MEM_ * realloc (void _MALLOC_MEM_ * p, unsigned int size)	改变 p 指向的内存空间的大小,把指向的内存空间的内容移动到新空间里。p 指向的内存空间必须是通过 malloc、calloc、realloc 函数分配的
_MALLOC_MEM_ * calloc(unsigned int size, unsigned int len)	为一个大小为 size 的数组分配内存,每个元素的大小是 len,把每个元素初始化为 0

5. 数学计算库函数 MATH.H

函 数 定 义	功 能 说 明
char cabs(char val)	计算并返回 val 的绝对值,为 char 型
int abs(int val);	计算并返回 val 的绝对值,为 int 型
long labs (long val)	计算并返回 val 的绝对值,为 long 型
float fabs(float val)	计算并返回 val 的绝对值,为 float 型
float sqrt(float val)	返回 x 的正平方根
float exp(float val)	计算 e 为底 x 的幂并返回计算结果
float log(float val)	计算并返回自然对数

续表

函 数 定 义	功 能 说 明
float log10 (float val)	计算并返回以 10 为底的对数
float cos(float val)	此 3 个函数返回相应的三角函数值，所有变量范围在 $-\pi/2\sim$ $+\pi/2$，否则会返回错误
float sin(float val)	
float tan(float val)	
float asin(float val)	此 3 个函数返回相应的反三角函数值，所有变量范围在 $-\pi/2\sim$ $+\pi/2$
float acos(float val)	
float atan(float val)	
float sinh(float val)	返回 x 相应的双曲函数值
float cosh(float val)	
float tanh(float val)	
atan2 (float y，float x)	计算并返回 y/x 的反正切值，值域范围 $-\pi\sim +\pi$
float ceil(float val)	计算并返回一个不小于 val 的最小整数（作为浮点数）
float floor (float val)	计算并放回一个不小于 val 的最大整数（作为浮点数）
float modf(float val，float * n)	将浮点数 val 分成整数和小数两部分，两者都含有与 x 相同的符号，整数部分放入 * n，小数部分作为返回值
float fmod(float x，float y)	返回 x/y 的余数
float pow(float x，float y)	返回 x 的 y 次方

6. 库函数 ABSACC. H（包含了允许访问不同区域存储器的宏，可使用定义的宏来访问绝对地址）

宏 定 义	功 能 说 明
CBYTE	寻址 code 区的字节
DBYTE	寻址 data 区的字节
PBYTE	寻址分页 xdata 区中的字节
XBYTE	寻址 xdata 区中的字节
CWORD	寻址 code 区的字
DWORD	寻址 data 区的字
PWORD	寻址分页 xdata 区中的字
XWORD	寻址 xdata 区中的字

51单片机缩写的英文全称及中文名称对照表

简　称	英文全称	中　文
AC	Assistant carry	辅助进位标志位
ACC	Accmulator	累加器 A
ALE	Address Latch Enable	地址锁存在允许信号
CY	Carry	进位标志位
DPTR	Data pointer register	数据指针寄存器
EA	External address enable	外部 ROM 选择信号
F0	Flag0	用户自定义标志位
INT0	Interrupt0	外部中断 0 输入引脚
INT1	Interrupt1	外部中断 1 输入引脚
OV	Overflow	溢出标志位
P	Parity	奇偶校验位
PC	Program counter	程序计数器
PSEN	Programmer saving enable	外部存储器读选通
PSW	Program status word	程序状态字
RD	Read	读信号引脚
RI	Receive interrupt	串行口接收中断请求标志位
RS1、RS0	Register select	工作寄存器组选择位
RST	Reset	复位信号引脚
RXD	Receive exchange data	串行口接收端
SCON	Serial control	串行口控制寄存器
SFR	Special function register	特殊功能寄存器
SP	Stack pointer	堆栈指针
T0	Timer0	定时器 0 输入引脚
T1	Timer1	定时器 1 输入引脚
TI	Transmit interrupt	串行口发送中断请求标志位
TXD	Transmit exchange data	串行口发送端
WR	Write	存储器写信号
XTAL1、XTAL2	External Crystal oscillator	外部晶振引脚

参 考 文 献

[1] 8-bit Microcontroller With 4K Bytes Flash AT89C51. Atmel Corporation,2000.

[2] 穆勒(Mueller S)著. PC 硬件工程师手册(原书第 13 版)[M]. 吕俊辉,等译. 北京：机械工业出版社,2002.

[3] Patternson D A, Hennseey J L. Computer Organization and Design (Third Edition)[M]. Morgan Kafmann Publishers,2005.

[4] 李朝清,等. 单片机原理及接口技术[M]. 5 版. 北京：北京航空航天大学出版社,2017.

[5] 宋雪松 手把手教你学 51 单片机——C 语言版[M]. 2 版. 北京：清华大学出版社,2020.

[6] 张毅刚. 单片机原理及接口技术：C51 编程[M]. 北京：人民邮电出版社,2020.

[7] 朱清慧,等. Proteus 教程——电子线路设计、制版与仿真[M]. 3 版. 北京：清华大学出版社,2016.

[8] 彭伟. 单片机 C 语言程序设计实训 100 例：基于 8051＋Proteus 仿真[M]. 2 版. 北京：电子工业出版社,2012.

[9] 孙鹏,蒋洪波. 51 单片机 C 语言学习之道——语法、函数、Keil 工具及项目实战(第 2 版)[M]. 2 版. 北京：清华大学出版社,2022.

[10] Two-wire Automotive Temperature Serial EEPROM. Atmel Corporation,2007.

[11] DS1302 Trickle Charge Timekeeping Chip. DALLAS Semiconductor,2007.

[12] DS18B20 Programmable Resolution 1-Wire Digital Thermometer. MAXIM,2008.

[13] ADC0808/ADC0809 8-Bit μP Compatible A/D Converters with 8-Channel Multiplexer. TEXAS INSTRUMENTS,2013.

[14] TLC2543 12-Bit Analog-to Digital Converters with serial control and 11 Analog Inputs. TEXAS INSTRUMENTS,1997.

[15] DAC0830/DAC0832 8-Bit μP Compatible, Double-Buffered D to A Converters. TEXAS INSTRUMENTS,2013.

[16] TLC5615 10-Bit Digitla-to Analog Converters. TEXAS INSTRUMENTS,2000

图书资源支持

感谢您一直以来对清华大学出版社图书的支持和爱护。为了配合本书的使用，本书提供配套的资源，有需求的读者请扫描下方的"书圈"微信公众号二维码，在图书专区下载，也可以拨打电话或发送电子邮件咨询。

如果您在使用本书的过程中遇到了什么问题，或者有相关图书出版计划，也请您发邮件告诉我们，以便我们更好地为您服务。

我们的联系方式：

地　　址：北京市海淀区双清路学研大厦 A 座 714

邮　　编：100084

电　　话：010-83470236　010-83470237

资源下载：http://www.tup.com.cn

客服邮箱：tupjsj@vip.163.com

QQ：2301891038（请写明您的单位和姓名）

教学资源・教学样书・新书信息

人工智能科学与技术
人工智能|电子通信|自动控制

资料下载・样书申请

书圈

用微信扫一扫右边的二维码,即可关注清华大学出版社公众号。